新工科暨卓越工程师教育培养计划光电信息科学与工程专业系列教材

APPLIED OPTICS

应用光学

（第二版）

■ 主　编／王文生　刘冬梅

■ 副主编／向　阳　刘智颖　苗　华
　　　　　陈　宇　赵会富　郑　阳

U0303405

华中科技大学出版社
http://www.hustp.com
中国·武汉

内 容 提 要

本书结合作者的科研设计实例,注重理论联系实际、教学结合科研、特殊结合一般、经典结合现代,侧重于原理、应用和光学进展。编写过程中,参阅了大量中文、英文、德文、俄文文献,使本书的教学内容与国际接轨,吸取了国内外应用光学教材的精华。

全书共分为9章。第1章几何光学的基本概念及基本定律,第2章高斯光学系统,第3章平面系统,第4章光学系统的光束限制,第5章光能及其计算,第6章光路计算及像差,第7章典型光学系统,第8章现代光学系统,第9章光学系统的像质评价。其中,第6章精辟地论述了像差理论和像差校正的方法,第9章详细介绍了MTF的理论、测试和评价方法。本书涉及的像差理论和像质评价知识已足够读者用于光学系统设计。

本书对一些重要的专业术语、章节标题、图名、表名采用了中英双语标注,并在每章后给出该章的专业英语词汇,目的是使读者在学习应用光学的同时,也掌握国际通用的光学专业术语。书末给出10套考试真题供读者自测,并附有应用光学实验。

本书不仅适合作为光电信息科学与工程、测控技术与仪器、生物医学工程及相近专业的教材用书,而且可作为从事光学相关工作的技术人员的参考书。

图书在版编目(CIP)数据

应用光学/王文生,刘冬梅主编. —2 版. —武汉:华中科技大学出版社,2019.8(2024.8重印)
新工科暨卓越工程师教育培养计划光电信息科学与工程专业系列教材
ISBN 978-7-5680-5498-0

Ⅰ.①应… Ⅱ.①王… ②刘… Ⅲ.①应用光学-高等学校-教材 Ⅳ.①O439

中国版本图书馆 CIP 数据核字(2019)第 168762 号

应用光学(第二版)
Yingyong Guangxue

王文生　刘冬梅　主编

策划编辑:徐晓琦
责任编辑:陈元玉
封面设计:廖亚萍
责任监印:徐　露
出版发行:华中科技大学出版社(中国·武汉)　　电话:(027)81321913
　　　　　武汉市东湖新技术开发区华工科技园　　邮编:430223
录　排:华中科技大学惠友文印中心
印　刷:武汉邮科印务有限公司
开　本:787mm×1092mm　1/16
印　张:24.5
字　数:636 千字
版　次:2024 年 8 月第 2 版第 3 次印刷
定　价:55.00 元

作 者 简 介

王文生,长春理工大学二级教授,博士生导师,国家重点学科
"光学工程"博士点现代光学设计和现代光学测试方向学科带头人,
国家精品课程、国家双语教学示范课程、国家精品共享课程"应用光
学"负责人,吉林省优秀教学团队"长春理工大学光学教学团队"负
责人,吉林省教学名师,吉林省师德先进个人,中国兵器工业总公司
兵器实验场光测仪器检定站负责人。1970 年毕业于长春光学精密
机械学院(现长春理工大学),1984—1986 年德国斯图加特大学访
问学者,获德国 Ebert 基金会奖学金,从事激光全息测试技术研究。
1999 年德国斯图加特大学高级访问学者,获教育部资助,从事光学
相关目标探测技术研究。

在"九五"、"十五"、"十一五"、"十二五"期间负责原总装备部预
研局、中国兵器工业总公司等的科研项目 11 项。获国家实用新型专利 1 项、国家发明专利 1
项、国防发明专利 7 项,获 3 个国防科技进步奖。独立编著《干涉测试技术》(兵器工业出版社,
1992)一书,获中国兵器工业总公司优秀教材奖(1995);主编"高等院校光电名师堂"系列教材
《应用光学》(华中科技大学出版社,2010)一书,获中国兵器工业总公司优秀教材一等奖、吉林
省普通高等学校优秀教材一等奖(2011)、第一届教育部兵器类专业教学指导委员会优秀教材
一等奖;著有《现代光学测试技术》(机械工业出版社,2013)和《现代光学系统设计》(国防工业
出版社,2016,获兵工高校教材工作研究会优秀教材一等奖)等书。参编《工程光学》等 3 本书。

在国内外学术期刊如《optics communications》、《光学学报》、《仪器仪表学报》、《兵工学
报》、《光子学报》、《红外与激光工程》、《测试技术学报》等上发表学术论文 160 余篇,其中 110
余篇进入 EI、SCI 和 ISTP 检索。指导的硕士研究生、博士研究生、博士后 108 人,其中工程硕
士 16 人。

第二版前言

为适应应用光学领域日新月异的发展,长春理工大学编写的教材《应用光学》经过 8 年的本科教学后再进行第二版的编写。

(1) 对第一版教材中的全部章节内容进行重新核定。修改了第一版中的缺陷,增加并删减了部分内容,增加了例题的比重,更新了全部模拟试题。

(2) 每章增添了"教学要求及学习要点"。对每一章的主要知识点(如需要掌握的概念、原理、法则、公式、重点、难点等)进行了整合介绍,以便于学生对知识的掌握与理解。

(3) 改变了例题的讲解方式。教材中所有的例题在解答之前均增加题意分析部分,以加强学生分析问题、解决问题的能力,促进理论与实际的有机结合。

(4) 书中加入了二维码扫描(含知识拓展、教学要求及学习要点、重要知识点的视频等)。

第一版第 6 章的"非球面的光路计算及其像差"和"放大镜"等内容放入了"知识拓展"中。在第 7 章中增加了检查眼睛缺陷的眼底相机、人眼的时间分辨率和人眼的对比度分辨率等内容;在"显微镜"一节中增加了视觉放大率概念,增加了射电望远镜、LCD 投影仪、DMD 投影仪、光学补偿变焦物镜和带有棱镜转像系统的望远镜等内容。在第 8 章增加了飞秒激光、红外微光图像融合系统、紫外光学系统、机器视觉光学系统、仿生光学系统和照明光学系统等内容。在第 9 章中删除了主观质量因子 SQF 的内容,增加了角空间频率及其计算的内容。

修订及增加内容比例大于 40%。

书中第 1~5 章由刘冬梅教授、刘智颖教授编写,第 6、7、9 章由王文生教授、陈宇副教授和苗华副教授编写,第 8 章由向阳教授、王文生教授、刘智颖教授、陈宇副教授和赵会富副教授编写,苗华副教授和郑阳讲师负责全书习题的收集与编写。全书由王文生教授和刘冬梅教授统稿。

书中列举了长春理工大学光电工程学院的许多科研实例,引用了姜淑华、陈方函、张肃、尚吉杨、张宇、任延俊、张晔、刘东月、宋姗姗、林丽娜、张鸿佳、朱海宇、于远航、闫静、王冕、朗琪、邹新、王晶晶、齐明、金爱华等研究生的论文,在此表示感谢。

本书添加的二维码内容是其特色之一,它丰富了本书的内容。本书的二维码由华中科技大学出版社协助完成,在此对出版社同志的辛勤努力深表谢意。

虽然本书作者精心编写,但疏漏之处不可避免,诚望读者指正。

编者

2019 年 1 月 5 日于长春理工大学光电工程学院"应用光学"教研室

第一版前言

"应用光学"是一门理论与实践结合紧密,适用于测控技术与仪器、光学工程及相近专业的本科专业基础课。应用光学的迅速发展对教材内容提出了更高的要求。作为"高等院校光电名师堂"系列教材中的一本,本书融合了作者几十年的理论研究成果与教学实践经验,具有如下几个特点。

(1) 在内容编排上遵循先进性和实用性原则,侧重于基础理论、结合应用,知识讲解深入浅出、通俗易懂。

(2) 本书所涉及的各典型光学系统、像差、像质评价等均结合了作者的科研设计实例,使理论联系实际、教学结合科研、特殊结合一般、经典结合现代。书中所有的设计实例均由光学界广泛应用的光学设计软件 ZEMAX 设计而成,有很强的代表性和实用性。

(3) 本书对一些重要的专业术语、章节标题、图名、表名采用了中英双语标注,并在每章后给出该章的专业英语词汇,目的是使读者在学习应用光学知识的同时,也掌握国际通用的光学专业术语,以利于未来阅读光学专业文献。

(4) 为了提高学生对知识的消化理解及融会贯通的能力,书中提供了一定数量的例题及习题,例题讲解详细、清晰,使初学者更易接纳和掌握理论。

(5) 书中列出许多光学名人的肖像及其代表作,例如,阿贝(Abbe)及其世界上第一台显微镜,开普勒(Kepler)及其世界上第一台天文望远镜,哈勃(Hubble)及其世界上第一台太空望远镜,目的不仅是缅怀光学前辈,也想用前辈的研究精神激励我们前进。书中给出的许多图片,如日食、海市蜃楼、哈勃望远镜拍摄的"美丽的太空"、杨利伟拍摄的"美丽的地球"等,生动地说明了光学定律和光学进展。

(6) 作者参阅了大量的英文原版教材、德文教材和俄文教材,借鉴了美国亚利桑那大学的光学系列教材,参考了国内许多专家编著的相关著作,使本书的教学内容与国际接轨,吸取了国内外应用光学教材的精华。

全书共分为 9 章:第 1 章几何光学的基本概念及基本定律,第 2 章高斯光学系统,第 3 章平面系统,第 4 章光学系统的光束限制,第 5 章光能及其计算,第 6 章光路计算及像差,第 7 章典型光学系统,第 8 章现代光学系统,第 9 章光学系统的像质评价。其中第 1 章至第 5 章由刘冬梅副教授、刘智颖博士编写,第 6 章、第 7 章、第 9 章由王文生教授、苗华博士、陈方涵博士编写,第 8 章由向阳教授、苗华博士编写。全书由王文生教授统稿。此外,董冰同志对本书的绘图工作付出了艰苦的努力,陈宇博士、霍富荣老师对本书的校正给予了大力的支持。

本书不仅适合作为光电信息科学与工程、测控技术与仪器、生物医学工程及相近专业的教材用书,而且可作为从事光学相关工作的技术人员的参考书。

编写教材需要科学严谨的态度、广泛渊博的知识。虽然作者进行了不懈的努力,但书中欠妥或错误之处在所难免,恳请读者批评指正。

编　者
2009 年 8 月 28 日 于长春

目 录

第1章

几何光学的基本概念及基本定律

Basic Concepts and Laws of
Geometrical Optics

  光学是物理学众多学科中最古老的学科之一，早在公元前 400 多年，中国就记录了世界上最早的光学知识。近代光学史始于 17 世纪初，是从开普勒光学研究开始，以望远镜（telescope）和显微镜（microscope）的发明为转折而发展起来的。光学是研究从微波、红外线、可见光、紫外线直到 X 射线的宽广波段范围内的关于电磁辐射的发生、传播、接收和显示，以及跟物质相互作用的科学。光学不仅是物理学中一门重要的基础学科，同时它也是一门应用性很强的学科，目前光学的研究对象早已不限于可见光部分，而是应用于日益宽广的电磁波段，它与很多其他学科如无线电物理、原子和原子核物理等之间相互交叠与渗透，其间的界线越来越模糊。

  我们通常把光学分为几何光学（geometrical optics）、物理光学（physical optics）和量子光学（quantum optics）。几何光学是以光线为基础，研究光的传播规律和成像规律的一个重要的分支，而这种传播可以用很简单的几何关系来描述，这就是几何光学得名的原因。在几何光学中把物体看做由几何点组成，把它所发出的光束看做是无数几何光线的集合，光线的方向代表能量的传播方向，在此假设下根据光线的传播（propagate）规律，研究物体被透镜或其他光学元件成像的过程，以及设计光学仪器的光学系统等方面都显得十分方便和实用。但实际上，光线的概念与光的波动性是相违背的，因为无论是从光的衍射现象来看，还是从能量的观点来看，这种几何光线都不可能存在，所以几何光学只是波动光学的近似，是光波的波长趋近于零时的情况。当光学元件尺寸远大于波长时，用几何光学得出的结果与实际情况非常接近，因此在这种情况下应用几何光学来研究光学系统具有足够的精度。尽管采用几何光学的理论对光的研究只是真实情况的一种近似，但作此近似后，几何光学就可以不涉及光的物理本性，而能以其简便、直观的方式解决光学仪器中的光学技术问题，从而使这一理论得以广泛地应用和不断地发展。

  光学仪器按用途可分为光学计量仪器、物理光学仪器、测绘仪器、光学测试仪器、天文光学仪器、军用光学仪器、医用光学仪器等十大类。光学仪器虽然种类繁多，功能各不相同，设计方法也差异很大，但从传递信息的角度来看，其总的功能不过是人类视觉器官的延伸，如高速摄影仪器的功能是扩大人眼对时间频率（每秒多少次）的分辨能力，望远镜、显微镜的功能是在广度和深度上扩大人眼对空间频率的分辨能力，摄影仪器的功能是扩大人眼储存信息的能力，光谱仪器的功能是扩大人眼对光谱线的分辨能力和微量分析能力。光学仪器主要是通过光学系统来获取信息,光学系统是光学仪器的重要组成部分,通过对应用光学知识的学习,能具备基本的光学仪器设计能力。

1.1 几何光学的几个常用基本概念
Conventional Basic Concepts of Geometrical Optics

1. 发光点和发光体(point source and illuminant body)

从物理学的观点来看,凡是能够辐射光能的物体统称为发光体(或称为光源)。发光体是光的辐射体,一切自身发光(如恒星、灯等)或受到光照射而发光的物体均可视为发光体。发光体既有人造的,也有天然的。自然发光体是自然界中存在的,在不同程度上产生辐射的光源,如太阳、行星等。人造发光体是人为地将各种形式的能量(热能、电能、化学能)转换成光辐射的器件,其中利用电能产生光辐射的器件称为电光源,它是最主要的人造发光体。电光源又分为热辐射光源和光辐射光源两大类。它们具有不同的光谱特性,可供使用时选择。实验室或光学仪器中常用的光源主要有白炽灯、氢灯(可见光谱区主要光谱线为 0.434 1 μm、0.486 1 μm、0.656 3 μm)、汞灯(可见光谱区主要光谱线为 0.404 7 μm、0.546 1 μm、0.643 8 μm等)、氦灯(可见光谱区主要光谱线为 0.706 5 μm、0.587 6 μm)、钠灯(可见光谱区主要光谱线为 0.589 0 μm)和各种激光器等。几种常见的气体放电光源的主要参数如表 1-1 所示。

表 1-1 几种常见的气体放电光源的主要参数
Table 1-1 main parameters of conventional gas light source

型 号	功率 /W	电源电压 /V	几何尺寸/mm		寿命 /h	用 途
			长 L	外径 D		
氢灯 GP10H	10	220	202	130	20	折射仪、干涉仪等定标
氦灯 GP10He	10	220	127	95	100	折射仪、干涉仪等定标
汞灯 GP50HgCdZn	50	220	155	28	—	分光仪等定标

一个实际的光源总有一定的大小,当光源的大小和其辐射能的作用距离相比可忽略不计时,此发光体可视为点光源(或发光点)。例如,宇宙中体积十分庞大但是距离遥远的恒星,对于地球上的观察者来说就是一个点光源。在几何光学中点光源被认为是一个既无体积又无大小,但是能量密度为无限大的几何点。由于任何物体都可以看做由无数的点光源所组成,每一个点光源都独立地通过系统进行成像,物体的像就是所有点光源像的叠加,故在探讨光学系统对物体进行成像的问题时,通常以点作为基本成像元素来进行讨论与分析。

2. 光波(wave)

光是一种具有波粒二象性的物质,即光既具有波动性又具有粒子性,只是在一定的条件下,某一种性质显得更为突出。一般说来,除了研究光和物质相互作用的情况下必须考虑光的粒子性外,都可以把光作为电磁波看待,故而称之为光波。光波是一定波长范围内的电磁波,在整个电磁波谱中,能引起人眼视觉刺激的只有一小部分,称为可见光,通常可见光的范围取为 $\lambda=380\sim780$ nm,超出这个范围人眼就感觉不到。波长大于 780 nm 的光称为红外光(IR),波长小于 380 nm 的光称为紫外光(UV),电磁辐射波的范围及可见光谱的分布图如图 1-1 所示。

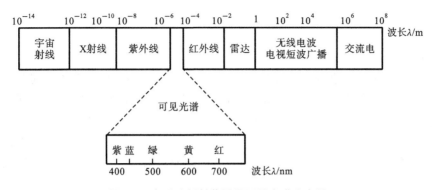

图 1-1　电磁波辐射范围及可见光谱分布图

Figure 1-1　emitting range of electromagnetic wave and visible spectrum distribution

由图 1-1 可见,波长最短的是宇宙射线,其波长只有 $10^{-15}\sim10^{-14}$ m;波长最长的是交流电,波长可达 10^{8} m;可见光谱仅占电磁辐射很小的一部分,可见光谱与颜色的关系如表 1-2 所示。

表 1-2　光谱颜色、波长及频率范围表

Table 1-2　wavelength、color and frequency of spectrum

颜　　色	波　　长	频　　率
红色	625～780 nm	480～385 MHz
橙色	590～625 nm	510～480 MHz
黄色	565～590 nm	530～510 MHz
绿色	500～565 nm	600～530 MHz
青色	485～500 nm	620～600 MHz
蓝色	440～485 nm	680～620 MHz
紫色	380～440 nm	790～680 MHz

在可见光谱范围内,不同波长对人眼将引起不同的颜色感觉,可分解为红、橙、黄、绿、青、蓝、紫 7 种颜色的光。我们称具有单一波长的光为单色光,几种单色光混合而成的光为复色光。

3. 光的传播速度(speed of light)

由波动光学的相关理论可知,光波在真空中的传播速度为 $c\approx3\times10^{8}$ m/s,不同波长的电磁波有不同的频率,频率 ν、波长 λ 与速度 c 三者之间的关系为

$$\lambda\nu = c \tag{1-1}$$

当光波在其他透明介质(如水、玻璃)中传播时,其波长和速度都将发生改变,但频率不变,对人眼引起的颜色感觉也不发生改变。

4. 波面(wave front)

由光源发出的电磁波可看做以波面的形式传播,在某一瞬时,其振动相位相同的各点所构成的曲面称为波面(等相位面)。波面按形状可分为球面、平面和任意曲面。若光所处的介质为各向同性的均匀介质,电磁波面向各方向的传播速度相同,则有限远处发光点发出的是以发光点为中心的同心球面,称为球面波,无限远处发光点发出的是平面波。对于具有一定大小的

实际发光体,当光的传播距离比光源线度大得多的情况下,它所发出的光波也可近似视为球面波。

5. 光线(ray)

光线这一概念是人们直接从无数客观光学现象中抽象出来的,发光体向周围发出的带有辐射能量的几何线条称为光线。几何光学中认为光线是没有直径、没有体积,但携带能量并具有方向性的几何线,其方向代表光能的传播方向。显然,几何光学中发光点和光线的概念是简化了的抽象概念,在自然界中不能存在。物理学上的观点认为在各向同性的均匀介质中,辐射能量是沿着波面的法线方向传播的,因此物理学中的波面法线方向就相当于几何光学中光线的传播方向,如图 1-2 所示。

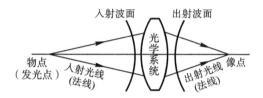

图 1-2 光线与波面法线的关系

Figure 1-2 relationship between ray and normal of wave front

光的传播方向可以用一个箭头来加以表示,这条带箭头的直线就成为一条光线。光学中引入发光点和光线的概念就是为了把本来十分复杂的光学成像和光能传播问题归结为光线的传播问题,从而可以利用简单的数学方法来方便地描述和解决问题。

6. 折射率 n(refractive index n)

折射率是表征透明光学介质光学性质的一个重要参量,它表示光在介质中传播时介质对光的一种特性,它与介质的电磁性质密切相关。折射率有绝对折射率及相对折射率之分,我们通常所说的折射率指的是介质的绝对折射率(简称折射率),用 n 来表示,定义为光从真空射入介质发生折射时,入射角 I 与折射角 I' 的正弦之比,即 $n=\dfrac{\sin I}{\sin I'}$。利用惠更斯原理不难证明介质折射率是一个与介质中的波速成反比的量,故后来又把折射率定义为真空中的光速 c(或波长 λ_0)与介质中的光速 v(或波长 λ)之比,即

$$n = c/v = \lambda_0/\lambda \tag{1-2}$$

可见折射率描述的是光在介质中传播速度减慢程度的一个量值。部分常见的介质材料折射率如表 1-3 所示。

表 1-3 部分常见介质材料折射率列表

Table 1-3 refractive index n of conventional medium

介 质 名 称	折 射 率	介 质 名 称	折 射 率
真空	1.000 0	红宝石	1.770 0
空气	1.000 3	钻石	2.417 0
液态二氧化碳	1.200 0	氯化钾	1.490 0
水	1.333 3	二碘甲烷	1.741 0
冰	1.309 0	液态石蜡	1.480 0

介 质 名 称	折 射 率	介 质 名 称	折 射 率
乙醇	1.361 8	冕牌玻璃 K9	1.516 3
萤石	1.434 0	火石玻璃 F3	1.616 4
杉木油	1.515 0	丁香油	1.533 0
甘油	1.460 0	碘苯	1.616 0

在透明介质中,真空(或空气)的折射率是最小的,其他介质的折射率都大于1。但是值得注意的是,并不是所有物质的折射率都遵循这一规律,像金属这类导电介质折射率的描述就与透明介质有很大的不同,由于这类介质一般为良导体,内部含有大量的自由电子,电导率很大,故其折射率是个复数,即 $\tilde{n}=n(1+\mathrm{i}\kappa)$,式中 κ 为衰减系数,例如,金属铝(Al)的折射率 $\tilde{n}=1.44+5.23\mathrm{i}$。

相对折射率是指光从一种介质(折射率为 n)射入另外一种介质(折射率为 n')发生折射时,第二种介质相对于第一种介质的折射率之比,即

$$n_{21}=\frac{n'}{n} \tag{1-3}$$

当前一种介质是空气(或真空)时,相对介质折射率刚好等于第二种介质折射率。

7. 光束(light beam)

波面法线即为光线,而与波面对应的所有光线的集合称为光束。常见的光束有像散光束、平行光束及同心光束。不聚交于同一点或不是由同一点发出的光束称为像散光束,其所对应的波面形状为非球面,如图 1-3(a)所示;没有会聚点而互相平行的光束称为平行光束,其所对应的波面形状为平面,如图 1-3(b)所示;相交于同一点或者由同一点发出的一束光线称为同心光束,其所对应的波面形状为球面,而同心光束又分为发散光束和会聚光束,分别如图 1-3(c)、(d)所示。同心光束或平行光束经过实际光学系统后可能会失去同心性,从而形成像散光束。由于会聚光束的所有光线实际相交于一点,故可以在接收屏上接收到亮点,而发散光束虽不能在屏上会聚成亮点,但却能被人眼直接观察。

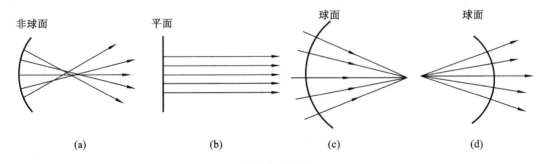

图 1-3 光束

(a) 像散光束;(b) 平行光束;(c) 会聚光束;(d) 发散光束

Figure 1-3 light beam

(a) astigmatic beam;(b) parallel beam;(c) convergent beam;(d) divergent beam

8. 光程(optical path length)

几何光学认为光程 S 相当于光在同一时间内在真空中所走过的几何路程,故光程又称光

的折合路程。如图 1-4(a)所示,光在某种介质中由 A 点传播到 B 点,其传播的几何路径是一条曲线,设该介质的折射率是一个与位置相关的函数 $n(l)$,dl 为曲线上微量的几何距离,则有

$$\Delta t = \int_A^B \frac{dl}{v}$$

式中,Δt 为光从 A 点传播到 B 点所使用的时间;v 为光在介质中的传播速度。又因为 $n(l) = c/v$,c 为真空中的传播速度,则有

$$\Delta t = \frac{1}{c} \int_A^B n(l) dl$$

根据光程的定义,光程为

$$s = c \cdot \Delta t = c \cdot \frac{1}{c} \int_A^B n(l) dl = \int_A^B n(l) dl \qquad (1\text{-}4)$$

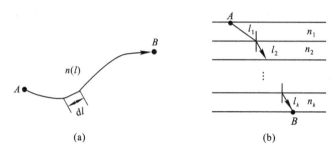

图 1-4 光程

Figure 1-4 optical path length

如果介质为各向同性(各向同性是指物质的物理、化学等方面的性质不会因方向的不同而有所变化的特性,即某一物质在不同的方向所测得的性能数值完全相同)均匀介质,则折射率是一个定值,此时光程为

$$s = nl \qquad (1\text{-}5)$$

即各向同性均匀介质中的光程是指光在介质中传播的几何路程与所在介质折射率的乘积。

若光线从 A 点传播到 B 点,先后经过了 k 种各向同性均匀介质,介质折射率分别为 n_1,n_2,n_3,$\cdots$,n_k,在各介质中走过的路径分别为 l_1,l_2,$\cdots$,l_k,如图 1-4(b)所示,则所经历的光程为

$$s = n_1 l_1 + n_2 l_2 + \cdots + n_k l_k = \sum_{i=1}^{i=k} n_i l_i \qquad (1\text{-}6)$$

1.2 几何光学的传播定律和现象

Propagating Principle and Phenomenon of Geometrical Optics

1. 几何光学的基本定律(basic laws of geometrical optics)

几何光学的基本定律决定了光线在通常情况下的传播方式,它是研究光学系统成像规律及进行光学系统设计的理论依据。光的传播规律可以归纳为四条基本定律,即直线传播定律、独立传播定律、反射定律和折射定律。

1) 光的直线传播定律(law of rectilinear propagation)

在各向同性(isotropic)的均匀(homogeneous)介质中光沿着直线传播,即为直线传播定律。该定律能够很好地解释影子的形成、日食(solar eclipse)、小孔成像(pinhole imaging)等现

象,一切精密的天文测量、大地测量和其他测量也都是以此为基础的。

图 1-5 中分别给出了日食的原理以及 2009 年 7 月 22 日拍摄的现象。其中,图 1-5(a)为日食形成原理;图 1-5(b)为潍坊城区拍摄的日偏食全过程;图 1-5(c)为观察到的日全食。

(a)
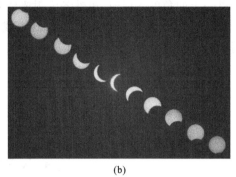
(b)

(c)

图 1-5　日食[①]

Figure 1-5　solar eclipse

针孔相机(pinhole camera)是最典型的直线传播的实例,如图 1-6 所示,根据成像的定义,一个物点发出的光线必须交汇在同一个像点或其附近才能够成像,针孔就是以物理的方法约束了发自物点的光线,使通过小孔的光线落在同一个像点附近。随着针孔尺寸的逐渐增大,约束光线的能力越来越差,成像的效果也将逐步降低,最终经小孔所成的影像将完全消失,看到的只能是一个被照亮了的屏幕;反之,若逐渐减小针孔的尺寸,波动光学中的衍射效应将越来越强,当针孔尺寸小到与光波长量级相当时,衍射效应将显现得极为明显,成像的质量也将下降。

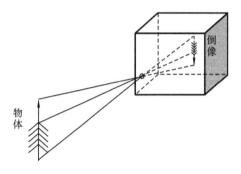

图 1-6　针孔相机的成像原理

Figure 1-6　imaging principle of pinhole camera

但是光并不是在所有的场合都是沿直线传播的,直线传播定律忽略了电磁波的衍射(diffraction),一旦光在传播过程中遇到小孔、狭缝等阻挡物体,则势必将发生衍射现象而偏离直线传播;此外,若光在非均匀介质中传播,光同样将偏离直线传播,其轨迹可能是任意形状的曲线。

2) 光的独立传播定律(law of independent propagation)

从不同光源发出的光束以不同的方向通过空间某点时,彼此互不干涉(interference),光束独立传播的现象称为光的独立传播定律。在各光束叠加处,其光强度只是简单的相加,即

$$I = I_1 + I_2 + \cdots + I_k \tag{1-7}$$

式中,I 为叠加位置处的光强度;I_1,I_2,$\cdots$,I_k 分别为不同光束的光强度。

与直线传播定律相类似,独立传播定律也是在不考虑光的波动性时才是正确的。从上可见,几何光学忽略了光的波动性质,是波长近似为零的一种特殊情况表征。

3) 光的反射定律(law of reflection)

反射定律是指,当一束光投射到两种均匀介质的光滑分界表面上时,入射光线、反射光线和投射点法线三者在同一平面内,入射光线与反射光线分居法线的两侧,且入射角和反射角绝

---

① 　图片来自 http://www.google.com。

对值相等而符号相反,其数学表示形式为

$$I = - I''$$ (1-8)

如图 1-7 所示。若两不同介质的分界面是粗糙的,因分界表面凹凸不平,表面各点处的法线方向并不一致,所以,当一束平行光以一定的角度入射时,虽然各入射光线互相平行,但反射光线将向不同的方向反射,其反射光不再是平行光束,即发生漫反射现象(或漫射现象),但是对于粗糙表面上任一微小的反射面而言,反射定律依然成立,如图 1-8 所示。

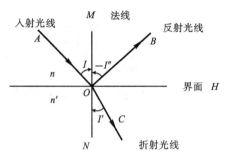

图 1-7 反射定律及折射定律

Figure 1-7 law of reflection and refraction

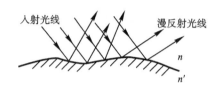

图 1-8 漫反射

Figure 1-8 diffuse reflection

很多物体,如植物、墙壁、衣服等,其表面粗看起来似乎是平滑的,但用放大镜仔细观察,就会看到其表面凹凸不平,所以本来是平行的太阳光被这些表面反射后,将射向不同的方向。

4) 光的折射定律(law of refraction)

折射定律是 1621 年由斯涅尔提出的,故又称斯涅尔定律(Snell's law)。该定律指出入射光线、折射光线和投射点法线三者在同一平面内,入射角 I 的正弦与折射角 I' 的正弦之比与入射角的大小无关,仅由两介质的性质决定,在一定的温度和压力下,对一定波长的光线而言,该比值为一常数,为后一介质的折射率 n' 与前一介质的折射率 n 之比,即

$$\frac{\sin I}{\sin I'} = \frac{n'}{n} = n_{21} \quad 或 \quad n\sin I = n'\sin I'$$ (1-9)

式中,n、n' 分别是入射光所在介质和折射光所在介质的绝对折射率;n_{21} 是相对介质折射率。当前一种介质是空气(或真空)时,相对介质折射率刚好等于第二种介质折射率。

在式(1-9)中,若令 $n' = -n$,则有 $I' = -I$,此时折射定律就转化为反射定律,这表明反射定律是折射定律的一种特殊情况,凡是由折射定律推导出的适用于折射情况的公式,只要令 $n' = -n$ 便可应用于反射的情况,这在处理反射系统时有重要的应用。

折射定律不仅适用于均匀介质,同样适用于非均匀介质,当光在非均匀介质中传播时,可以把非均匀介质近似看做由无限多的均匀薄介质组合而成,在每一层薄介质中折射定律仍然适用,故光线在非均匀介质中的传播可以近似看做一个连续折射的过程,从而能够分析出光线传播的具体轨迹路径。随着介质性质的不同,光线传播的曲线将形状各异,如图 1-4(a)所示。

图 1-9 所示为海面上或沙漠上经常会出现的一种特殊的光学现象——海市蜃楼,海市蜃楼现象出现的原因与介质折射率的非均匀分布及全反射现象有着密切的关联。在夏季,沙漠中的沙土被晒得灼热,因沙土的比热较小,温度上升极快,沙土附近的下层空气温度会上升至很高,而上层空气的温度仍然很低,这样就形成了气温的反常分布,接近沙土的下层热空气密度相对较小而上层冷空气的密度相对较大,这样空气折射率将呈现非均匀分布,即自下而上空气折射率逐渐增大。当远处较高物体反射出来的光,从上而下射入空气层中时将被不断地折

射,其入射角逐渐增加,当入射角大于临界角时将发生全反射现象,若此时逆着反射光线看去,便会观看到海市蜃楼现象,如图 1-9(a)所示。海市蜃楼不仅可以发生在沙漠地区,同样也可以发生在海面之上,一旦海面上的空气层上疏下密,差别异常显著时,远在海平面以下的岛屿、楼房的光线将由密的气层折射进入稀的气层,若角度合适,将发生全反射现象,最后光线又折回到气层密的大气层中,经过这样弯曲的线路,便形成海市蜃楼,如图 1-9(b)所示。

(a)   (b)

图 1-9　海市蜃楼

Figure 1-9　mirage

　　需要说明的是,几何光学的四大基本定律实际上是一种对真实情况的近似,它们只有在空间障碍物以及反射和折射的界面尺寸远大于光的波长时才能够适用,在几何光学中通常忽略了干涉、衍射、偏振及量子效应,故几何光学原理的适用范围是有限的,必要的时候需要用更严格的波动光学理论来进行分析。尽管如此,在很多情况下,用它们来设计光学仪器还是足够精确的,所以几何光学不失为设计各种光学仪器的重要理论依据。基于上述光线传播的基本定律,就能够计算出光线在光学系统中的传播路径,我们称这种计算过程为光线追迹。

　　5) 反射率与透射率(reflectance and transmittance)

　　当光以一定的角度入射到两种均匀介质分界面上时,会同时发生反射和折射,由于光是能量的载体,在不考虑介质吸收及散射等情况下,入射光、反射光和折射光应遵守能量守恒定律,即

$$\phi = \phi'' + \phi'$$

式中,ϕ 为入射光携带的能量;ϕ'' 为反射光携带的能量;ϕ' 为折射光携带的能量。若令

$$\frac{\phi''}{\phi} = \rho, \quad \frac{\phi'}{\phi} = \tau \tag{1-10}$$

则称 ρ 为反射率(或称反射比),τ 为透射率(或称透射比),显然有

$$\rho + \tau = 1 \tag{1-11}$$

反射率和透射率均可通过波动光学中的相关公式来进行计算,若自然光正入射到两介质 n、n' 分界面上,则反射率为

$$\rho = \left(\frac{n' - n}{n' + n}\right)^2 \tag{1-12}$$

　　例 1-1　为了从坦克内部观察外边目标,需要在坦克壁上开一个孔,假定坦克壁厚为 200 mm,孔直径为 120 mm,在孔内安装一块折射率为 1.516 3 的玻璃,厚度与装甲的厚度相同。问在允许观察者眼睛左右移动的条件下,能看到外界多大的角度范围?

　　分析　从坦克内部观察到的外面景物角度范围大小,与坦克本身透光区域的范围密切相关。根据题意的描述,坦克仅有壁上所开的孔径范围允许通光,而其他区域不通光,故孔的厚度、孔的尺寸是决定其观测范围的决定性因素。当坦克外面物体发出的光以一定角度照射到

孔内安装的玻璃时,将发生折射,故按照折射定律即可计算、分析出射光的方向。所有通过孔玻璃的折射光均能被人眼所观察(因为人眼可左右移动),然而,并不是所有入射的光均能通过玻璃进入人眼,有一部分光将会被拦截。这是因为坦克壁有较大的厚度且不透光,故折射到坦克壁上的光线将不能通过玻璃到达人眼,无法被人眼所观察,从而限制了观察范围。因此,分析出能够进入人眼的边缘光线,并对之进行相关计算即可对例 1-1 进行求解。其参与成像的边缘光线及各量的几何关系如图 1-10 所示,ABCD 为坦克壁孔内安装的玻璃,AB 为入射面,CD 为出射面,AC、BD 为孔壁(不透光)。BC 光线为能够观察的边缘光线,其所对应的入射光线与光轴的夹角(或入射光线与法线的夹角 I)即为可观察的半视场角,由于此系统是轴对称的,故 2 倍的半视场角即为能够观察到的外界范围。

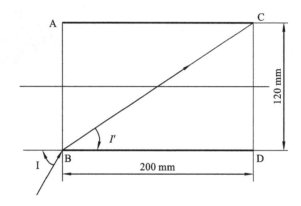

图 1-10 各参量的几何关系

Figure 1-10 geometrical relationship among parameters

解 由图 1-10 中的几何关系可知

$$\mathrm{tg}I'=\frac{120}{200}=0.6 \Rightarrow \Rightarrow I'=30.96°$$

由折射定律,有

$$n\sin I=n'\sin I' \Rightarrow \Rightarrow 1 \times \sin I=1.5163 \times \sin30.96° \Rightarrow \Rightarrow I=51.26°$$

即半视场为

$$\omega=I=51.26°$$

能够观察到的外界范围为

$$2\omega=2I=102.52°$$

例 1-2 一束光垂直入射到空气-玻璃介质分界面上,若玻璃的折射率 $n=1.52$,试求在该介质分界面上反射率的大小。若玻璃的折射率 $n=1.6$,则反射率将如何变化?

分析 反射率的大小与构成介质分界面的折射率及入射角的大小有关,故只要采用反射率的计算公式,就能够对例 1-2 进行求解。

解 当光垂直照射在空气($n=1$)与玻璃($n=1.52$)介质分界面上时,根据式(1-12),有

$$\rho=\left(\frac{n'-n}{n'+n}\right)^2=\left(\frac{1.52-1}{1.52+1}\right)^2 \approx 0.043$$

当光垂直照射在空气($n=1$)与玻璃($n=1.6$)介质分界面上时,

$$\rho=\left(\frac{n'-n}{n'+n}\right)^2=\left(\frac{1.6-1}{1.6+1}\right)^2 \approx 0.053$$

即当玻璃的折射率增大时,相应的反射率也适度增大。

2. 两种重要的光传播现象（two important propagation phenomenons）

1）光路可逆定理（law of reversibility of light path）

根据以上几何光学的基本定律，就可以得出光线传播的可逆性特征，若光线逆着原来的方向传播，它将按照完全相同的路径反向行进。

假设从发光点 A 发出一条入射角为 I 的入射光线 AO，如图 1-11 中单箭头光线所示，该光线投射到两种均匀介质（折射率分别为 n、n'）的分界面上，根据折射定律能够确定折射光线的传播方向 OB。若由 B 点发出一条入射角为 I' 的光线 BO，如图 1-11 中双箭头光线所示，则折射光线一定将经过 A 点。显然以上两种情况均是沿着相同的光路进行传播的，此种现象称为光路的可逆性。

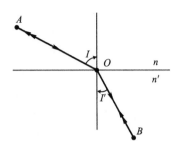

图 1-11　光路可逆定理

Figure 1-11　law of reversibility of light path

2）全反射现象及其应用（total internal reflection and its applications）

（1）全反射的定义（definition of total internal reflection）。

全反射又称完全内反射，它是指当光从光密介质入射到光疏介质，且入射光的入射角大于临界角时，两种介质光滑的分界面把入射光全部反射回原介质中的现象。

通常把分界面两边折射率相对较大的介质称为光密介质，折射率较小的介质称为光疏介质。其实所谓的光密介质或光疏介质是相对而言的，例如，当光投射到水-空气（$n_水=1.33$，$n_空=1$）介质分界面时，水是光密介质，空气是光疏介质；当光投射到水-玻璃（$n_玻=1.5163$）介质分界面时，水是光疏介质，玻璃是光密介质。

当光线以一定的角度入射到光密-光疏介质分界面上时，按照折射定律折射角 I' 将大于入射角，相对入射光线而言，折射光线将远离法线，并且随着入射角的逐渐增大，折射角也逐渐增大，当入射角增大到某一程度时，折射光线恰好沿着界面方向传播，即折射角刚好满足 $I'=90°$，此时的入射角称为临界角，用符号 I_c 表示，如图 1-12（a）所示，故临界角可表示为

$$\sin I_c = \frac{n'}{n} \tag{1-13}$$

若此时入射角继续增大，光线将返回到第一种介质中，此时只有反射光线而没有折射光线，反射光线的方向依然可按反射定律来加以描述，如图 1-12（b）所示。

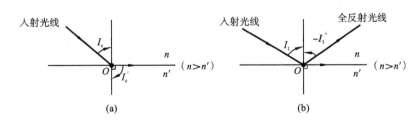

图 1-12　临界角与全反射

（a）临界角；（b）全反射

Figure 1-12　critical angle and total internal reflection

（a）critical angle；（b）total internal reflection

全反射现象的发生必须满足一定的条件,即光从光密介质入射到光疏介质,且入射光线的入射角大于临界角,两者缺一不可。

值得注意的是,波动光学认为当全反射现象发生时,全反射光波并不是绝对地在界面上被立即全部反射回第一种介质,而是透入第二种介质大约一个波长的深度,并沿着界面流过波长量级距离后重新返回第一种介质,即在第二种介质中存在隐失波,也称倏逝波(evanescent wave)。这就意味着入射光线在界面上的入射点与全反射光的出射点并不重合,两者之间存在着一个波长量级的微小位移(古斯-哈恩森位移),而几何光学在描述全反射现象时则忽略了此位移的存在,认为入射光线在分界面上的入射点与全反射光线的出射点是相重合的。还应说明的是,虽然第二种介质当中存在隐失波,但是并不向第二种介质传递能量,隐失波的存在与能量守恒并不相矛盾。表 1-4 给出了几种常见光学玻璃的玻璃-空气界面临界角的大小,从表中可见,材料折射率越大,其临界角越小。

表 1-4　几种常见光学玻璃的临界角

Table 1-4　critical angles of conventional glass

玻璃型号	QK1	K1	K9	BaK1	BaK7	F1	F3	ZF1
折射率	1.470 4	1.499 6	1.516 3	1.530 2	1.568 8	1.603 1	1.616 4	1.647 5
临界角	42.85°	41.82°	41.28°	40.81°	39.60°	38.59°	38.22°	37.37°

(2)全反射现象的应用(application of total internal reflection phenomenon)。

由于全反射现象发生时光全部反射回第一种介质中,没有能量的损失,所以全反射优于普通的镜面反射。正是由于全反射的这一特点,使得全反射现象在许多方面得到了实际的应用。

全反射现象广泛地应用于光学仪器之中,我们经常使用到的反射棱镜就是全反射现象最典型的一个应用。

全反射棱镜(total internal reflection prism)　光学仪器中常常利用各种全反射棱镜来替代平面反射镜,平面反射镜的金属镀层对光能有一定的吸收作用,而全反射棱镜的使用能够减少甚至避免这种反射时的光能损失,如图 1-13 所示。

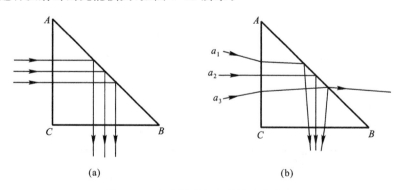

图 1-13　全反射现象在棱镜中的应用

(a)平行光入射;(b)会聚光入射

Figure 1-13　total internal reflection phenomenon and its application in prism

(a) parallel incident light;(b) convergent incident light

图 1-13(a)所示为一次反射式等腰直角棱镜(设玻璃折射率 $n=1.52$),一束平行光垂直入

射(入射角 $I=0°$)到该直角棱镜上,在 AC 面上发生折射,之后又到达 AB 面上,此时光线是从光密介质(玻璃)射入光疏介质(空气)中,由于在斜面 AB 上的入射角为 $45°$,大于临界角 $I_c=\arcsin\dfrac{n_空}{n_玻}=\arcsin\dfrac{1}{1.52}\approx41°$,故光线将在斜面 AB 上发生全反射现象,全反射的光垂直投射到 BC 面上,最后折射射出。该全反射棱镜将光路折转 $90°$,入射为平行光束,出射仍为平行光束,由于全反射发生时理论上没有能量的损失,故全反射棱镜的使用与普通的平面反射镜相比在能量的有效利用上有着更大的优势。

一般反射棱镜应用在平行光路或会聚光路中,若投射到一次反射式等腰直角棱镜上的光束为会聚光束,如图 1-13(b)所示,由于入射光 a_1、a_2、a_3 在 AC 面上的入射角大小并不相等,从而导致在 AB 斜面上一部分光发生全反射(如光线 a_1、a_2),而另一部分光发生普通的反射(如光线 a_3),由于普通反射光的反射能量远小于全反射时反射光的能量,最终导致出射光能量变得并不均匀。

光学纤维(optical fiber)(以下简称光纤)　光纤是一种导光、导像和成像元件,在医学、工业、国防和光通信事业等领域得到了广泛的应用。制造光纤的基本材料多为玻璃或塑料,有时为了传导紫外光或激光也可以使用石英作为材料。光纤的形状多为圆柱形,其基本结构是两层圆柱状媒质,内层为纤芯,外层为包层,且纤芯的折射率要稍大于包层的折射率,实际的光纤在包层外还应有一层保护层。光纤细且柔软,直径可做成几十微米甚至几个微米。光纤也是利用全反射的原理进行能量的传输,按纤芯折射率分布方式的不同,光纤又可以分为两类,即阶跃折射率光纤和梯度折射率光纤。阶跃折射率光纤的纤芯折射率是均匀的,在纤芯和包层的分界面上折射率发生突变;梯度折射率光纤的纤芯折射率是非均匀的,其按一定的函数关系随光纤径向坐标的增加而逐渐减小。下面就以单根阶跃型折射率光纤为例来介绍光纤的基本结构和光纤传光的基本原理,如图 1-14(a)所示。

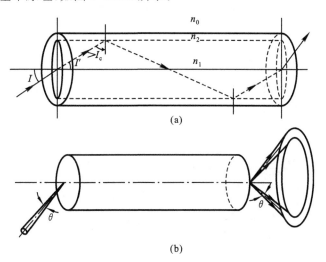

图 1-14　光纤传光的基本原理

Figure 1-14　**propagation principle of light in optical fiber**

设纤芯的折射率为 n_1,包层的折射率为 n_2,周围介质折射率为 n_0,光线从光纤的一端以一定的角度 I 射入光纤纤芯之中,在周围介质与纤芯分界面上发生普通的折射,折射光投射到纤芯与包层的介质分界面上。若此时入射角大于临界角,则在该分界面上发生全反射现象,全反射光将在纤芯内连续发生全反射,直至传到光纤的另一端面折射射出。可见,只要满足全反射发生的条件,光就能够在光纤内传输很远的距离,根据折射定律可知

$$n_0 \sin I = n_1 \sin I'$$

由临界角公式及图 1-14(a)中各角度的几何关系有

$$\sin I_c = \sin(90 - I') = \cos I' = \frac{n_2}{n_1}$$

故
$$n_0 \sin I = n_1 \sin I' = n_1 \sqrt{1 - \cos^2 I'} = n_1 \sqrt{1 - \left(\frac{n_2}{n_1}\right)^2} = \sqrt{n_1^2 - n_2^2} \qquad (1\text{-}14)$$

可见,只有当光纤端面上的入射角小于 I 值时,光线在光纤内部才能不断地发生全反射现象,我们称 $\mathrm{NA} = n_0 \sin I$ 为光纤的数值孔径,光纤数值孔径的大小表示光纤接收光能的多少,数值孔径越大,接收的光能就越多。以上讨论仅限于位于光纤对称轴线的截面内的光线。若入射光是一束斜入射的光锥,则出射光束如图 1-14(b)所示,最后射出光纤的光将形成一个锥面。若将大量的单根光纤按序排列成光纤束,并把两端截平磨光,就可作传像与传光之用(即光缆)。光纤常见的排列方式有三种,如图 1-15 所示,第一种是正方形排列,第二种是正六角形排列,第三种是混乱排列,排列方式的不同对光纤的透光率和分辨率有很大的影响。

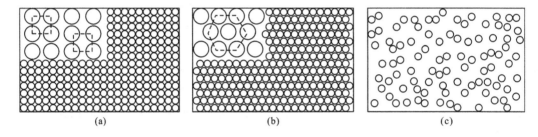

图 1-15　三种常见的光纤排列方式

(a) 正方形排列;(b) 正六角形排列;(c) 混乱排列

Figure 1-15　arrangement mode of optical fiber

(a) square arrangement mode;(b) hexagon arrangement mode;(c) random arrangement mode

光纤束之所以能够传递图像,是因为组成传像束的每一根光纤都可看做一个成像元素,当传像束的光纤呈现有规则的排列时,输入端的图像就被传输到输出端,光纤导像的示意图如图 1-16 所示。

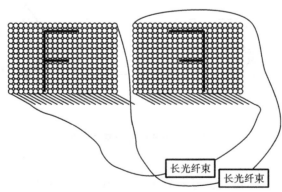

图 1-16　光纤导像的示意图

Figure 1-16　sketch of image carrying fiber

下面就以医用纤维光学胃镜(gastroscope)为例来进行说明。胃镜检查是目前诊断食管、胃和十二指肠疾病最可靠的方法,最早的胃镜是德国人库斯莫尔在 1868 年借鉴江湖吞剑术发明的库斯莫尔管,它其实就是一根长金属管,末端装有镜子。但因为这种胃镜容易戳破病人食道,因此不久就废弃了。1950 年,日本医生成功发明软式胃镜的雏形——胃内照相机,它借助一条纤细、柔软的管子伸入胃中,医生可以直接观察食道、胃和十二指肠的病变。胃镜检查能直接观察到被检查部位的真实情况,更可通过对可疑病变部位进行病理及细胞学检查,以进一步明确诊断,该方法目前是上消化道病变的首选检查方法。自 20 世纪 50 年代纤维光学技术应用于医用内窥镜(endoscope)后,纤维光学几乎统治了医用内窥镜所有的领域,其光学成像系统如图 1-17 所示。

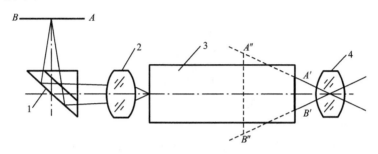

图 1-17　纤维光学胃镜的光学系统原理图

Figure 1-17　optical system of gastroscope

被观察物体 AB 发出的光首先经过直角屋脊棱镜 1 使光路折转 $90°$,经物镜 2 成像于传像纤维束 3 的输入端,经传像纤维束将物体的像传递到其输出端,在输出端所得到的像 $A'B'$ 最后经目镜 4 成一放大的虚像 $A''B''$,并使之位于人眼的明视距离处,由人眼来进行观测。在此成像过程中,光纤维束起到了至关重要的作用,由于光纤是挠性元件,在光纤头部加入弯曲机构后可以控制其弯曲的方向,利用光导纤维导光可获得清晰、逼真的图像,可以动态地观察、摄影及记录。正是由于光纤具有导光传像的特征,目前,国际上几乎所有的内窥镜都改为光纤镜,图 1-18 所示的为医用胃镜的基本结构图。

此外,全反射现象在测量介质的折射率、制作光调制器、近场扫描光学显微镜等方面也有重要的应用,在这里就不一一介绍了。

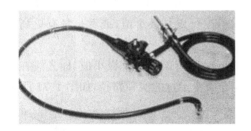

图 1-18　胃镜的基本结构图

Figure 1-18　basic structure of gastroscope

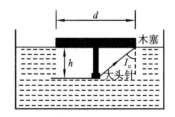

图 1-19　浮于水面的木塞

Figure 1-19　floating cork

例 1-3　如图 1-19 所示,在圆柱形木塞的圆心,垂直于圆平面插入一根大头针,然后把木塞浮在水面,调节大头针插入木塞的深度,直至使观察者在水面上方无论什么位置都刚好看不到水下的大头针。如果测得此时大头针露出来的长度为 h,木塞直径为 d,试求水的折射率。

分析　在本题中,大头针是物体且位于水中,人眼位于水平之上,人若想看见大头针(实际上看到的是大头针发出的光经水-空气介质分界面所成的像),就需要大头针发出的光能够折射出水面且到达人眼。现按照题意要求,什么情况下才能满足在水面上方无论什么位置都看不到水下的大头针呢?只有当大头针发出的从水中射往空气的光全部反射回水中时才能满足要求,即此时发生了全反射现象,故按照全反射发生的条件、临界角的公式,就能够对问题进行求解。

解 按题意,若观察者在水面上方无论什么位置都刚好看不到水下的大头针,这就意味着此时发生了全反射现象,当全反射现象发生时其临界角为

$$\sin I_c = \frac{n'}{n} = \frac{1}{n_\text{水}}$$

故有

$$n_\text{水} = \frac{1}{\sin I_c} = \frac{\sqrt{h^2 + (d/2)^2}}{(d/2)} = \frac{\sqrt{4h^2 + d^2}}{d}$$

"全反射现象的应用"视频

3. 费马原理(Fermat principle)

几何光学的理论基础就是四大传播定律,而法国数学家费马却利用光程的概念将几大定律进行了高度的概括并形成了一个统一的定律,即费马原理。

费马原理提供了一种有效的确定光线路径的方法,它既适用于均匀介质,也适用于非均匀介质。此外,利用费马原理也能够证明反射定律和折射定律。

设光在介质走过的其他路径与实际路径是非常接近的,其他路径是指当光线遇到折射面或反射面时能够与实际路径分离开来的路径,如图1-20所示,设 AMNB 是光线的实际路径,现在其附近任取一其他路径 AM'N'B,两者之间的距离处处小于某个无穷小量 ε。在此前提下,费马原理是指光从一点 A 传播到另外一点 B,无论经过多少种介质,走过什么样的路径,其光程皆是稳定的。若用严格的数学形式来表述即为

$$\delta s = \delta \int_A^B n(l)\,dl = 0 \tag{1-15}$$

式(1-15)表示,在光线的实际路径上光程的变分为零。粗浅地理解变分可认为它就是函数的微分(广义多元函数的微分),代表微分的符号 d 也改作 δ,对于某条给定的路径,变分为零即意味着泛函在路径上是平稳的,它可以是极大值也可以是极小值,或者是具有更高阶的平稳值。

费马认为一般情况下光在介质中传播时所需的时间应该是一个极小值,即光线在介质中走的是捷径。通过费马原理的使用可以确定出光在介质中走过的实际路径,如图1-21所示。

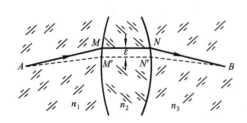

图 1-20 光在介质中走过的路径
Figure 1-20 optical path in medium

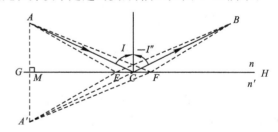

图 1-21 光实际路径的确定
Figure 1-21 determination of real optical path

设从 A 点发出的一条光线经两介质分界面 GH 反射后经过 B 点，通过使用费马原理就能够确定光线走过的实际路径。首先过 A 点做界面 GH 的垂线交界面于一点 M，延长 AM 并在其延长线上取一点 A'，令 $AM = MA'$，连接 $A'B$ 交界面于一点 C，连接 AC，则光走过的实际路径为 ACB。过 C 点做界面的法线，不难看出，当光线沿此路径传播时完全遵守反射定律，即 $I = -I''$。现在 C 点附近取两个点 E、F，由于两点之间直线最短，则显然有 $A'EB > A'CB$，$A'FB > A'CB$，又根据图 1-21 中的几何关系 $AE = A'E$，$AF = A'F$，最后得到 $AEB > ACB$，$AFB > ACB$，这就意味着当光从 A 点传播到 B 时 ACB 是最短路径，需要的时间最短，此时光程为极小值，显然 ACB 即为光线实际的路径。

光在均匀介质中的直线传播及在平面界面上的折射和反射都是光程稳定在最小值的实例，但是大量的事实证明，当光在介质中传播时，其光程不仅可能稳定在极小值，也有可能是极大值甚至是等光程。故实际光线的光程只能用"稳定"来进行描述。如图 1-22(a) 所示为一个椭球反射面，F、F' 是椭球反射面的两个焦点，若将发光点 S 放置在焦点 F 上，则 S 发出的光经过椭球面内表面上任意点 Q 反射后将到达另一焦点 F'，按照旋转椭球面的特性，两个焦点到椭球面上任意点的路径之和为一个常数，因而有

$$(SQS') = (SBS') = 常数$$

式中，括号表示光程。上式表明光程为常量，是稳定的，所以椭球内反射面对焦点 F、F' 来说是等光程面，如图 1-22(b) 中曲面 V 所示；若在图 1-22(a) 中做一个与椭球面上 B 点内切的曲面 U，则光程 (SBS') 对曲面 U 来讲稳定在极大值，如图 1-22(b) 中曲面 U 所示；若做一个与椭球面上 B 点外切的曲面 W，则光程 (SBS') 相对曲面 W 来讲稳定在极小值，如图 1-22(b) 中曲面 W 所示。图 1-22(b) 清晰地说明了在同一点 B 处的三种情况光程的比较。

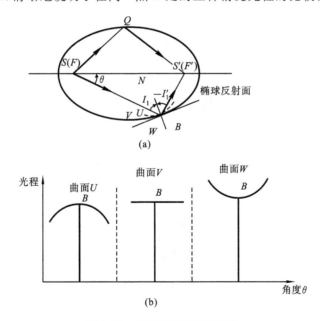

图 1-22　几种光程稳定的情况
Figure 1-22　conditions of stable optical path

例 1-4　试利用费马原理推导出折射定律。

分析　费马原理是指光从一点传播到另外一点，无论经过多少种介质，走过什么样的路径，其光程皆是平稳的。按照其定义的核心思想，光程为平稳的是其解题的关键点，因此我们

可以从光程的角度出发,首先求出从 A 点到 B 点的光程表示式,并以此表示式为基础进行求导,从而证明出折射定律。

证明 如图 1-23 所示,A 点发出的入射光线投射到两个均匀介质光滑的分界面 GH 上,经界面发生折射并通过 B 点。设投射点为 O 点,MN 为过 O 点的界面法线方向,第一种介质折射率为 n,第二种介质折射率为 n',以 O 点为原点建立坐标,设 GH 为 x 轴坐标方向,MN 为 y 轴坐标方向,现过 A 点和 B 点分别作垂直于界面的垂线 AC 和 BD,令

$$AO = d_1, \quad OB = d_2, \quad CD = p, \quad OD = x, \quad AC = h_1, \quad BD = h_2$$

则由 A 点到 B 点的光程为

$$s = nd_1 + n'd_2 = n\sqrt{h_1^2 + (p-x)^2} + n'\sqrt{h_2^2 + x^2}$$

根据费马原理,光从一点传播到另一点的光程是一个稳定的值,故有

$$\frac{\mathrm{d}s}{\mathrm{d}x} = -n\frac{2(p-x)}{2\sqrt{h_1^2 + (p-x)^2}} + n'\frac{2x}{2\sqrt{h_2^2 + x^2}} = 0$$

化简之后有

$$\frac{\mathrm{d}s}{\mathrm{d}x} = n'\frac{x}{\sqrt{h_2^2 + x^2}} - n\frac{p-x}{\sqrt{h_1^2 + (p-x)^2}} = 0$$

从图 1-23 中可知,

$$\sin I' = \frac{x}{\sqrt{h_2^2 + x^2}}, \quad \sin I = \frac{p-x}{\sqrt{h_1^2 + (p-x)^2}}$$

故有

$$n'\sin I' = n\sin I$$

从而证明出折射定律。

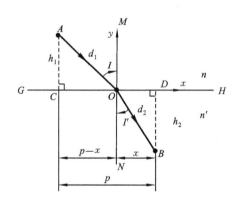

图 1-23 各参量之间的几何关系

Figure 1-23 geometric relationship among parameters

"费马原理"视频

4. 马吕斯定律(Malus law)

马吕斯定律是由马吕斯于 1808 年提出,并于 1816 年由杜宾加以修正,用以描述光经过任意多次反射、折射后,光束与波面、波面与光程之间相互关系的定律。马吕斯定律指出,光线束在各向同性的均匀介质中传播时,始终保持着与波面的正交性,并且入射波面与出射波面各对应点之间的光程均为定值。

1.3 | 光学系统与完善成像
Optical System and Perfect Imaging

1. 光学系统(optical system)

人们通过对光的传播规律的研究,设计制造了各种各样的光学仪器为生产和生活服务,例如,设计显微镜是为了帮助我们观察细小的物体,设计望远镜是为了观察远距离的物体。光学仪器的核心部分就是光学系统,而光学系统最主要的作用之一就是对物体进行成像,以供人眼观察、照相或通过光电接收器件进行接收。

所有的光学系统都是由一个或多个光学元件按照一定的方式组合而成的,常见的光学元件主要有透镜、反射镜、棱镜和平行平板等,如图 1-24 所示。光学元件的面形多为平面、球面或非球面,而构成元件的材料多为一些透明介质,如光学玻璃、光学晶体、光学塑料。由于球面及平面便于大批量生产,故目前光学系统中光学元件的面形多为球面和平面,随着工艺水平的提高,非球面也正在被越来越多地使用。

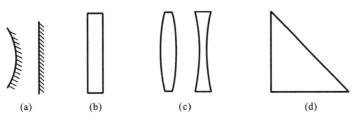

图 1-24　几种常见的光学元件

（a）反射镜；（b）平行平板；（c）透镜；（d）棱镜

Figure 1-24　conventional optical elements

（a）mirror；（b）parallel plate；（c）lens；（d）prism

通常将球面透镜(平面可视为半径为无限大的球面)和球面反射镜组成的系统称为球面光学系统。各光学元件的表面曲率中心位于同一条直线上的光学系统称为共轴球面光学系统,该直线称为光轴,光轴也就是整个系统的对称轴线,如图 1-25 所示。此外也存在非共轴光学系统(如含有色散棱镜的光谱仪器系统)。由于光学系统中大部分为共轴光学系统,非共轴光学系统使用较少,故本教材主要探讨共轴球面光学系统。目前被广泛使用的光学系统,大多数由共轴球面系统和平面镜、棱镜系统组合而成。

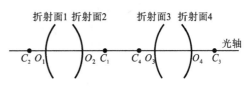

图 1-25　共轴球面光学系统

Figure 1-25　spherical optical system

2. 成像的基本概念(basic imaging concepts)

一个发光的物体,无论它是自发光的还是被其他光源照明而发光的,均可视为由许多发光点组成,每个发光点均辐射出理想的球面波,相应地都对应着一束同心光束。光学系统最基本的作用就是接收由物点发出的入射球面波,改变其形态并最终形成物点的像,故光学系统的成像过程从本质上讲就是实现波面转换的过程,将一个发散的或会聚的波面经过一系列的反射和折射,变换成为一个新的会聚的或发散的波面,从而满足一定的使用要求。

图 1-26(a)所示为发光点 A 发出的一束发散同心光束经光学系统后得到一束会聚于 A'

的会聚同心光束;图 1-26(b)所示为发光点 A 发出的一束发散同心光束经光学系统后得到一束延长线会聚于 A′的发散同心光束。

我们称发出光线的点为物点,当发自某物点的光收敛于另一点时就形成了像点,所以从光学的真实性来讲,像就是物的映射,人眼完全无法区分收集到的发散光线是来自一个物点还是一个像点。图 1-26 中所示的 A 点就是物点,A′点就是像点,A 点与 A′点之间的这种物像对应关系称为共轭。

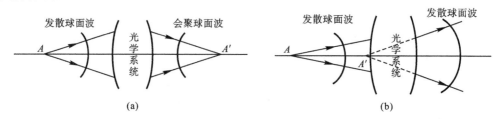

图 1-26　光学系统的成像过程

(a) 会聚光学系统;(b) 发散光学系统

Figure 1-26　imaging process of optical system

(a) convergent optical system;(b) divergent optical system

无论是物还是像都有虚实之分,由实际光线相交而形成的点为实物点或实像点,由这样的点构成的物或像称为实物或实像;由光线的延长线相交所形成的点为虚物点或虚像点,由这样的点构成的物或像称为虚物或虚像。图 1-27 所示为几种常见的成像状态,其中图(a)为实物成实像,图(b)为实物成虚像,图(c)为虚物成实像,图(d)为虚物成虚像。

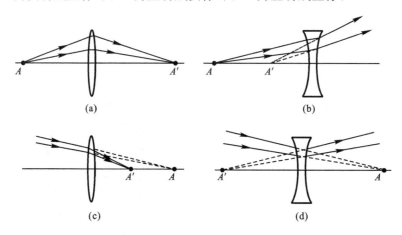

图 1-27　几种常见的成像状态

Figure 1-27　conventional imaging situations

需要说明的是,虚物不能人为设定,也不能独立存在,它一般只能是另一个光学系统所成的像。假设系统由两个折射面构成,如图 1-28 所示,如果不考虑第二个折射面,则箭头 $A_1'B_1'$ 就是无限远物体 AB(图中仅画出轴上物点 A 发出的入射光线)经第一个折射面 O_1 所成的实像,如图 1-28(a)所示,由于物体经过系统成像是逐面进行的,对于第二个折射面 O_2 而言,$A_1'B_1'$ 是它的虚物 A_2B_2,如图 1-28(b)所示,可见同样的一个中间结果对前一个折射面而言是像,对后一个折射面而言则是物。

凡物所在的空间称为物空间,像所在的空间称为像空间。

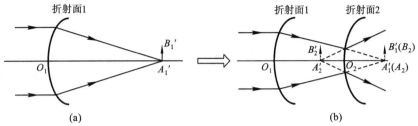

图 1-28　两个折射面系统的物像关系

Figure 1-28　relationship between object and image in system with two refracted surfaces

如果光学系统由 K 个折射面或反射面构成,那么将产生 $K+1$ 个光学空间。图 1-29 所示为由 5 个折射面构成的光学系统,该系统将产生 6 个光学空间。第一个空间常称为物空间,最后一个空间常称为像空间。每一个光学空间中仅存在一个物或一个像,而每一个折射面都有自己的物空间和像空间。中间部分的光学空间,对前一个折射面而言是像空间,对后一个折射面而言则是物空间,两个空间可以无限扩展,并不是由一个折射面或一个光学系统的左边和右边进行机械划分的。

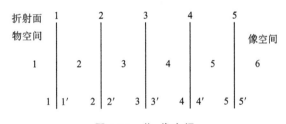

图 1-29　物、像空间

Figure 1-29　object and image space

3. 完善成像(perfect imaging)

一个物点发出球面波,若经过光学系统后出射仍为球面波,那么与此出射球面波相对应的同心光束的中心即为物点经过光学系统所成的完善像点。物体上每一个点经光学系统所成的完善像点的集合就是该物体经过光学系统后所成的完善像。根据费马原理和马吕斯定律,由于光学系统入射波面与出射波面之间的光程是相等的,故要将物点 A 完善成像于 A',就必须满足 A 和 A' 之间等光程的条件,即

$$(AA') = 常量 \tag{1-16}$$

式中,括号表示光程,故等光程是完善成像的物理条件。

有限大小的物体成完善像是非常困难的,但是一个特定点成完善像却是可以实现的,前面讲过的椭球面就是一个等光程的实例,椭球面的两个焦点 F、F' 就是一对完善像点。

第 1 章　教学要求及学习要点

习 题

1-1 游泳者在水中向上仰望,能否感觉整个水面都是明亮的?

1-2 有时看到窗户玻璃上映射的太阳光特别耀眼,这是否是由于窗玻璃表面发生了全反射现象?

1-3 一束在空气中波长为 $\lambda = 589.3$ nm 的钠黄光从空气射入水中时,它的波长将变为多少? 在水中观察这束光时其颜色会改变吗?

1-4 一高度为 1.7 m 的人立于路灯边(设灯为点光源)1.5 m 远处,路灯高度为 5 m,求人的影子长度。

1-5 为什么金刚石比磨成相同形状的玻璃仿制品显得更加光彩夺目?

1-6 为什么日出或日落时太阳看起来稍微有些发扁?

1-7 如何利用针孔照相机测量树的高度?

1-8 为什么远处的灯光在微波荡漾的湖面形成的倒影拉得很长?

1-9 波长为 $\lambda = 589.3$ nm 的光分别在空气、水、K9 玻璃($n = 1.52$)、钻石($n = 2.42$)等物质中进行传播,请分别求其传播速度。

本 章 术 语

几何光学	geometrical optics
传播	propagate
光的传播速度	speed of light
波面	wave front
光线	ray
折射率	refractive index
光束	light beam
光程	optical path length
光的直线传播定律	law of rectilinear propagation
各向同性	isotropic
均匀介质	homogeneous medium
日食	solar eclipse
针孔相机	pinhole camera
光的独立传播定律	law of independent propagation
光的反射定律	law of reflection
漫反射	diffuse reflection
海市蜃楼	mirage
光的折射定律	law of refraction
反射率与透射率	reflectance and transmittance
光路可逆定理	law of reversibility of light path
全反射现象	total internal reflection
临界角	critical angle
全反射棱镜	total internal reflection prism

光学纤维	optical fiber
倏逝波	evanescent wave
胃镜	gastroscope
费马原理	Fermat principle
马吕斯定律	Malus law

第2章

高斯光学系统
Gaussian Optical System

2.1 **高斯光学系统概述**
Gaussian Optical System Survey

1. 高斯光学系统的定义（definition of Gaussian optical system）

图 2-1   天文学家及物理学家高斯
Figure 2-1   physicist and astronomer—Gauss

高斯光学系统又称理想光学系统,是 1841 年由德国天文学家及物理学家高斯(见图 2-1)建立起来的,它的理论适用于任何结构的光学系统。

所谓高斯光学系统是指能够对任意宽空间内的点以任意宽光束成完善像的光学系统。它能够将物空间的同心光束转换成像空间的同心光束,是对实际光学系统的理想化和抽象化,用它可以更简单地描述光学系统的物像关系,建立物像与系统之间的内在联系。高斯光学系统成像规律的实际意义是用它作为衡量实际光学系统成像质量的标准。

2. 高斯光学系统的性质（character of Gaussian optical system）

高斯光学系统的性质是通过高斯光学系统的定义、传播定律及物像点之间一定的几何关系分析论证出来的,故又称共线成像或共线变换,具体内容如下。

(1)物空间中的每一点对应于像空间中相应的点且只对应一点,称这两个对应点为共轭点。

(2)物空间中的每一条直线对应于像空间中相应的直线且只对应一条,称这两条对应直线为共轭线。

(3)物空间的每一个平面对应于像空间中相应的平面且也是唯一的,称这两个平面为共轭面。

图 2-2 所示为一高斯光学系统的成像光路图,图中 AB 是物,$A'B'$ 是 AB 经过系统所成的像。按照光路可逆原理,如果将 $A'B'$ 当作是物,则 AB 为 $A'B'$ 经过系统所成的像,故 A、A' 及

B、B' 均各为一对共轭点，AB、$A'B'$ 为一对共轭线。

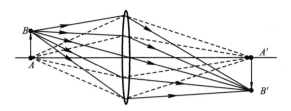

图 2-2　高斯光学系统的成像光路

Figure 2-2　optical imaging path of Gaussian optical system

高斯光学系统具有物像方之间的这种点点、线线、面面的一一对应关系，如果继续扩展，同样可以得到体体一一对应的关系，这种相应的物像关系称为共轭元素。如果高斯光学系统是轴对称的，则还应具备如下特性。

（4）光轴上任何一点的共轭点仍在光轴之上。

（5）平行于光轴的光线，其共轭光线可能交光轴上于一点（有焦系统），也有可能仍然平行于光轴（无焦系统）。

（6）任何垂直于光轴的平面，其共轭面仍与光轴垂直。

（7）在垂直于光轴的同一平面内，垂轴放大率相同。

（8）在垂直于光轴的不同平面内，垂轴放大率一般并不相等。

2.2 单个折射面的光路计算及近轴区成像的物像关系
Ray Tracing of Single Refracting Surface and Relationship between Object and Image in Paraxial Region Imaging

绝大部分光学系统是由透镜、棱镜等多个光学元件构成的，光线经过光学系统成像是逐面进行的，光路计算也是如此，所以下面将探讨光线经过单个折射面的光路计算及折射面之间的过渡问题，并最终过渡到整个系统成像。

1. 符号规则（sign convention）

符号规则对光路方向、各种线段、各种角度的符号都做了非常明确的规定，其主要内容如下。

（1）光轴（optical axis）：旋转对称光学系统的对称中心轴线即为光学系统的光轴，用 z 轴表示。

（2）反射后的介质折射率符号为负。

（3）在正折射率的介质中，设光线自左向右传播，即从 $-z$ 向 z 方向传播。

（4）距离：以参考点、参考线或参考面为基准，位于基准之上或右侧为正，位于基准之下或左侧为负。

垂轴距离：以光轴为基准，光轴之上的线段为正，光轴之下的线段为负。

沿轴距离：以参考点为基准，位于参考点右边的距离为正，左边的距离为负。

折射面的曲率半径 r：以折射面的顶点为基准点，曲率中心位于右侧为正，左侧为负。

折射面之间的间隔 d：以前一个折射面的顶点为基准点，后一个折射面的顶点位于右侧为正，左侧为负。

（5）角度：相对于参考线或参考面所形成的角度通常以锐角进行度量，并遵守右手定则，即以参考量值为基准，顺时针方向旋转为正，逆时针方向旋转为负。

光线与光轴的夹角（孔径角（aperture angle）U、U'）：以光轴为基准，由光轴转向光线顺时针方向为正，逆时针方向为负。入射光线与光轴的夹角通常称为物方孔径角（U），出射光线与光轴的夹角通常称为像方孔径角（U'）。

光线与法线的夹角（I、I'、I''）：以光线为基准，由光线转向法线顺时针方向为正，逆时针方向为负。

光轴与法线的夹角（φ）：以光轴为基准，由光轴转向法线顺时针方向为正，逆时针方向为负。

为使各参量看起来更为直观，几何光学中无论是线段还是角度都要用箭头进行标识，箭头的方向都是从基准位置指向终了位置。如图 2-3 所示，z 代表光轴方向，O_1 代表折射面顶点，C 代表折射面曲率中心。

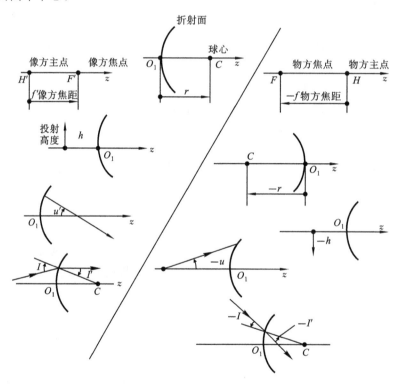

图 2-3 符号规则的应用

Figure 2-3 application of sign convention

2. 单个折射球面的光路计算（ray tracing of single refracting spherical surface）

所谓光路计算就是根据已知入射光线的具体位置求出出射光线具体位置的过程。物点发出的光线大致可分为两类：一类为实际光线，又称远轴光线；一类为近轴光线，又称傍轴光线。近轴光线可粗略地理解为很靠近光轴附近的光线，除此之外的光线即可称为实际光线。实际光线和近轴光线虽然是同一点发出的光线，但是在光路计算中所使用的公式却并不完全相同，光线折射后的特性也有很大的区别。

1）实际光线经过单个折射球面的光路计算公式（ray tracing of single refracting spherical surface for real ray）

在图 2-4 中，折射面 OE 是折射率为 n、n' 的两种均匀介质分界面，折射面的曲率半径为 r，

球心为 C,顶点为 O,一高度为 Y 的物体 AB 垂直于光轴放置,交光轴于一点 A,A 点即为轴上点,顶点 O 与物体 AB 之间的距离为物距 L,轴上物点 A 发出一条孔径角为 U 的入射光线,该光线位于子午面(轴外点与系统光轴构成的平面)内,则根据折射定律就能够分析出其折射光线的具体位置。设折射光线的像方孔径角为 U',它与光轴相交于 A',像距为 L',$A'B'$ 为物体 AB 经折射面所成之像,其高度用 Y' 表示。在三角形 AEC 中,有

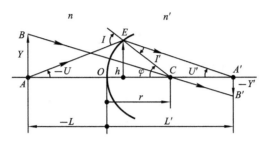

图 2-4 物在有限远单个折射球面各参量之间的几何关系

Figure 2-4 geometrical relationship among parameters of single refracting spherical surface for finite object distance

$$\frac{\sin(180°-I)}{-L+r} = \frac{\sin(-U)}{r}$$

故入射角
$$\sin I = \frac{L-r}{r}\sin U \tag{2-1}$$

利用折射定律便可求出折射角的大小

$$\sin I' = \frac{n\sin I}{n'} \tag{2-2}$$

又由于 $\varphi = I' + U'$,$I = -U + \varphi$,所以像方孔径角为
$$U' = U + I - I' \tag{2-3}$$

同理,在三角形 $A'EC$ 中,

$$\frac{\sin I'}{L'-r} = \frac{\sin U'}{r}$$

故得像距

$$L' = r + r\frac{\sin I'}{\sin U'} \tag{2-4}$$

式(2-1)~式(2-4)就是子午面内有限远物体单个折射面实际光线的光路计算公式,即已知入射光线的相关参量 L、U、r、n、n' 求出出射光线的相关参量 L'、U' 的过程。

若轴上物点 A 位于无限远位置处,即光线平行于光轴入射,有 $L = -\infty$,$U = 0$,如图 2-5 所示,则有

$$\sin I = \frac{h}{r} \tag{2-5}$$

式中,h 为光线的入射高度;r 为折射面的曲率半径。显然,当轴上物点 A 位于无限远时,其入射角度的计算公式与轴上物点 A 位于有限远时的计算式(2-1)存在一定的差异,但其他三个公式依然适用。

2)近轴光线经过单个折射球面的光路计算公式(ray tracing of single refracting spherical surface for paraxial ray)

若由轴上物点 A 发出的入射光线的孔径角非常小,其相应的各种角度 I、I'、U' 等也非常

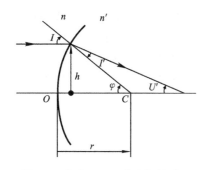

图 2-5 物在无限远单个折射球面
各参量之间的几何关系

Figure 2-5　geometrical relationship among
parameters of single refracting
surface for infinite object distance

小,将角度 U 的三角函数按幂级数展开,则有

$$\sin U = U - \frac{U^3}{3!} + \frac{U^5}{5!} - \frac{U^7}{7!} + \cdots$$

$$\tan U = U + \frac{U^3}{3} + \frac{2U^5}{15} + \frac{17U^7}{315} + \cdots$$

$$\cos U = 1 - \frac{U^2}{2!} + \frac{U^4}{4!} - \frac{U^6}{6!} + \cdots$$

可见,当角度很小时,上述级数中 U^2 及其以上各高次项就可近似忽略不计,则有 $\sin U \approx U$, $\tan U \approx U$, $\cos U \approx 1$,即这些角度的正弦值或正切值就可以用弧度值来代替,此时相应的角度也可以用小写字母 i、i'、u'、u 等加以表示,显然对于角度为有限大小的光线,这样的近似永远存在一定的误差,且角度越大,其误差值也越大,只有在角度很小时才具有一定的精度。可见,所谓的近轴区域并没有特别明确的界限,它受所允许的相对误差的大小制约,通常认为,若允许的相对误差 $\frac{\sin U - U}{\sin U}$ 为千分之一时,近轴区域的范围不超过 $\pm 5°$;若所允许的相对误差 $\frac{\sin U - U}{\sin U}$ 为万分之一时,近轴区域的范围仅为 $\pm 1.5°$,由于这类光线是位于光轴附近区域的光,故常称为近轴光线,近轴光线所在的这个区域称为近轴区(或傍轴区)。

例 2-1　一条入射光线的孔径角 $U = 3°$,所允许的相对误差为千分之一,请判断该入射光线是否可看做近轴光。

分析　判断一条光线是否是近轴光线,主要取决于该系统近轴区域的范围大小,若光线在近轴区域范围内,则为近轴光线。而系统近轴区域的范围大小与其所允许的相对误差密不可分,为此,只要列出所允许的相对误差的表达式,并对此加以计算即可求出该系统的近轴区域范围,从而实现相关的判断。

解　根据题意要求,该光线的相对误差为

$$\left| \frac{\sin U - U}{\sin U} \right| = \left| \frac{\sin 3° - \pi/60}{\sin 3°} \right| \approx 0.000\,45 = 0.045\% < 0.1\%$$

故当角度为 $3°$ 时满足所允许的误差要求,该光线可看做近轴光线。

近轴光线的光路计算公式可直接由实际光线的光路计算公式得到,由于是近轴光线,各相关的角度量值都非常小,故有 $\sin I \approx i$, $\sin I' \approx i'$, $\sin U \approx u$, $\sin U' \approx u'$,若再用 l、l' 来代替 L、L',则有

$$\left. \begin{aligned} i &= \frac{l-r}{r} u \\ i' &= \frac{n}{n'} i \\ u' &= u + i - i' \\ l' &= r + r \frac{i'}{u'} \end{aligned} \right\} \tag{2-6}$$

若光线平行于光轴入射,即 $l \to -\infty$, $u = 0$,则式(2-5)变为

$$i = \frac{h}{r} \qquad (2-7)$$

而式(2-6)的其余三式仍然适用。

3) 近轴光成像与实际光成像特性的区分(difference of imaging character between paraxial and real region)

根据式(2-4)与式(2-6)可知,虽然近轴光成理想像,但是对于远轴光束而言,同一物点发出的不同孔径角的光对应的像距有所不同,不再是理想像。

已知单个折射面的参数分别为 $r=20$ mm, $n=1$, $n'=1.516\ 3$, $L=-200$ mm,轴上物点 A 发出四条入射光线,孔径角分别为 $U_1=-1°$, $U_2=-2°$, $U_3=-3°$, $U_4=-5°$,则利用实际光路的计算公式求出四条出射光线的具体位置如下:

$$L'_1 = 71.940\ 7, \quad U'_1 = 2.794\ 35°$$
$$L'_2 = 69.181\ 92, \quad U'_2 = 5.909\ 40°$$
$$L'_3 = 64.454\ 7, \quad U'_3 = 9.835\ 07°$$
$$L'_4 = 45.871\ 23, \quad U'_4 = 29.260\ 6°$$

从上面的结果不难看到,当物距 L 为定值时,像距 L' 是孔径角 U 的函数,即由轴上物点发出的同心光束经球面折射后将有不同的像距 L',也就是说,像方的光束不再相交于光轴上一点,失去了同心性,所以轴上点以有限孔径角的光束经过单个折射面成像时一般是不完善的,如图 2-6 所示。

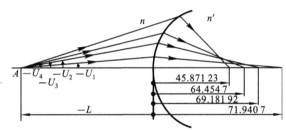

图 2-6 各参量之间的关系

Figure 2-6 relationship among parameters

随着物方孔径角越来越小,入射光线越来越靠近光轴,形成典型的近轴光,此时采用近轴光光路计算公式(式(2-6))同样可以求出四条光线的共轭位置,计算得到 $l'_1 = l'_2 = l'_3 = l'_4 = 72.638\ 7$。从上面计算的结果可知,对于单个折射球面,当使用近轴光光路计算公式时,无论 u 为何值,像距 l' 均为定值,这表明轴上点近轴光成像是完善的,称该像点为高斯像点,通过高斯像点且垂直于光轴的像面称为高斯像面,如图 2-7 所示。

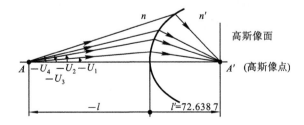

图 2-7 高斯像点及高斯像面

Figure 2-7 Gaussian image point and Gaussian image plane

"近轴光成像与实际光成像特性的区分"视频

3. 单个折射平面的光路计算公式(ray tracing of single refracting plane surface)

图 2-8 所示为几种常见的带平面的光学元件,光学系统中平面的光路计算不能使用球面的相应公式,而须另行推导。

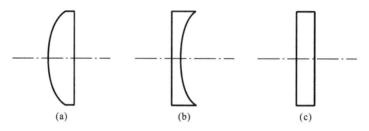

图 2-8 几种常见的带平面的光学元件

(a) 平凸透镜;(b) 平凹透镜;(c) 平行平板

Figure 2-8 conventional optical element with plane surface

(a) plane convex lens;(b) plane concave lens;(c) plane-parallel plates

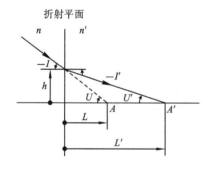

图 2-9 折射平面各参量之间的几何关系

Figure 2-9 geometrical relationship among parameters for refractive plane surface

1) 折射平面实际光线的光路计算(ray tracing of real ray for refractive plane surface)

由图 2-9 中各参量的几何关系,有

$$\left.\begin{array}{l} I = -U \\ \sin I' = \dfrac{n}{n'}\sin I \\ U' = -I' \\ L' = L\,\dfrac{\tan U}{\tan U'} \end{array}\right\} \tag{2-8}$$

2) 折射平面近轴光线的光路计算(ray tracing of paraxial ray for refractive plane surface)

当物方孔径角 U 很小时,$\cos U \approx \cos U' \approx 1$,$\sin U \approx U$,$\sin U' \approx U'$,此时像距可进行如下变换

$$L' = L\,\frac{\tan U}{\tan U'} = L\,\frac{\sin U \cos U'}{\cos U \sin U'} = L\,\frac{n'\cos U'}{n\cos U} = L\,\frac{n'}{n}$$

故近轴区域光线的光路计算公式近似有

$$\left.\begin{array}{l} i = -u \\ i' = \dfrac{n}{n'}i \\ u' = -i' \\ l' = \dfrac{u}{u'}l = \dfrac{n'}{n}l \end{array}\right\} \tag{2-9}$$

反射面可以作为折射面的特例,计算时可令 $n' = -n$。

4. 近轴区单个折射球面的物像关系及放大倍率(magnification and relationship between object and image of single refractive spherical surface in paraxial region)

1) 单个折射球面的物像关系(relationship between object and image of single refractive spherical surface)

将式(2-6)第一式中的 i 与第四式中的 i' 代入第二式中,即将 $i = \dfrac{l-r}{r}u$ 和 $i' = \dfrac{(l'-r)u'}{r}$ 代入 $i' = \dfrac{n}{n'}i$ 中,有

$$n'\frac{(l'-r)u'}{r} = n\frac{(l-r)u}{r}$$

化简得

$$n'\left(\frac{l'u'}{r} - u'\right) = n\left(\frac{lu}{r} - u\right)$$

又由于 $lu = l'u' = h$,代入上式,得

$$n'\left(\frac{h}{r} - u'\right) = n\left(\frac{h}{r} - u\right) \tag{2-10}$$

整理有

$$n'u' - nu = (n'-n)\frac{h}{r} \tag{2-11}$$

将式(2-10)左右同除以 h,最后整理得

$$n\left(\frac{1}{r} - \frac{1}{l}\right) = n'\left(\frac{1}{r} - \frac{1}{l'}\right) = Q \tag{2-12}$$

式(2-12)称为阿贝不变量,用字母 Q 表示,它表示当物点位置一定时,一个球面的物空间和像空间的 Q 值是相等的,Q 值的大小仅随共轭点的位置变化而变化。式(2-10)表示了经球面折射前后的物像方孔径角之间的相互关系,此二式将在像差理论中有重要应用。

将式(2-12)展开并通分整理,有

$$\frac{n'}{l'} - \frac{n}{l} = \frac{n'-n}{r} \tag{2-13}$$

式(2-13)体现的是单个折射球面的物像位置关系,在单个折射球面参量 n、n'、r 已知的情况下,已知物距就能够求出其共轭像距,反之,已知像距就能够求出物距。另外,式(2-13)的右端仅与介质折射率及球面曲率半径有关,因而对于一定的介质及一定的表面曲率半径而言也是一个不变量,它是表征折射球面光学特性的量,称为折射球面的光焦度,记为 Φ,

$$\Phi = \frac{n'-n}{r} \tag{2-14}$$

式中,半径 r 的单位为 m,光焦度的单位称为折光度(D),有关光焦度的其他相关知识将在第 2 章第 2.4 节中详细讲解。

例 2-2 若一个折射球面物方介质空间折射率 $n=1$,像方介质空间折射率 $n'=1.5$,曲率半径 $r=500$ mm,求该折射面的光焦度。

分析 若求取折射球面的光焦度,则只要掌握单个折射球面光焦度的相关公式即可求出,需要注意的是,在进行相关公式计算时,光焦度的单位是 $1/\text{m}$,即半径应以 m 为单位进行计算。

解 该折射面的光焦度 $\Phi = \dfrac{n'-n}{r} = \dfrac{1.5-1}{0.5} = 1$ D。

需要说明的是,式(2-11)~式(2-13)其实是近轴物像计算的三种不同表示形式,方便于不同场合下的应用。

例 2-3 如图 2-10 所示,一个半径为 $r=10$ mm 的空气-玻璃介质折射球面,已知空气的折射率 $n=1$,玻璃介质折射率 $n'=1.5$,物点 A 位于折射面顶点 O 左侧 40 mm 位置处,求像点 A' 的具体位置。

分析 单个折射球面物像位置关系的求取方法常为解析法,即根据单个折射球面的高斯公式进行求解,根据题意,将 n、n'、r、l 代入公式即可求出像距 l',从而确定像的具体位置。

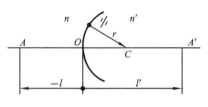

图 2-10 各参量之间的几何关系

Figure 2-10 geometrical relationship among parameters

解 根据单个折射球面的物像位置关系式

$$\frac{n'}{l'} - \frac{n}{l} = \frac{n'-n}{r}$$

现将 $l=-40$ mm,$n=1$,$n'=1.5$,$r=10$ mm 代入上式中,有

$$\frac{1.5}{l'} - \frac{1}{-40} = \frac{1.5-1}{10}$$

得 $l'=60$ mm,即像点 A' 位于折射面顶点 O 右侧 60 mm 位置处。

2) 单个折射球面的成像放大率(magnification of single refractive spherical surface)

光学系统很重要的一个作用就是能够对有限大的物体进行成像,通过上面的介绍已经了解到轴上物点发出的光只有在近轴区才能成理想像,若光学系统的物平面是靠近光轴的很小的垂轴平面,并以近轴细光束进行成像,我们也可以近似地认为此时成像是理想的。

光学系统的成像特性会随着使用要求的不同而有所区别,有些是成放大的像,有些是成缩小的像;有些成虚像,有些成实像;有些是正立的像,有些是倒立的像。将像相对于物的比值关系称为放大率。通常提到的放大率有三种,分别是垂轴放大率、轴向放大率及角放大率。

(1) 垂轴放大率 β(又称横向放大率)(transverse magnification)。

垂轴放大率描述的是垂直于光轴平面上像高与物高的比值关系。假设单个折射面的各参量如图 2-11(a)所示,物体的高度为 y,像的高度为 y',则垂轴放大率 β 为

$$\beta = \frac{y'}{y} \tag{2-15}$$

在图 2-11(a)中,三角形 $\triangle ABC \backsim \triangle A'B'C$,故

$$-\frac{y'}{y} = \frac{l'-r}{-l+r}$$

对式(2-12)通分整理有

$$\frac{nl'}{n'l} = \frac{l'-r}{l-r}$$

故

$$\beta = \frac{y'}{y} = \frac{nl'}{n'l} \tag{2-16}$$

式(2-16)表明系统的垂轴放大率与物距、像距及单个折射球面的物方介质折射率、像方介质折射率有关,当单个折射球面的各参量确定以后,垂轴放大率仅取决于共轭面的具体位置,对一个确定的物面位置而言,其 β 是一个定值。

垂轴放大率是一个有符号数,$\beta<0$ 表示成倒像,像的虚实情况与物的虚实情况相同,物和像位于折射球面的两侧,如图 2-11(a)所示;$\beta>0$ 表示成正像,像的虚实情况与物的虚实情况相反,物和像位于折射球面的同一侧,如图 2-11(b)所示。此外,$|\beta|>1$ 表示成放大的像,$|\beta|<1$ 表示成缩小的像,$|\beta|=1$ 表示像既不放大又不缩小,像与物等高。

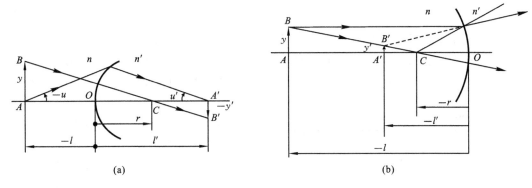

图 2-11　垂轴放大率各参量之间的关系

Figure 2-11　relationship among parameters of transverse magnification

"单个折射球面的垂轴放大率"视频

（2）轴向放大率 α（longitudinal magnification）。

由于垂轴放大率描述的仅仅是垂直于光轴的平面物像之间的关系，当光学系统对一个具有一定体积的物体进行成像时，其轴向方向尺寸的成像特性也需要进行分析，故而提出了轴向放大率。

轴向放大率是指光轴上一对共轭点沿轴向移动量之间的关系。如图 2-12 所示，A_1、A_1' 是一对共轭点，现将物点从位置 A_1 移动到位置 A_2，即向折射球面方向移动一微小距离 $\mathrm{d}l$，相应地，像点将移动 $\mathrm{d}l'$，即由位置 A_1' 移动到位置 A_2'，则轴向放大率 α 为

$$\alpha = \frac{\mathrm{d}l'}{\mathrm{d}l} \tag{2-17}$$

图 2-12　轴向放大率各参量之间的关系

Figure 2-12　relationship among parameters of longitudinal magnification

对式（2-13）两边进行微分，得

$$-\frac{n'\mathrm{d}l'}{l'^2} + \frac{n\mathrm{d}l}{l^2} = 0$$

继续整理，有

$$\alpha = \frac{\mathrm{d}l'}{\mathrm{d}l} = \frac{nl'^2}{n'l^2} \tag{2-18}$$

式（2-18）表明，轴向放大率 α 也与物距、像距有关，若将式（2-18）两边同乘以 n/n'，并比较式（2-16），就得到了 α 与 β 的关系式

$$\alpha = \frac{n'}{n}\beta^2 \qquad (2-19)$$

式(2-19)表明单个折射球面的轴向放大率恒为正值,即当物点沿轴向前后移动时,像点将以相同的方向移动,光学系统的这一成像特性对于正确判断像的位置非常重要,例如,当物体位

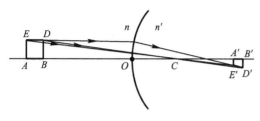

图 2-13 立体物体的像

Figure 2-13　image of a stereo object

置发生改变时,可以根据物点的移动趋势来改变接收器所处的位置以找到相关的像。同时从式(2-19)也可以看出,垂轴放大率与轴向放大率两者并不相等,故立体的物体经过系统成像之后往往不能够得到相似的立体像,如图 2-13 所示(立体物体成像的二维表示)。因此某些光学系统(如体视显微镜)一般不宜设计成较大的放大率,以免图像过于失真。

式(2-17)和式(2-18)只能适用于 dl 很小的情况,如果物点沿轴移动有限距离,则其不再适用。

(3) 角放大率 γ(angular magnification)。

在近轴区,角放大率 γ 定义为一对共轭光线的像方孔径角与物方孔径角之比,即

$$\gamma = \frac{u'}{u} \qquad (2-20)$$

利用 $h = lu = l'u'$,又可得到

$$\gamma = \frac{u'}{u} = \frac{l}{l'} \qquad (2-21)$$

式(2-21)表明角放大率也与物距、像距有关,若将式(2-21)两边同乘以 n'/n,并与式(2-16)进行比较,化简得

$$\gamma = \frac{n}{n'} \cdot \frac{1}{\beta} \qquad (2-22)$$

(4) 三种放大率 α、β、γ 之间的关系(relationship among magnifications)。

从上面的分析可见,垂轴放大率 β、轴向放大率 α 和角放大率 γ 都与物距、像距有关,三种放大率之间存在着密切的联系,从式(2-19)、式(2-22)即可得出

$$\alpha\gamma = \frac{n'}{n}\beta^2 \cdot \frac{n}{n'}\frac{1}{\beta} = \beta \qquad (2-23)$$

近轴区的放大率公式仅适用于物体的尺寸(或角度)较小时的成像情况,当物体较大时,放大率将随物点偏离光轴的程度而产生一定的变化。

3) 拉格朗日公式(又称拉格朗日不变量)(Lagrange invariant)

现将式(2-21)代入式(2-16)中,有

$$\beta = \frac{y'}{y} = \frac{nl'}{n'l} = \frac{nu}{n'u'}$$

整理得到

$$nuy = n'u'y' = J \qquad (2-24)$$

式(2-24)体现的是一个不变量的形式,即在一对共轭平面内,物高 y、物方介质折射率 n、物方孔径角 u 三者之积与像高 y'、像方介质折射率 n'、像方孔径角 u' 三者之积相等,且是一个定值,该定值常用字母 J 表示,称为拉格朗日不变量。拉格朗日不变量是反映光学系统性能的

一个重要参量,在光学设计中具有很重要的作用,任何一个光学系统都要对该值予以一定的计算分析,拉格朗日不变量值越大,系统不完善成像的程度就越大,也就越难以校正。在以后的学习中,我们将逐渐了解到物高与系统的视场范围有关,孔径角与系统的能量强弱有关,显然在物方参数 nuy 一定的条件下,物高 y 与孔径角 u 相互制约,物高越大,孔径角就越小,即视场越大,能量就越弱,可见增大视场将以牺牲能量为代价。不同的光学系统,其拉格朗日不变量值并不相同,J 越大表示系统可能的成像范围越大,系统可能传输的能量越大,分辨细节的能力也可能越强,简单的理解就是能够传递更多的信息,所以 J 值越大的光学系统相对而言将具有更强的功能。

根据近轴光的性质,近轴光的计算公式只能适用于近轴区域,但是实际使用的光学系统无论是物体的尺寸大小还是物点发出的光束宽窄都超出了近轴区域,所以在现实中往往把近轴公式的使用扩大到任意空间,即使实际的成像区域超出了近轴区域,仍然使用近轴公式计算像的大小和位置。这样做有如下两方面的意义:其一,提供了一个衡量系统成像质量好坏的标准;其二,可以近似确定光学系统的成像尺寸。近轴光理论不仅与表面折反射的物理特性(折射率、曲率等)相关,也与它的高斯特性(焦距、基点等)相关,可见近轴光学有着重要的实际意义。

2.3 反射镜及共轴球面系统成像
Imaging of Mirror and Coaxial Spherical System

1. 反射镜成像(mirror imaging)

反射镜是光学系统中常用的一类光学元件,光学系统中经常使用反射面来改变光的行进方向,它与折射面最大的不同就在于折射面是利用折射光成像,而反射镜则是利用反射光成像。反射镜的反射率通常较高,镀银反射面的反射率 $\rho \approx 0.95$,镀铝反射面的反射率 $\rho \approx 0.85$。

前面已经指出,反射是折射的特例,是 $n' = -n$ 时的情况,因此只要将单个折射球面相关的计算公式进行转换,就可以直接分析出反射镜的成像特性。反射镜按形状可分为球面反射镜、平面反射镜及非球面反射镜,一些大型的折反式或反射式天文望远镜就经常使用非球面反射镜。

1)球面反射镜成像(spherical mirror imaging)

常见的球面反射镜分为两种,一种为凹面镜,一种为凸面镜,如图 2-14 所示。向外弯曲的球面镜称为凸面镜,向内弯曲的球面镜称为凹面镜。一般来说,凹面镜起会聚作用,凸面镜起发散作用。

(1) 物像位置关系式(relation of image and object position)。

将 $n' = -n$ 代入式(2-13)中,有

$$\frac{-n}{l'} - \frac{n}{l} = \frac{-n-n}{r}$$

整理有
$$\frac{1}{l'} + \frac{1}{l} = \frac{2}{r} \tag{2-25}$$

(2) 放大率公式(magnification calculating equation)。

分别将 $n' = -n$ 代入式(2-16)、式(2-18)、式(2-22)中,有

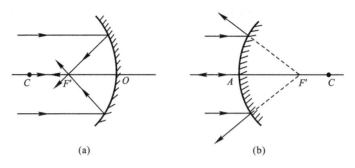

图 2-14 凹面镜与凸面镜成像

(a) 凹面镜;(b) 凸面镜

Figure 2-14 imaging of concave and convex mirror

(a) concave mirror;(b) convex mirror

$$\left.\begin{aligned}
\beta &= \frac{y'}{y} = -\frac{l'}{l} \\
\alpha &= \frac{\mathrm{d}l'}{\mathrm{d}l} = -\frac{l'^2}{l^2} = -\beta^2 \\
\gamma &= \frac{u'}{u} = -\frac{1}{\beta}
\end{aligned}\right\} \tag{2-26}$$

由式(2-26)中第二式可见,单个反射球面的轴向放大率恒小于 0,这表明当物体沿光轴前后移动时,像总是向相反的方向移动。但如果是偶次反射,则轴向放大率为正值。

例 2-4 凹面镜的曲率半径为 160 mm,一个高度为 20 mm 的物体放在反射镜左侧 100 mm 位置处,如图 2-15 所示,试求:①像的位置;②像的大小。

分析 球面反射镜像的大小及位置求取可根据球面反射镜的相关公式进行解析。可采用图解法、解析法相配合的求解方式,也可单独采用解析法进行求解。通过球面反射镜的物像位置关系式求出像的位置,通过垂轴放大率公式求出像的大小。

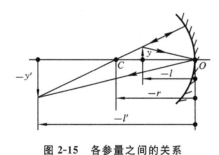

图 2-15 各参量之间的关系

Figure 2-15 relationship among parameters

解 ① 求像的位置。

由题意及符号规则可知,反射镜的曲率半径 $r = -160$ mm,物距 $l = -100$ mm,则根据式(2-25)有

$$\frac{1}{l'} + \frac{1}{-100} = \frac{2}{-160}$$

解得 $l' = -400$ mm,即像位于反射面顶点左侧 400 mm 位置处。

② 求像的大小。

已知 $y = 20$ mm,根据垂轴放大率公式

$$\beta = \frac{y'}{y} = -\frac{l'}{l} = -\frac{-400}{-100} = -4^{\times}$$

则

$$y' = y\beta = -4 \times 20 \text{ mm} = -80 \text{ mm}$$

即该反射镜成一放大、倒立的实像,像高为 80 mm。

若一轴上物点位于无穷远位置处,即 $l = -\infty$,则由式(2-25)可知,$l' = \dfrac{r}{2}$,像刚好位于顶点和球心的中间位置处,此像点又称球面反射镜的焦点。

若物点位于反射镜的球心位置处,即 $l = r$,则像距 $l' = r$,即物点和像点重合在球心位置

处,此时放大率 $\beta=\alpha=-1,\gamma=1$。

例 2-5　高度为 6 mm 的实物经过球面反射镜成像后,在距离此物 100 cm 处得到高度为 2 mm 的实像,求此球面反射镜的焦距并判断其凸凹形状。

分析　此为一实物成实像的球面反射镜成像,根据此特性即可判断出其凸凹形状。由于球面反射镜的焦距与半径有关,故球面反射镜半径的求解是本题关键,而其半径又与物距、像距、物高、像高有关,故通过使用球面反射镜物像位置关系式及放大率公式即可求解。

解　根据球面镜成像特性及该题的已知条件,实物成缩小的实像,而凸面镜不具备此特点,故该球面反射镜只能是凹面镜。因为物像位于球面反射镜同侧,故球面反射镜成倒像,即 $\beta<0$。

$$\beta=-\frac{l'}{l}=-\frac{y'}{y}=-\frac{2}{6}=-\frac{1}{3}\Rightarrow l=3l'$$

根据题意中所示的物像几何位置关系,有

$$l'-l=100 \text{ cm}$$

故两上式联立,即可求出

$$l'=-50 \text{ cm}, \quad l=-150 \text{ cm}$$

将 $l'=-50$ cm, $l=-150$ cm 代入球面物像位置关系式中,有

$$\frac{1}{l'}+\frac{1}{l}=\frac{2}{r}\Rightarrow\frac{1}{-50}+\frac{1}{-150}=\frac{2}{r}\Rightarrow r=-75 \text{ cm}$$

其焦距为

$$f'=\frac{r}{2}=-37.5 \text{ cm}$$

(3) 球面反射镜的拉格朗日不变量 J(Lagrange invariant of spherical mirror)。

将 $n'=-n$ 代入式(2-24)中,得到

$$J = uy = -u'y' \tag{2-27}$$

球面反射镜的应用比较广泛,汽车观后镜就是球面反射镜比较典型的一个应用实例。

2) 平面反射镜成像(imaging of a plane mirror)

平面反射镜简称平面镜,把玻璃平板的一面镀上银或铝等金属材料就形成了普通平面镜,它是一种最简单且能完善成像的平面光学元件,如图 2-16 所示。

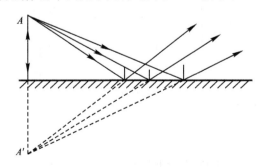

图 2-16　平面反射镜成像
Figure 2-16　imaging of plane mirror

由于平面反射镜的反射面是一个平面,故可以将它看成一个曲率半径 $r\to\infty$ 的球面反射镜,按照球面反射镜的物像位置关系公式和放大率公式就能够分析出平面反射镜的成像特性。

从式(2-25)中有

$$\frac{1}{l'} + \frac{1}{l} = \frac{2}{r} = \frac{2}{\infty} = 0$$

整理有
$$l = -l' \qquad\qquad (2\text{-}28)$$

式(2-28)表明平面反射镜的物距和像距大小相等、符号相反。

将式(2-28)代入式(2-26)中,有 $\beta=1,\alpha=\gamma=-1$,即平面反射镜成像不使物体放大或缩小,像与物等高且成正像。

平面反射镜既可以对实物成像也可以对虚物成像,但物和像始终保持对称,我们称之为镜像。若将平面反射镜的平面故意制成曲面,使所形成的像与物相比产生较大的变形,即为我们所熟悉的哈哈镜。此外,通过平面反射镜也只能看到某一范围内物体的像,其成像范围的大小主要取决于平面反射镜的尺寸,常将能够看到的空间范围称为视场。

2. 共轴球面系统成像(imaging of coaxial spherical system)

利用 2.2 节中的物像位置关系公式和放大率公式就能够求出物体位于任意位置时经过单个折射球面所成近轴像的位置和大小。但是单个折射球面往往不能作为一个基本的成像元件构成一个独立的光学系统(反射镜除外),实际光学系统通常是由多个透镜、棱镜、平板等组成的,因此物体经过系统进行成像实际上就是被多个折(反)射面逐次成像的过程,必须解决折射面与折(反)射面之间的过渡问题,才能对整个系统进行光路计算,求出最终像的位置和大小。由于物体经系统成像是逐面进行的,即物体经过第一个面所成的像是第二个面的物,再经第二个面所成的像又是第三个面的物,以此类推,故这里所谓的过渡其实就是指坐标系不断地移动,将前一个坐标系下的像点过渡到下一个坐标系下物点的过程。

1) 共轴球面系统的过渡公式(transition equation of coaxial spherical system)

设一个光学系统由 k 个折射面构成,光学系统的各结构参数分别为:曲率半径 $r_1,r_2,r_3,\cdots,r_k$;相邻折射面顶点之间的间隔 $d_1,d_2,d_3,\cdots,d_{k-1}$;各折射面之间的介质折射率 $n_1,n_2,n_3,\cdots,n_{k+1}$,如图 2-17 所示。

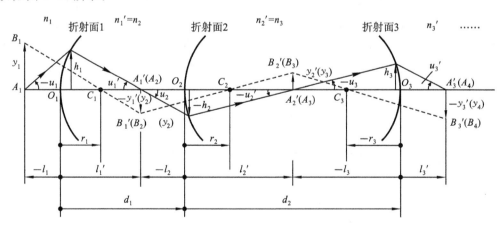

图 2-17 多个折射面各参量之间的关系

Figure 2-17 relationship among parameters of multi-refractive surfaces

现一垂轴放置的物体 AB 经由该系统进行成像,图 2-17 中仅画出三个折射面的成像情况,显然有

$$n_2 = n'_1, n_3 = n'_2, \cdots, n_k = n'_{k-1}$$
$$y_2 = y'_1, y_3 = y'_2, \cdots, y_k = y'_{k-1}$$
$$u_2 = u'_1, u_3 = u'_2, \cdots, u_k = u'_{k-1} \tag{2-29}$$
$$l_2 = l'_1 - d_1, l_3 = l'_2 - d_2, \cdots, l_k = l'_{k-1} - d_{k-1}$$
$$h_2 = h_1 - d_1 u'_1, h_3 = h_2 - d_2 u'_2, \cdots, h_k = h_{k-1} - d_{k-1} u'_{k-1}$$

式(2-29)即为共轴球面系统的过渡公式,该公式不但适用于近轴光线,同样适用于实际光线,只需将公式当中的 u、y、l 等各量值改成大写符号即可。若将式(2-29)与单个折射球面的相关公式配合使用,就能够求出共轴球面系统最终像的大小和位置。

2)系统的成像放大率(magnification of system)

根据各种放大率的定义式(2-29),不难得出

$$\beta = \frac{y'_k}{y_1} = \frac{y'_1}{y_1} \cdot \frac{y'_2}{y_2} \cdot \cdots \cdot \frac{y'_k}{y_k} = \beta_1 \beta_2 \cdots \beta_k$$
$$\alpha = \frac{\mathrm{d}l'_k}{\mathrm{d}l_1} = \frac{\mathrm{d}l'_1}{\mathrm{d}l_1} \cdot \frac{\mathrm{d}l'_2}{\mathrm{d}l_2} \cdot \cdots \cdot \frac{\mathrm{d}l'_k}{\mathrm{d}l_k} = \alpha_1 \alpha_2 \cdots \alpha_k \tag{2-30}$$
$$\gamma = \frac{u'_k}{u_1} = \frac{u'_1}{u_1} \cdot \frac{u'_2}{u_2} \cdot \cdots \cdot \frac{u'_k}{u_k} = \gamma_1 \gamma_2 \cdots \gamma_k$$

即光学系统的放大率为各个面放大率之积。此外,系统的三种放大率之间仍具有 $\alpha\gamma = \beta$ 的关系。

3)系统的拉格朗日不变量(Lagrange invariant of system)

根据过渡公式及单个折射面的拉格朗日不变量公式,就可以得出整个系统的拉格朗日不变量,即

$$J = n_1 u_1 y_1 = n'_1 u'_1 y'_1 = n_2 u_2 y_2 = n'_2 u'_2 y'_2 = \cdots = n_k u_k y_k = n'_k u'_k y'_k \tag{2-31}$$

由式(2-31)可见,拉格朗日不变量 J 对整个光学系统各个面的物像空间都是量值不变的。

例 2-6 一玻璃棒长为 500 mm,介质折射率为 $n = 1.5$,两端面为半球面,半径分别为 $r_1 = 50$ mm,$r_2 = -100$ mm。一小箭头高 1 mm,垂直于光轴位于左端球面顶点前 200 mm 处,如图 2-18 所示,求:①箭头经玻璃棒成像后的像距为多少?②整个玻璃棒的垂轴放大率为多少?

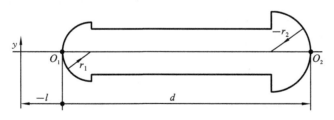

图 2-18 各参量之间的关系

Figure 2-18 relationship among parameters

分析 对于例 2-6 所述的两头粗中间细的玻璃棒,其宽窄粗细对成像位置及大小并无影响,由于该玻璃棒两端面为球面,故可将之看成一个由两个折射球面构成的光学系统,即物体将先后两次经过折射球面进行成像,此成像过程可通过反复使用单个折射球面的物像位置关系式及放大率公式进行求解。由于物体很小且在光轴附近,故可用近轴光相关的公式进行计算。

解 ① 求物体(即箭头)经第一个空气-玻璃折射球面 O_1 所成像的位置和垂轴放大率。

利用式(2-13)及符号规则,有

$$\frac{n_1'}{l_1'} - \frac{n_1}{l_1} = \frac{n_1' - n_1}{r_1}$$

将 $n=1$, $n'=1.5$, $r_1=50$ mm, $l_1=-200$ mm 代入上式,得

$$l_1' = 300 \text{ mm}$$

垂轴放大率

$$\beta_1 = \frac{n_1 l_1'}{n_1' l_1} = \frac{1 \times 300}{1.5 \times (-200)} = -1^{\times}$$

② 物体经第一个折射球面所成的像是第二个折射球面 O_2 的物再一次成像,最后像的位置与垂轴放大率如下。

根据过渡公式可以求出第二个折射球面的物距

$$l_2 = l_1' - d = 300 \text{ mm} - 500 \text{ mm} = -200 \text{ mm}$$

再次利用式(2-13),即

$$\frac{n_2'}{l_2'} - \frac{n_2}{l_2} = \frac{n_2' - n_2}{r_2}$$

并将 $n_2=1.5$, $n_2'=1$, $r_2=-100$ mm, $l_2=-200$ mm 代入,有

$$l_2' = -400 \text{ mm}$$

垂轴放大率

$$\beta_2 = \frac{n_2 l_2'}{n_2' l_2} = \frac{1.5 \times (-400)}{1 \times (-200)} = 3^{\times}$$

③ 整个系统的垂轴放大率

$$\beta = \beta_1 \beta_2 = (-1) \times 3 = -3^{\times}$$

即小箭头经过玻璃棒后的像位于第二个折射球面 O_2 左侧 400 mm 位置处,垂轴放大率为 $-3^{\times}$。

2.4 高斯光学系统的基点和基面

Cardinal Points and Cardinal Planes of Gaussian Optical System

对于一个已知的共轴光学系统,利用近轴光学的基本公式可以求出物体理想像的大小和位置,但是当物面的位置发生改变时,则需要重复计算,十分烦琐。高斯光学则可以不涉及光学系统的具体结构(半径、间隔和折射率等),而采用一些特殊的点和面来表示一个光学系统的成像性质,称这些特殊的点为基点,特殊的面为基面,根据基点和基面就能够确定其他任意点的物像关系,从而使成像过程变得简单。每一个实际光学系统的近轴区域都可以看成是一个理想的光学系统,可以通过对系统的高斯计算来获得相应的基点和基面。高斯光学系统的基点一般是指焦点、主点和节点,基面一般是指焦平面、主平面和节平面。

1. 焦点和焦平面(focal point and focal plane)

一个实际的高斯光学系统通常有两个焦点,即物方焦点及像方焦点。相应地有两个焦平面,即物方焦平面和像方焦平面。图 2-19(a)所示为一个有焦的共轴球面高斯光学系统(焦点在有限远,焦距为有限长的光学系统),该系统由 K 个表面(折射面或反射面)构成,O_1 为第一个面的顶点位置,O_k 为最后一个面的顶点位置。现有一条平行于光轴的光线 $A_1 E_1$(即 $u=0$)从物空间射入光学系统中,按照高斯光学的性质,在系统像空间中必定有该光线的共轭光线。若其共轭光线沿 $G_k F'$ 方向射出,交光轴上于一点 F',则显然 F' 为物方无限远处轴上点所成的

像点,所有平行于光轴入射的光线其共轭光线均应会聚于 F' 点,称 F' 点为光学系统的像方焦点(或后焦点、第二焦点),过像方焦点 F' 作一垂直于光轴的平面即为像方焦平面。物方无限远轴外点发出的倾斜于光轴的平行光束,经过系统后必定会交于像方焦平面上一点(如 B' 点),像点 B' 与物方无限远轴外 B 点相共轭,如图 2-19(b)所示。而像方焦点 F' 则是像方焦平面上的一个特殊点,该点对应的是物方孔径角 $u=0$ 的一束平行于光轴的平行光。

同理,在系统光轴之上也可以找到一个具体的位置点 F,从 F 点发出的光经过系统后均为平行于光轴的光,该点 F 即为物方焦点(或称为前焦点、第一焦点),如图 2-19(a)所示。过物方焦点 F 作垂直于光轴的平面称为物方焦平面,它与像方无限远处的垂轴平面相共轭,物方焦平面上任一点发出的光束经光学系统后均以平行光射出,如图 2-19(c)所示。

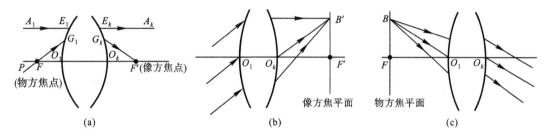

图 2-19　焦点及焦面

Figure 2-19　focal point and focal plane

综上所述,物方焦点与像方焦点并不是一对共轭点,物方焦平面与像方焦平面也不是一对共轭面。物方焦点与像方无穷远轴上像点相共轭,而像方焦点则与物方无穷远轴上物点相共轭。

2. **主点和主平面**(principal point and principal plane)

在光学系统中,垂轴放大率 β 不是一个定值,它随着物体位置的变化而变化,但是总可以找到这样一个位置,在该位置处这对共轭垂面的垂轴放大率 $\beta=+1$,称这对共轭平面为主平面(简称主面),位于物方的主平面称为物方主平面(或称前主面、第一主面),位于像方的主平面称为像方主平面(或称后主面、第二主面)。主平面与光轴的交点称为主点,物方主平面与光轴的交点称为物方主点 H(或称前主点、第一主点),像方主平面与光轴的交点称为像方主点 H'(或称后主点、第二主点)。根据高斯光学系统点点共轭、线线共轭及面面共轭的性质及主平面的定义,显然主平面上的每一对共轭点都满足 $\beta=+1$ 的特性,即其中一个面上的线段以相等的大小和相同的方向成像于另一个面上。严格说来,主平面是一个相对于光轴对称的曲面,只有在近轴区才可看成是垂直于光轴的平面,如图 2-20 所示。

主平面的具体位置可通过如下方法来确定,如图 2-21 所示。

如图 2-21 所示,已知高斯光学系统的一条平行于光轴的入射光线 a(投射高度为 h)及其共轭光线 a',现将这对共轭光线分别延长并相交于一点 Q',过 Q' 点作垂直于光轴的平面,则该平面即为系统的像方主平面,像方主平面与光轴的交点 H' 即为系统的像方主点。

同理,从焦点 F 引发一条入射光线 b,调整该光线的物方孔径角大小,使其共轭光线 b' 以高度 h 平行于光轴射出($u'=0$),延长该共轭光线对并相交于 Q 点,过 Q 点作垂直于光轴的平面即为物方主平面,该主平面与光轴的交点 H 即为物方主点,物方主点 H 与像方主点 H' 是相共轭的。

主平面处三种放大率分别为 $\beta=1,\alpha=\dfrac{n'}{n},\gamma=\dfrac{n}{n'}$,若物、像位于同一种介质空间,则有 $\alpha=\beta$

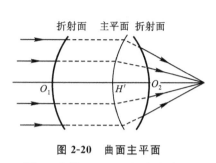

图 2-20 曲面主平面

Figure 2-20 curve principal plane

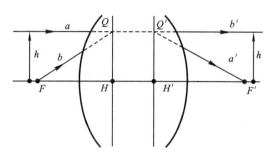

图 2-21 确定主平面的位置

Figure 2-21 determination of principal plane

$=\gamma=1$,即三种放大率相等且为 1。

除无焦系统外,一般的有焦光学系统都有一对主面。无焦光学系统往往是由两个有焦系统组合而成的,如图 2-22 所示,前一个光学系统的像方焦点与后一个光学系统的物方焦点相重合,物空间发出的平行于光轴的光经过系统后仍然平行于光轴射出。常见的无焦光学系统有望远系统、扩束系统等。

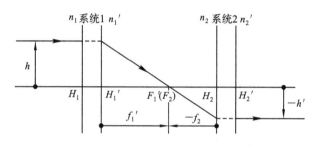

图 2-22 无焦光学系统

Figure 2-22 afocal system

主点和焦点是光学系统的基本点,它们构成了一个光学系统的基本模型,不同的系统只表现为这些点的相对位置不同、焦距不等而已。单个折射球面、单个反射球面和即将要涉及的薄透镜都属于两个主平面重合在一起的情况(重合于球面的顶点位置处)。高斯光学的目的就是简化系统构成,无论系统由多少个表面构成,都可以用简单的基点来描述系统的成像特性。图 2-23(a)所示为一个简单的三片式光学系统,图 2-23(b)所示为用主平面及焦点简化后的系统构成形式。

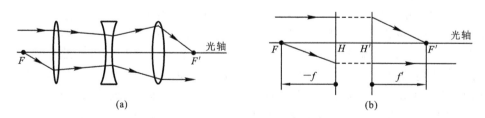

图 2-23 光学系统的简化

Figure 2-23 simplification of optical system

高斯系统简化以后就可以不涉及光学系统的具体结构,只要知道系统焦距的大小、焦点和主点的位置,其成像特性就可完全得以确定。

"主点及主平面"视频

3. 光学系统的焦距及光焦度(focal length and optical power of optical system)

1) 光学系统焦距的定义及表示式(definition and expression of focal length)

物方主点到物方焦点的距离为物方焦距(或称前焦距、第一焦距),用字母 f 表示;像方主点到像方焦点的距离为像方焦距(或称后焦距、第二焦距),用字母 f' 表示。焦距属于沿轴线段,以各自的主点为原点判断其符号,位于主点左侧为负,位于主点右侧为正,如图 2-24 所示。通常把系统像方焦距为正值的光学系统称为正光组,像方焦距为负值的光学系统称为负光组。

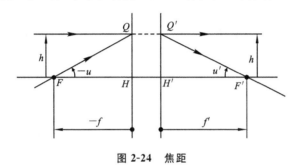

图 2-24　焦距

Figure 2-24　focal length

设平行于光轴的入射光线的入射高度为 h,则由三角形 $Q'H'F'$ 可以得到像方焦距 f' 的表示式

$$f' = \frac{h}{\tan u'} \tag{2-32}$$

同理可得物方焦距 f 的表示式

$$f = \frac{h}{\tan u} \tag{2-33}$$

2) 高斯光学系统物方焦距和像方焦距之间的关系(relationship between the objective focal length and image focal length)

(1) 折射光学系统(refracting optical system)。

设由 k 个折射面构成的光学系统,轴上点 A 经高斯光学系统所成的像 A' 的光路如图2-25所示。

从图 2-25 中的几何关系、牛顿公式(见 2.5 节)及拉格朗日不变量可以整理得到

$$\frac{f'}{f} = -\frac{n'}{n} \tag{2-34}$$

即光学系统像方焦距与物方焦距之比为相应折射率之比的负值。显然物方焦距、像方焦距的关系与物、像方介质折射率的大小有关,对于部分特殊的系统如人眼光学系统,由于人眼的物、像方介质并不一致,所以导致物方焦距、像方焦距的大小并不相同($f' \approx 23$ mm, $f \approx -17$ mm)。但对于大部分光学系统而言,其物、像方介质是同一介质空间(如望远镜、照相机),即 $n = n'$,故物方焦距、像方焦距大小相等、符号相反,即

$$f' = -f \tag{2-35}$$

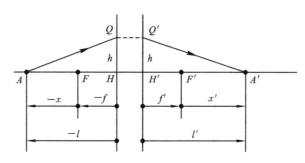

图 2-25　折射光学系统成像

Figure 2-25　imaging of refracting system

（2）折反射光学系统（catadioptric optical system）。

折反射光学系统是指系统当中既含有反射面又含有折射面的光学系统，此时物方焦距与像方焦距之间的关系不仅与物、像方介质折射率有关，还与反射球面的个数有关。设系统含有 k 个反射球面，则有

$$\frac{f'}{f} = (-1)^{k+1} \frac{n'}{n} \tag{2-36}$$

当 $n = n'$ 时，物方焦距与像方焦距之间的关系将随着反射球面奇偶个数的不同而发生变化，若 k 为奇数，则有 $f' = f$，即物方焦距、像方焦距完全相等；若 k 为偶数，则有 $f' = -f$，即物方焦距、像方焦距大小相等但符号相反。可见光学系统物方焦距、像方焦距之间的关系比较复杂，要根据具体情况进行具体分析，不能一概而论。

3）光焦度 Φ（optical power）

光焦度可定义为

$$\Phi = \frac{n'}{f'} \tag{2-37}$$

光焦度表征的是光学系统的会聚本领或发散本领，它是一个有符号数，光焦度 $\Phi > 0$ 表示光学系统对入射的光束起到会聚的作用；$\Phi < 0$ 表示光学系统对入射的光束起到发散的作用，而光焦度的大小则表示会聚或发散的程度。从式（2-37）可见，焦距越小，其光焦度值越大，即经过系统的出射光束相对于入射光束的偏折就越大。光学系统的光焦度可以看成是焦距的另外一种表示形式，它们在应用中同等重要。

光焦度的单位是折光度 D（又称屈光度（Diopter）），将在空气中焦距为 $f' = 1$ m 的光焦度值作为光焦度单位。需要说明的是，计算光焦度时，焦距一定要使用"m"作为计量单位。例如，一光学系统位于空气中，系统焦距 $f' = 250$ mm，则光焦度为 $\Phi = \frac{n'}{f'} = \frac{1}{f'} = \frac{1}{0.25}$D $= 4$D。

从上面的分析可见，光焦度可正可负，可大可小，若光焦度 $\Phi = 0$，则表示系统对光线不起偏折作用，其焦距为无限大，例如，平行平板的光焦度就为零。

例 2-7　一曲率半径 $r = 100$ mm 的折射球面，物方介质空间折射率 $n = 1$，像方介质空间折射率 $n' = 1.5$，求此折射球面的像方焦距和光焦度。

分析　因为焦点实际上是轴上无限远处物体经过系统所成的像点，所以求解例 2-7 从根本上讲要运用的是单个折射球面的物像位置关系式，而焦距只不过是无限远处物体的像距。

解　① 求像方焦距。

根据单个折射球面的物像位置关系公式

$$\frac{n'}{l'} - \frac{n}{l} = \frac{n'-n}{r}$$

将 $n=1, n'=1.5, r=100$ mm, $l=-\infty$ 代入上式并计算得

$$f' = l' = \frac{n'r}{n'-n} = 300 \text{ mm}$$

② 求光焦度。

根据光焦度的定义

$$\Phi = \frac{n'}{f'} = \frac{1.5}{0.3} D = 5D$$

4. 节点和节平面(nodal point and nodal plane)

除了主点和焦点之外,在实际应用中还存在另外一对共轭点,这就是节点。节点是指角放大率 $\gamma = +1$ 的一对共轭点,物方节点用字母 J 表示,像方节点用字母 J' 表示,如图 2-26 所示。按照角放大率及节点的定义,有

$$\gamma = \frac{u'}{u} = 1 \tag{2-38}$$

即 $u'=u$,这意味着经过物方节点的光线其共轭光线经过像方节点且传播方向不变。

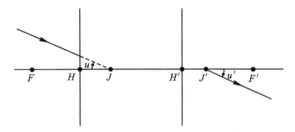

图 2-26　节点

Figure 2-26　nodal point

图 2-27 所示为一高斯光学系统,物方焦面上一点 A 经系统成像,系统基点、基面和各参量之间的关系如图所示,x_J、x_J' 分别表示以焦点为原点的物方节点和像方节点的位置。根据图 2-27 中的几何关系和基点特性可知,$\triangle QHJ$ 与 $\triangle Q'H'J'$ 是全等三角形,$\triangle AFJ$ 与 $\triangle P'H'F'$ 也是全等三角形,故 $HJ=H'J'$,$FJ=H'F'$。若系统位于同一种介质中,$f'=-f$,显然有

$$x_J = FJ = f' = -f = -HF = FH \tag{2-39}$$

$$x_J' = F'J' = f = -f' = -H'F' = F'H' \tag{2-40}$$

从式(2-39)、式(2-40)可知,物方节点 J 与物方主点 H 重合,像方节点 J' 与像方主点 H' 重合,节点处的放大率为 $\alpha = \gamma = \beta = 1$。如果物方、像方介质折射率不一致,主点与节点将是分离的。

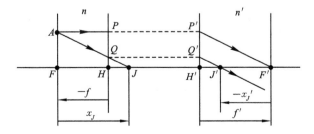

图 2-27　主点与节点关系

Figure 2-27　relationship between principal point and nodal point

通过节点的特性可以方便地利用作图的方法确定物体经过系统所成的像,也可以实现系统基点的测量,该特性在周视照相机(主要用于拍摄大型团体照片)中也有很重要的应用。过节点作垂直于光轴的平面即为节平面,节平面也有物方、像方之分。若折射光学系统位于同一种介质中,则节平面与主平面相重合。无焦光学系统通常不涉及节点及节平面。

高斯光学系统的基点充分体现了高斯光学系统的成像特性,基点的位置确定以后,高斯光学系统的成像性质也得以确定。

2.5 高斯光学系统的物像关系
Relationship between The Object and Image in Gaussian Optical System

在高斯光学系统中求取物像位置关系的方法通常有图解法、解析法两种。两种方法各有特色,图解法是一种简便、直观的方法,在分析系统成像时经常用到,它便于判断像的位置、大小、虚实和倒正,但是其精确度较低、误差较大;解析法又称计算法,该方法通过使用相关的计算公式可以精确求出像的具体位置和大小,但过程相对比较麻烦,也不直观,图解法和解析法配合使用往往会达到比较好的效果。

1. 图解法(graphical method)

图解法主要是应用光学系统基点和基面的性质,通过选用适当的光线或辅助线画出其共轭光线从而确定系统物像关系的方法。从实用的角度来说,图解法并不能完全代替实际的计算,但是此种方法却能够非常好地帮助初学者理解和掌握系统成像特性。

已知一个高斯光学系统的主点(主面)和焦点的位置,利用光线通过它们后的性质,对物空间给定的点、线和面,通过画图追踪典型光线求出像的位置与大小。可利用的性质主要有以下几点。

(1) 平行于光轴入射的光线,经过系统后通过像方焦点。

(2) 通过物方焦点的光线,经过系统后平行于光轴。

(3) 倾斜于光轴入射的平行光束,经过系统后会交于像方焦平面上的一点。

(4) 自物方焦平面上一点发出的光束,经系统后成倾斜于光轴的平行光束。

(5) 共轭光线在主面上的投射高度相等。

(6) 经过物方节点的光线其共轭光线经过像方节点,且传播方向不变。

例 2-8 请利用图解法求解图 2-28 中所示各物体的共轭像,设物、像位于同一种介质空间。

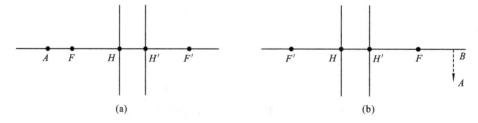

图 2-28 图解法求像

Figure 2-28　finding image by graphical method

分析 图解求像主要是利用光学系统基点、基面的相关特性进行求解,必要时通过引发辅助线或辅助面进行辅助作图分析。由于物、像位于同一介质空间,即 $n'=n$,故系统的主点与节点相重合。

解　由于物像位于同一介质空间 $n'=n$，系统的主点与节点相重合。

① 求解图 2-28(a)中轴上物点 A 的像 A'。

从图 2-28(a)中可见该系统表示的是一个正光组系统，其作图过程如图 2-29(a)所示，作图步骤如下。

[步骤 1]过轴上点 A 任意引发一条入射光线 AG，AG 首先到达物方主(节)面之后等高到达像方主面，由于入射光线的任意性，故无法确定该光线的出射光线的具体位置。

[步骤 2]过物方焦点 F 作一条平行于 AG 的辅助光线 FP，该辅助线到达物方主面后等高到达像方主面，按照焦点的特性，其共轭光线 $P'M'$ 一定平行于光轴射出。

[步骤 3]过像方焦点 F' 作像方焦平面，该平面与 $P'M'$ 相交于一点 Q。按照像方焦平面的特性，物方射入的一束斜平行光束经过系统后一定会聚在像方焦平面上一点，即 Q 点是两条入射光线 AG、FP 共轭光线的交点。

[步骤 4]连接 $G'Q$ 并延长交光轴于一点 A'，则交点 A' 即为所求的共轭像点。

② 求解图 2-28(b)中物体 AB 的像 $A'B'$。

从图 2-28(b)中可见该系统是一个负光组系统，其 $f'<0$，物方焦点位于系统的右侧，像方焦点位于系统的左侧，物体 AB 是一垂轴线段且是一个虚物，其作图过程如图 2-29(b)所示，具体步骤如下。

[步骤 1]过轴外 B 点引发一条平行于系统光轴的入射光线 MG(其延长线一定要经过 B 点)，MG 首先到达物方主(节)面之后等高到达像方主面，按照共线成像理论及焦点的特性，其共轭光线 $G'P'$ 的延长线应经过像方焦点 F'。

[步骤 2]过轴外 B 点再引发通过物方主(节)点的第二条光线 TH，该入射光线的延长线也应通过 B 点。按照节点的特性，经过节点的光其传播方向不变，故而确定出其共轭光线 $H'N$ 的方向。

[步骤 3]延长两条共轭出射光线 $G'P'$、$H'N$，两者反向延长线的交点即为所求的像点 B'。

[步骤 4]过 B' 点作垂直于光轴的垂线(虚线)，交光轴于一点 A'，则 $A'B'$ 即为物体 AB 所成的虚像。

可见，无论系统是正透镜组还是负透镜组，物体是虚物还是实物，其作图思路和过程都是近似的，皆可利用基点、基面的特性来进行分析求解。

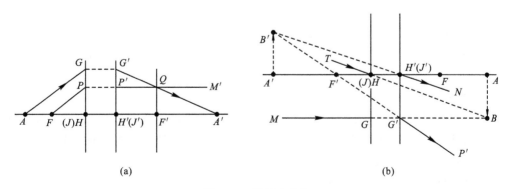

图 2-29　图解法求像

Figure 2-29　finding image by graphical method

例 2-9　图 2-30(a)所示为一个由双光组构成的光学系统，试利用图解法求轴上物点 A 的共轭像 A'，假设物、像位于同一种介质空间。

分析 这是一个由双光组构成的光学系统,根据光学系统逐面成像的规律特性,物点 A 首先要经过第一个光组进行成像,第一个光组的像将作为第二个光组的物再次成像,所以要想求出最后像的大小和位置,必须经过两次作图成像过程。

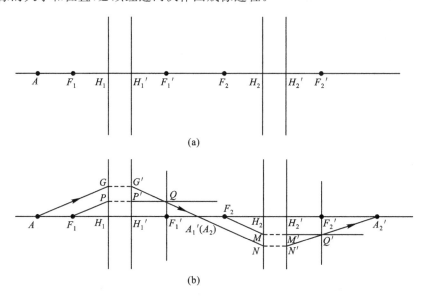

图 **2-30** 图解法求像

Figure 2-30 image solution from graphical method

解 作图过程如下,如图 2-30(b)所示。

[步骤1]过物点 A 任意引发一条入射光线 AG,等高到达像方主面。

[步骤2]过 F_1 作 AG 的平行辅助线 F_1P,其共轭光线平行于光轴射出。

[步骤3]过 F_1' 作垂直于光轴的平面,交 F_1P 的共轭光线于 Q 点。

[步骤4]连接 $G'Q$ 并延长交光轴于一点 A_1',A_1' 即为物点 A 经过第一个光组所成的像点,同时 A_1' 也为第二个光组的物点 A_2。

[步骤5]延长 $G'Q$ 至第二个光组的物方主面上一点 N,过 F_2 引发 $G'N$ 的平行辅助光线 F_2M,其共轭光线平行于光轴射出。

[步骤6]过 F_2' 作垂直于光轴的平面,交 F_2M 的共轭光线于 Q' 点。

[步骤7]连接 $N'Q'$ 并延长交光轴上一点 A_2',A_2' 即为所求。

应用图解法求像的方式并不是唯一的,上述解中仅仅给出了一种范例,读者可自行练习其他求解方法。

2. **解析法**(calculation method)

由于图解法只能粗略地描述光学系统的成像过程,如果需要精确求取像的大小和位置,则需使用解析法,即采用相关的物像关系式进行计算。通常计算使用的物像关系式有两个,一个为牛顿公式,一个为高斯公式。

1) **牛顿公式**(Newton equation)

牛顿(见图 2-31)公式以各自的焦点为原点确定物、像的具体位置,物距用字母 x 表示,像距用字母 x' 表示,物距、像距的正负可使用符号规则来进行确定,物位于物方焦点的左侧为负,右侧为正;像位于像方焦点的左侧为负,右侧为正,如图 2-32 所示。

由图 2-32 可见,$\triangle ABF$ 和 $\triangle FHQ$ 相似,有

图 2-31　物理学家牛顿

Figure 2-31　physicist—Newton

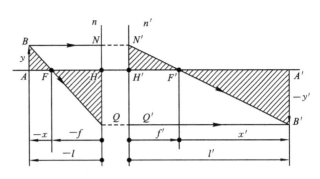

图 2-32　各参量的几何关系

Figure 2-32　geometrical relationship among parameters

$$\frac{y}{-x} = \frac{-y'}{-f} \tag{2-41}$$

$\triangle N'H'F'$ 和 $\triangle F'A'B'$ 相似,有

$$\frac{y}{f'} = \frac{-y'}{x'} \tag{2-42}$$

将式(2-41)、式(2-42)整理得

$$\frac{f'}{x'} = \frac{x}{f} \Rightarrow xx' = ff' \tag{2-43}$$

式中,f 是系统的物方焦距,f' 是系统的像方焦距。式(2-43)即为牛顿公式,公式中所有的量值都是有符号数。

从式(2-41)及式(2-42)中还可得到

$$\beta = \frac{y'}{y} = -\frac{f}{x} = -\frac{x'}{f'} \tag{2-44}$$

式(2-44)为牛顿形式的垂轴放大率公式。

显然,若已知光学系统的基点位置,利用牛顿公式就能够确定物距、像距之间的关系。

"牛顿公式"视频

2) 高斯公式(Gaussian equation)

高斯公式是另外一种表示物、像关系的计算公式,它以主点为原点来描述物、像的具体位置及大小,物距用字母 l 表示,像距用字母 l' 表示。与牛顿公式相类似,l、l' 均为有符号数,物位于物方主点的左侧为负,右侧为正;像位于像方主点的左侧为负,右侧为正。如图 2-32 所示,由于 $\triangle ABF$ 与 $\triangle FHQ$ 相似,$\triangle N'H'F'$ 与 $\triangle F'A'B'$ 相似,故有

$$\frac{y}{-l-(-f)} = \frac{-y'}{-f} \tag{2-45}$$

$$\frac{y'}{f'} = \frac{-y'}{l'-f} \tag{2-46}$$

由于垂轴放大率 $\beta = \dfrac{y'}{y}$,分别将式(2-45)、式(2-46)进行变换,有

$$\beta = \frac{y'}{y} = \frac{f}{f-l} \tag{2-47}$$

$$\beta = \frac{y'}{y} = -\frac{l'-f'}{f'} \tag{2-48}$$

继续整理得

$$l = f\left(1 - \frac{1}{\beta}\right)$$

$$l' = f'(1-\beta)$$

则像距与物距的比值关系为

$$\frac{l'}{l} = \frac{(1-\beta)f'}{\left(1-\dfrac{1}{\beta}\right)f} = \beta\left(-\frac{f'}{f}\right) \tag{2-49}$$

将式(2-48)代入式(2-49),并继续整理得

$$\frac{l'}{l} + \beta\left(\frac{f'}{f}\right) = \frac{l'}{l} + \frac{f'}{f} - \frac{l'}{f} = 0$$

左右同乘以 $\dfrac{f}{l'}$,并利用式(2-34)得

$$\frac{n'}{l'} - \frac{n}{l} = -\frac{n}{f} = \frac{n'}{f'} \tag{2-50}$$

当物、像位于同一种介质空间时,折射光学系统的 $f' = -f$,故式(2-49)、式(2-50)可分化为

$$\beta = \frac{l'}{l} \tag{2-51}$$

$$\frac{1}{l'} - \frac{1}{l} = \frac{1}{f'} \tag{2-52}$$

式(2-51)为高斯形式的垂轴放大率公式,式(2-52)即为高斯公式,可见高斯公式仅与物距、像距有关,物距不同,其垂轴放大率并不相同,通常所提及的垂轴放大率是特指某一物距下的垂轴放大率值。此外,高斯公式也可以通过牛顿公式转化得来。

例 2-10 光学系统的物、像方焦距 $f' = -f = 60$ mm,一物体位于系统左侧 120 mm 位置处,求:①像相对于像方焦面的位置;②垂轴放大率 β。

分析 根据题意要求,已知物距和焦距,故可以使用物像关系式进行求解,该题既可以使用牛顿公式也可以使用高斯公式进行求解。

解 ① 求像的位置 x'。

根据牛顿公式 $\qquad xx' = ff'$

式中 $\qquad x = -(120-60)$ mm $= -60$ mm, $\quad f = -f' = -60$ mm

计算得 $x' = 60$ mm,即像位于像方焦面右侧 60 mm 位置处。

② 求垂轴放大率 β。

$$\beta = -\frac{f}{x} = -\frac{-60}{-60} = -1^{\times}$$

"高斯公式"视频

2.6 ▎多光组组成的高斯光学系统成像
Imaging of Gaussian Optical System Composed of Multi-elements

1. 多光组组成的高斯光学系统的过渡公式(transition equation for Gaussian optical system composed of multi-elements)

一个光学系统通常由一个或多个部件组成,每个部件可以含有一个或多个透镜,这些部件就称为光组。通常的光学系统由若干个光组构成,为了求得物体经过系统所成的像,就必须反复使用物像关系式,所以必须解决光组与光组间的过渡衔接问题。

1) 光学间隔(optical separation)

光学间隔 Δ 是指前一个光组的像方焦点与后一个光组的物方焦点之间的轴向距离,其正负可由前一个光组的像方焦点为原点进行判断,即后一个光组的物方焦点位于前一个光组像方焦点的左侧为负,右侧为正。图 2-33 所示为三个光组构成的光学系统,d_1、d_2 表示相邻光组主点之间的距离,光学间隔 $\Delta_1 = F_1'F_2$,$\Delta_2 = F_2'F_3$,若系统有 k 个光组,以此类推有 $\Delta_{k-1} = F_{k-1}'F_k$,且有

$$\left.\begin{aligned}
\Delta_1 &= d_1 - f_1' + f_2 \\
\Delta_2 &= d_2 - f_2' + f_3 \\
&\vdots \\
\Delta_{k-1} &= d_{k-1} - f_{k-1}' + f_k
\end{aligned}\right\} \tag{2-53}$$

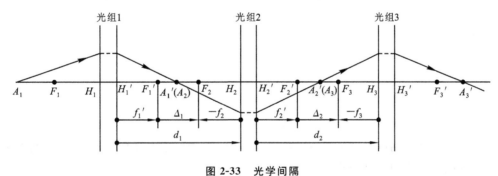

图 2-33　光学间隔

Figure 2-33　optical separation

2) 过渡公式(transition equation)

过渡公式主要解决的是光组与光组之间物距、像距之间的变换关系,由于物像关系式有两种,即以焦点为原点的牛顿公式和以主点为原点的高斯公式,所以相对应的过渡公式也有两种表示形式,即牛顿形式的过渡公式和高斯形式的过渡公式。

(1) 牛顿形式的过渡公式。

图 2-34 所示为一个由双光组构成的光学系统,轴上物点 A_1 经过整个系统所成的像为 A_2',各参量如图中所示,显然有

$$x_2 = x_1' - \Delta_1$$

若系统由 k 个光组构成,则有

$$
\left.
\begin{aligned}
x_2 &= x_1' - \Delta_1 \\
x_3 &= x_2' - \Delta_2 \\
&\vdots \\
x_k &= x_{k-1}' - \Delta_{k-1}
\end{aligned}
\right\}
\tag{2-54}
$$

式(2-54)给出了光组间以焦点为原点的物距 x、像距 x' 和光学间隔 Δ 之间的关系,称为牛顿形式的过渡公式。

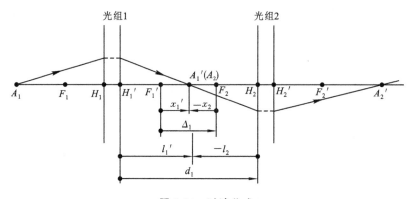

图 2-34 过渡公式

Figure 2-34 transition equation

（2）高斯形式的过渡公式。

若以主点为原点描述物距、像距,则各参量之间的关系仍如图 2-34 所示,不难得到

$$
l_2 = l_1' - d_1
$$

若系统由 k 个光组构成,则有

$$
\left.
\begin{aligned}
l_2 &= l_1' - d_1 \\
l_3 &= l_2' - d_2 \\
&\vdots \\
l_k &= l_{k-1}' - d_{k-1}
\end{aligned}
\right\}
\tag{2-55}
$$

式(2-55)给出了光组间以主点为原点的物距、像距与光组间距 d（又称高斯间距）之间的关系,我们称之为高斯形式的过渡公式。

可见,对于由多个光组构成的光学系统,连续使用物像关系式及相应的过渡公式就可以求出物体经过整个系统的最后像的大小和位置。

例 2-11 光学系统由两个光组构成,两光组的物方焦距、像方焦距分别为 $f_1' = -f_1 = -24\ \text{mm}$,$f_2' = -f_2 = 50\ \text{mm}$,两透镜中心相距 15 mm。若在第一个光组前 80 mm 位置处放置一高为 $y_1 = 25\ \text{mm}$ 的物体,求物体经过系统后所成像的大小和位置。

分析 由于该系统由两个光组构成,故物体经过系统需要进行两次成像过程:首先,物体将对第一个光组进行成像;然后,第一个光组所成的像将作为物对第二个光组再一次成像,即需要两次使用物像关系式进行求解。又因为例 2-11 中是以主点为原点描述物体的位置,故使用高斯公式进行计算更为方便。

解 ① 求物体经过第一个光组所成的像 y_1'。

根据高斯公式
$$
\frac{1}{l_1'} - \frac{1}{l_1} = \frac{1}{f_1'}
$$

式中,$l_1 = -80\ \text{mm}$,$f_1' = -24\ \text{mm}$,计算得 $l_1' = -18.5\ \text{mm}$,即经第一个光组所成的像位于第

一个光组左侧 18.5 mm 位置处。

又根据高斯形式的垂轴放大率公式有

$$\beta_1 = \frac{y'_1}{y_1} = \frac{l'_1}{l_1}$$

式中，$l_1 = -80$ mm，$l'_1 = -18.5$ mm，$y_1 = 25$ mm，计算可得 $y'_1 = 5.8$ mm，即物体经过第一个光组的像高为 5.8 mm。

② 求再经过第二个光组所成的像。

同理根据高斯公式

$$\frac{1}{l'_2} - \frac{1}{l_2} = \frac{1}{f'_2}$$

式中，$l_2 = -(18.5 + 15)$ mm $= -33.5$ mm，$f'_2 = 50$ mm，计算得 $l'_2 = -102$ mm，即经第二个光组所成之像位于第二个光组左侧 102 mm 位置处。

根据高斯形式的垂轴放大率公式

$$\beta_2 = \frac{y'_2}{y_2} = \frac{l'_2}{l_2}$$

式中，$l_2 = -33.5$ mm，$l'_2 = -102$ mm，$y_2 = y'_1 = 5.8$ mm，计算可得 $y'_2 = 17.7$ mm，即物体经过系统的像高为 17.7 mm，成正立、缩小的虚像。

2. 多光组组成的高斯光学系统的放大率公式（magnification equation for ideal optical system composed of multi-elements）

由于光学系统系由 k 个光组组合而成，并且 $y_2 = y'_1$，$y_3 = y'_2$，$\cdots$，$y_k = y'_{k-1}$，故整个系统的放大率应是各个光组放大率的乘积，即

$$\beta = \frac{y'_k}{y_1} = \frac{y'_1}{y_1} \cdot \frac{y'_2}{y_2} \cdot \frac{y'_3}{y_3} \cdot \cdots \cdot \frac{y'_k}{y_k} = \beta_1 \beta_2 \beta_3 \cdots \beta_k \tag{2-56}$$

同理有

$$\alpha = \alpha_1 \alpha_2 \alpha_3 \cdots \alpha_k \tag{2-57}$$

$$\gamma = \gamma_1 \gamma_2 \gamma_3 \cdots \gamma_k \tag{2-58}$$

且三种放大率之间仍然满足

$$\alpha\gamma = \beta \tag{2-59}$$

2.7　双光组光学系统的组合
Combination of Two Optical Systems

单光组在确定了基点、基面的位置之后，系统的成像特性就得以确定。同样，双光组构成的系统在确定了各个光组的基点基面及相互之间的位置之后，系统的成像特性也就唯一确定了。我们固然可以通过反复使用物像关系式及其过渡公式来求取相关的量值，但却使求解过程变得复杂，通常的做法是将双光组构成的系统进行简化，简化成由单光组构成的系统，并将此简化的单光组系统称为双光组的等效系统，这样就可以把物体经过双光组系统所成的像看成是它经过等效系统所成的像，从而使复杂的求解问题变得简单而且直观。由于两个光组是最简单、最常见的光组系统组合，故在此主要分析如何确定双光组等效系统的基点及基面位置。

1. 双光组系统的等效系统（equivalent system of two optical systems）

1）以焦点为原点计算等效系统的基点位置及焦距大小（position of cardinal point and

focal length of equivalent system taking focal point as origin)

图 2-35 所示为一个双光组系统,两光组的主点位置分别用 H_1、H_1'、H_2、H_2' 表示,设两个光组的间隔为 d,像方焦距分别为 f_1'、f_2',光学间隔为 Δ。

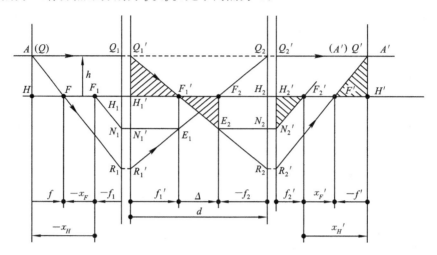

图 2-35 双光组系统的等效系统

Figure 2-35 equivalent system of two optical systems

首先用图解法求出双光组等效系统的基点位置,再根据各参量的平面几何关系分析出相应的计算公式。

从物空间引发一条投射高度为 h 并平行于光轴的入射光线 AQ_1,AQ_1 到达第一个光组后将发生折射,折射光线 $Q_1'R_2$ 经过第一个光组的像方焦点 F_1' 之后射入第二个光组又发生折射,最后射出的折射光线 $R_2'F'$ 交光轴于一点 F',F' 即为等效系统的像方焦点。

延长入射光线 AQ_1 及其共轭光线 $R_2'F'$,两者交于 Q' 点,过 Q' 点作垂直于光轴的平面,该平面即为等效系统的像方主面,等效系统的像方主面与光轴的交点 H' 即为等效系统的像方主点。等效系统像方主点 H' 与等效系统像方焦点 F' 之间的距离即为等效系统的像方焦距,用 f' 表示。

同理,可以确定出等效系统的物方焦点 F、物方主点 H 的位置及物方焦距 f 的大小。

为了准确描述等效系统基点、基面的位置,引入了如下几个参量。$x_F=F_1F$ 表示等效系统物方焦点的位置,以 F_1 为原点;$x_H=F_1H$ 表示等效系统物方主点的位置,以 F_1 为原点;$x_F'=F_2'F'$ 表示等效系统像方焦点的位置,以 F_2' 为原点;$x_H'=F_2'H'$ 表示等效系统像方主点的位置,以 F_2' 为原点。因 x_F、x_F'、x_H、x_H' 等参量均为沿轴线段,其正负仍可按照符号规则加以判断,位于原点左侧为负,位于原点右侧为正。

由图 2-35 可知,相对第二个光组而言,F_1'、F' 是共轭点,故两者应满足物像位置关系,且物距 $x=-\Delta$,由牛顿公式有

$$x_F'=-\frac{f_2 f_2'}{\Delta} \tag{2-60}$$

式(2-60)为等效系统像方焦点的计算公式。

又因为 $\triangle Q'H'F' \backsim \triangle N_2'H_2'F_2'$,$\triangle Q_1'H_1'F_1' \backsim \triangle F_1'F_2E_2$,故有

$$\frac{-f'}{f_2'}=\frac{Q'H'}{H_2'N_2'}, \quad \frac{f_1'}{\Delta}=\frac{Q_1'H_1'}{F_2E_2}$$

显然 $Q'H'=Q'_1H'_1, H'_2N'_2=F_2E_2$，将上两式合并得

$$f'=-\frac{f'_1f'_2}{\Delta} \tag{2-61}$$

式(2-61)为等效系统像方焦距计算公式。

由图 2-35 还可知，

$$x'_H=x'_F+(-f')$$

将式(2-60)、式(2-61)代入上式整理得

$$x'_H=\frac{f'_2(f'_1-f_2)}{\Delta} \tag{2-62}$$

式(2-62)为等效系统像方主点位置的计算公式。

以上我们已经根据图 2-35 中的几何关系求出了等效系统像方基点及像方焦距的相关公式，同理可求出物方基点和物方焦距的相关公式，即

$$\left.\begin{aligned} x_F &= \frac{f_1f'_1}{\Delta} \\ x_H &= \frac{f_1(f'_1-f_2)}{\Delta} \\ f &= \frac{f_1f_2}{\Delta} \end{aligned}\right\} \tag{2-63}$$

2）以焦点为原点的等效系统放大率公式（magnification equation for equivalent system taking focal point as origin）

等效系统的垂轴放大率公式仍为

$$\beta=-\frac{f}{x}=-\frac{x'}{f'} \tag{2-64}$$

式中，f、f' 分别为等效系统的物方焦距、像方焦距；x 是等效系统的物距（等效系统的物方焦点 F 与物之间的距离）；x' 是等效系统的像距（等效系统的像方焦点 F' 与像之间的距离）。图 2-36 所示为等效系统物像位置、基点位置及双光组各参量之间的关系简图，图中 x_1 为第一个光组的物方焦点 F_1 与物点 A 之间的距离，从图中可见

$$x=x_1-x_F=x_1-\frac{f_1f'_1}{\Delta} \tag{2-65}$$

将式(2-65)及式(2-63)中的第三式分别代入式(2-64)中，整理得

$$\beta=-\frac{f}{x}=\frac{f_1f_2}{f_1f'_1-x_1\Delta} \tag{2-66}$$

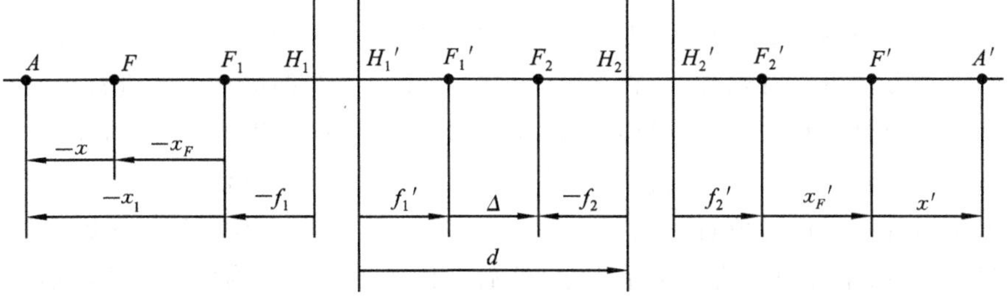

图 2-36 以焦点为原点等效系统各参量的几何关系

Figure 2-36 geometrical relationship among parameters taking focal point as origin

3）以主点为原点计算等效系统的基点位置公式（position of cardinal point for equivalent system taking principal point as origin）

图 2-37 所示为等效系统物像位置、基点位置及双光组各参量之间的关系简图，图中各基点的位置皆是以相应的主点为原点进行描述的。$l_F = H_1 F$ 表示等效系统物方焦点的位置，以 H_1 为原点；$l_H = H_1 H$ 表示等效系统物方主点的位置，以 H_1 为原点；$l'_F = H'_2 F'$ 表示等效系统像方焦点的位置，以 H'_2 为原点；$l'_H = H'_2 H'$ 表示等效系统像方主点的位置，以 H'_2 为原点。l_F、l'_F、l_H、l'_H 亦都为沿轴线段，仍以符号规则来判断其正负，位于原点左侧为负，右侧为正。根据图 2-37 中的几何关系，可得其相关公式如下

$$\left. \begin{aligned} l_F &= f_1 + x_F = f\left(1 + \frac{d}{f_2}\right) \\ l'_F &= f'_2 + x'_F = f'\left(1 - \frac{d}{f'_1}\right) \\ l_H &= l_F - f = f\,\frac{d}{f_2} \\ l'_H &= l'_F - f' = -f'\,\frac{d}{f'_1} \end{aligned} \right\} \tag{2-67}$$

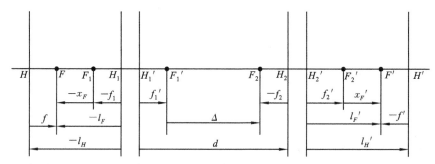

图 2-37 以主点为原点等效系统各参量的几何关系

Figure 2-37 geometrical relationship among parameters taking principal point as origin

值得说明的是，无论使用以焦点为原点的公式还是使用以主点为原点的公式来求取等效系统基点的位置和焦距的大小都是可以的，两者计算的结果完全一致。

例 2-12 一双薄透镜 L_1、L_2 构成的光学系统，第一块透镜的物方焦距、像方焦距 $f'_1 = -f_1 = 20$ mm，第二块透镜的物方焦距、像方焦距 $f'_2 = -f_2 = -20$ mm，两透镜之间的间隔为 10 mm，一物体 AB 位于第一块透镜前方 100 mm 位置处，求组合系统的垂轴放大率和像的位置。

分析 此题可看成是双光组系统成像问题，每一个薄透镜都可以看成是一个独立的光组。所谓薄透镜是指透镜的中心厚度可以忽略不计的透镜，有关薄透镜的更多相关知识详见2.8节。求解的思路方法可以有两种：一种方法是两次使用单光组的高斯公式进行求解；另外一种方法是使用系统组合的相关公式进行求解。两种方法虽然都可以计算出最后的结果，但是其求解的简易程度会有所不同。下面将使用第二种方法进行计算分析。

要想求出组合系统像的位置和系统的放大率，首先需要求出等效系统的焦点位置和焦距的大小，即将双光组系统简化为一个单光组，然后根据题中给出的物体的位置求出物体相对于等效系统的物距 x，最后利用牛顿物像关系式及垂轴放大率公式求出相应的结果。

解 ① 求出等效系统焦点的位置 x_F、x'_F。

根据等效系统焦点的位置公式计算得

$$x_F = \frac{f_1 f_1'}{\Delta} = \frac{(-20) \times 20}{10} \text{ mm} = -40 \text{ mm}$$

$$x_F' = -\frac{f_2 f_2'}{\Delta} = -\frac{(-20) \times 20}{10} \text{ mm} = 40 \text{ mm}$$

式中,光学间隔 $\Delta = d - f_1' + f_2 = (10 - 20 + 20) \text{ mm} = 10 \text{ mm}$。根据计算结果得到光学系统各参量之间的相关位置如图 2-38 所示。

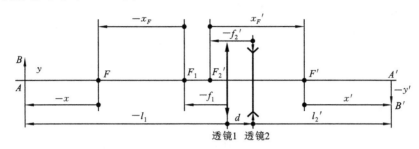

图 2-38　各参量的几何关系

Figure 2-38　geometrical relationship among parameters

② 根据系统组合公式求出等效系统组合焦距的大小 f、f'。

$$f' = -\frac{f_1' f_2'}{\Delta}$$

式中,$f_1' = 20 \text{ mm}$,$f_2' = -20 \text{ mm}$,将各量分别代入上式计算得组合等效焦距为

$$f' = -f = -\frac{20 \times (-20)}{10} \text{ mm} = 40 \text{ mm}$$

③ 求等效系统物距 x。

根据题意和图 2-38 中各参量的相对位置关系,有

$$-x + (-x_F) + (-f_1) = -l_1$$

整理得　　$x = l_1 - x_F - f_1 = ((-100) - (-40) - (-20)) \text{ mm} = -40 \text{ mm}$

④ 根据牛顿公式求等效系统的像距 x'。

$$x' = \frac{f f'}{x} = \frac{(-40) \times 40}{-40} \text{ mm} = 40 \text{ mm}$$

即系统最后所成的像位于等效系统像方焦点 F' 右侧 40 mm 位置处,也可以理解为位于第二块透镜右侧 $l_2' = (40 - 20 + 40) \text{ mm} = 60 \text{ mm}$ 位置处。

⑤ 求系统的垂轴放大率 β。

$$\beta = -\frac{f}{x} = -\frac{-40}{-40} = -1^\times$$

4) 双光组等效系统的光焦度(optical power of equivalent system of two optical systems)

绝大多数情况下,折射光学系统位于空气当中,即有 $n' = n = 1$,$f_1' = -f_1$,$f_2' = -f_2$。设等效系统的光焦度为 Φ,利用光焦度公式有

$$\Phi = \frac{n'}{f'} = \frac{1}{f'} = -\frac{\Delta}{f_1' f_2'} = -\frac{d - f_1' + f_2}{f_1' f_2'} = \frac{f_1' + f_2' - d}{f_1' f_2'} = \frac{1}{f_1'} + \frac{1}{f_2'} - \frac{d}{f_1' f_2'} \quad (2\text{-}68)$$

又由于 $\Phi_1 = \frac{1}{f_1'}$,$\Phi_2 = \frac{1}{f_2'}$,Φ_1、Φ_2 分别表示第一个光组和第二个光组的光焦度,则式(2-68)又可表示为

$$\Phi = \Phi_1 + \Phi_2 - d\Phi_1 \Phi_2 \quad (2\text{-}69)$$

式(2-69)表明,等效系统的光焦度既与每个光组的光焦度大小有关,又与光组之间的距离有关。若令 $d \to 0$,即两个光组紧密接触在一起,则式(2-69)又可化为

$$\Phi = \Phi_1 + \Phi_2 - d\Phi_1\Phi_2 = \Phi_1 + \Phi_2 \qquad (2\text{-}70)$$

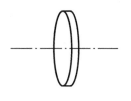

图 2-39　双胶合透镜

Figure 2-39　doublet lets

式(2-70)表示这类紧密接触光学系统的光焦度仅与每个光组的光焦度有关。在实际设计中,此种情况并不少见,将这类组合光学元件称为密接透镜(或复合透镜),即将两个或多个透镜组合在一起,并用胶进行黏合(这里假定相互黏合的两个表面曲率相等)。最常见的是将一个正单透镜与一个负单透镜进行胶合的情况,称之为双胶合透镜,如图 2-39 所示。

2. 几种常见的双光组系统组合实例(several conventional samples for combination of two optical systems)

1) 望远镜系统(telescope system)

望远镜系统是最典型的无焦光学系统,其系统焦点位于无穷远处,焦距为无限大。它能够使入射的平行光仍保持平行地射出,望远系统往往配合人眼使用,以扩展人眼对远处物体的洞察能力,观察时会给人一种如同物体被拉近了的感觉。该系统是由两个独立的光组组成,并且第一个光组的像方焦点与第二个光组的物方焦点相重合,其光学间隔 $\Delta = F_1'F_2 = 0$。习惯上称望远系统的第一个光组(对着物体的光组)为物镜,第二个光组(靠近人眼的光组)为目镜。望远系统是天文观察和天体测量中不可或缺的重要工具,在军事、计量和日常生活中有着重要的应用。图 2-40 表示的是两种望远系统的原理光路,其中,图(a)所示为开普勒望远系统,图(b)所示为伽利略望远系统。

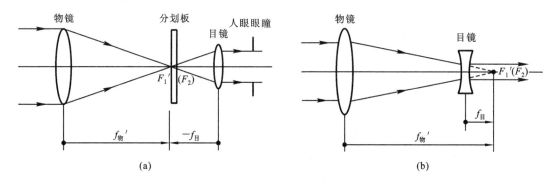

图 2-40　望远系统的原理光路

(a) 开普勒望远系统;(b) 伽利略望远系统

Figure 2-40　sketch of telescope system

(a) Keplerian telescope;(b) Galilean telescope

从图 2-40 中可见,开普勒望远系统是由正的物镜组与正的目镜组构成的。在物镜与目镜之间形成一个实像面,可安装一块分划板,分划板是一个平行平板,上面刻有瞄准丝或标尺以作瞄准测量使用。由于开普勒望远系统成倒像,故常常在系统中加入转像系统而使倒像成为正像。伽利略望远系统是由正的物镜组及负的目镜组构成的,其优点是结构紧凑、筒长较短、较为轻便,且成正像。但是,由于伽利略望远系统没有中间实像面,不能安装分划板,因而不能用于瞄准和定位,故应用较少。图 2-41 所示为一常见的双目望远镜。

2) 显微镜（microscope）

自第一台具有实用价值的显微镜问世,至今已有三百多年的历史,它的出现突破了人眼天然的生理限制,把人类的视觉延伸到了肉眼所不能看到的微观世界,对生产、医疗及各种科学研究起到了重大的推动作用。显微镜是一种重要的目视光学仪器,广泛应用于各种科研领域和精密测量中。

图 2-41　双目望远镜
Figure 2-41　binocular telescope

显微镜主要用于观察近处的微小物体,其光学系统也主要由正物镜光组和正目镜光组两个部分构成,光路原理如图 2-42 所示。

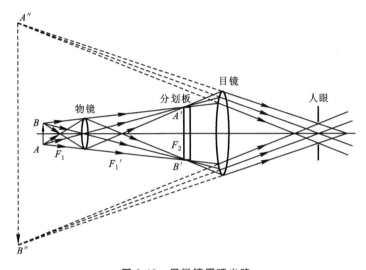

图 2-42　显微镜原理光路
Figure 2-42　sketch of microscope

显微镜有较大的光学间隔,物体 AB 首先经过物镜组进行放大,形成一个倒立、放大的实像 $A'B'$,位于目镜物方焦面附近,再经过目镜进行第二次放大,形成一个放大的虚像 $A''B''$,通常该虚像成像在明视距离处。绝大多数显微镜常配有多个目镜和多个物镜,通过调换可获得各种放大率,在使用中为了迅速改变放大率,常把几个物镜同时装在一个可转动的圆盘之上,旋转该圆盘就能够方便地选用不同倍率的物镜,而其目镜一般为插入式,调换也很方便。图 2-43 为一普通生物显微镜。

3) 远摄物镜（telephoto lens）

远摄物镜是一种长焦距物镜,适用于大口径、长焦距、短结构系统的使用。远摄物镜可以是折射系统、反射系统或折反射系统,图 2-44 所示即为透射式远摄系统。当对远距离目标成像时,使用该物镜可以得到放大、清晰的图像,它的基本结构由正前组镜头和负后组镜头组成,属于双光组系统,正前组镜头的作用是生成目标实像,而负后组镜头的作用则是增大全组镜头的焦距。这种组合能够使等效系统的像方主面前移,增大系统的组合焦距,使组合焦距 f' 大于系统的筒长 L（指第一个光组到像面之间的距离）。

例 2-13　一远摄光学系统（见图 2-44）,要求系统焦距 $f'=1\,000$ mm,系统筒长 $L=700$ mm,后工作距离 $l'_F=400$ mm,请计算该系统。

分析　远摄光学系统是一个对无穷远物体成实像的光学系统。从题中已知条件可知,

图 2-43 生物显微镜

Figure 2-43 biological microscope

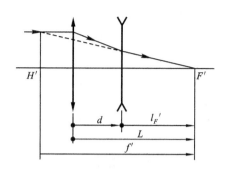

图 2-44 透射式远摄系统

Figure 2-44 transmission-type telephoto system

$f'=1\ 000\ \text{mm}>L=700\ \text{mm}$，即焦距大于筒长，只有等效系统的主平面前移才会具有这样的特性，故而单个光组无法实现这样的题意要求，系统至少需要两个光组组合才能满足设计要求，而且根据远摄系统的构成特点，这两个光组理论上应该一个是正透镜组，一个是负透镜组。现假设系统由两个光组构成，两个光组的像方焦距分别为 f'_1、f'_2，两个光组之间的距离间隔为 d，利用组合焦距公式及各参量之间的关系就可以进行求解。

解 根据双光组等效系统焦距公式

$$f'=-\frac{f'_1f'_2}{\Delta}=-\frac{f'_1f'_2}{d-f'_1+f_2}=1\ 000\ \text{mm}$$

此外，从图 2-44 中可见，筒长 L 与后工作距离 l'_F 之间有如下关系

$$d+l'_F=L$$

即

$$d=L-l'_F=(700-400)\ \text{mm}=300\ \text{mm}$$

又由于后工作距离

$$l'_F=400\ \text{mm}=f'\left(1-\frac{d}{f'_1}\right)$$

将以上三式联立求解即可求得

$$d=300\ \text{mm},\quad f'_1=500\ \text{mm},\quad f'_2=-400\ \text{mm}$$

显然从计算结果看，该双光组是由一正的光组与一负的光组组合而成的，与最初分析的结果相吻合。

2.8 ‖ 透镜
Lens

1. 透镜(lens)

透镜是光学系统中最基本也是最常见的光学元件，它甚至可以独立构成最简单的光学系统，如放大镜。透镜具有广泛的成像特性，能够满足各种成像要求。透镜是由两个折射面包围的一种透明介质构成的光学元件，折射面可以是球面、平面或非球面。透镜可以分为两大类，一类为正透镜，一类为负透镜。透镜光焦度大于零的常称为正透镜(或凸透镜)，光焦度小于零的常称为负透镜(或凹透镜)。一般情况下，正透镜对入射光束起会聚作用，如图 2-45(a)所示；负透镜对入射光束起发散作用，如图 2-45(b)所示。

按照透镜形状的不同，正透镜又可分为双凸透镜、平凸透镜及月凸透镜，其统一的特征是中心厚度(或沿光轴厚度)要比边缘厚度厚；负透镜又分为双凹透镜、平凹透镜及月凹透镜，其

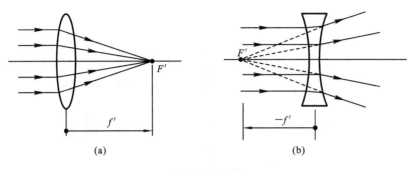

图 2-45 透镜

(a) 正透镜;(b) 负透镜

Figure 2-45 lens

(a) positive lens;(b) negative lens

特征是中心厚度比边缘厚度薄,如图 2-46 所示。

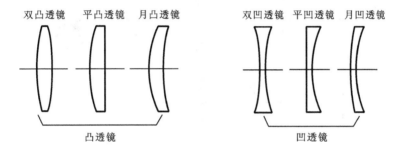

图 2-46 几种常见的透镜形状

Figure 2-46 conventional lens shapes

2. 薄透镜成像(imaging of thin lens)

薄透镜是指透镜的厚度与焦距或曲率半径相比可忽略不计的透镜。如果将透镜的厚度略去不计,一般并不会对计算结果产生实质性的影响,但却给初始阶段的分析和计算带来极大的便利。将实际透镜近似成薄透镜进行计算分析往往是设计中的一个重要环节,许多光学系统在设计和计算的初始阶段总是先从薄透镜或薄光组着手进行的。

通常情况下薄透镜都应用在空气介质中,并通过焦距 f' 来表示其成像特性。图 2-47(a) 所示为正薄透镜成像的原理光路图,图 2-47(b) 所示为负薄透镜成像的原理光路图。

与单光组成像类似,透镜主平面与焦点之间的距离为焦距,透镜主平面与物之间的距离为物距 l,透镜主平面与像之间的距离为像距 l',物与像之间的距离称为共轭距,而轴外物点与其共轭点的连线将经过透镜的中心(主点)。

1) 薄透镜的焦距及光焦度(focal length and optical power of thin lens)

由于薄透镜是由两个折射球面构成的,故薄透镜可以看成是由两个光组构成的光学系统。若设透镜材料的折射率为 n,折射球面的曲率半径分别为 r_1、r_2,光组间隔 $d \to 0$,周围介质空间折射率为空气,即 $n_1 = n_2' = 1$,则按照单个折射球面的物像关系式可以得到第一个光组像方焦距 f_1' 的大小,如图 2-48(a) 所示。

$$\frac{n}{l_1'} - \frac{1}{l_1} = \frac{n-1}{r_1}$$

将 $l_1 = -\infty$ 代入上式得

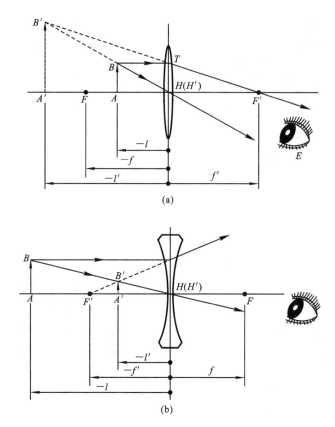

图 2-47　薄透镜的成像原理

（a）正透镜；（b）负透镜

Figure 2-47　imaging principle of thin lens

（a）positive lens；（b）negative lens

$$f'_1 = l'_1 = \frac{r_1 n}{n-1} \qquad (2-71)$$

同理，可以得到

$$f_1 = -\frac{r}{n-1} = \frac{r_1}{1-n} \qquad (2-72)$$

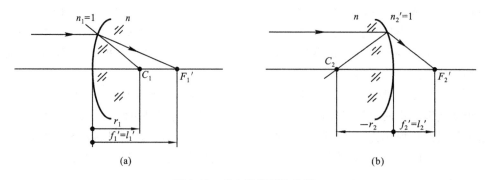

图 2-48　单个折射面的焦距

Figure 2-48　focal length of single refractive surface

显然，单光组的物方焦距与像方焦距并不相等，以此类推亦可求出薄透镜第二个光组的像

方焦距 f'_2 的大小,如图 2-48(b)所示。

$$f'_2 = l'_2 = \frac{r_2}{1-n} \tag{2-73}$$

$$f_2 = \frac{nr_2}{n-1} \tag{2-74}$$

则薄透镜的组合焦距为

$$f' = -\frac{f'_1 f'_2}{\Delta} = -\frac{f'_1 f'_2}{d - f'_1 + f_2} = \frac{r_1 r_2}{(r_2 - r_1)(n-1)} \tag{2-75}$$

式(2-75)即为薄透镜的像方焦距公式。若透镜位于空气当中,则有 $f = -f'$,$\Phi = \dfrac{1}{f'}$,故薄透镜的光焦度为

$$\Phi = \frac{1}{f'} = (n-1)\left(\frac{1}{r_1} - \frac{1}{r_2}\right) = (n-1)(\rho_1 - \rho_2) \tag{2-76}$$

式中,$\rho_1 = \dfrac{1}{r_1}$,$\rho_2 = \dfrac{1}{r_2}$,需要说明的是,式(2-75)、式(2-76)都只适用于薄透镜位于空气介质之中的情况,若薄透镜所处的物、像方介质发生改变(如浸没在水、油或其他透明介质之中),则应采用下面的公式进行计算,设 n_0 为透镜所处周围介质的折射率,则

$$f' = -f = \frac{r_1 r_2 n_0}{(n - n_0)(r_2 - r_1)}$$

$$\Phi = \frac{n_0}{f'} = (n - n_0)\left(\frac{1}{r_1} - \frac{1}{r_2}\right) = (n - n_0)(\rho_1 - \rho_2) \tag{2-77}$$

从式(2-77)中可以看出,薄透镜的焦距不仅与透镜自身的结构特性有关,还与周围介质折射率的大小有着密切的联系,周围介质不同,其焦距的大小甚至是正负也会发生相应的改变,所以在空气中起着会聚作用的透镜在其他介质中可能起到发散的效果。

例 2-14　一双凸薄透镜的曲率半径分别为 $r_1 = 50$ mm,$r_2 = -50$ mm,透镜材料的折射率为 $n = 1.5$,求当透镜位于空气中、浸没在水($n_0 = 1.33$)中以及杉木油($n_0 = 1.515$)中时的焦距分别为多少?

分析　由于成像元件是单薄透镜,故在透镜半径及折射率已知的情况下,采用薄透镜焦距或光焦度公式均可对此题进行求解。又由于透镜的焦距、光焦度不仅与透镜元件的相关参量有关,也与透镜所在的周围介质折射率有关,故在计算透镜浸没水中或杉木油中时的焦距时,应考虑到周围介质折射率的大小。

解　① 透镜位于空气中。

根据薄透镜光焦度公式有

$$\Phi = \frac{1}{f'} = (n-1)\left(\frac{1}{r_1} - \frac{1}{r_2}\right) = (1.5-1)\left(\frac{1}{50} - \frac{1}{-50}\right) \text{ mm}^{-1} = \frac{1}{50} \text{ mm}^{-1}$$

故该透镜位于空气中的焦距为 $f' = -f = 50$ mm。

② 透镜位于水中。

根据薄透镜光焦度公式有

$$\Phi = \frac{n_0}{f'} = \frac{1.33}{f'} = (n - n_0)\left(\frac{1}{r_1} - \frac{1}{r_2}\right) = (1.5 - 1.33)\left(\frac{1}{50} - \frac{1}{-50}\right) \text{ mm}^{-1}$$

计算得该透镜位于水中的焦距为 $f' = -f = 195.6$ mm,可见薄透镜在水中比在空气中的焦距要大许多。

③ 透镜位于杉木油中。

$$\Phi = \frac{n_0}{f'} = \frac{1.515}{f'} = (n - n_0)\left(\frac{1}{r_1} - \frac{1}{r_2}\right) = (1.5 - 1.515)\left(\frac{1}{50} - \frac{1}{-50}\right) \ \text{mm}^{-1}$$

计算得该透镜位于杉木油中的焦距为 $f' = -f = -2\ 525$ mm,显然在空气中起到会聚作用的透镜在杉木油中已经成为一发散透镜。

2) 薄透镜的物像关系(relationship between object and image of thin lens)

物体 A 对薄透镜成像要经过两次成像过程,如图 2-49 所示,A' 为 A 经过第一个折射面 O_1 所成的像,A'' 为 A' 经第二个折射面 O_2 所成的像。假设薄透镜放置于空气中,显然有

$$\frac{n}{l_1'} - \frac{1}{l_1} = \frac{n-1}{r_1} \tag{2-78}$$

$$\frac{1}{l_2'} - \frac{n}{l_2} = \frac{1-n}{r_2} \tag{2-79}$$

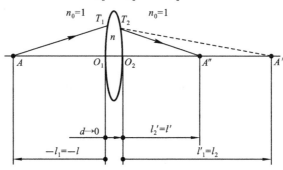

图 2-49 薄透镜成像

Figure 2-49   imaging of thin lens

根据过渡公式 $l_2 = l_1' - d = l_1'$,将式(2-78)代入式(2-79)中,整理有

$$\frac{1}{l_2'} - \frac{1}{l_1} = (n-1)\left(\frac{1}{r_1} - \frac{1}{r_2}\right)$$

若设薄透镜的物距为 l,像距为 l',上式又可表示为

$$\frac{1}{l'} - \frac{1}{l} = (n-1)\left(\frac{1}{r_1} - \frac{1}{r_2}\right) = \frac{1}{f'} \tag{2-80}$$

式(2-80)即为薄透镜的物像位置关系式,即高斯公式,类似地,牛顿公式也同样适用于薄透镜成像。

薄透镜成像的垂轴放大率为

$$\beta = \frac{y'}{y} = \beta_1 \beta_2 = \frac{l'}{l} \tag{2-81}$$

将式(2-80)中的 l' 代入式(2-81),有

$$\beta = \frac{f'}{l + f'}$$

显然,当 $\beta=1$ 时,物距 $l=0$,$l'=0$,即物和像重合于薄透镜的顶点位置处,主点与薄透镜的顶点相重合。同时在该位置处角放大率 $\gamma=1$,即经过薄透镜顶点的光线光的传播方向不变,这就意味着薄透镜的中心既是主点又是节点,如图 2-50 所示。

例 2-15 设某照相机能够拍摄的最近距离为 1 m,现装上一个具有 2 个屈光度($f' = 500$ mm)的近拍镜,求此时能拍摄的最近距离是多少(假设近拍镜与照相物镜密接)?

分析　照相机主要是用照相物镜完成成像过程，并把成像的结果记录在底片或其他接收器件之上，现在为了拍摄更近距离的物体，加入了一个近拍镜，此时整个系统相当于是密接双透镜构成的系统，即 $d \to 0$。物体先后经过近拍镜及照相物镜进行成像，近拍镜起到的作用是将更近距离的物体成像在照相机镜头能拍摄的最近距离处，如图 2-51 所示，例 2-15 应用透镜的物像关系式就可以求解。

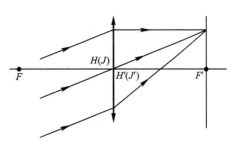

图 2-50　薄透镜的基点

Figure 2-50　cardinal points of thin lens

解　根据薄透镜的物像关系式有

$$\frac{1}{l'} - \frac{1}{l} = \frac{1}{f'}$$

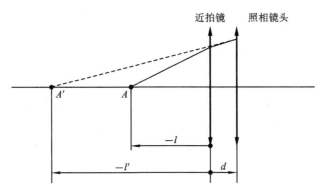

图 2-51　各参量之间的几何关系

Figure 2-51　geometrical relationship among parameters

$$\frac{1}{-1\,000} - \frac{1}{l} = \frac{1}{500}$$

计算得出 $l \approx -333$ mm，即能拍摄的最近距离为系统前 $\frac{1}{3}$ m 位置处。

3. 厚透镜(thick lens)

1) 厚透镜的焦距和光焦度(focal length and optical power of thick lens)

虽然薄透镜的厚度可以忽略不计，但是所有实际使用的透镜元件无论是正透镜还是负透镜都是由具有一定厚度的材料构成的，所以厚透镜的焦距和基点位置的确定就要相对复杂一些，而且基点的分布也会因透镜形状的不同而有很大的差别。

厚透镜仍然可以看成是由两个光组构成的光学系统，若透镜位于空气中，透镜材料的折射率为 n，折射面的曲率半径分别为 r_1、r_2，光组间隔为 d，如图 2-52(a)所示，则式(2-71)、式(2-73)仍然成立，则厚透镜的组合焦距为

$$f' = -f = -\frac{f_1' f_2'}{\Delta} = -\frac{f_1' f_2'}{d - f_1' + f_2'} = \frac{n r_1 r_2}{(n-1)[n(r_2 - r_1) + (n-1)d]} \tag{2-82}$$

厚透镜的光焦度为

$$\Phi = \frac{1}{f'} = (n-1)(\rho_1 - \rho_2) + \frac{(n-1)^2 d \rho_1 \rho_2}{n} \tag{2-83}$$

式中，$\rho_1 = \dfrac{1}{r_1}$，$\rho_2 = \dfrac{1}{r_2}$。

需要说明的是，式(2-82)及式(2-83)都只适用于厚透镜位于空气中的相关公式，若物、像

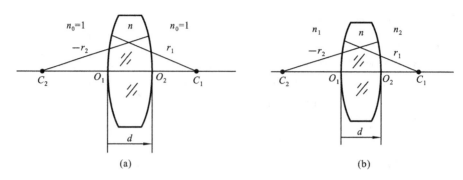

图 2-52 厚透镜各参量之间的几何关系

Figure 2-52 geometrical relationship among parameters of thick lens

方介质折射率发生改变,则应采用式(2-84)和式(2-85)进行计算,各量值如图 2-52(b)所示。

$$f' = \frac{r_1 r_2 n n_2}{d(n-n_1)(n-n_2) - r_1 n(n-n_2) + n r_2(n-n_1)} \tag{2-84}$$

$$\Phi = \frac{n_2}{f'} = \frac{d(n-n_1)(n-n_2) - r_1 n(n-n_2) + n r_2(n-n_1)}{r_1 r_2 n} \tag{2-85}$$

式中,n_1 为厚透镜物方介质空间折射率;n_2 为厚透镜像方介质空间折射率。

2) 厚透镜的基点位置(cardinal points position of thick lens)

由于厚透镜有一定的厚度,所以厚透镜的基点位置并不与折射面的顶点相重合,这一点与薄透镜成像有很大的不同。图 2-53 所示为一厚透镜的基点位置及各参量之间的关系。

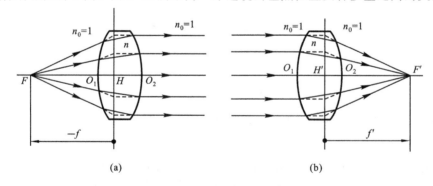

图 2-53 厚透镜的基点位置及各参量之间的关系

(a) 厚透镜物方主平面的位置;(b) 厚透镜像方主平面的位置

Figure 2-53 relationship between cardinal points position and parameters of a thick lens

(a) object space principal plane position of thick lens;

(b) image space principal plane position of thick lens

厚透镜的基点位置可通过将式(2-71)、式(2-73)代入式(2-67)得到

$$\left.\begin{array}{l} l_F = -f'\left(1 + \dfrac{d}{f_2}\right) = -f'\left(1 + \dfrac{n-1}{n}d\rho_2\right) \\[2mm] l'_F = f'\left(1 - \dfrac{d}{f'_1}\right) = f'\left(1 - \dfrac{n-1}{n}d\rho_1\right) \\[2mm] l_H = -f'\dfrac{d}{f_2} = \dfrac{-dr_1}{n(r_2 - r_1) + (n-1)d} \\[2mm] l'_H = -f'\dfrac{d}{f'_1} = \dfrac{-dr_2}{n(r_2 - r_1) + (n-1)d} \end{array}\right\} \tag{2-86}$$

可见厚透镜基点的位置与透镜的形状有极大的关系,不同类型透镜的基点位置各不相同。

例 2-16　设有一同心透镜,其厚度为 30 mm,玻璃的折射率 $n=1.5$,透镜焦距 $f'=-100$ mm,求两个半径各等于多少?

分析　同心透镜意为构成透镜的两个折射球面的球心重合在一起,但这并不意味着 $|r_1|=|r_2|$,也不意味着这一定是一个双凸透镜的结构形式。其透镜中心厚度的大小与 r_1、r_2 有关,根据题意,其焦距为负值,这意味着该透镜是一个发散透镜,而该透镜又为同心,故其半径应该是同号的(即同为正或同为负)。按照透镜的焦距计算公式、两个半径与透镜厚度的关系即可对例 2-16 进行求解。

解
$$r_1 - r_2 = 30 \text{ mm}$$
$$f' = -100 = \frac{n r_1 r_2}{(n-1)\left[n(r_2 - r_1) + (n-1)d\right]}$$

将以上两式联立,可得
$$r_1(r_1 - 30) = 1000 \text{ mm} \Rightarrow\Rightarrow r_1 = 50 \text{ mm 或 } r_1 = -20 \text{ mm}$$
$$r_1 - r_2 = 30 \text{ mm} \Rightarrow\Rightarrow r_2 = 20 \text{ mm 或 } r_2 = -50 \text{ mm}$$

2.9　多光组光学系统的组合
Combination of Multi-optical System

若光学系统是由三个或三个以上的光组构成的,则称为多光组光学系统。与双光组系统相类似,也需要将系统进行简化并求出多光组的等效系统。

1. 用双光组等效的方式确定多光组等效系统(equivalent system of multi-optical systems)

利用 2.7 节所介绍的方法能够非常方便地求取双光组等效系统基点的位置和焦距的大小,若系统是由三个或三个以上光组构成的,则理论上也可以采用类似的方式分析求解。例如,一光学系统由两个透镜构成,如图 2-54(a)所示;由于每个透镜含有两个折射面,故可以将此系统看成是由四个光组构成的系统,如图 2-54(b)所示;如果要进行组合,则可以有以下两种方法。

方法一　首先将(12)光组组合成单光组(1′),(34)光组组合成单光组(2′),如图 2-54(c)所示,然后再将(1′2′)组合成一个最终的等效系统,如图 2-54(d)所示。

例 2-17　一光学系统由两个薄透镜构成(透镜厚度 $d_1 \to 0$, $d_2 \to 0$),第一块透镜的折射率 $n_1 = 1.5$,$r_1 = -r_2 = 40$ mm,第二块透镜的折射率 $n_2 = 1.6$,$r_3 = -r_4 = -60$ mm,两块透镜之间的距离 $d = 20$ mm,周围介质空间的折射率如图 2-55 所示,$n = 1$,$n' = 1.33$,$n'' = 1$,求:①系统的光焦度;②系统的像方焦距。

分析　该系统是由两块薄透镜构成的,每一块透镜含有两个折射面,故系统可以看成是由四个光组(或折射面)构成的系统。第一、二个光组(即第一块薄透镜)可以看成是一个 $d_1 \to 0$ 的密接元件进行组合,第三、四个光组(即第二块薄透镜)也可以看成是一个 $d_2 \to 0$ 的密接元件进行组合,这样组合后的系统又演变成为双光组构成的系统,再利用双光组组合相关的公式即可求出最后的结果。需要注意的是,系统所处的介质并不是同一种介质。

解　① 确定第一块透镜的光焦度。
根据密接透镜光焦度的公式
$$\Phi' = \Phi_1 + \Phi_2 = \frac{n_1 - n}{r_1} + \frac{n' - n_1}{r_2} = \left(\frac{1.5 - 1}{0.04} + \frac{1.33 - 1.5}{-0.04}\right) \text{D} = 16.75 \text{ D}$$

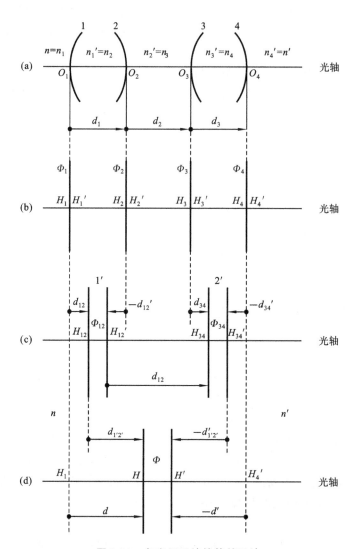

图 2-54 多光组系统的等效系统

Figure 2-54 equivalent system of multi-optical systems

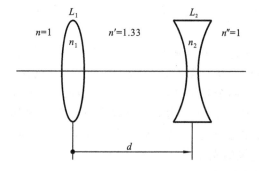

图 2-55 各元件及参量的几何关系

Figure 2-55 geometrical relationship among elements and parameters

② 确定第二块透镜的光焦度。

同理,根据密接透镜光焦度的公式

$$\Phi'' = \Phi_3 + \Phi_4 = \frac{n_2 - n'}{r_3} + \frac{n'' - n_2}{r_4} = \left(\frac{1.6 - 1.33}{-0.06} + \frac{1 - 1.6}{0.06}\right) D = -14.5 \ D$$

③ 确定系统的光焦度。

根据双光组等效系统公式

$$\Phi = \Phi' + \Phi'' - d\phi'\Phi'' = (16.75 + (-14.5) - 0.02 \times 16.75 \times (-14.5)) D = 7.11 \ D$$

④ 确定系统的焦距。

根据焦距与光焦度的关系

$$f' = \frac{n'}{\Phi} = \frac{1}{7.11} \ m = 0.1406 \ m = 140.6 \ mm$$

方法二　首先将(12)光组进行组合求出其等效系统,然后再与第三个光组组合,最后与第四个光组组合从而求出最终的等效系统。但是这样的计算过程比较复杂且较易出现错误,因此对于由多个光组构成的系统往往采用正切法进行求解,该方法更适用于求解三个及三个以上光组构成的光学系统,正切法是一种方便、快捷的计算方式。

2. 正切法(tangential method)

图 2-56 所示为由一个三光组构成的光学系统,由物空间引发一条平行于光轴且投射高度为 h_1 的入射光线,该光线先后经过三个光组并发生折射最后折射射出,折射光线在每一个光组上的投射高度分别用 h_1、h_2、h_3 表示,其最后的出射光线交光轴于一点 F',该点即为等效系统的像方焦点。分别延长这一对共轭光线,两者相交于 Q',过 Q' 作垂直于光轴的平面即为等效系统的像方主面,H' 即为像方主点。

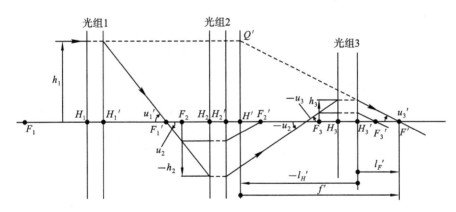

图 2-56　正切法

Figure 2-56　tangential method

根据图 2-56 所示的光路,显然有

$$\left.\begin{array}{l} f' = \dfrac{h_1}{\tan u_3'} \\[3mm] l_F' = \dfrac{h_3}{\tan u_3'} \\[3mm] l_H' = l_F' - f' \end{array}\right\} \tag{2-87}$$

式中,u'_3为最后一个光组的像方孔径角;h_1为第一个光组上的投射高度(对于高斯光学系统,该值可任意设定);h_3为第三个光组上的投射高度。

若光学系统由 k 个光组构成,则同理可得

$$\left.\begin{array}{l} f' = \dfrac{h_1}{\tan u'_k} \\[3mm] l'_F = \dfrac{h_k}{\tan u'_k} \\[3mm] l'_H = l'_F - f' \end{array}\right\} \tag{2-88}$$

为了确定 h_k、u'_k 的大小,必须对入射光线进行逐个光组的计算。

将高斯公式 $\dfrac{1}{l'} - \dfrac{1}{l} = \dfrac{1}{f'}$ 左右两侧同乘以 h,则有

$$\frac{h}{l'} - \frac{h}{l} = \frac{h}{f'}$$

由于 $\dfrac{h}{l'} = \tan u'$,$\dfrac{h}{l} = \tan u$,故上式可化为

$$\tan u' = \tan u + \frac{h}{f'} \tag{2-89}$$

式(2-89)表示的是单光组物、像方孔径角 u、u' 之间的关系,若系统由 k 个光组构成,式(2-89)依然成立,再配合过渡公式 $u_2 = u'_1$,$u_3 = u'_2$,$\cdots$,$u_k = u'_{k-1}$ 就可以得到多光组物、像方孔径角的过渡公式

$$\tan u'_1 = \tan u_1 + \frac{h_1}{f'_1}, \quad \tan u'_2 = \tan u_2 + \frac{h_2}{f'_2}, \cdots, \tan u'_k = \tan u_k + \frac{h_k}{f'_k} \tag{2-90}$$

将式 $l_2 = l'_1 - d_1$ 左右同乘以 $\tan u'_1$,得

$$l_2 \tan u'_1 = l'_1 \tan u'_1 - d_1 \tan u'_1$$

又因为 $l_2 \tan u'_1 = l_2 \tan u_2 = h_2$,$l'_1 \tan u'_1 = h_1$,故上式又可化为

$$h_2 = h_1 - d_1 \tan u'_1$$

若系统由 k 个光组构成,并配合相关的过渡公式就可以得到多光组投射高度之间的过渡公式

$$h_2 = h_1 - d_1 \tan u'_1, \quad h_3 = h_2 - d_2 \tan u'_2, \quad \cdots, \quad h_k = h_{k-1} - d_{k-1} \tan u'_{k-1} \tag{2-91}$$

将式(2-88)、式(2-90)、式(2-91)配合使用就能够求出由多个光组构成的等效系统焦距的大小及基点的位置,将这种计算多光组等效系统的方法称为正切法。同理,也可求出等效系统物方焦点、物方主点的位置。

例 2-18 一个光学系统由三个光组构成,$f'_1 = -f_1 = 100$ mm,$f'_2 = -f_2 = -50$ mm,$f'_3 = -f_3 = 50$ mm,$d_1 = 10$ mm,$d_2 = 20$ mm,一个大小为 15 mm 的实物位于距第一个光组左侧 120 mm 处,求等效系统的焦距大小、像方焦点及像方主点的位置。

分析 此题为三光组构成的系统,若想求等效系统焦距的大小和基点的位置,则可以采用两种方法:一种是先将头两个光组进行组合,然后再和第三个光组进行组合,最后求出等效系统;第二种方法是采用正切法,即使用式(2-88)、式(2-90)、式(2-91)直接计算求出。下面是使用第二种方法进行求解的过程,根据题意,光组数 $k = 3$,从式(2-88)可以看出,若想得到最后的结果,首先必须求出 h_3 和 $\tan u'_3$ 的大小。

解 ① 入射光在各折射面上的投射高度及像方孔径角的确定。

设平行于光轴的入射光在第一个光组上的投射高度 $h_1 = 100$ mm,物方孔径角 $u_1 = 0$,则

$$\tan u_1' = \tan u_1 + \frac{h_1}{f_1'} = 0 + \frac{100}{100} = 1$$

$$\tan u_2 = \tan u_1' = 1$$

$$h_2 = h_1 - d_1 \tan u_1' = (100 - 10 \times 1) \text{ mm} = 90 \text{ mm}$$

$$\tan u_2' = \tan u_2 + \frac{h_2}{f_2'} = 1 + \frac{90}{-50} = -0.8$$

$$\tan u_3 = \tan u_2' = -0.8$$

$$h_3 = h_2 - d_2 \tan u_2' = (90 - 20 \times (-0.8)) \text{ mm} = 106 \text{ mm}$$

$$\tan u_3' = \tan u_3 + \frac{h_3}{f_3'} = -0.8 + \frac{106}{50} = 1.32$$

② 等效系统像方焦距的大小、像方焦点及像方主点位置的确定。

$$f' = \frac{h_1}{\tan u_k'} = \frac{h_1}{\tan u_3'} = \frac{100}{1.32} \text{ mm} = 75.76 \text{ mm}$$

$$l_F' = \frac{h_k}{\tan u_k'} = \frac{h_3}{\tan u_3'} = \frac{106}{1.32} \text{ mm} = 80.3 \text{ mm}$$

$$l_H' = l_F' - f' = (80.3 - 75.76) \text{ mm} = 4.54 \text{ mm}$$

即等效系统的像方焦距为 75.76 mm，等效系统的像方焦点位于第三个光组右侧 80.3 mm 处，等效系统的像方主点位于第三个光组右侧 4.54 mm 处。若希望求出等效系统物方焦点及物方主点的位置，则可通过将整个系统倒置，即第三个光组成为第一个光组，第一个光组成为第三个光组，仍然采用正切法求出 l_F'、l_H'、f'，并改变符号 $f = -f'$，$l_F = -l_F'$，$l_H = -l_H'$ 即为所求。

3. 多光组等效系统的光焦度(optical power of equivalent system for multi-optical system)

由式(2-90)知

$$\tan u_k' = \tan u_k + \frac{h_k}{f_k'} = \tan u_{k-1} + \frac{h_{k-1}}{f_{k-1}'} + \frac{h_k}{f_k'} = \tan u_{k-2} + \frac{h_{k-2}}{f_{k-2}'} + \frac{h_{k-1}}{f_{k-1}'} + \frac{h_k}{f_k'}$$

$$= \cdots = \frac{h_1}{f_1'} + \frac{h_2}{f_2'} + \cdots + \frac{h_k}{f_k'}$$

$$= h_1 \Phi_1 + h_2 \Phi_2 + \cdots + h_k \Phi_k$$

$$= \sum_{i=1}^{k} h_i \Phi_i \tag{2-92}$$

若光学系统位于空气当中，并将式(2-92)代入光焦度公式 $\Phi = \dfrac{n'}{f'}$，并配合式(2-88)进行整理，则等效系统的光焦度公式可表示为

$$\Phi = \frac{1}{f'} = \frac{\tan u_k'}{h_1} = \Phi_1 + \frac{h_2 \Phi_2}{h_1} + \frac{h_3 \Phi_3}{h_1} + \cdots + \frac{h_k \Phi_k}{h_1} = \frac{1}{h_1} \sum_{i=1}^{k} h_i \Phi_i \tag{2-93}$$

式(2-93)表明，等效系统光焦度的大小不仅与每个光组的光焦度大小有关，还与光线在该光组上的投射高度有关。

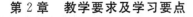

第 2 章　教学要求及学习要点　　　　　　　　知识拓展

<h1 style="text-align:center">习 题</h1>

2-1 如题图 2-1 所示,请采用作图法求解物体 AB 的像,设物、像位于同一种介质空间。

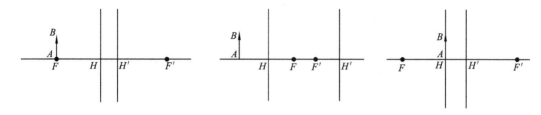

题图 2-1

2-2 如题图 2-2 所示,MM' 为一薄透镜的光轴,B 为物点,B' 为像点,试采用作图法求解薄透镜的主点及焦点的位置。

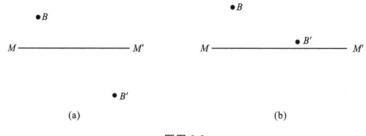

(a)　　　　　　　　　　　　　(b)

题图 2-2

2-3 如题图 2-3 所示,已知物、像的大小及位置,试利用图解法求解焦点的位置,设物、像位于同一种介质空间。

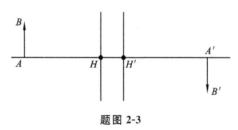

题图 2-3

2-4 已知一对共轭点 B、B' 的位置和系统像方焦点 F' 的位置,如题图 2-4 所示,假定物、像空间介质的折射率相同,试用作图法求出该系统的物、像方主平面的位置及其物方焦点的位置。

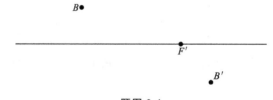

题图 2-4

2-5 一薄透镜焦距 $f'=-f=200$ mm,一物体位于透镜前 300 mm 处,求像的位置和垂轴放大率。

2-6 一架幻灯机的投影镜头 $f'=-f=75$ mm,当屏幕由 8 m 移到 10 m 时,镜头需移动多大距离? 方向如何?

2-7 有一光学系统物面、像面之间的共轭距为 500 mm,放大率 $\beta=-10^{\times}$,两焦点之间的距离为 96 mm,求系统的焦距。

2-8　一物体被一正透镜在屏上形成一高为 50 mm 的像,保持物体和光屏的位置不变而移动透镜 1.5 m 时,又在屏上形成一高为 200 mm 的像,求物的高度及透镜的焦距。

2-9　一个正薄透镜对一物体成实像,像高为物高的一半,若将物体向透镜移近 100 mm,则所得的实像与物大小相同,求透镜的焦距。

2-10　一个双凸透镜的两个半径分别为 r_1、r_2,折射率为 n,问当厚度 d 取何值时,该透镜相当于望远系统?

2-11　一透镜位于空气之中,两个折射面的曲率半径分别为 $r_1 = 30$ mm,$r_2 = -50$ mm,折射率 $n = 1.5$,透镜厚度 $d = 20$ mm,求透镜的焦距和光焦度。

2-12　一折射率 $n = 1.5$、半径为 20 mm 的玻璃球放置在空气中,求玻璃球的焦距大小及基点位置。

2-13　一束平行光垂直入射到平凸透镜上,会聚于透镜后 480 mm 处,如在此透镜凸面上镀银,则平行光会聚于透镜前 80 mm 处,透镜的中心厚度为 15 mm,求透镜的折射率及凸面的曲率半径。

2-14　惠更斯目镜由焦距分别为 $f_1' = 3a$,$f_2' = a$ 的正薄透镜组成,两透镜之间的距离为 $d = 2a$,求系统像方焦点的位置与主点的位置。

2-15　将焦距 $f' = -100$ mm 的平凹薄透镜($n = 1.57$)水平放置,凹面向上并注满水,试求此系统的光焦度。

2-16　组成厚透镜的两个球面的曲率半径分别为 $r_1 = 40$ mm,$r_2 = -60$ mm,透镜的厚度 $d = 20$ mm,折射率 $n = 1.5$,一物点放在曲率半径为 r_1 的折射球面前 80 mm 位置处,求像的位置。

2-17　已知一系统由三个薄透镜构成,$f_1' = 60$ mm,$f_2' = -45$ mm,$f_3' = 70$ mm,$d_1 = 15$ mm,$d_2 = 20$ mm,计算此组合系统的焦距大小、像方焦点及主点的位置。

2-18　一个玻璃球半径为 R,折射率为 n,若以平行光入射,当玻璃的折射率为何值时,会聚点恰好落在球的后表面上。

2-19　一理想光学系统位于空气中,其光焦度为 $\Phi = 50$D,当物距 $x = -180$ mm,物高 $y = 60$ mm 时,(1)试分别用牛顿公式和高斯公式求像的位置和大小;(2)求系统的垂轴放大率和角放大率。

2-20　晴天时利用一块凹面镜就能点火,利用凸面镜能点火吗? 为什么?

2-21　在一个直径为 30 cm 的球形玻璃鱼缸中盛满水,鱼缸中心有一条小鱼,若鱼缸薄壁的影响可以忽略不计,求鱼缸外面的观察者所看到的鱼的位置及垂轴放大率。

2-22　汽车后视镜和马路拐弯处的反光镜为什么做成凸面而不做成平面?

2-23　某人把折射率 $n = 1.5$、半径为 10 cm 的玻璃球放在书上看字,试问:(1)看到的字在何处? 垂轴放大率是多少? (2)若将玻璃切成两半,取其中的一个半球并令其平面向上,而让球面和书面相接触,这时看到的字又在何处? 垂轴放大率又是多少?

2-24　要把球面反射镜前 10 cm 处的灯丝成像于 3 m 处的墙上,反射镜的曲率半径应该是多少? 该反射镜是凸面镜还是凹面镜? 垂轴放大率是多少?

2-25　如题图 2-5 所示,请按照符号规则标示出图中各参量的符号,并判断各图中折射率 n、n' 的相对大小及物、像的虚实。

2-26　一束平行细光束入射到一半径为 $r = 30$ mm、折射率为 $n = 1.5$ 的玻璃球上,求:(1)出射光会聚点的位置;(2)如果在凸面镀上反射膜,其会聚点应在何处? (3)如果仅在凹面上镀反射膜,则反射光束在玻璃中的会聚点又在何处? 反射光束经前表面折射后,会聚点又在哪里?

2-27　人眼直接观察太阳时,太阳对人眼的张角为 $30'$,请计算太阳经过焦距为 400 mm 的凹面镜所成像的大小。

2-28　一长为 1 m 的平面镜挂在墙上,镜的上边离地面 2 m,一人立于镜前 1.5 m 处,眼睛离地 2.5 m,求此人在镜内所看到的离墙最近的位置和最远点的位置。

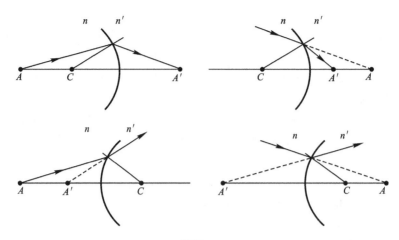

题图 2-5

本 章 术 语

符号规则	sign convention
光轴	optical axis
孔径角	aperture angle
高斯像	Gaussian image
垂轴放大率	transverse magnification
轴向放大率	longitudinal magnification
角放大率	angular magnification
拉格朗日不变量	Lagrange invariant
凹面与凸面反射镜	concave and convex mirror
视场	field of view
共轴球面系统	coaxial spherical system
过渡公式	transition equation
高斯光学系统	Gaussian optical system
基点和基面	cardinal points and cardinal planes
焦点和焦平面	focal point and focal plane
主点和主平面	principal point and principal plane
焦距及光焦度	focal length and optical power
节点和节平面	nodal point and nodal plane
光学间隔	optical separation
屈光度	diopter
折反射光学系统	catadioptric optical system
双胶合物镜	doublet lens
开普勒望远镜	Keplerian telescope
伽利略望远镜	Galilean telescope
双目望远镜	binocular telescope

显微镜	microscope
生物显微镜	biological microscope
远摄物镜	telephoto lens
反远距型物镜	reversed-telephoto lens
透镜	lens
正透镜	positive lens
负透镜	negative lens
光学系统	optical system
反射镜	mirror
平行平板	plane-parallel plates
棱镜	prism
完善成像	perfect imaging

第3章

平面系统
Plane Surface System

由于球面系统能够对任意位置的物体以我们所要求的倍率进行成像,故而在光学系统中得到了广泛的应用。除了球面光学元件外,在光学系统中还存在各种平面光学元件,如平面反射镜、平行平板、棱镜、光楔等。相对于球面光学元件而言,平面光学元件具有成像较为单一的成像特性,但是它们在光学系统中却能够实现透镜、球面反射镜等无法实现的成像要求,从而使设计的光学仪器功能更加趋于完备,满足各种实际需求。

平面光学元件是指工作面为平面的元件,根据工作原理可分为平面折射元件(如平行平板、折射棱镜、光楔等)和平面反射元件(如平面反射镜、反射棱镜等)。它们对物体没有放大和缩小的功能,在光学系统中的主要作用是:改变共轴系统中光轴的位置和方向,形成一定的潜望高度或使光轴改变一定的角度;改变像的坐标实现转像;折叠光路以缩小仪器形体并减轻仪器重量;实现分光功能;通过器件扫描扩大系统的观察范围,也可以实现分划计量、测微补偿等功能。图 3-1 所示为手持双目望远镜的原理光路图,系统中棱镜的使用不仅起到了转像的作用,同时也极大地缩小了仪器的体积。

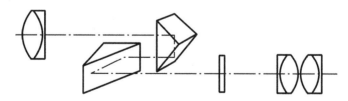

图 3-1 手持双目望远镜的原理光路

Figure 3-1 principle of handheld binocular telescope

3.1 平面反射镜的旋转及应用
Rotation and Application of Plane Mirror

1. 平面反射镜成像(plane mirror imaging)

1) 平面反射镜成像特征(character of plane mirror imaging)

根据第 2 章对平面反射镜的讨论,平面反射镜具有成正立、等高、完善像的特征,此外,平面反射镜还具有成镜像的特征。

2) 镜像与相似像(mirror image and similar image)

由于平面反射镜的物像始终是对称的,假设在平面镜的物空间取一右手坐标 $Oxyz$,则根据平面反射镜的成像关系很容易确定它的像坐标 $O'x'y'z'$,所有反射镜的像坐标都是在迎着光方向观察情况下对应的结果。从图 3-2(a)所示中可以看到像坐标是一个左手系坐标,我们将这种物坐标、像坐标不相似的像称为镜像或非相似像。镜像是指像相对于物在上下方向或者左右方向转动了 180°。图 3-2(b)所示为一字母 p 经过平面反射镜所成的镜像。图 3-2(c)中的物为一运动的顺时针转动的目标,则其反射像是逆时针转动的,显然这样的像容易引起观察者的错觉,进而造成判断失误,故在绝大部分光学仪器中这种情况是不允许的。

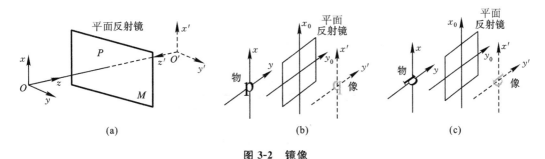

图 3-2　镜像

(a) 坐标的镜像;(b) 字母 p 的镜像;(c) 旋转后字母 p 的镜像

Figure 3-2　mirror image

(a) mirror image of coordinate;(b) mirror image of character p;

(c) mirror image of character p after rotation

若物体为右手系坐标,而像仍为右手系坐标,即物坐标、像坐标保持相似,我们称之为相似像。如图 3-3 所示,设物体 $Oxyz$ 为右手系坐标,放置于平面反射镜 M_1、M_2 之间,物体首先经过反射镜 M_1 成镜像 $O'x'y'z'$(左手系坐标),$O'x'y'z'$ 像经反射镜 M_2 成像镜 $O'x''y''z''$(右手系坐标)。显然,物体先后经过两次反射镜成像之后的像坐标与最初的物坐标完全相似,即两次反射成相似像,以此类推不难发现,物体经过奇数次反射成镜像,经过偶数次反射成相似像,故在光学设计中若需使用平面反射镜来转折光路,同时又需避免产生镜像时,必须取偶数次镜面反射。

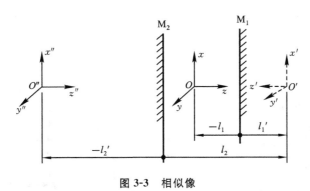

图 3-3　相似像

Figure 3-3　similar image

由于平面反射镜成完善像,故平面反射镜的引入并不会引起系统成像性质的变化,但该元件的使用却能够改变光轴的方向,使像面变换到便于观察、检测和记录的位置或方向上。

平面反射镜虽然具有重量轻的特点,但由于厚度较薄、易于变形从而影响成像质量,因此其使用范围受到了一定的限制。一般情况下,平面反射镜只应用在一些不重要的部件上,如照明装置、照相机取景器等,或者一些大口径的光学系统当中。

2. 平面反射镜的旋转及应用(rotation and application of plane mirror)

如图 3-4 所示,一平面反射镜 P 水平放置,光线 AO 以一定的入射角投射到平面反射镜上发生反射,若设投射点为 O,ON 为投射点处平面反射镜的法线方向,反射光线为 OB。现将平面反射镜绕 O 点顺时针旋转 α 角,保持入射光方向不变,平面反射镜旋转后的反射光线为 OC,显然 OB 与 OC 之间的夹角为

$$\beta = 2\alpha \tag{3-1}$$

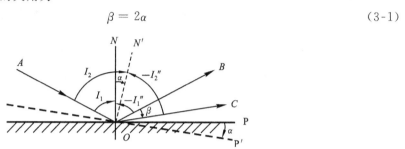

图 3-4 平面反射镜的旋转

Figure 3-4 rotation of plane mirror

式(3-1)表明当保持入射光线方向不变而使平面反射镜旋转 α 角时,反射光线将同向旋转 2α 角,实现放大功能,利用该性质可以实现一些重要的应用。图 3-5 所示即为利用平面反射镜旋转测量微小角度或位移的原理光路图。带有刻线的分划板 R 位于物镜 L 的物方焦平面处,物方焦点处的物点 A 发出的光首先经过物镜变为平行于光轴的平行光束,经垂直于光轴的平面反射镜 M_0(测杆处于零位时)反射之后原路返回,重新聚焦于 A 点位置,即此时物 A、像 A' 皆重合于焦点 F 处。若测杆受到被测物体顶推而发生移动,设测杆移动量为 x,该量值将导致平面反射镜绕支点 O 旋转 α 角,旋转后平面反射镜处于一个新的位置 M_1,正是平面反射镜的旋转使得从物镜射出的平行光束经平面反射镜反射后不能原路返回,而是聚焦于一个新的位置 A''。设像点 A'' 的移动量值为 y',测杆与支点之间的距离为 a,则根据图 3-5 中的几何关系不难得到

$$\tan\alpha \approx \alpha = \frac{x}{a} \tag{3-2}$$

$$\tan(2\alpha) \approx 2\alpha = \frac{y'}{f'} \tag{3-3}$$

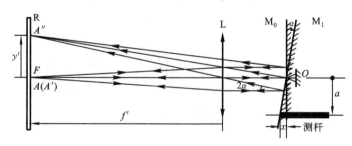

图 3-5 利用平面反射镜旋转测量微小角度或位移的原理光路

Figure 3-5 sketch for micro-angle and shifting measurement through rotation of plane mirror

将式(3-2)代入式(3-3)并进行整理得

$$y' = \frac{2f'x}{a} \tag{3-4}$$

则该装置的位移放大率 M 为

$$M = \frac{y'}{x} = \frac{2f'}{a} \tag{3-5}$$

式(3-5)很好地反映了平面反射镜的放大功能,它能够使微小角度(或微小位移)的变化放大成为大距离的像点移动,从而实现小角度(或小位移)的测量。若标尺的最小刻度值为 0.1 mm,位移放大率 $M=100$,就能够测出测杆 1 μm 的移动量,平面反射镜的这种放大功能在许多光学仪器中得到应用,如比较测角仪、分光仪等。需要说明的是,平面反射镜的旋转放大特性也对平面反射镜的制作和安装都提出了较高的精度要求,任何安装角度的不准确、任何表面的不平度都会引入加倍的误差。

3. 双平面镜系统(two mirrors system)

两个或两个以上的平面反射镜的组合就是平面反射镜系统,它可以完成预定的光轴转折,也可以实现光轴在一定范围内的转动,这在光学扫描系统中有着重要的应用。

将两个平面反射镜以一定的角度组合在一起就构成了双平面镜系统,如图 3-6 所示,两个平面反射镜之间的夹角称为二面角,用字母 α 表示。入射光线首先经过平面反射镜 M_1 反射,再经平面反射镜 M_2 反射,设入射光线与出射光线之间的夹角为 β,则有

$$\beta = 2\alpha \tag{3-6}$$

式(3-6)表明光线经双平面镜系统反射后,出射光线与入射光线的夹角只与二面角 α 的大小有关,与入射角无关。若 $\alpha<90°$,则入射光线与出射光线能够相交于一点;若 $\alpha=90°$,则入射光线与出射光线在主截面内反向平行,称此时的双平面镜组合为屋脊反射镜。

若构成双平面镜系统的两个平面反射镜相互平行,则还可以形成一定的潜望高度,如图 3-7 所示。

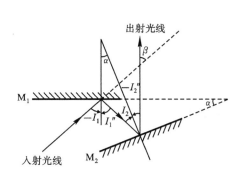

图 3-6　双平面镜系统

Figure 3-6　two mirrors system

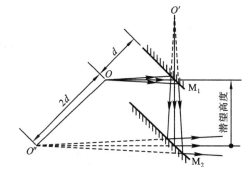

图 3-7　潜望高度

Figure 3-7　periscope height

显然,若能够确保双平面镜的二面角是一个定值,且入射光线的方向不变,当双平面镜绕棱线转动时,出射光线的方向将不受双平面镜具体位置的影响,出射光线的方向将始终不变。双平面镜系统对光线反射的这一性质具有重要的实用意义,例如,二次反射式等腰直角棱镜就是基于这一性质制成的,由于将棱镜的两个反射面制成一体,故可始终保持其二面角是个定值,此时无论棱镜位置如何,入射光线和出射光线之间的夹角永远不变。此外,双平面镜系统的这一特点亦使其安装精度要求降低,不会因为安装角度的少许偏差而影响出射光线的方向,

故而广泛应用于需要改变光轴方向的光学系统中。双平面镜系统属于偶数次反射系统,因此所成的像是与物大小相等、形状相似的相似像,从而避免了由于镜像造成的感观错觉。但由于平面反射镜多为薄板,装配时容易变形,从而影响成像质量,且平面反射镜多为外反射,反射膜暴露在空气中容易受到腐蚀和破坏,故多次反射的平面镜系统的调整和固定都较为困难。

例 3-1 两个相互倾斜放置的平面镜 M_1、M_2 构成一个双平面镜系统,现一条光线平行于其中的一个镜面入射,并先后在 M_1、M_2 之间经过 4 次反射后正好沿原路返回,如图 3-8 所示,求两镜面之间的夹角 α。

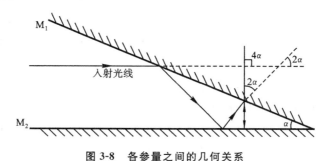

图 3-8 各参量之间的几何关系

Figure 3-8 relationship among parameters

分析 该题涉及双平面镜系统,采用双平面镜系统的相关结论就可以实现问题的解答。

解 按照双平面镜的成像性质:当入射光线经过双平面镜 M_1、M_2 的两个反射面依次反射 2 次后,出射光线相对于入射光线的偏转角度为双平面镜夹角的 2 倍,即 2α;当经过双平面镜的两个反射面依次反射 4 次后,出射光线的偏转角应为双平面镜夹角的 4 倍,即 4α;6 次反射后偏转的角度为 6α……

本题中入射光线先后共经过 4 次反射,为了保证让最后出射的光能够原路返回,出射光线与入射光线的偏转角应刚好为 $90°$,故有

$$4\alpha = 90°, \quad 即 \quad \alpha = 22.5°$$

"平面反射镜的旋转及应用"视频

3.2 平行平板成像
Imaging of Parallel Plate

1. 平行平板的成像特性(imaging character of parallel plate)

平行平板是指由两个相互平行的折射平面构成的光学元件。由于平面可以视为半径为无限大的球面,因此平行平板也可视为焦距为无限大的透镜(光焦度为零)。这表明平行平板是一个无焦元件,在光学系统中对光焦度没有贡献。共轴球面系统的成像规律对平行平板同样适用。平行平板是光学仪器中应用较多的一类光学元件,如刻有各种标线的分划板(或标尺)、夹持标本的载玻片及盖玻片、保护玻璃、滤光片,甚至是展开后的反射棱镜都属于此类元件,故对平行平板成像特性的讨论具有重要的意义。由于平行平板不是理想的成像元件,故平行平

板的引入对成像位置及成像质量都有影响。

　　图 3-9 所示为一平行平板的成像光路图,设平行平板的厚度为 d,折射率为 n。平行平板放置于空气中,轴上物点 A 发出物方孔径角为 U_1 的光线,先后经过平行平板的两个折射面发生折射,最后沿 EB 方向射出,EB 方向的延长线交光轴于 A_2' 点,A_2' 点即为物点 A 经过平行平板折射后的虚像点。

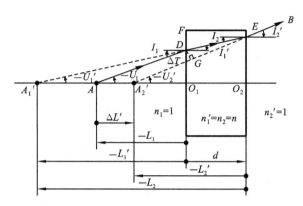

图 3-9　平行平板的成像特性

Figure 3-9　imaging character of parallel plate

　　若光线在平行平板的两个折射面上的入射角分别为 I_1、I_2,折射角分别为 I_1'、I_2',按照折射定律有

$$\left. \begin{array}{l} n_1 \sin I_1 = n_1' \sin I_1' \\ n_2 \sin I_2 = n_2' \sin I_2' \end{array} \right\} \tag{3-7}$$

　　由于平行平板置于空气中,所以有 $n_1=n_2'=1,n_1'=n_2=n$;又因为 $I_1'=I_2$,所以

$$I_1 = I_2' \tag{3-8}$$

显然,根据图中的几何关系并配合式(3-8),可以得到 $U_1=U_2'$,即射入平行平板的光线与射出平行平板的光线相互平行,光线经平行平板折射后传播方向不变。

　　由于 $U_1=U_2'$,故平行平板的角放大率 γ 为

$$\gamma = \frac{\tan U_2'}{\tan U_1} = 1 \tag{3-9}$$

当平行平板位于空气中时,有

$$\beta = \frac{n_1}{n_2} \frac{1}{\gamma} = 1 \tag{3-10}$$

$$\alpha = \frac{n_2'}{n_1} \beta^2 = 1 \tag{3-11}$$

式(3-9)～式(3-11)表明平行平板对光束既不发散也不会聚,其对物体成同等高度的正立像,且物、像虚实相反。

　　此外,光线经平行平板折射后,虽然传播方向不变,但要产生一定的位移,根据位移方向的不同分为侧向位移 ΔT 和轴向位移 $\Delta L'$,如图 3-9 所示,其计算公式分别为

$$\Delta T = DG = d \sin I_1 \left(1 - \frac{\cos I_1}{n \cos I_1'} \right) \tag{3-12}$$

$$\Delta L' = AA_2' = d \left(1 - \frac{\tan I_1'}{\tan I_1} \right) \tag{3-13}$$

式(3-13)表明,轴向位移 $\Delta L'$ 是入射角 I_1 的函数,它将随着入射角取值的不同而有所不同,即轴上物点 A 发出的不同孔径角的光线经过平行平板折射后交于光轴上不同的位置处,具有不同的轴向位移量。同心光束经平行平板后变为非同心光束,故而平行平板成像是不完善的。对于不同孔径角的光线,轴向位移的变化量越大,说明平行平板成像的不完善程度也就越大。

若轴上物点发出的是光轴附近的光(即近轴光线),则

$$\frac{\tan I_1'}{\tan I_1} \approx \frac{\sin I_1'}{\sin I_1} = \frac{1}{n}$$

故轴向位移 $\Delta l'$(因为是近轴光成像,故轴向位移 $\Delta L'$ 用 $\Delta l'$ 代替)又可表示为

$$\Delta l' = d\left(1 - \frac{1}{n}\right) \tag{3-14}$$

式(3-14)说明当物点以近轴光成像时,平行平板的轴向位移只与平行平板的厚度及折射率有关,与入射角无关,无论入射角大小如何,其轴向位移都是一个定值,这就意味着平行平板在近轴区以细光束成像是完善的。需要说明的是,平行平板的轴向位移 $\Delta l'$ 恒为正值,即平行平板所成的像总是由物沿光线行进方向移动 $d\left(1 - \frac{1}{n}\right)$,与物体的位置及虚实无关。日常生活中经常会观察到类似的现象,如从平静清澈的水面看鱼缸中的鱼时会觉得视见深度减小,观察到鱼的位置要比实际鱼所处的位置更靠近人眼,就是因为鱼经水构成的平行平板成像后产生了 $\Delta l'$ 的轴向位移。

与轴向位移相类似,平行平板的侧向位移 ΔT 也是一个随着入射角 I_1 改变而改变的量,若将光线限制于近轴区,此时入射角 I_1 用 i_1 代替,侧向位移 ΔT 用 Δt 代替,式(3-12)就可简化为

$$\Delta t = d\left(1 - \frac{1}{n}\right)i_1 \tag{3-15}$$

式(3-15)说明,对近轴光线而言,平行平板的侧向位移 Δt 与入射角 i_1 成正比。平行平板的这一特性在光学仪器中常作为一种测试或补偿的手段得到应用,它通过平行平板在小角度范围内转动而使折射光线线性地平移来进行测试或补偿。

"平行平板的成像特性"视频

2. 等效空气层(equivalent air layer)

在光学系统中进行光路计算时,往往需要将平行平板简化为一个等效的空气平板。设平行平板 $MNDC$ 的厚度为 d,折射率为 n,则简化成等效空气层的过程可如图 3-10 所示,图中所示为一个透镜与平行平板构成的光学系统,从透镜 L 射出的光线 PQ 射入平行平板的第一个折射面 O_1 并发生折射,折射光线为 QH,之后折射光线 QH 在第二个折射面 O_2 继续折射,最后沿 HA' 方向射出,交光轴于 A',A' 即为物点经过平行平板后的像点。若光线在平行平板两个折射面上的投射高度分别为 h_1 和 h_2,物点 A 与像点 A' 之间的距离为 $\Delta l'$,并且入射光线 PQ 与出射光线 HA' 平行,现分别延长入射光线 PQ 及 H 点处的法线,两者相交于一点 G,过 G 点作垂直于光轴的垂面 EF,则 $MNFE$ 即为平行平板的等效空气层,其厚度用 $\bar{d}$ 表示。所谓等效是指:同一入射光线在入射表面上的投射高度相同,在出射表面上的投射高度也相同;出射光线的传播方向相同;像面到出射表面的距离相等;像的大小相等。因此从该意义上

讲,厚度为 d 的平行平板与厚度为 $\bar{d}$ 的空气层对光线的作用效果等价,称该空气层为平行平板的等效空气层,当光线通过这个空气层时,光线不发生折射而是沿直线射出,利用图 3-10 中的几何关系和式(3-14)可以得到

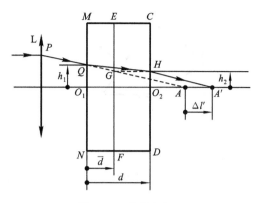

$$\bar{d} = d - \Delta l' = d - d\left(1 - \frac{1}{n}\right) = \frac{d}{n}$$

$$(3\text{-}16)$$

若光束在平行平板上的入射角较大时,等效空气层的厚度公式应为

$$\bar{d} = \frac{d}{n}\frac{\cos I_1}{\cos I_1'} \qquad (3\text{-}17)$$

图 3-10 等效空气层

Figure 3-10 equivalent air layer

利用等效空气层的概念,将为计算含有平行平板的光学系统的外形尺寸带来极大的便利。可以先将玻璃平板简化成功能等效的空气平板,这样只需计算出无玻璃平板时像的位置再沿光轴移动一个轴向位移 $\Delta l'$,就得到有平行平板时的实际像面位置,而无须对平行平板逐面进行计算,从而使得计算过程得以简化。

"等效空气层"视频

3.3 反射棱镜
Reflective Prism

把一个或多个反射面做在一块具有一定形状的玻璃上所形成的光学零件就称为反射棱镜。这些反射面多数是利用全反射的原理来反射光线的,在理论上没有能量的损失,故不需要镀反射膜,若光线在棱镜某反射面上的入射角小于全反射临界角,则在该反射面上仍需要镀反射膜。显然每一块反射棱镜都代表一个平面反射系统,它与平面镜系统具有同样的成像性质,并起着改变光轴方向的作用。与平面反射镜相比,反射棱镜更为实用,无论是加工生产还是安装固定,反射棱镜都要比平面反射镜相对容易,因此许多光学系统都采用反射棱镜代替平面反射镜。反射棱镜不仅具有折叠光路、改变光轴方向的作用,而且能够改变出射像的坐标。

1. 相关术语(related nomenclature)

1) 入射面(incident surface)、出射面(emerging surface)

光线射入棱镜的平面称为入射面,光线射出棱镜的平面称为出射面。

2) 反射棱镜的工作面(working surface of reflective prism)

反射棱镜的反射面、入射面及出射面都称为反射棱镜的工作面。

3) 反射棱镜的棱(edge of reflective prism)

反射棱镜工作面的交线称为反射棱镜的棱。

4) 反射棱镜的光轴(optical axis of reflective prism)

光学系统的光轴在反射棱镜中的部分称为反射棱镜的光轴。

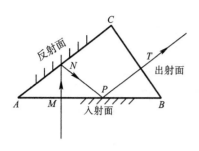

图 3-11　反射棱镜的光轴

Figure 3-11　optical axis of
reflective prism

5）反射棱镜的主截面（又称光轴截面）（principal section(optical axis section)of reflective prism）

由反射棱镜光轴所决定的平面称为主截面。

6）反射棱镜的光轴长度（optical axis length of reflective prism）

光轴在反射棱镜内总的几何长度称为反射棱镜的光轴长度。

如图 3-11 所示，光线从反射棱镜的 AB 面射入，从 BC 面射出，则 AB 面为入射面，AC 面为反射面，BC 面为出射面，MNPT 折线为反射棱镜的光轴，纸面即 MNPT 折线所构成的平面为主截面。

2. 反射棱镜的分类及符号（classification and code number of reflective prism）

反射棱镜种类繁多，形状各异，主要分为普通棱镜及复合棱镜两大类。普通棱镜又分为简单棱镜、屋脊棱镜及立方角锥棱镜。

反射棱镜的符号标示如下：Ⅰ表示一次反射棱镜；Ⅱ表示二次反射棱镜；Ⅲ表示三次反射棱镜；下角标 J 表示屋脊棱镜。

棱镜的代号如下：

普通棱镜

×	×	-××
按结构特性分类的代号	按反射次数分类的代号	光轴偏转角度(°)

复合棱镜

F	×	-××
复合棱镜代号	棱镜名称(大写拼音字母)	光轴偏转角度(°)

例如：代号 DⅠ-45°表示一次反射式的等腰棱镜，其光轴偏转角度为 45°；代号 FA-0°表示阿贝棱镜，其光轴偏转角度为 0°。表 3-1 所示为反射棱镜的分类及代号。图 3-12 所示为部分实际棱镜。

表 3-1　反射棱镜的分类及代号

Table 3-1　classification and code number of reflective prism

普 通 棱 镜		复 合 棱 镜	
名　称	代　号	名　称	代　号
等腰棱镜(isosceles prism)	D	阿贝棱镜(Abbe prism)	FA
五棱镜(pentaprism)	W	普罗棱镜(Porro prism)	FP
半五棱镜(semi-pentaprism)	B	别汉棱镜(Pechan prism)	FB
斜方棱镜(rhombic prism)	X	靴形棱镜(boot prism)	FX
空间折转棱镜(spacial deflecting prism)	K	斯密特棱镜(Schmidt prism)	FQ
列曼棱镜(Lehman prism)	L	角锥棱镜(cube-corner retroreflector)	FL

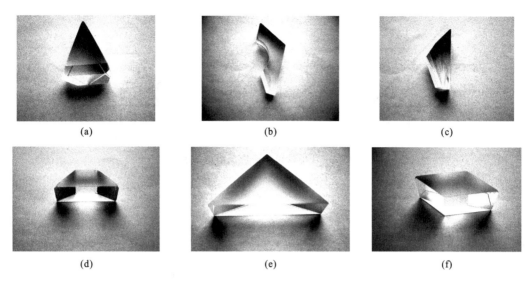

图 3-12　部分实际棱镜

(a) 斯密特屋脊棱镜；(b) 列曼屋脊棱镜；(c) 半五角屋脊棱镜；(d) 道威棱镜；(e) 直角棱镜；(f) 斜方棱镜

Figure 3-12　several actual prisms

(a) Schmidt roof prism；(b) Lehman roof prism；(c) half pentagonal roof prism；

(d) Dove prism；(e) right angle prism；(f) rhombic prism

3. 普通棱镜(ordinary prism)

1) 简单棱镜(simple prism)

简单棱镜是指所有的工作面均与主截面相垂直的棱镜,它只含有一个主截面且由一块玻璃磨制而成。简单棱镜通常按照光线在棱镜中反射的次数及入射光相对于出射光偏移的角度进行分类,故简单棱镜又分为一次反射简单棱镜、二次反射简单棱镜及三次反射简单棱镜。

(1) 一次反射简单棱镜(one-reflective simple prism)。

图 3-13 所示为几种常见的一次反射简单棱镜:图(a)所示为最常用的等腰直角棱镜 DⅠ-90°,该棱镜能够使光路折转 90°且成镜像;图(b)所示为等腰棱镜 DⅠ-0°(又称道威棱镜),该棱镜并不改变系统的光轴方向且成镜像,只能用于平行光路之中,道威棱镜最重要的特性就是当棱镜绕光轴旋转 α 角时,反射像同向旋转 2α 角,这与平面反射镜的旋转特性极为相似;图(c)所示为等腰棱镜 DⅠ-45°,该棱镜能够使光路折转 45°且成镜像。这几种反射镜都充分利用了全反射的特性,反射面上不需要镀反射膜。

(2) 二次反射简单棱镜(double-reflective simple prism)。

二次反射简单棱镜的作用相当于一个双平面镜系统,光射入棱镜后将先后经过两次反射,入射光线与出射光线的夹角 β 由二面角 α 决定,$\beta=2\alpha$。图 3-14 所示为几种常见的二次反射简单棱镜:图(a)所示为斜方棱镜 DⅡ-0°(又称菱形棱镜),该棱镜不改变光轴的方向,但是能够使入射光线与出射光线产生一定的光轴平移且成相似像,故多用于双目观察系统之中调节两目镜的中心距离,以满足不同人眼观察的需求;图(b)所示为半五棱镜 BⅡ-45°,该棱镜在第二个反射面上镀高反射膜层且成相似像,它能够使光轴折转 45°,多用于显微镜观察系统之中,以使光轴折转为便于观察的方向上;图(c)所示为五棱镜 WⅡ-90°,该棱镜的两个反射面上均镀有高反射膜层,它能够使光轴折转 90°,常应用在转像系统中代替一次反射直角棱镜;图(d)所示为直角棱镜 DⅡ-180°,该棱镜能够使光路折转 180°,多用于转像系统之中,也可与其

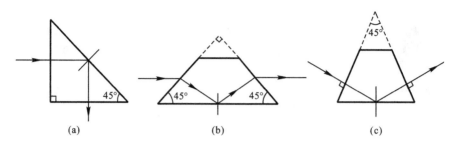

图 3-13 几种常见的一次反射简单棱镜

(a) DⅠ-90°棱镜；(b) DⅠ-0°棱镜；(c) DⅠ-45°棱镜

Figure 3-13　conventional one-reflective simple prism

(a) DⅠ-90° prism；(b) DⅠ-0° prism；(c) DⅠ-45° prism

他简单棱镜组合构成复合棱镜(如普罗棱镜)。

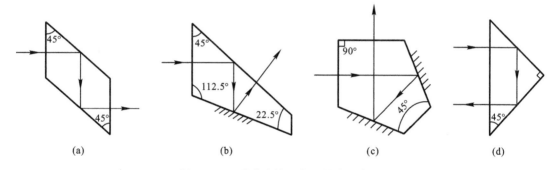

图 3-14 几种常见的二次反射简单棱镜

(a) DⅡ-0°棱镜；(b) BⅡ-45°棱镜；(c) WⅡ-90°棱镜；(d) DⅡ-180°棱镜

Figure 3-14　conventional double-reflective simple prism

(a) DⅡ-0°prism；(b) BⅡ-45°prism；(c) WⅡ-90°prism；(d) DⅡ-180°prism

(3) 三次反射简单棱镜(triple-reflective simple prism)。

图 3-15 所示为几种三次反射简单棱镜：图(a)所示为列曼棱镜 LⅢ-0°，该棱镜成镜像且不改变光轴的方向，却可以使入射光线与出射光线之间存在一段距离，若列曼棱镜直立使用，则可使瞄准线高于眼睛观测线形成潜望高度，故常在瞄准系统中使用；图(b)所示为等腰棱镜 DⅢ-180°，该棱镜成正立的像；图(c)所示为等腰棱镜 DⅢ-45°(又称斯密特棱镜)，该棱镜第二个反射面镀高反射膜层且成镜像，该棱镜最大的特点是可以折叠光路，使仪器结构紧凑，常用于瞄准系统之中(为了获取与物坐标相似的正立的像，常将斯密特棱镜做成屋脊棱镜)，如图 3-16 所示。

2) 屋脊棱镜(roof prism)

所谓屋脊棱镜就是把普通棱镜的一个反射面用两个互相垂直的反射面来代替的棱镜，互相垂直的两反射面的交线应平行于原反射面且在主截面内，它犹如在反射面上覆盖上一个屋脊，故称为屋脊棱镜，这两个互相垂直的反射面即为屋脊面。屋脊面的作用就是在不改变光轴方向和主截面内成像方向的条件下，增加一次反射，使系统总的反射次数由奇数次转变成偶数次，从而达到物像相似的目的。

屋脊棱镜的使用可以实现倒像的功能，所谓倒像是使像相对于物转过 180°，即上下和左右同时倒转。屋脊棱镜除了能保持与原有棱镜相同的光轴走向外，还能够使垂直于主截面的

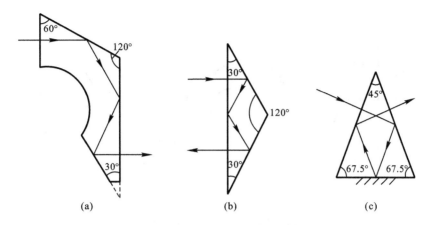

图 3-15　几种三次反射简单棱镜

（a）LⅢ-0°棱镜；（b）DⅢ-180°棱镜；（c）DⅢ-45°棱镜

Figure 3-15　conventional triple-reflective simple prism

（a）LⅢ-0°prism；（b）DⅢ-180°prism；（c）DⅢ-45°prism

坐标轴发生倒转，简单棱镜的单独使用通常不能实现倒像的功能，但是若用屋脊面代替其中的一个反射面，则在不增加其他棱镜的基础上就能够扩展简单棱镜的功能，实现倒像的作用。图 3-17 所示为物坐标 $Oxyz$ 分别经过一次反射直角棱镜及一次反射直角屋脊棱镜 DⅠ_J-90°出射的像坐标 $O'x'y'z'$ 的比较，显然屋脊面的存在使垂直于主截面的 y 轴方向发生了倒转。当用平面图表示屋脊棱镜时，其屋脊面常用两条平行线加以表示。图 3-18 所示为几种常见的屋脊棱镜：图（a）所示为屋脊五棱镜 WⅡ_J-90°；图（b）所示为列曼屋脊棱镜 LⅢ_J-0°；图（c）

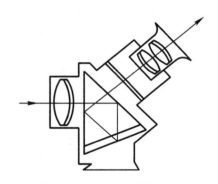

图 3-16　斯密特棱镜的应用

Figure 3-16　application of Schmidt prism

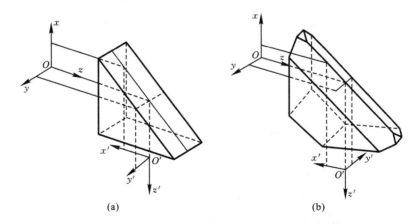

图 3-17　一次反射直角棱镜和一次反射直角屋脊棱镜

（a）一次反射直角棱镜；（b）一次反射直角屋脊棱镜

Figure 3-17　one-reflective right-angle prism and one-reflective right-angle roof prism

（a）one-reflective right-angle prism；（b）one-reflective right-angle roof prism

所示为斯密特屋脊棱镜 DⅢ₁-45°。

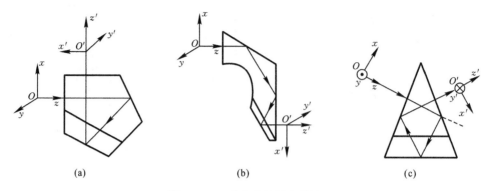

图 3-18 几种常见的屋脊棱镜

（a）屋脊五棱镜；（b）列曼屋脊棱镜；（c）斯密特屋脊棱镜

Figure 3-18 conventional roof prism

（a）roof pentaprism；（b）Lehman roof prism；（c）Schmidt roof prism

屋脊棱镜要求两个互相垂直的反射面之间的夹角必须严格等于90°,否则将形成双像或鬼像(ghost image),影响成像质量,这是因为屋脊面的存在使射入屋脊面上的一束光分为两束,即一部分光先经 AB 面反射,再经 BC 面反射;另一部分光先经 BC 面反射,再经 AB 面反射。若屋脊面的夹角为严格的90°,则两部分光经屋脊面反射后的反射光仍然平行射出,相对于入射光方向改变180°,如图 3-19(a)所示;若屋脊面的夹角不等于90°,即存在一定的屋脊角误差,则两束反射光的方向不再保持一致,形成双像,如图 3-19(b)所示。

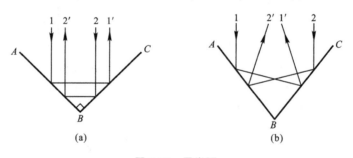

图 3-19 屋脊面

（a）无屋脊角误差；（b）存在屋脊角误差

Figure 3-19 roof surface

（a）without roof angle error；（b）with roof angle error

3）立方角锥棱镜(cube-corner retroreflector)

图 3-20 所示为立方角锥棱镜(又称角锥棱镜),该棱镜多由玻璃磨制而成,是一个实心的四面体,相当于从立方体切下的一个角。该棱镜具有三个反射面均为等腰直角三角形且互相垂直的特点,棱镜的底面呈等边三角形。角锥棱镜的重要特性在于,从底面以任何方向射入棱镜的光线依次经过三个直角面反射后,出射光线仍以与入射光线相平行的方向射出,即出射光线相对于入射光线旋转了180°,角锥棱镜的这种性质常称为回光特性。当该棱镜绕顶点 O 旋转时,若已知入射光线方向,则其出射光线方向将仍以与入射光线相平行的方向射出,但是入射光线与出射光线之间将产生一定的平移,平移的量值与棱镜的旋转方向及旋转的角度有关。

角锥棱镜不仅可以制成实体的,也可以制成空心的。空心的角锥棱镜是将三个等腰直角

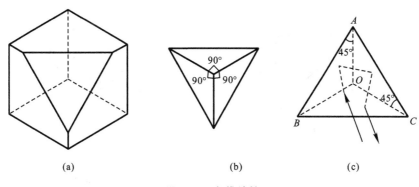

图 3-20 角锥棱镜

Figure 3-20 cube-corner retroreflector

三角形的金属反射镜胶合在一起,且反射面向内。上述两种类型的立方角锥棱镜具有相同的性能。

由于角锥棱镜具有出射光线与入射光线反向平行,且当棱镜绕顶点旋转不受影响的光学特性,故在许多光学仪器尤其是各种测长装置中都有重要的应用,如激光干涉测长仪、人造卫星测距仪、星际测距等。

利用角锥棱镜实现激光测距是比较典型的一个应用,在 20 世纪 60 年代美国曾经将一个石英制成的激光角反射器放置在月球表面,地球表面的观察者将红宝石激光器发出的激光经扩束后射向月球上的激光角反射器,光束经角反射器反射后原路返回地面观察站,精确测量出激光从发射到返回的时间,再利用光波的传播速度就能够测量出月球与地球之间的距离。目前我国激光测距技术已达到国际先进水平。

此外在光波干涉测长装置中,角锥棱镜常常代替平面反射镜作为逆向反射器使用。由于它对方向的定位要求不高,对自身的偏摆不灵敏,因此对导轨的要求大大降低,降低了对导轨直线度制造的要求,促进了测长技术的发展。

4. 复合棱镜(composite prism)

光学系统中常用两块及两块以上的普通棱镜组合成棱镜系统,以实现一块普通棱镜难以达到的特殊功能,这样的棱镜系统称为复合棱镜。由于复合棱镜往往是由两个或多个简单棱镜组合而成的,故主截面往往不止一个。图 3-21 所示为几种常见的复合棱镜:图(a)所示为一种得到广泛使用的析光棱镜,该棱镜可以将一束光分成两束光,它由两块直角棱镜胶合而成,其中一块直角棱镜的反射面上镀有半反半透的析光膜,这种棱镜与镀有析光膜的单个直角棱镜相比,可以确保被分开的两束光在棱镜中拥有相同的光程;图(b)所示为普罗 I 型棱镜,该棱镜由两块二次反射直角棱镜组合而成,两直角棱镜的主截面相互垂直,两棱镜之间有较小的距离;图(c)所示为普罗 II 型棱镜,它由两块一次反射直角棱镜和一块两次反射直角棱镜胶合而成。普罗棱镜属于多光轴截面棱镜系统,在双筒观察望远系统中作为转像棱镜使用,不但具有倒像的功能,而且可把一部分光路折叠在棱镜中以减小仪器的外形尺寸;图(d)所示为别汉屋脊棱镜,它由一块斯密特屋脊棱镜和一块半五棱镜组合而成,由于在棱镜中折叠了很长一部分光路,故常用于长焦距物镜的转像。

除了上述的几种复合棱镜外,还有分色棱镜、双像棱镜等,这里就不一一叙述了。

5. 反射棱镜的展开(unfolding of reflective prism)

由于棱镜在光学系统中具有转折光路及转像的作用,棱镜中既有反射面又有折射面,因此

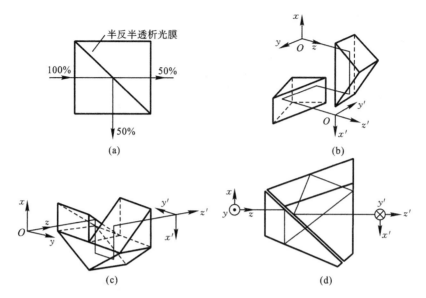

图 3-21　常见的复合棱镜

(a) 析光棱镜;(b) 普罗Ⅰ型棱镜;(c) 普罗Ⅱ型棱镜;(d) 别汉屋脊棱镜

Figure 3-21　conventional composite prism

(a) optical prism;(b) Porro Ⅰ prism;(c) Porro Ⅱ prism;(d) Pechan roof prism

探讨棱镜的成像特性就显得相对复杂,若能够设法将反射面的作用去掉,只研究棱镜的折射特性就会使问题大幅度简化,棱镜的展开就是为了实现此种目的而采用的一种研究手段。反射棱镜的展开就是用一块相同厚度的玻璃平板取代棱镜的过程,当光线入射到棱镜时将以直线而不是折线经过平板玻璃,从而使问题得以简化。

1) 反射棱镜展开的方法(unfolding method of reflective prism)

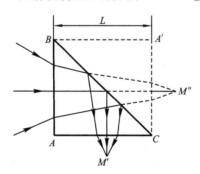

图 3-22　一次反射直角棱镜的展开

Figure 3-22　tunnel diagram of one-reflective right-angle prism

在棱镜的主截面内按照反射面的顺序,以反射面与主截面的交线为轴依次作棱镜的镜像,从而得到棱镜的等效平行玻璃平板。以一次反射直角棱镜为例,如图 3-22 所示,会聚光束射入直角棱镜之中,先经 BC 面反射再经 AC 面折射后射出棱镜成像于 M',现将该棱镜在主截面内进行展开,展开部分的图形如图中虚线所示,其展开长度用 L 加以表示,显而易见,展开后的光路与展开前的完全相同。由于平面反射镜对成像质量没有影响,因此在光路计算时可以用平行平板折射来代替棱镜的折反射,从而使研究大为简化。

图 3-23 所示为几种常见棱镜的展开。

需要说明的是,屋脊棱镜的展开方法虽然与普通棱镜的展开方法相类似,但还是存在一定的特殊性,如图 3-23(d)所示。反射棱镜的一个反射面被屋脊面所替代,导致原来能够充满棱镜通光口径的圆形光束被部分切割掉。若想确保棱镜的通光口径不变(即光束没有被切割),只有增大棱镜的高度,并最终导致屋脊棱镜的展开长度有所增加,屋脊棱镜中对通光不起作用

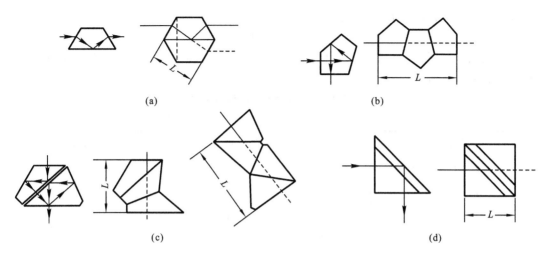

图 3-23 几种常见棱镜的展开

(a) 道威棱镜；(b) 五棱镜；(c) 别汉棱镜；(d) 等腰直角屋脊棱镜

Figure 3-23 tunnel diagram of conventional prism

(a) Dove prism；(b) pentaprism；(c) Pechan prism；(d) isosceles right-angle roof prism

的那一部分实体，往往在加工过程中将其去掉以减小棱镜的体积与重量。

从图 3-23 可见，棱镜展开的过程其实就是光轴逐渐被拉直的过程，由于棱镜系统往往并不是单独使用而是与共轴球面系统进行组合，展开后的平行平板与整个光学系统的光轴仍然位于同一条直线上，因此含有这种反射棱镜的系统仍属于共轴光学系统。

当共轴球面系统与平面镜系统进行组合时，虽然配合的先后次序可以不受限制，但应确保两系统的光轴相重合，并且球面系统各元件之间的间隔不能发生改变。此外加入棱镜后，共轴球面系统透镜之间的间隔必须考虑到平行平板的轴向位移量，否则将会破坏原共轴球面系统的成像性质。

为了使棱镜和共轴球面系统组合后的光学系统仍保持共轴球面系统的特性，有必要对棱镜的结构提出一定的要求。

(1) 棱镜展开后的玻璃板必须是严格的平行平板，若展开后玻璃板的两个面不互相平行，则相当于在共轴球面系统中加入了一个没有对称轴线的光楔，像点将发生侧向移动，从而破坏了系统的共轴性。

(2) 若棱镜位于会聚光路中，则光轴必须和棱镜的入射面及出射面相垂直，若棱镜位于平行光路之中，则无此要求。这是因为根据平行平板的成像特性，入射光束与出射光束相平行，故对整个系统的成像质量没有影响，道威棱镜就是一个典型的例子。

理论上，所有的反射棱镜均可展开成入射面与出射面严格平行的等效玻璃平板，但实际上，棱镜本身存在着一定的加工误差（如角度误差、棱差），导致实际棱镜展开后入射面与出射面之间并不严格平行，光线在出射前与出射面的法线之间存在着一个夹角，即为反射棱镜的光学不平行度。光学不平行度的存在将破坏系统的共轴性。

2) 反射棱镜光轴长度的计算

对含有棱镜的光学系统进行光路计算时，通常都是先将棱镜简化为一个平行平板，故棱镜的使用相当于在系统中引入了一块平行平板，大部分情况下，该平行平板的厚度即为棱镜的光轴长度。

设棱镜的展开长度为 L,棱镜的通光口径为 D,则两者有如下关系

$$L = KD \tag{3-18}$$

式中,K 为棱镜的结构参数,其值只与棱镜的类型有关,与棱镜的尺寸无关。常见反射棱镜的结构参数如表 3-2 所示。

表 3-2 常见反射棱镜的结构参数

Table 3-2 structure parameter of conventional reflective prism

棱 镜 名 称	结构参数 K	棱 镜 名 称	结构参数 K
等腰棱镜 DⅠ-45°	2.414	五棱镜 WⅡ-90°	3.414
等腰棱镜 DⅠ-60°	1.732	屋脊棱镜 BⅡ$_\text{J}$-45°	2.111
直角屋脊棱镜 DⅠ$_\text{J}$-90°	1.732	屋脊五棱镜 WⅡ$_\text{J}$-90°	4.223
直角棱镜 DⅡ-180°	2	列曼棱镜 LⅢ-0°	4.33
半五棱镜 BⅡ-45°	1.707	等腰棱镜 DⅢ-45°	2.414

例 3-2 有一焦距为 $f' = -f = 150$ mm 的周视瞄准物镜,其通光口径为 $D = 40$ mm,像的直径为 $2y' = 20$ mm。现于物镜后方 $d_1 = 80$ mm 处放置一个折射率 $n = 1.5$ 的一次反射直角屋脊棱镜,假设系统没有渐晕,求棱镜入射和出射表面的通光口径及像平面离开棱镜出射表面的距离。

分析 图 3-24 所示为例 3-2 的结构光路,由于在系统中加入了棱镜,故在进行系统计算时,系统中的棱镜首先将展开成平行平板,之后再将平行平板简化成等效空气层,此外还必须考虑到平行平板产生的轴向位移。对于望远系统而言,由于物体位于无限远,故其像平面与物镜的像方焦平面相重合,从图 3-24 中可以看到,全部的成像光束受限于一个长为 150 mm、上底和下底分别为 40 mm 和 20 mm 的锥体范围内,并且棱镜前表面的通光口径大于后表面的通光口径,故棱镜最后通光口径的大小应根据前表面的通光要求来确定。

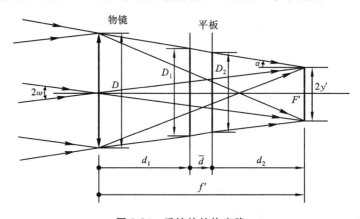

图 3-24 系统的结构光路

Figure 3-24 sketch of system

解 ① 求射入棱镜前表面的通光口径 D_1。

$$D_1 = 2[y' + (f' - d_1)\tan\alpha] = 2[10 + (150 - 80)\tan\alpha] \text{ mm}$$

又

$$\tan\alpha = \frac{D/2 - y'}{f'} = \frac{40/2 - 10}{150} = 0.066\,67$$

故

$$D_1 = 29.33 \text{ mm}$$

② 求平行平板的等效空气层厚度。

查取棱镜分类表中一次反射直角棱镜的结构参数,有 $K=1$,则该直角棱镜展开后的平行平板厚度 $L=D_1=29.33$ mm,其等效空气层厚度 $\bar{d}$ 为

$$\bar{d} = \frac{L}{n} = \frac{29.33}{1.5} \text{ mm} = 19.56 \text{ mm}$$

③ 求实际镜筒的总长 L_d。

平行平板产生的轴向位移

$$\Delta l' = L\left(1 - \frac{1}{n}\right) = 29.33 \times \left(1 - \frac{1}{1.5}\right) \text{ mm} = 9.777 \text{ mm}$$

则像面将向后移动 $\Delta l'$,使实际的镜筒总长为

$$L_d = f' + \Delta l' = (150 + 9.777) \text{ mm} = 159.777 \text{ mm}$$

④ 求棱镜最后一面与像平面之间的距离 d_2。

$$d_2 = L_d - d_1 - L = f' - d_1 - \bar{d} = (150 - 80 - 19.56) \text{ mm} = 50.44 \text{ mm}$$

⑤ 求棱镜第二面的通光口径 D_2。

$$D_2 = 2(y' + d_2 \tan\alpha) = 2(10 + 50.44 \times 0.066\,67) \text{ mm} = 26.73 \text{ mm}$$

3.4 反射棱镜及棱镜系统成像坐标的判定及应用
Application and Determination of Imaging Coordinate of Reflective Prism and System

1. 反射棱镜及棱镜系统成像坐标的判定(determination of imaging coordinate of reflective prism and system)

由于棱镜和棱镜系统在光学系统中应用十分广泛,熟练掌握并正确判断物体经过系统后成像坐标的变化至关重要,一旦判断失误,就会给观察者带来不必要的错觉和不利的影响。通过对各种反射棱镜成像特性的分析,现归纳棱镜及棱镜系统成像坐标的判断原则如下。

设入射的物坐标为右(左)手坐标 $Oxyz$,其中 Oz 方向为系统光轴方向,Ox 方向为平行于棱镜主截面方向,Oy 方向为垂直于棱镜主截面方向,若出射的像坐标为 $O'x'y'z'$,则以下判断原则成立。

(1) $O'z'$ 坐标轴方向与光轴的出射方向相一致。

(2) $O'y'$ 坐标轴方向与系统中屋脊面的个数有关:如果存在奇数个屋脊面,则其像坐标的 $O'y'$ 方向与物坐标方向 Oy 相反;没有或偶数个屋脊面像坐标的 $O'y'$ 方向与物坐标方向 Oy 相同。

(3) $O'x'$ 坐标轴方向与系统中反射的次数有关:如果反射次数为奇数,$O'x'$ 坐标轴方向按左(右)手坐标系进行确定;如果反射次数为偶数或没有反射,$O'x'$ 坐标轴方向按右(左)手坐标系进行确定。若系统中存在屋脊面,在统计反射次数时每一个屋脊面应该按两次反射进行计数。

例 3-3 设物坐标为右手坐标,请判断图 3-25 所示各棱镜的像坐标。

分析 ① 图 3-25(a)所示为一次反射等腰直角棱镜,按照成像坐标判断原则:出射 $O'z'$ 轴方向与光轴出射方向相一致;由于棱镜中没有屋脊,故 $O'y'$ 轴方向与 Oy 方向保持一致;因为系统中只有一次反射即奇数次反射,故像坐标呈左手坐标,并最终判断出 $O'x'$ 轴的方向。

② 图 3-25(b)所示为一次反射等腰直角屋脊棱镜,按照成像坐标判断原则:出射 $O'z'$ 轴

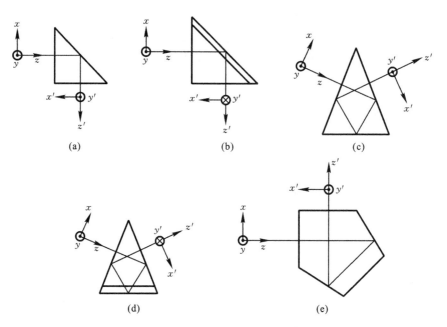

图 3-25 部分棱镜的像坐标判断

Figure 3-25 determination for imaging coordinate of some prisms

方向与光轴出射方向相一致;由于棱镜中存在一个屋脊,故 $O'y'$ 轴方向与 Oy 方向反向;因为系统中存在一个屋脊面,故按两次反射进行计数,像坐标呈右手坐标,并最终判断出 $O'x'$ 轴的方向。

比较图 3-25(a)、(b)两棱镜的像坐标可以发现,屋脊面可以实现垂直于主截面的坐标轴发生旋转,这样在不增加棱镜的前提下就能够实现像坐标的改变。

③ 图 3-25(c)所示为斯密特棱镜:由于没有屋脊且属奇数次反射,故 $O'z'$ 方向与光轴出射方向相一致;$O'y'$ 方向不变;像坐标呈左手坐标以判断 $O'x'$ 方向。

④ 图 3-25(d)所示为斯密特屋脊棱镜:由于存在一个屋脊,故为偶数次反射(4 次反射),$O'z'$ 方向与光轴出射方向相一致;$O'y'$ 方向倒转;像坐标呈右手坐标以判断 $O'x'$ 方向。

⑤ 图 3-25(e)所示为五棱镜,该棱镜没有屋脊且为偶数次反射,故像仍呈右手坐标,像坐标如图 3-25(e)中所示。

上述规则不但适用于普通棱镜,而且同样适用于复合棱镜,即使系统中各光轴截面并不位于同一个平面之内,在各光轴截面内上述原则仍然适用。

例 3-4 设物坐标为右手坐标,请判断普罗 I 型及普罗 II 型棱镜的像坐标,如图 3-26 所示。

分析 ① 普罗 I 型棱镜(Porro I prism)。

图 3-26(a)所示为普罗 I 型棱镜,该棱镜由两个二次反射等腰直角棱镜相对放置而成,两个棱镜的主截面互相垂直,故物体经过该棱镜的像坐标应分别进行判断。

设物坐标 $Oxyz$ 经过第一块棱镜后的像坐标为 $O'x'y'z'$:对于第一块棱镜,$O'z'$ 轴方向与光轴出射方向相一致;由于棱镜中没有屋脊,故 $O'y'$ 轴方向与 Oy 方向保持一致;因为系统中存在二次反射即偶数次反射,故像坐标呈右手坐标,并最终判断出 $O'x'$ 轴的方向。

$O'x'y'z'$ 经过第二块棱镜后的像坐标为 $O''x''y''z''$:由于主截面发生了 90° 的旋转,对于第

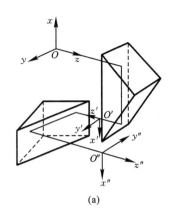
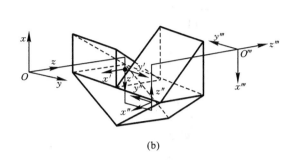

(a) (b)

图 3-26　普罗棱镜的像坐标

Figure 3-26　imaging coordinate of Porro prism

二块棱镜而言,物坐标为左手坐标,此时 $O'y'$ 轴方向为平行于主截面方向,$O'x'$ 轴方向为垂直于主截面方向,则最后出射的 $O'z'$ 轴方向仍然与光轴出射方向相一致;由于棱镜中没有屋脊,故 $O'x''$ 轴方向与 $O'x'$ 方向保持一致;因为系统中存在二次反射即偶数次反射,故像坐标呈左手坐标,并最终判断出 $O'y''$ 轴的方向。

② 普罗Ⅱ型棱镜(PorroⅡ prism)。

该棱镜由三块简单棱镜构成,是一个多主截面棱镜。

设物坐标 $Oxyz$ 经过第一块棱镜后的像坐标为 $O'x'y'z'$:对于第一块棱镜,$O'z'$ 轴方向与光轴出射方向相一致;由于棱镜中没有屋脊,故垂直于主截面的轴方向不发生改变,$O'y'$ 轴方向与 Oy 方向保持一致;因为第一块棱镜中存在一次反射即奇数次反射,故像坐标呈左手坐标,从而判断出 $O'x'$ 轴方向。

$O'x'y'z'$ 经过第二块棱镜后的像坐标为 $O''x''y''z''$:由于主截面发生了 90°的旋转,故对于第二块棱镜而言,物坐标为右手坐标,而 $O'y'$ 轴方向为平行于主截面方向,$O'x'$ 轴方向为垂直于主截面方向;由于该棱镜没有屋脊且存在二次反射,则出射的 $O'z'$ 轴方向仍然与光轴出射方向相一致,$O'x''$ 轴方向与 $O'x'$ 方向保持一致;像坐标 $O''x''y''z''$ 仍呈右手坐标,$O'y''$ 轴的方向与 $O'y'$ 轴的反向。

$O''x''y''z''$ 经第三块棱镜后最后的像坐标为 $O'''x'''y'''z'''$,对该棱镜而言,物坐标为左手坐标,而棱镜仍为一次反射等腰直角棱镜,棱镜的主截面与第一块棱镜的主截面相平行,由于没有屋脊且为奇数次反射,故最后出射的像坐标为右手坐标,如图 3-26(b)所示。

由于透镜是光学系统中最基本的成像光学元件,对于同时含有透镜及棱镜的光学系统而言,其最终像坐标的确定应该同时考虑到棱镜及透镜的成像特性。

2. 棱镜系统的应用——周视瞄准仪(application of prism system—panoramic sight scope)

图 3-27(a)所示为周视瞄准仪的原理光路图,这是一个典型的共轴球面系统与棱镜系统进行组合的光学系统。共轴球面系统主要由物镜 3、分划板 5 及目镜 6 构成,棱镜系统共包括三块棱镜,分别为一次反射等腰直角棱镜 1、道威棱镜 2 及一次反射等腰直角屋脊棱镜 4。等腰直角棱镜 1 及等腰直角屋脊棱镜 4 形成了一定的潜望高度 L,系统中的等腰直角屋脊棱镜 4 起到转折光路及转像的作用,屋脊棱镜的使用能够避免镜像的产生以形成相似像,系统中的目镜能够对物体经过物镜及棱镜系统所成的像起到一个放大的作用。

周视瞄准仪充分利用了等腰直角棱镜及道威棱镜的旋转特性,一次反射等腰直角棱镜(又

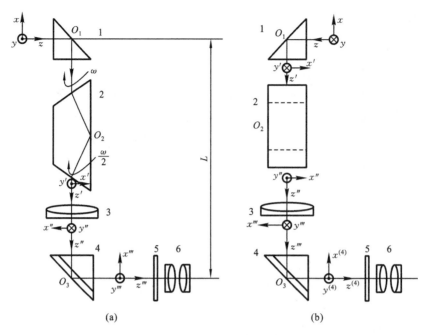

图 3-27 周视瞄准仪旋转前、后的像坐标

(a) 周视瞄准仪旋转前的像坐标;(b) 周视瞄准仪旋转后的像坐标

Figure 3-27 imaging coordinate of panoramic sight scope before and after rotation

(a) imaging coordinate of panoramic sight scope before rotation;

(b) imaging coordinate of panoramic sight scope after rotation

称扫描棱镜)1 可以绕水平轴及垂直轴旋转,以实现扫描及俯仰的功能。当棱镜绕经过 O_1 点的垂直于主截面的水平轴旋转时,像坐标的方向不会发生旋转,但是当棱镜绕 O_1O_3 轴旋转时,根据棱镜转动定理可知,反射像将产生一定程度的像倾斜。为此在系统中加入了道威棱镜,道威棱镜的作用就是通过旋转适当的角度来补偿扫描棱镜所产生的像倾斜。由于道威棱镜最重要的特性就是当棱镜绕光轴旋转 α 角时,反射像同向旋转 2α 角,故而若扫描棱镜的旋转角速度为 ω,则道威棱镜将绕光轴以 $\omega/2$ 的角速度同向转动,此时可以在目镜中观察到像的坐标方向不变,这就意味着当扫描棱镜旋转扫描时,观察者可以不改变位置就可以周视全景。周视瞄准仪扫描棱镜旋转后的像坐标如图 3-27(b)所示。

例 3-5 如图 3-28 所示,一个焦距为 $f'=20$ cm 的薄透镜位于一次反射等腰直角棱镜前 30 cm 位置处,棱镜的折射率为 $n=1.5$,直角边长为 12 cm,若在薄透镜前 30 cm 处有一高为 1 cm 的物体 AB,试求物体 AB 经过由透镜和棱镜构成的光学系统成像的位置和成像的大小,并在图中对像进行标识(画像)。

分析 这是一个由透镜及棱镜构成的成像系统。物体首先通过透镜进行成像,其像又作为物对棱镜进行成像。物体经薄透镜成像后,其像的大小及位置可通过高斯公式进行求解;而物体经棱镜成像时,可将棱镜化为平行平板,通过平行平板相关的计算公式进行求解,从而求出最终像的位置与大小。最终像的标识,也就是像的方向可通过成像坐标判断原则进行坐标判断。

解 ①求物体经薄透镜进行成像 $A_1'B_1'$。

根据高斯公式,有

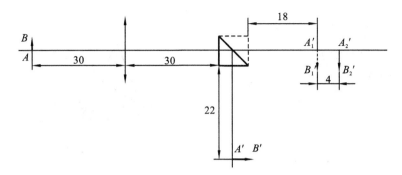

图 3-28　各参量的几何关系

Figure 3-28　geometrical relationship among parameters

$$\frac{1}{l_1'}-\frac{1}{l_1}=\frac{1}{f_1'}\Rightarrow\Rightarrow\frac{1}{l_1'}-\frac{1}{-30}=\frac{1}{20}\Rightarrow\Rightarrow l_1'=60 \text{ cm}$$

$$\beta_1=\frac{l_1'}{l_1}=\frac{60}{-30}=-2^{\times}\Rightarrow\Rightarrow\beta_1=\frac{y_1'}{y_1}=\frac{y_1'}{1}=-2\Rightarrow\Rightarrow y_1'=-2 \text{ cm}$$

②求 $A_1'B_1'$ 再经一次反射等腰直角棱镜进行成像 $A_2'B_2'$。

将一次反射等腰直角棱镜展开成平行平板,则平行平板展开长度为

$$L=KD=12 \text{ cm}$$

展开长度即为平行平板的厚度 d,故有 $A_1'B_1'$ 经平行平板的轴向移动量为

$$\Delta l'=d\left(1-\frac{1}{n}\right)=12\left(1-\frac{1}{1.5}\right) \text{ cm}=4 \text{ cm}$$

则像 $A_2'B_2'$ 位于薄透镜后 $l_1'+\Delta l'=60+4=64$ cm 处,也可以认为像 $A_2'B_2'$ 位于平行平板第二个折射面右侧 $64-30-12=22$ cm 位置处。

根据平行平板的成像特性,其垂轴放大率 $\beta_2=1^{\times}$,故

$$\beta_2=\frac{y_2'}{y_2}=\frac{y_2'}{y_1'}=\frac{y_2'}{-2}=1\Rightarrow\Rightarrow y_2'=-2 \text{ cm}$$

即物体 AB 先后经过薄透镜及棱镜成像后的像高为 $y_2'=-2$ cm。

需要注意的是,上面所计算分析的像的位置并不是系统真正的像的位置,它是在将棱镜展开成平行平板之后,按照平行平板的成像特性加以计算分析的结果,考虑到实际棱镜所产生的光路折转,故系统最后的像 $A'B'$ 应位于直角棱镜下方,距直角边 22 cm 处。

3.5　折射棱镜

Refractive Prism

1. 折射棱镜的基础知识(foundational knowledge of refractive prism)

图 3-29 所示为一折射棱镜,折射棱镜是利用其表面对光线的折射作用,使出射光线相对于入射光线产生一定的偏折,这与反射棱镜利用反射或全反射的特性有很大的不同。折射棱镜有两个重要的性质,一为色散性,一为偏向性。色散性可以使折射棱镜成为系统中的色散元件,偏向性则可以使光路实现预定的折转。由于折射棱镜的两个折射面不同轴,因此折射棱镜不能展开成平行平板。

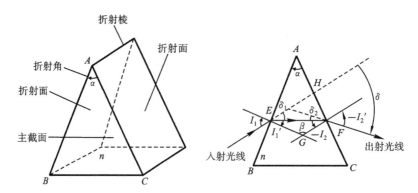

图 3-29 折射棱镜

Figure 3-29 refractive prism

1) 折射棱镜的偏向角 δ(deviation angle of refractive prism δ)

所谓偏向角是指入射光线与出射光线的夹角,用字母 δ 表示。偏向角是一个有符号数,由入射光线方向以锐角转向出射光线方向,顺时针为正,逆时针为负。

一折射棱镜放置于空气中,该棱镜的折射率为 n,折射角为 α(两个折射面之间的夹角为折射角,由出射面转向入射面,顺时针为正,逆时针为负),光线首先以入射角 I_1 投射到折射棱镜的第一个折射面上发生折射,折射角为 I_1',之后光线又投射到棱镜的第二个折射面继续折射,在第二个折射面的入射角与折射角分别为 I_2 和 I_2',则根据折射定律有

$$\sin I_1 = n\sin I_1' \tag{3-19}$$

$$\sin I_2' = n\sin I_2 \tag{3-20}$$

将式(3-19)、式(3-20)两式相减有

$$\sin I_1 - \sin I_2' = n(\sin I_1' - \sin I_2) \tag{3-21}$$

将式(3-21)继续整理有

$$2\cos\left[\frac{1}{2}(I_1 + I_2')\right]\sin\left[\frac{1}{2}(I_1 - I_2')\right] = 2n\cos\left[\frac{1}{2}(I_1' + I_2)\right]\sin\left[\frac{1}{2}(I_1' - I_2)\right] \tag{3-22}$$

由图 3-29 中的几何关系可得,$\beta + \alpha = \beta + I_1' + (-I_2)$,显然 $\alpha = I_1' - I_2$,此外 $\delta = \delta_1 + \delta_2 = I_1 - I_1' + I_2 - I_2'$,则有

$$\alpha + \delta = I_1 - I_2' \tag{3-23}$$

将式(3-23)代入式(3-22),可得

$$\sin\left[\frac{1}{2}(\alpha + \delta)\right] = \frac{n\sin\left(\frac{\alpha}{2}\right)\cos\left[\frac{1}{2}(I_1' + I_2)\right]}{\cos\left[\frac{1}{2}(I_1 + I_2')\right]} \tag{3-24}$$

由式(3-24)可见,棱镜的偏向角 δ 是光线的入射角 I_1、折射角 α 及棱镜材料折射率 n 的函数,故偏向角 δ 将随着入射角 I_1 的变化而变化。

2) 最小偏向角 δ_m(minimum deviation angle δ_m)

由于偏向角 δ 是一个变化的量值,常称偏向角 δ 的极小值为最小偏向角,用 δ_m 加以表示。最小偏向角 δ_m 的求取可通过对式(3-23)进行微分得到,即

$$\frac{\mathrm{d}\delta}{\mathrm{d}I_1} = 1 - \frac{\mathrm{d}I_2'}{\mathrm{d}I_1} \tag{3-25}$$

显然,当 $\dfrac{\mathrm{d}\delta}{\mathrm{d}I_1}=0$ 时,偏向角 δ 有极值,此时 $\dfrac{\mathrm{d}I_2'}{\mathrm{d}I_1}=1$。

现将式(3-19)、式(3-20)分别对角度进行微分,有

$$\cos I_1 \mathrm{d}I_1 = n\cos I_1' \mathrm{d}I_1'$$
$$n\cos I_2 \mathrm{d}I_2 = \cos I_2' \mathrm{d}I_2'$$
$$\mathrm{d}I_1' = \mathrm{d}I_2$$

继续整理有

$$\frac{\mathrm{d}I_2'}{\mathrm{d}I_1} = \frac{\cos I_1 \cos I_2}{\cos I_1' \cos I_2'} = 1$$

即

$$\frac{\cos I_1}{\cos I_1'} = \frac{\cos I_2'}{\cos I_2} \tag{3-26}$$

整理式(3-19)、式(3-20)又有

$$\frac{\sin I_1}{\sin I_1'} = \frac{\sin I_2'}{\sin I_2} = n \tag{3-27}$$

显然,若令式(3-26)及式(3-27)同时成立,必须满足

$$I_1 = -I_2', \quad I_1' = -I_2 \tag{3-28}$$

式(3-28)表明,只有当光线的光路对称于棱镜时,偏向角才能为极值。可以证明当 $\dfrac{\mathrm{d}\delta}{\mathrm{d}I_1}=0$ 时,其二阶导数 $\dfrac{\mathrm{d}^2\delta}{\mathrm{d}I_1^2}>0$,即此时偏向角为极小值 δ_m。

将式(3-28)代入式(3-24)中后进行整理,则可以得到最小偏向角 δ_m 与 α、n 之间的简单关系,即

$$\sin\left[\frac{1}{2}(\alpha + \delta_\mathrm{m})\right] = n\sin\left(\frac{\alpha}{2}\right) \tag{3-29}$$

式(3-29)常用于测量透明固体介质的折射率,显然,若能够测量出棱镜的折射角 α 及最小偏向角 δ_m,则利用式(3-29)就能够求出棱镜材料折射率的大小。

除了利用最小偏向角能够测量介质的折射率外,还有一些其他方法也能够测量介质折射率,如给定待测件以特定形状确定光线折射位置的 V 棱镜法、利用光在界面上的全反射的阿贝折光仪法等。不难看出,测量光学玻璃折射率的一些常用方法都是折射定律与反射定律在特定条件下的应用。

2. 光楔(optical wedge)

1) 光楔的偏向角(deflection angle for optical wedge)

光楔通常是指折射角 α 很小的折射棱镜,是光学仪器中经常使用的一类光学元件,设光楔的折射率为 n,折射角为 α,当光线以一定的入射角入射时,因为 α 很小,故有

$$I_1' \approx I_2, \quad I_1 \approx I_2', \quad \sin\left[\frac{1}{2}(\alpha + \delta)\right] \approx \frac{1}{2}(\alpha + \delta), \quad \sin\left(\frac{1}{2}\alpha\right) \approx \frac{1}{2}\alpha$$

则式(3-24)可表示为

$$\delta = \alpha\left(n\frac{\cos I_1'}{\cos I_1} - 1\right) \tag{3-30}$$

当光线垂直入射或入射角很小时,如图 3-30 所示,有

$$\delta = I_2' - I_2$$

根据折射定律 $n\sin I_2 = \sin I_2'$,而 $I_2 = \alpha$,由于折射角 α 很小,故可以取近似 $\sin\alpha \approx \alpha$,$\sin I_2 \approx I_2$,

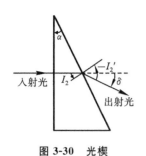

图 3-30 光楔

Figure 3-30 optical wedge

$\sin I_2' = I_2'$，代入上式并整理有

$$\delta = \alpha(n-1) \qquad (3\text{-}31)$$

式(3-31)表明，当光线垂直入射或入射角很小时，光楔的偏向角只取决于 α、n 的大小。

2) 光楔的应用(application of optical wedge)

由于光楔的偏向角很小，所以它主要应用在光学测微器及补偿器上。光楔既可以单独使用，也可以构成双光楔系统，利用光楔及光楔系统的移动或转动既可以实现微角度、微位移的测量，也能够进行一定的角度与位移的补偿。

(1) 单光楔的应用(application of single optical wedge)。

图 3-31 所示为沿轴向移动的单光楔。将光楔置于物镜后的会聚光路之中，由于光楔能够使入射光楔的光在主截面内产生一定程度的偏向角，故当光楔沿轴向移动一定的距离时，像面上的像点也将产生一定的横向移动量。若设光楔的初始位置为 l_1，轴上无限远物点对应的像点为 A_1'，A_1' 与光轴之间的距离为 y_1'，当光楔沿光轴向像面方向移动到新的位置 l_2 时，则像点从 A_1' 移动到了 A_2'，像点移动量值为

$$\Delta y' = y_2' - y_1' = \delta \cdot l_1 - \delta \cdot l_2 = \alpha(n-1)(l_1 - l_2) \qquad (3\text{-}32)$$

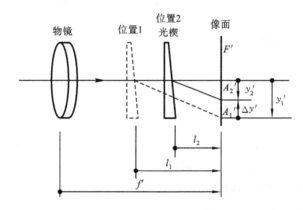

图 3-31 沿轴向移动单光楔的应用

Figure 3-31 application of single optical wedge along axis shifting

式(3-32)表明，利用光楔较大的轴向移动量 $l_1 - l_2$ 就能够获得像面横向方向上的微小移动量值 $\Delta y'$，该方法常应用在一些中等精度的水平仪中。

图 3-32 所示为可旋转的单光楔，无限远处的物点经光楔及物镜后成像在 A_1' 处，若光楔绕光轴旋转 ϕ 角，则像面处的像点将作圆周运动并移至 A_2' 处，在 y、z 方向上都呈现一定的移动量，这样通过光楔的转动就能够实现像面上像点的微量移动。若旋转的 ϕ 角较小，则像点位移与转角近似保持线性规律，该方法常用于双目系统中以实现瞳距的调节。

此外，光楔在医学上也有重要的应用，斜视是一种常见的反常眼，其特点是当人观察物体时眼球偏离了正常眼的位置，斜视的矫正就是利用光楔对光线的偏转特性而实现的，如图 3-33 所示，当佩戴了具有一定折射角度 α 的眼镜后，由于物点 S 发出的光线经过光楔后成像于 S'，人眼感觉到的是由 S' 点发出的光，从而矫正了斜视眼，使之转到正常眼的位置去进行观察。

(2) 双光楔的应用(application of two optical wedges)。

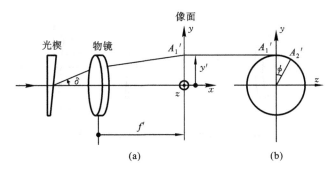

图 3-32 旋转单光楔的应用

Figure 3-32 application of single optical wedge rotation

图 3-34 所示为用双光楔测量微角度的原理,两个光楔的折射角均为 α,折射率均为 n,两者之间相隔一微小间隙。当两光楔主截面平行且放置分别如图 3-34(a)、(b)、(c) 所示位置时,所产生的偏向角分别为 $\delta = 2\delta_1 = 2\alpha(n-1)$,$\delta = 0$,$\delta = -2\delta_1 = -2\alpha(n-1)$,当两光楔绕公共光轴作相对旋转时,即一个光楔逆时针旋转 ϕ 角,而另一个光楔同时顺时针旋转 ϕ 角时,两光楔产生的总偏向角 δ 将随着转角 ϕ 的变化而变化,即

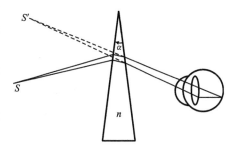

图 3-33 光楔在医学上的应用

Figure 3-33 medical application of optical wedge

$$\delta = 2\alpha(n-1)\cos\phi \qquad (3-33)$$

双光楔每旋转 360°,总的偏向角将在 $-2\delta_1 \rightarrow 0 \rightarrow 2\delta_1$ 之间周期性变化,从而实现了用大的旋转角度 ϕ 获得微小偏向角变化 δ 的角度测微的目的。

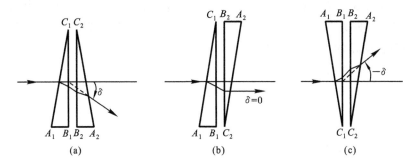

图 3-34 双光楔位于不同位置时的偏向角

Figure 3-34 deviation angle with optical wedges at different position

图 3-35 所示为双光楔移动测微的工作原理,当光楔贴合时像点位置并不发生位移。若将其中的一个光楔沿轴向移动距离 Δz,则出射光线相对于入射光线在横向方向产生的位移为 Δy,有

$$\Delta y = \delta \cdot \Delta z = \alpha(n-1)\Delta z \qquad (3-34)$$

从而达到移动测微的目的,该方法可应用于高精度的经纬仪中。

例 3-6 如图 3-36 所示,光楔顶角为 α,折射率为 n,在其左前方距离 l 位置处放置一物点 A,求物点 A 经光楔折射后像 A' 的位置。

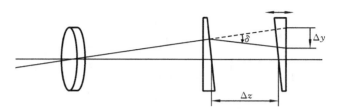

图 3-35 双光楔移动测微的工作原理

Figure 3-35 working principle of micro-displacement measurement with two optical wedges

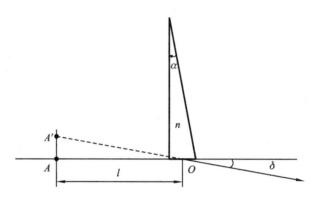

图 3-36 各参量的几何关系

Figure 3-36 geometrical relationship among parameters

分析 例 3-6 在计算分析过程中忽略了光楔的厚度。根据光楔的成像特性,轴上物点经光楔所成的像将在横向方向上有错动,即像 A' 不在光轴之上,故 A 点像的位置的确定不仅应考虑轴向方向上的坐标位置,还应考虑横向方向上的坐标位置。由于光楔是由两个折射平面构成的,故 A 点在轴向方向的位置确定可通过两次物像位置关系式加以计算,而横向方向位置的确定可通过偏向角的相关公式加以计算。

解 ①轴向方向位置的确定。

A 点首先经过第一个折射平面进行成像,即有

$$\frac{n_1'}{l_1'}-\frac{n_1}{l_1}=\frac{n_1'-n_1}{r_1}\Rightarrow\Rightarrow\frac{n}{l_1'}-\frac{1}{l_1}=\frac{n-1}{\infty}\Rightarrow\Rightarrow l_1'=nl_1$$

再经第二个折射平面进行成像,有

$$\frac{n_2'}{l_2'}-\frac{n_2}{l_2}=\frac{n_2'-n_2}{r_2}\Rightarrow\Rightarrow\frac{1}{l_2'}-\frac{n}{l_2}=\frac{1-n}{\infty}\Rightarrow\Rightarrow nl_2'=l_2$$

$$l_2=l_1'-d=l_1'=nl_1$$

故有

$$nl_2'=l_2=nl_1\Rightarrow\Rightarrow l_2'=l_1$$

即 A 点经光楔所成像 A' 的轴向位置仍在物点 A 位置处。

②横向方向位置的确定。

根据光楔偏向角公式,

$$\delta=\alpha(n-1)$$

即出射光线相对于入射光线有 δ 的角度偏转,按照图 3-36 中的几何关系即可求出像在横向方向上的移动量,有

$$\Delta y = \delta a = \alpha(n-1)a$$

故 A 点经光楔所成像 A' 的坐标位置为 $[-l, \alpha(n-1)a]$。

"光楔"视频　　　　　　　　　第 3 章　教学要求及学习要点

习　　题

3-1　为什么日常生活中人们对镜自照时一般不易感觉到镜中所成的镜像和自己的实际形象不同?

3-2　某人身高 180 cm,一平面镜放在他身前 120 cm 处,为了看到他自己的全身像,镜子最小应是多少?

3-3　如题图 3-1 所示,物镜后有三块平行平板,其厚度分别为 9 mm、6 mm、12 mm,折射率均为 $n=1.5$,物镜与第一块平行平板之间的距离为 10 mm,第一块与第二块平行平板之间的距离也为 10 mm,物镜的像距 $l'=64$ mm,物体经过系统最后所成的像面刚好与最后一块平行平板的第二个折射面相重合,试求第二块和第三块平行平板之间的间隔。

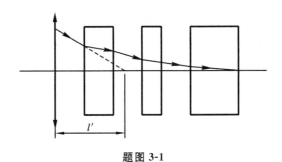

题图 3-1

3-4　一台显微镜已经对一个目标调整好物距进行观察,现将一块厚度 $d=7.5$ mm,折射率 $n=1.5$ 的平行平板玻璃压在目标物体上,问此时通过显微镜能否清楚地观察到目标物体,该如何重新调整?

3-5　有一直径为 $D=20$ mm、焦距为 $f'=100$ mm 的望远物镜,像面直径为 $2y'=10$ mm,现在物镜之后加入一折射率 $n=1.5163$ 的施密特屋脊棱镜,并要求像面位于棱镜后方 $d_2=20$ mm 处,如题图 3-2 所示,求棱镜相对于物镜的位置及棱镜通光口径的大小(仅考虑轴上点)。

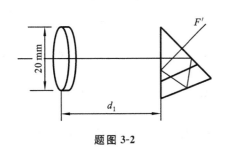

题图 3-2

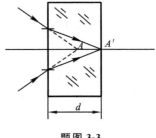

题图 3-3

3-6　题图 3-3 所示为一块玻璃平行平板,其折射率 $n=1.5$,厚度 $d=15$ mm,一入射细光束经过平行平板折射后,像点 A' 刚好位于平行平板的第二个折射面上,试求物点相对于第一个折射面的具体位置。

3-7　试判断如题图 3-4 所示各棱镜或棱镜系统的出射像坐标,设输入的物坐标为右手坐标。

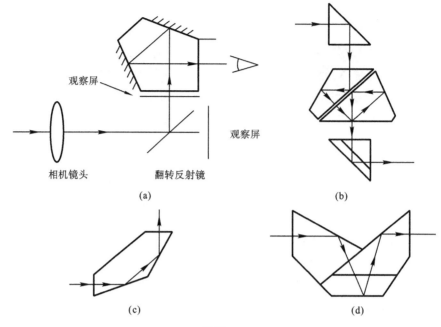

题图 3-4

3-8 光学系统由一透镜和平面镜组成,如题图 3-5 所示。平面镜 M 与透镜光轴交于 D 点,透镜前方离平面镜 600 mm 处有一物体 AB,该物体经过透镜和平面镜后所成的虚像 A″B″ 至平面镜的距离为 150 mm,且像高为物高的一半,试分析透镜焦距的大小并确定透镜的位置。

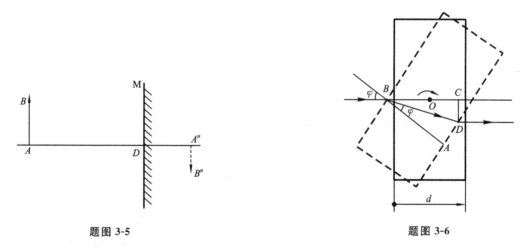

题图 3-5　　　　　　　　　　　　　　　题图 3-6

3-9 一平行平板厚度为 d,折射率为 n,入射光线方向如题图 3-6 所示,若平行平板绕 O 点旋转 φ,试求光线侧向位移的表示式。

3-10 题图 3-7 所示为一物镜 L(成倒像)及两块平面反射镜 M_1、M_2 所组成的光学系统,试判断物体经过系统的像坐标。

3-11 已知一光楔 $n_F = 1.521\ 69$,$n_C = 1.513\ 9$,若令出射的 F 光与 C 光之间的夹角为 1′,求光楔折射角 α 的大小。

3-12 把光楔放置在物镜及像方焦平面之间的会聚光路中,并将其沿着光轴方向前后移动,试问像点在光楔主截面内垂直于光轴方向是否发生移动?若光楔的偏向角 δ=1°,其移动量值为 10 mm,则像点的移动量值是多少?

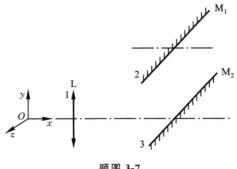

题图 3-7

3-13 有一个三棱镜,棱镜的折射角 $\alpha=60°$,对某种入射光波的最小偏向角 $\delta_m=40°$,求:

(1)棱镜对该种波长的折射率。

(2)若将该棱镜置于水($n=1.33$)中,求此时最小偏向角的大小。

本 章 术 语

平面系统	plane surface system
平面反射镜	plane mirror
镜像	mirror image
相似像	similar image
潜望镜	periscope
等效空气层	equivalent air layer
反射棱镜	reflective prism
入射面	incident surface
出射面	emerging surface
工作面	working surface
反射棱镜的光轴	optical axis of reflective prism
主截面(光轴截面)	principal section(optical axis section)
棱镜的光轴长度	optical axis length of prism
等腰棱镜	isosceles prism
阿贝棱镜	Abbe prism
五棱镜	pentaprism
普罗棱镜	Porro prism
半五棱镜	semi-pentaprism
别汉棱镜	Pechan prism
斜方棱镜	rhombic prism
靴形棱镜	boot prism
空间折转棱镜	spacial deflecting prism
潜望棱镜	periscope prism
列曼棱镜	Lehman prism
角锥棱镜	cube-corner retroreflector

斯密特棱镜	Schmidt prism
屋脊棱镜	roof prism
析光棱镜	optical prism
普罗 I 型棱镜	Porro I prism
普罗 II 型棱镜	Porro II prism
别汉屋脊棱镜	Pechan roof prism
反射棱镜的展开	unfolding of reflective prism
道威棱镜	Dove prism
成像坐标	imaging coordinate
周视瞄准仪	panoramic sight scope
偏向角	deviation angle
最小偏向角 δ_m	minimum deviation angle δ_m
光楔	optical wedge
斜视	squint

第4章

光学系统的光束限制
Beam Limiting in Optical System

光阑的定义及分类
Definition and Classification of Stop

一般说来,光学系统光束限制的大小和方式与光学系统的许多光学性能密切相关,如成像质量的好坏、分辨能力的高低、光能的强弱、成像范围的大小,等等。如何有效地对系统光束进行限制,提高相关系统的光学性能,满足设计要求,是光学设计非常重要的一个方面。

1. 光阑的定义(definition of stop)

光学系统往往由许多元器件构成,有各种球面成像元件如透镜、反射镜,各种平面光学元件如棱镜、分划板,还存在一些非球面成像元件等,甚至有一种特殊的光学元件,该元件并不具备成像特性,仅起到限制光束的作用。在光学系统中对光束起限制作用的光学元件通称为光阑,光阑既可能是某个成像光学元件的边框,也可能是某种专门设计的带有内孔的金属薄片。光阑的形状多为圆形、方形或矩形,其尺寸既可能是定值的也可能是尺寸可变的(如人眼的瞳孔)。光阑外形及尺寸的选择关键取决于它的用途,大部分情况下光阑是圆形的,且一般垂直于系统光轴放置,其中心与系统光轴相重合。

2. 光阑的分类(classification of stop)

由于光学系统对光束限制的要求多种多样,因此产生了许多不同种类、不同性质的光阑,按照光阑所起的作用不同,大体上可分为孔径光阑、视场光阑、渐晕光阑及消杂光光阑。一般的光学系统都会有一个孔径光阑和一个视场光阑。

1) 孔径光阑(aperture stop)

在光学系统中描述成像光束大小的参量为孔径。当物体在有限远时,其孔径的大小用孔径角 U 表示;当物体在无限远时,孔径的大小用孔径高度来加以表示,如图 4-1 所示。我们称光学系统中限制轴上物点成像光束大小的光阑为孔径光阑,该光阑实际上限制的是成像光束立体角(见 5.1 节)的大小。如果在子午面内(轴外点与光轴所构成的平面)进行分析,孔径光阑决定了轴上点发出的最大孔径角 U 的大小。例如,人眼的瞳孔就是人眼的孔径光阑。

2) 视场光阑(field stop)

视场通常描述的是成像光学系统物、像平面上(或物、像空间中)的成像范围。在光学系统

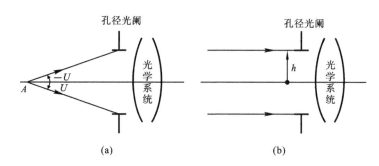

图 4-1　孔径光阑对轴上点光束的限制

(a) 有限远轴上物点；(b) 无限远轴上物点

Figure 4-1　beam limiting of on axis point by aperture stop

(a) on-axis point at finite distance；(b) on-axis point at infinite distance

中,一般将安置在物平面或者像平面上用以限制成像范围的光阑称为视场光阑,它可能是光学系统中的某个或某组透镜边框,也可能是专设的光孔。例如,测量显微镜的分划板、照相机的底片边框都起到视场光阑的作用,其形状多为圆形、矩形或方形。

3) 渐晕光阑(vignetting stop)

能够产生渐晕现象(见 4.3 节)的光阑即为渐晕光阑,该光阑以减小轴外像差及系统横向尺寸为目的,使轴外物点发出的本来能通过孔径光阑及视场光阑的成像光束只能部分通过,它多为透镜的边框,渐晕光阑不是光学系统所必需的,但若光学系统中没有设置视场光阑,则必定存在渐晕光阑,部分书上有时把渐晕光阑也称视场光阑。一个光学系统可能存在一个或一个以上的渐晕光阑。

4) 消杂光光阑(stray light eliminating stop)

进入光学系统的光束除成像光束外,往往还存在一部分由非成像物体射入的光束,由系统内部的光学表面、金属表面以及镜座内壁反射和散射的光束,我们将之统称为杂光。杂光对像质的影响很大,这是因为杂光经过多次折反射后将会有部分光到达像面上,产生近于均匀分布的杂光背景,犹如蒙上一层薄雾,破坏成像的对比度与清晰度,降低成像质量。例如,杂光多的照相物镜拍出的画面清晰度差、层次少且色饱和度低,故而在一些大型的光学系统如天文望远镜、长焦距平行光管等系统中专门设置消杂光光阑。

4.2　孔径光阑
Aperture Stop

1. 孔径光阑的特点(character of aperture stop)

图 4-2 所示为一个单折射面系统,在折射面的左侧放置了一个光阑 PEL。根据孔径光阑的定义,显然轴上物点 A 发出的光只有部分能够进入系统参与成像,而参与成像光束的孔径角 U 的大小则主要取决于光阑 PEL 的位置与尺寸。在保证轴上物点孔径角 U 不变的前提下,光阑处于不同的位置时应该有不同的孔径尺寸,当光阑 PEL 位于 1 位置时孔径尺寸应为 d_1,当光阑 PEL 位于 2 位置时孔径尺寸应为 d_2,显然 $d_2 > d_1$,即在位置 2 处 PEL 的孔径尺寸应适当增加。

对于轴外 B 点发出的宽光束而言,在不改变轴上物点孔径角的前提下,光阑处于不同的

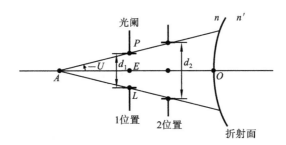

图 4-2　孔径光阑的通光尺寸与轴上物点的关系

Figure 4-2　relationship between size of aperture stop and on-axis point

位置,将选择不同部分的光参与成像。如图 4-3 所示,当光阑位于 1 位置时轴外 B 点参与成像的光束为 M_1BN_1(图中阴影区域),当光阑位于 2 位置时轴外 B 点参与成像的光束为 M_2BN_2,这样通过适当选择光阑的位置就能够对轴外物点的成像光束进行选择,从而把偏离理想成像的质量较差部分的光拦截掉,改善成像质量。合理地限制成像光束,对光学系统设计是非常重要的,是必须考虑和解决的问题。

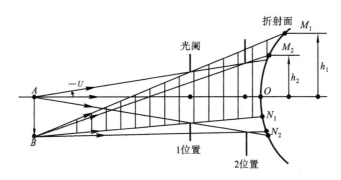

图 4-3　孔径光阑位置对系统横向尺寸及成像质量的影响

Figure 4-3　effect of aperture stop position on transverse size and image quality of optical system

在保证成像质量的前提下,合理选取光阑的位置能够减小系统的横向尺寸,使结构匀称。一般说来,当孔径光阑与折射面相重合时具有最小的尺寸,光阑越远离折射面,则要求的横向尺寸越大,如图 4-3 所示中的 $h_1 > h_2$。

此外,光学系统的孔径光阑对某一具体的物面位置可能起到限制光束的作用,但若物面位置发生改变,孔径光阑可能失去其作用,成像光束将被其他光孔所限制。如图 4-4 所示,对轴上物点 Z 及位于其左侧的轴上各物点(如 B 点)而言,PEL 为系统的孔径光阑,但对位于 Z 点右侧的轴上各物点(如 A 点),透镜边框为系统的孔径光阑。

2. 入射光瞳(entrance pupil)

孔径光阑经过其前面的镜组在系统物空间所成的像称为入射光瞳,简称入瞳。图 4-5 所示为某种光阑前置的光学系统,其孔径光阑通常放置在物镜附近,这种光阑的作用就是为了改善系统的成像质量。图 4-5 中 PEL 为系统的孔径光阑,按照入瞳的定义,PEL 经前面的镜组所成之像为入瞳,由于 PEL 前面没有其他成像元件,故 PEL 既是系统的孔径光阑又是入瞳。

图 4-6 为由两个双分离透镜元件 L_1、L_2 构成的光学系统,并且两者之间放置一个孔径光阑,若设 L_1、L_2 是薄透镜,PEL 为孔径光阑,则 PEL 既可以看成位于透镜 L_1 的像空间,也可

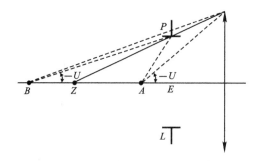

图 4-4　孔径光阑与轴上物点位置之间的关系

Figure 4-4　relationship between aperture stop and on-axis point

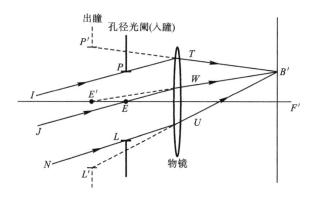

图 4-5　光阑前置光学系统的入瞳

Figure 4-5　entrance pupil of optical system with preposition aperture

以看成位于透镜 L_2 的物空间。孔径光阑经过透镜 L_1 所成的虚像 $P'E'L'$ 即为系统入瞳,从图 4-6 中可以看出,入瞳 $P'E'L'$ 的边缘限制了轴上物点最大物方孔径角 U 的大小,入瞳越大,进入系统参与成像的能量就越多,所以可以把入瞳理解为物面上各点能够参与成像光束的公共入口。由于孔径光阑与入瞳相共轭,经过光阑 P、L 点的光一定会经过入瞳的 P'、L' 点。

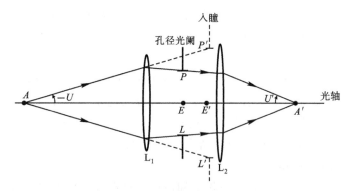

图 4-6　双透镜系统的入瞳

Figure 4-6　entrance of two lens system

3. **出射光瞳**(exit pupil)

孔径光阑经过其后面的镜组在系统像空间所成的像称为出射光瞳,简称出瞳。对于带有专门孔径光阑的双透镜组 L_1、L_2,如图 4-7 所示,孔径光阑 PEL 经过透镜 L_2 在像空间所成的

像 $P''E''L''$ 即为系统出瞳。显然,出瞳 $P''E''L''$ 的边缘限制了轴上像点 A' 最大像方孔径角 U' 的大小,故而可以把出瞳理解为物面上各点能够参与成像的光束从系统出射时的公共出口,经过光阑 P、L 点的光同样会经过出瞳的 P''、L'' 点。常将出瞳看成是入瞳经过整个系统所成的像,即入瞳、出瞳、孔径光阑对光束的限制作用是等价的。由于孔径光阑、入瞳、出瞳三者相共轭,假设一束斜平行光束射入一理想光学系统,如图 4-5 所示,光线 IT、JW、NU 分别经过入瞳(孔径光阑)的上边缘、中心及下边缘,则经过系统后其共轭光线还将经过出瞳的上边缘、中心及下边缘,并且将在系统的像方焦面上形成像点 B'。

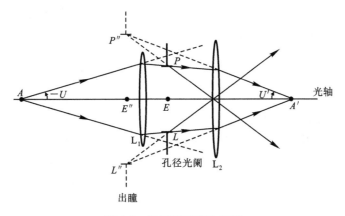

图 4-7　双透镜系统的出瞳

Figure 4-7　exit pupil of two lens system

若系统仅由双透镜组 L_1、L_2 构成,没有专门的孔径光阑元件,此时系统中每一个透镜元件的边框都可能是潜在的孔径光阑,假设透镜 L_1 的边框 P_1 为孔径光阑,则系统的入瞳就是其本身,而它经过透镜 L_2 所成的像 P_1' 则为系统出瞳,如图 4-8 所示;若假设透镜 L_2 的边框 P_2 为孔径光阑,则系统的出瞳就是其本身,而它经过透镜 L_1 所成的像 P_2' 则为系统的入瞳。因此在系统的物空间可能存在两个入瞳 P_1 和 P_2',在像空间可能存在两个出瞳 P_2 和 P_1'。连接 P_2' 及 P_1 的边缘点并延长至轴上 Z 点,若轴上物点 A 位于 Z 点左侧,则 P_1 为孔径光阑,P_1' 为系统出瞳,若轴上物点 A 位于 Z 点右侧,则 P_2 既为孔径光阑,同时又是系统的出瞳。

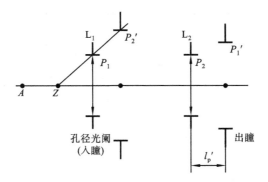

图 4-8　双透镜系统的孔径光阑

Figure 4-8　aperture stop of two lens system

出瞳与系统最后一个折射面之间的距离为出瞳距,常用 l_p' 表示,目视光学系统中又往往将出瞳距称为镜目距(eye relief),目视光学系统的出瞳一般在外。由于观察系统时,眼睛瞳孔应该与出瞳相重合,为了避免眼睛睫毛与目镜最后一个折射面相接触,故而系统的出瞳距一般不能短于 6 mm。若系统为军用光学系统,考虑到在加眼罩及防毒面具的情况下仍能观察使用,出瞳距应略大一些,一般为 20 mm 左右。

4. 孔径光阑的判断方法(determination of aperture stop)

光学系统通常由许多光学元件构成,每一个光学元件的外框,如透镜框、棱镜框都有可能起到限制光束的作用,都有可能是系统潜在的孔径光阑,如何准确地判断孔径光阑,是光学设计非常重要的一个方面,光学系统孔径光阑的判断与物体的位置有关。

当物在有限远时,光学系统孔径光阑的判断方法为:将光学系统中所有光学元件的通光孔径(镜框)分别通过其前面的镜组成像到整个系统的物空间,根据各像的位置和大小求出对轴上物点的张角,对轴上物点张角最小的像为光学系统的入瞳,与入瞳相共轭的元件(镜框)即为孔径光阑。

若物在无限远时,光学系统孔径光阑的判断方法为:将光学系统中所有光学元件的通光孔径(镜框)分别通过其前面的镜组成像到整个系统的物空间,则直径最小的像就是系统入瞳,与入瞳相共轭的元件(镜框)即为孔径光阑。

例 4-1　一个由双薄透镜 L_1、L_2 构成的光学系统,L_1 透镜的焦距为 $f_1'=80$ mm,通光口径 $D_1=40$ mm,L_2 透镜的焦距为 $f_2'=30$ mm,通光口径 $D_2=40$ mm,L_2 在 L_1 的后面 50 mm 位置处,现有一束平行于光轴的光射入:①试判断系统的孔径光阑;②求系统入瞳的大小和位置;③求系统出瞳的大小和位置。

分析　该系统是一个没有专设光阑的双光组系统,故双透镜的边框都可能是潜在的孔径光阑,又根据题意要求射入系统的是平行光,故而孔径光阑的判断需要根据物在无限远时的方法来加以分析,即将两个透镜的边框都通过前面的光组进行成像,直径最小的像就是系统入瞳,各像的大小和位置可以根据高斯公式进行计算。最后再根据入瞳判断出孔径光阑,而孔径光阑经过后面系统在像空间所成的像就为出瞳,如图 4-9 所示。

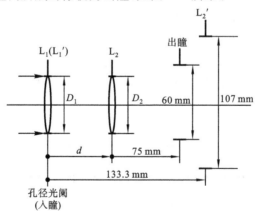

图 4-9　系统各参量的相对位置

Figure 4-9　relative position of parameters

解　① 判断系统的孔径光阑。

将 L_1 的边框经过前面的光学系统成像到系统的物空间,由于前面没有成像元件,故 L_1 边框的像 L_1' 就是自身,即 $D_1'=40$ mm。

将 L_2 的边框经过前面的光学系统 L_1 成像到系统的物空间,设像为 L_2',则由高斯公式有

$$\frac{1}{l_1'}-\frac{1}{l_1}=\frac{1}{f_1'}\Rightarrow\frac{1}{l_1'}-\frac{1}{-50\text{ mm}}=\frac{1}{-80\text{ mm}}\Rightarrow l_1'=133.3\text{ mm}$$

即 L_2' 位于 L_1 右侧约 133.3 mm 处。

$$\beta = \frac{y_1'}{y_1} = \frac{l_1'}{l_1} \Rightarrow \frac{y_1'}{20 \text{ mm}} = \frac{133.3 \text{ mm}}{50 \text{ mm}} \Rightarrow |2y_1'| = D_2' = 107 \text{ mm}$$

即 L_2' 的大小为 107 mm。

由于 $D_1' = 40 \text{ mm} < D_2' = 107 \text{ mm}$，故 L_1' 对入射光束起到最大的限制作用，为系统入瞳，与入瞳 L_1' 相对应的透镜 L_1 的边框即为系统的孔径光阑。

② 求系统入瞳的大小及位置。

根据上面的分析可知，L_1'（或 L_1 的边框）为系统入瞳，入瞳的大小为 40 mm，位置与第一块透镜相重合，也可以说 L_1 既是孔径光阑又是入瞳。

③ 求系统出瞳的大小及位置。

根据高斯公式及出瞳的定义有

$$\frac{1}{l_2'} - \frac{1}{l_2} = \frac{1}{f_2'} \Rightarrow \frac{1}{l_2'} - \frac{1}{-50 \text{ mm}} = \frac{1}{30 \text{ mm}} \Rightarrow l_2' = 75 \text{ mm}$$

$$\beta = \frac{y_2'}{y_2} = \frac{l_2'}{l_2} \Rightarrow \frac{y_2'}{20 \text{ mm}} = \frac{75 \text{ mm}}{-50 \text{ mm}} \Rightarrow |2y_2'| = D_{出}' = 60 \text{ mm}$$

即系统的出瞳位于 L_2 右侧 75 mm 处，口径为 60 mm。

例 4-2　由一双薄透镜 L_1、L_2 构成的光学系统，若两透镜相距 50 mm，口径分别为 $D_1 = 60 \text{ mm}$，$D_2 = 40 \text{ mm}$，焦距分别为 $f_1' = 90 \text{ mm}$，$f_2' = 50 \text{ mm}$，现在 L_1、L_2 之间距离 L_2 为 20 mm 位置处放入一个带有内孔的元件 AB，其内孔直径为 $D_3 = 60 \text{ mm}$。若物点 M 位于 L_1 前方 120 mm 处，试判断系统的孔径光阑，并求出入瞳与出瞳的大小及位置。

分析　例 4-2 是由三个元件构成的光学系统，分别为成像元件透镜 L_1、L_2 及非成像元件光孔 AB，每一个元件都有一定的通光孔径，并且物位于有限远处，故对孔径光阑的判断分析可根据有限远处的方法进行，如图 4-10 所示。

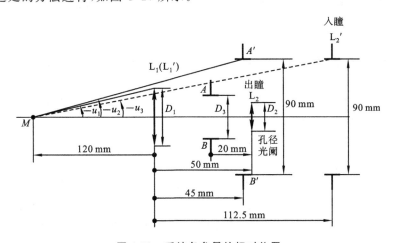

图 4-10　系统各参量的相对位置

Figure 4-10　relative position of parameters

解　① 判断系统的孔径光阑。

将 L_1 的边框经过前面的光学系统成像到系统的物空间，由于前面没有成像元件，故 L_1 边框的像 L_1' 就是自身，即 $D_1' = D_1 = 60 \text{ mm}$，设 L_1' 对轴上物点的张角大小为 u_1，则有

$$\tan u_1 = \frac{30}{120} = 0.25$$

将光孔 AB 经过前面的光学系统 L_1 成像到系统的物空间,设其像为 $A'B'$,则由高斯公式有

$$\frac{1}{l_1'} - \frac{1}{l_1} = \frac{1}{f_1'} \Rightarrow \frac{1}{l_1'} - \frac{1}{30 \text{ mm}} = \frac{1}{-90 \text{ mm}} \Rightarrow l_1' = 45 \text{ mm}$$

即 $A'B'$ 位于 L_1 右侧约 45 mm 处。

$$\beta = \frac{y_1'}{y_1} = \frac{l_1'}{l_1} \Rightarrow \frac{y_1'}{30 \text{ mm}} = \frac{45 \text{ mm}}{30 \text{ mm}} \Rightarrow |y_1'| = 45 \text{ mm} \Rightarrow 2|y_1'| = 90 \text{ mm}$$

即 $A'B'$ 的孔径大小为 90 mm。

设 $A'B'$ 对轴上物点的张角大小为 u_2,则

$$\tan u_2 = \frac{45}{120 + 45} = 0.27$$

将透镜 L_2 的边框经过前面的光学系统成像到系统的物空间,设其像为 L_2',则

$$\frac{1}{l_2'} - \frac{1}{l_2} = \frac{1}{f_2'} \Rightarrow \frac{1}{l_2'} - \frac{1}{50 \text{ mm}} = \frac{1}{-90 \text{ mm}} \Rightarrow l_2' = 112.5 \text{ mm}$$

即 L_2' 位于 L_1 右侧约 112.5 mm 处。

$$\beta = \frac{y_2'}{y_2} = \frac{l_2'}{l_2} \Rightarrow \frac{y_2'}{20 \text{ mm}} = \frac{112.5 \text{ mm}}{50 \text{ mm}} \Rightarrow |y_2'| = 45 \text{ mm} \Rightarrow 2|y_2'| = 90 \text{ mm}$$

即 L_2' 的孔径大小为 90 mm。

若 L_2' 对轴上物点的张角大小为 u_3,则

$$\tan u_3 = \frac{45}{120 + 112.5} = 0.19$$

由于 $\tan u_1 = 0.25$,$\tan u_2 = 0.27$,$\tan u_3 = 0.19$,显然张角 u_3 最小,即 L_2' 对入射光束起到最大的限制作用,为系统入瞳。与入瞳相对应的透镜 L_2 的边框即为孔径光阑。

② 求系统入瞳的大小及位置。

根据上面的分析可知,L_2' 为系统入瞳,则可以得到该系统入瞳的大小为 $D_入 = 90$ mm,位于 L_1 右侧约 112.5 mm 处。

③ 求系统出瞳的大小及位置。

根据出瞳的定义,孔径光阑 L_2 经过后面系统所成的像为出瞳,故透镜边框 L_2 本身又为系统的出瞳。

一般情况下,孔径光阑的位置要根据是否有利于改善轴外点的成像质量、缩小系统的外形尺寸及镜头的结构设计、使用方便程度等多种因素综合考虑;孔径光阑的大小要根据轴上点所要求的最大孔径角所对应的边缘光线在光阑面上的投射高度来决定;系统中其他元件的通光直径,则根据边缘视场点的成像光束大小和轴上点边缘光线无阻拦通过的原则来加以确定。

孔径光阑的位置在某些光学系统中有特定的要求,如目视光学系统的出瞳一定要在光学系统之外,以便能够使眼睛的瞳孔与之相重合,达到较好的观察效果。此外,在考虑目视光学系统(如放大镜、伽利略望远镜等)的光束限制时,一定要把眼睛的瞳孔作为整个系统的一个光孔元件加以考虑。

在光学设计时,一般照相系统将孔径光阑的位置作为校正像差的参数由像质决定,普通望远镜的孔径光阑选择在最大尺寸的光学元件上,可以缩小尺寸、减轻重量,测量仪器从测量精度考虑,往往采用远心光路。

5. 主光线及相对孔径(chief ray and relative aperture)

1) 主光线(chief ray)

进入光学系统轴外点斜光束的中心线为主光线,在没有渐晕时,主光线通过入瞳中心、孔

径光阑中心与出瞳中心。图 4-11 所示为一个光阑后置的光学系统，PEL 既为系统的孔径光阑，同时又为系统的出瞳，$P'E'L'$ 为系统入瞳。现有一束充满入瞳的斜平行光束射入光学系统，光线 a、z、b 的延长线分别经过入瞳的上边缘 P'、中心 E' 及下边缘 L'。显然光线 z 即为轴外无限远物点的主光线，该光线经系统折射后的出射光线方向也应经过出瞳中心 E，并在后焦平面上形成像点 B'。主光线对于确定系统的视场将起到非常重要的作用。主光线主要是针对轴外物点而言的，不同的轴外物点将有不同的主光线。

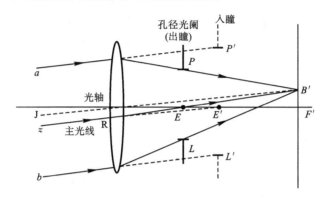

图 4-11　光阑后置光学系统的主光线

Figure 4-11　chief ray of optical system with postposition aperture

2）相对孔径（relative aperture）

入射光瞳直径 $D_入$ 与系统焦距之比为系统的相对孔径，其数学表示形式为

$$\frac{D_入}{f'} = \frac{1}{F} \tag{4-1}$$

式（4-1）中的 N 为 F/♯（f/number），显然有

$$F = \frac{f'}{D_入} \tag{4-2}$$

当物体距离光学系统很近（如显微系统成像）时，常用物方最大孔径角的正弦和物空间介质折射率的乘积来取代相对孔径，称为数值孔径，并用字母 NA 表示，即

$$\mathrm{NA} = n\sin U \tag{4-3}$$

4.3 视场光阑与渐晕
Field Stop and Vignetting

1. 视场光阑（field stop）

光学系统中只能有一个视场光阑，视场光阑的位置和孔径将直接限制物面或像面的成像范围，而其孔径大小通常由光学系统的设计要求决定，并且力求在设计过程中做到在此成像范围内成像良好、照度均匀且有清晰的视场边界，故很多光学系统总是在最终的实像平面或中间过程的实像平面上专门设置视场光阑。

1）视场（field of view）

当一个人通过窗户观赏外面的风景时，窗外的景致将受到窗户的尺寸及观察者所处位置的限制，如图 4-12 所示。若设 E 为人眼，JK 为窗户，观察者能够观察到的视野范围为 GH，不难看出当人眼及观察的位置确定之后，能够观察到的视场大小就仅取决于窗户的尺寸，JK 越大,GH 也就越大,显然窗户起到了视场光阑的作用。人眼越靠近窗户,能够看到的范围就越大;越远离窗户,能够看到的范围就越小。在应用光学中将描述成像范围大小的参量称为视场。

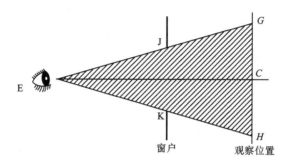

图 4-12　窗户对视场的限制作用

Figure 4-12　limitation of window on field of view

2) 度量视场的方法(measurement of field of view)

度量视场的方法通常有线视场、视场角两种。当系统对近距离物体成像时,视场的大小通常用线视场表示;当系统对远距离物体成像时,视场的大小则往往用视场角表示。

线视场是指用长度来表示视场,又分为物方线视场(两倍的物高 $2y$)和像方线视场(两倍的像高 $2y'$);视场角是指用角度来表示视场,又分为物方视场角 2ω 和像方视场角 $2\omega'$,如图 4-13 所示。光学系统中常用 ω 及 y 来表示半视场,用 2ω 及 $2y$ 表示全视场。

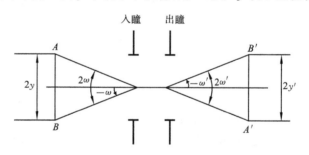

图 4-13　度量视场的方法

Figure 4-13　measurement of field of view

如果视场光阑为方形或矩形,则其线视场按对角线进行计算。

3) 入射窗、出射窗及判断视场光阑的方法(determination of field stop, entrance window and exit window)

与孔径光阑相类似,视场光阑经过前面的镜组在物空间所成的像为入射窗,经过后面的镜组在像空间所成的像为出射窗。入射窗将限制物面的成像范围,入射窗、出射窗与视场光阑相共轭,可以把出射窗看成是入射窗经过整个系统所成的像。系统中只能有一个视场光阑。

假设入瞳为无限小,则判断光学系统视场光阑的方法为,将光学系统中所有光学元件的通光孔径(镜框)分别通过其前面的镜组成像到整个系统的物空间,根据各像的位置和大小求出对入瞳中心的张角,张角最小的像即为光学系统的入射窗,与入射窗相共轭的元件(或镜框)即为视场光阑。

例 4-3　有一焦距 $f'=50$ mm、口径 $D=50$ mm 的放大镜 M_1MM_2,观察者的眼睛瞳孔

P_1PP_2 直径为 $2y=4$ mm,位于放大镜右侧 60 mm 处。假定眼珠不动,且轴上物点 A 经放大镜所成的像 A' 位于明视距离 $D=250$ mm 位置处,如图 4-14 所示。①请判断放大镜及人眼组成的系统的孔径光阑,并求出入瞳及出瞳的大小和位置;②请判断系统的视场光阑,并求出入射窗及出射窗的位置及大小。

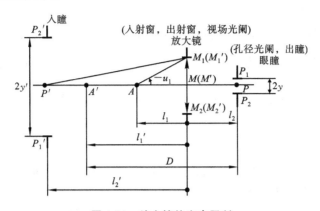

图 4-14 放大镜的光束限制

Figure 4-14 beam limiting of magnifier

分析 由单透镜构成的低倍放大镜的光束限制往往是和人眼眼瞳结合起来考虑的,此时眼瞳作为放大镜系统的一个光孔,当人眼通过放大镜进行观察时,物面通常置于放大镜的前焦面附近,而人眼则位于放大镜的后焦面附近,故例 4-3 所涉及的系统实际上是由放大镜的镜框和人眼瞳孔两个光孔构成的光学系统,而孔径光阑和视场光阑的判断则可以根据相应的判断方法分别加以分析。需要说明的是,由题中可知,物点 A 的位置是一个未知值,故例 4-3 应先根据题中所给出的已知条件求出物距,并在此基础上进行孔径光阑的判断。

解 ① 判断孔径光阑,并计算入瞳及出瞳的大小及位置。

a. 求物点的位置。根据高斯公式

$$\frac{1}{l_1'}-\frac{1}{l_1}=\frac{1}{f'}\Rightarrow\frac{1}{-190\ \text{mm}}-\frac{1}{l_1}=\frac{1}{50\ \text{mm}}\Rightarrow l_1=-40\ \text{mm}$$

式中

$$l_1'=-(250-60)\ \text{mm}=-190\ \text{mm}$$

b. 判断孔径光阑、入瞳的大小及位置。

将放大镜的边框 M_1MM_2 对前面的光组进行成像,则像 $M_1'M'M_2'$ 为放大镜自身,它对轴上物点 A 的张角大小为

$$\tan u_1=\frac{25}{40}=0.625$$

将人眼瞳孔对前面的光组进行成像,设像为 $P_1'P'P_2'$,则根据高斯公式有

$$\frac{1}{l_2'}-\frac{1}{l_2}=\frac{1}{f'}\Rightarrow\frac{1}{l_2'}-\frac{1}{60\ \text{mm}}=\frac{1}{-50\ \text{mm}}\Rightarrow l_2'=-300\ \text{mm}$$

$$|y'|=\left|\frac{l_2'}{l_2}y\right|=\left|\frac{300}{-60}\times2\ \text{mm}\right|=10\ \text{mm}\Rightarrow2\,|y'|=20\ \text{mm}$$

即眼睛瞳孔的像 $P_1'P_2'$ 位于放大镜左侧 300 mm 处,口径为 20 mm,对轴上物点的张角大小为

$$\tan u_2=\frac{10}{300-40}=0.04$$

比较 $\tan u_1$、$\tan u_2$,可见瞳孔的像对轴上物点张角最小,故 $P_1'PP_2'$ 为系统入瞳,位于放大镜左侧

300 mm 处,口径为 $D_入 = 20$ mm,而瞳孔为孔径光阑。

由于眼瞳后没有其他的光学系统,故眼瞳既为系统的孔径光阑又为系统的出瞳,$D'_出 = 4$ mm。

② 判断视场光阑。

a. 判断视场光阑并求入射窗的大小及位置。

根据判断视场光阑的方法,入射窗对入瞳中心的张角最小。因为眼瞳的像 $P'_1P'P'_2$ 对入瞳中心即自身中心的张角可看成为 $90°$,放大镜的像 $M'_1M'M'_2$ 对入瞳中心的张角 $\tan\omega = \dfrac{50/2}{300} = \dfrac{1}{12}$,显然 $M'_1M'M'_2$ 对入瞳中心的张角最小,故放大镜的像 $M'_1M'M'_2$ 为系统的入射窗,而放大镜本身为视场光阑,其口径为 50 mm。

b. 求出射窗的大小及位置。

由于瞳孔在例 4-3 仅作为一个光孔,这就意味着放大镜后没有成像元件,故放大镜 M_1MM_2 同时还是出射窗,其口径为 50 mm。

通过上面的分析计算可知:对于放大镜和人眼构成的光学系统,人眼的瞳孔既是孔径光阑又是出瞳,它限制了成像光束的孔径;放大镜框本身既是视场光阑又是入射窗及出射窗;放大镜的成像范围则是由入瞳的上边缘(或下边缘)与入射窗的下边缘(上边缘)的连线与物面的交点位置所决定的。

"视场光阑"视频

2. 渐晕(vignetting)

1) 渐晕的概念(definition of vignetting)

轴外点发出的充满入瞳的光束受到透镜通光孔径的限制而部分被遮拦,随视场增大像逐渐变暗的现象称为渐晕。轴上物点 A 发出的充满入瞳的光束经过系统后能够以充满出瞳的光束进行成像,但是对某些光学系统而言,其轴外物点发出的充满入瞳的光并不能全部通过光学系统。图 4-15 所示为一个中间带有孔径光阑 P_1PP_2 的双透镜 L_1、L_2 系统,从图中可以看出轴外 B 点发出的充满入瞳的光束,其上面一部分光束被透镜 L_2 的边框拦截(见上阴影部分),其下面一部分光束被透镜 L_1 的边框拦截(见下阴影部分),只有中间部分的光能够进入系统,显然轴外点的成像光束小于轴上点的成像光束。由于光是能量的载体,能通过系统参与成像的光束截面越大,则携带的能量越多,因此从能量的角度看,虽然物体 AB 能通过系统进行成像,但是其各点能量分布并不均匀,亮暗程度并不一致,越到边缘能量越弱,视场越暗。图 4-16 体现的也是一个存在渐晕的光学系统。显然,从图上可知,轴上点并不存在渐晕,虽然部分轴外点(B_2B_3 范围内)存在渐晕,但是光束被拦截的程度并不相同,越远离光轴,被拦截的程度越大。

2) 渐晕系数(vignetting coefficient)

渐晕的程度能够定量地计算,表示渐晕程度的方法有两种,即线渐晕系数 $K_ω$ 和面渐晕系数 K_A(或几何渐晕系数)。

线渐晕系数是指轴外物点发出的能通过光学系统的子午面内的成像斜光束在垂直于光轴

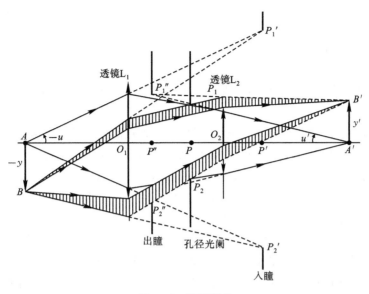

图 4-15　渐晕现象

Figure 4-15　vignetting phenomenon

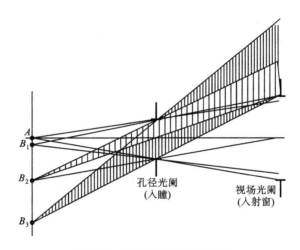

图 4-16　存在渐晕的光学系统

Figure 4-16　optical system with vignetting

方向上的宽度 D_ω,与轴上物点发出的能通过光学系统的子午面内的成像光束在垂直于光轴方向上的宽度 D 之比,并用 K_ω 表示,即

$$K_\omega = \frac{D_\omega}{D} \tag{4-4}$$

若在入瞳平面内进行度量,则

$$K_\omega = \frac{D_\omega}{D_\text{入}}$$

面渐晕系数则是指轴外物点发出的能通过光学系统的成像斜光束在垂直于光轴方向上的截面积 A_ω,与轴上物点发出的能通过光学系统的成像光束在垂直于光轴方向上的截面积 A 之比,并用 K_A 表示,即

$$K_A = \frac{A_\omega}{A} \qquad (4-5)$$

并且面渐晕系数与线渐晕系数有如下关系

$$K_A = K_\omega^2 \qquad (4-6)$$

为了计算方便,多采用线渐晕系数进行表示。渐晕系数在[0,1]之间,既可以用小数表示,也可以用百分比表示。

对于多个透镜组成的复杂光学系统,为了提高轴外点的成像质量和减小系统的外形尺寸,常设置有渐晕光阑,但并不是所有的光学系统都存在渐晕。对于大部分光学系统而言,尤其是孔径和视场都比较大的光学系统,片面地追求消除渐晕既没有必要也不易做到。通常为了改善边缘视场的成像质量,往往允许存在一定程度的渐晕,例如,某些照相物镜的边缘视场渐晕可达 50%,但此时人眼对照片并无不舒服的感觉。

需要指出的是,这种随视场增大像逐渐变暗的现象,即使光束没有遮挡,也存在,它是按 $\cos^4\omega$ 逐渐减少(见 5.4 节),渐晕系数仅仅描述的是轴外光束被遮挡的情况。

例 4-4 请分别求出图 4-16 所示系统中物平面上 A、B_1、B_2、B_3 各点的渐晕系数。

分析 此题涉及线渐晕系数的计算,只要按照线渐晕系数的数学表示式分别求出不同轴外点发出的成像斜光束在入瞳平面内度量的线值长度、入瞳直径就可进行求解。

解 ① 求轴上 A 点的渐晕系数 $K_{\omega A}$。

由于 A 点发出的充满入瞳的光全部能够进入系统参与成像,故 $D_{\omega A}=D_入$,则

$$K_{\omega A} = \frac{D_{\omega A}}{D_入} \times 100\% = \frac{D_入}{D_入} \times 100\% = 100\%$$

即轴上 A 点发出的光没有产生渐晕。

② 求轴外 B_1 点的渐晕系数 $K_{\omega B_1}$。

由于 B_1 点发出的充满入瞳的光也全部能够进入系统参与成像,故 $D_{\omega B_1}=D_入$,则

$$K_{\omega B_1} = \frac{D_{\omega B_1}}{D_入} \times 100\% = \frac{D_入}{D_入} \times 100\% = 100\%$$

即轴外 B_1 点发出的光同样没有产生渐晕,在以 AB_1 为半径的整个圆面积范围内都将没有渐晕产生。

③ 求轴外 B_2 点的渐晕系数 $K_{\omega B_2}$。

由于 B_2 点发出的充满入瞳的光只有主光线以下部分的光能够进入系统参与成像,故 $D_{\omega B_2}=D_入/2$,则

$$K_{\omega B_2} = \frac{D_{\omega B_2}}{D_入} \times 100\% = \frac{D_入/2}{D_入} \times 100\% = 50\%$$

即轴外 B_2 点发出的光有一半被拦截。

④ 求轴外 B_3 点的渐晕系数 $K_{\omega B_3}$。

由于 B_3 点发出的充满入瞳的光全部被拦截,故 $D_{\omega B_3}=0$,则

$$K_{\omega B_2} = \frac{D_{\omega B_3}}{D_入} \times 100\% = \frac{0}{D_入} \times 100\% = 0$$

即轴外 B_3 点是能够参与成像的物方最边缘点,也就是说,该点决定了最大的物方视场。

3. 眼点和眼点距(eye point and eye point distance)

当系统存在渐晕时,部分轴外物点成像光束的中心光线将不再通过入瞳中心、孔径光阑中

心和出瞳中心,把边缘视场出射光束的中心光线和光轴的交点称为眼点,眼点到系统最后一面的距离称为眼点距,用 L_z' 表示。图 4-17 所示为渐晕系数 $K=50\%$ 的开普勒望远系统的眼点及眼点距,图中阴影区域为被拦截光束。眼点距与出瞳距离皆为光学系统的特性指标,但两者的含义略有不同,出瞳距是由高斯光学不考虑像差及渐晕现象时求出的孔径光阑经后面光学系统所成像的位置,而眼点距则为考虑像差以及光学系统存在渐晕情况下眼睛实际观察时的位置,当两者差别不大时,可不进行严格区分。

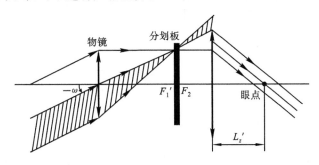

图 4-17　眼点及眼点距

Figure 4-17　eye point and eye point distance

　　实际光学系统的光束限制情况往往非常复杂,当光学系统没有渐晕时,孔径光阑既限制了轴上点光束的口径,又限制了轴外光束的口径,此时孔径光阑就是限制光束口径的光阑;当系统存在渐晕时,孔径光阑只决定没有渐晕部分的视场的口径,而有渐晕部分的视场的光束口径既与孔径光阑的大小和位置有关,又与其他的光阑有关;部分目视光学系统如低倍放大镜、伽利略望远镜等在分析系统的光束限制时往往配合人眼共同考虑,此时人眼的瞳孔也起到了限制光束的作用。

4.4　光学系统的景深及远心光路
Depth of Field in Optical System and Telecentric System

1. 景深的定义(definition of depth of field)

　　在现实生活中,部分光学仪器如照相机、电影摄像机等要求系统在成像过程中能够将整个物空间或部分物空间同时成像于一个像平面上,并称该平面为景像平面,与景像平面相共轭的物空间平面称为对准平面。如图 4-18 所示,Q_1QQ_2 为光学系统的入瞳,$Q_1'Q'Q_2'$ 为出瞳,$A'M'$ 为景像平面,与之相共轭的物平面 AM 为对准平面。现设对准平面与入瞳之间的距离为 p,出瞳与景像平面之间的距离为 p',在系统物空间任意取两点 $B_1、B_2$,由于 $B_1、B_2$ 没有位于对准平面之上,故其共轭像 $B_1'、B_2'$ 位于景像平面之外。

　　按照理想光学系统的特点和共线成像理论的思想,物空间的任意一个点、线、面、体在像空间中都有唯一的点、线、面、体与之相共轭,即严格说来,立体空间经光学系统成像时,只有对准平面 AM 上的各点经过系统后在景像平面 $A'M'$ 上能够成清晰像(sharp image),故景像平面上得到的将是光束 $Q_1'B_1'Q_2'$ 与 $Q_1'B_2'Q_2'$ 在景像平面上所截取的弥散斑(confusion spot)$Z_1'、Z_2'$,它们分别与对准平面上的弥散斑 $Z_1、Z_2$ 相共轭,显然像平面上弥散斑 $Z_1'、Z_2'$ 的大小与系统的入瞳大小及距离 p 有关。若以人眼为最后的接收器,且弥散斑的直径足够小,小到它对人眼的张角小于人眼的极限分辨角 $1'$,则人眼看起来感觉斑像犹似点像,并没有不清楚的感觉,此

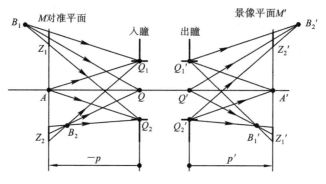

图 4-18 物空间各点的像

Figure 4-18 images of points in object space

时 Z_1'、Z_2' 可认为是空间点在平面上所形成的像点,而像点的位置则是由空间点的主光线与景像平面上的交点所决定的。

由于任何光强记录接收器都存在一定的不完善性,虽然平面上空间点的像并不是真正的理想像,但由于其弥散斑小于接收器的分辨能力,故仍可以认为其能够成像清晰,即不仅对准平面上的各点能够在景像平面上成清晰像,与对准平面有一定空间距离的各物点(如 B_1、B_2)也有可能在景像平面上成清晰像,从而形成具有一定空间深度的物空间成像范围,称能在景像平面上获得清晰像的物空间深度为景深。

2. 景深的相关公式(relative formula with depth of field)

在景像平面上能够成清晰像的最远的平面为远景平面,远景平面与对准平面之间的距离为远景深度,用 Δ_1 表示,远景平面与入瞳之间的距离为 p_1;能够成清晰像的最近的平面为近景平面,近景平面与对准平面之间的距离为近景深度,用 Δ_2 表示,近景平面与入瞳之间的距离为 p_2,则景深 $\Delta = \Delta_1 + \Delta_2$,如图 4-19 所示。$p_1$、$p_2$ 均以入瞳中心为坐标原点,设入瞳直径为 $2a$,出瞳直径为 $2a'$,景像平面与对准平面的垂轴放大率为 β,在下面的计算过程中,垂轴放大率、p_1、p_2、p 等均不考虑符号问题,则景像平面上的弥散斑直径为

$$z_1' = \beta z_1, \quad z_2' = \beta z_2$$

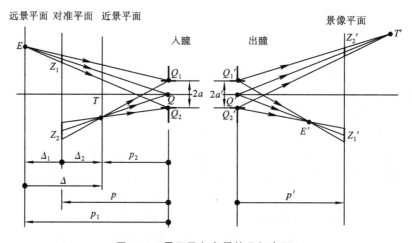

图 4-19 景深及各参量的几何表示

Figure 4-19 geometrical expression of depth of field and parameters

由图 4-19 中的三角关系可得

$$\frac{z_1}{2a} = \frac{p_1 - p}{p_1} \Rightarrow z_1 = 2a\,\frac{p_1 - p}{p_1} \tag{4-7}$$

$$\frac{z_2}{2a} = \frac{p - p_2}{p_2} \Rightarrow z_2 = 2a\,\frac{p - p_2}{p_2} \tag{4-8}$$

则有

$$z_1' = 2a\beta\,\frac{p_1 - p}{p_1}$$

$$z_2' = 2a\beta\,\frac{p - p_2}{p_2}$$

可见,对准平面及景像平面上弥散斑的大小不仅与入瞳直径 $2a$ 有关,而且与 p、p_1、p_2 都有关。

对式(4-7)、式(4-8)整理得远景距离 p_1 和近景距离 p_2 分别为

$$p_1 = \frac{2ap}{2a - z_1}, \quad p_2 = \frac{2ap}{2a + z_2} \tag{4-9}$$

由此可得出远景深度 Δ_1、近景深度 Δ_2 和景深 Δ 分别为

$$\left.\begin{array}{l} \Delta_1 = p_1 - p = \dfrac{pz_1}{2a - z_1} \\[3mm] \Delta_2 = p - p_2 = \dfrac{pz_2}{2a + z_2} \\[3mm] \Delta = \Delta_1 + \Delta_2 = \dfrac{pz_1}{2a - z_1} + \dfrac{pz_2}{2a + z_2} \end{array}\right\} \tag{4-10}$$

由于光学系统景深的大小与景像平面上弥散斑的允许值有关,而弥散斑的允许值又取决于光学系统的类型,如普通的照相物镜,其弥散斑允许值与人眼的极限分辨角 $\varepsilon = 1'$ 及眼睛到照片的距离有关。当人用一只眼睛观察照片时,为了获得正确的空间感觉,必须以适当的距离进行观察,即应使照片上图像的各点对眼睛的张角 ω' 与直接观察空间时各对应点对眼睛的张角 ω 相等,并称符合这一条件的距离为正确透视距离,用 D 表示。如图 4-20 所示,设人眼位于 R 点位置处,有

$$\tan\omega' = \tan\omega$$

$$\tan\omega' = \frac{y'}{D} = \tan\omega = \frac{y}{p}$$

有

$$D = \frac{y'}{y}p = \beta p$$

故景像平面上所允许的成清晰像的最大弥散斑直径为

$$z_1' \approx z_2' = D\varepsilon = \beta p\varepsilon$$

相应对准平面上弥散斑的允许值为

$$z_1 \approx z_2 = p\varepsilon \tag{4-11}$$

将式(4-11)代入式(4-10)中,得

$$\left.\begin{array}{l} \Delta_1 = p_1 - p = \dfrac{p^2\varepsilon}{2a - p\varepsilon} \\[3mm] \Delta_2 = p - p_2 = \dfrac{p^2\varepsilon}{2a + p\varepsilon} \\[3mm] \Delta = \Delta_1 + \Delta_2 = \dfrac{p^2\varepsilon}{2a - p\varepsilon} + \dfrac{p^2\varepsilon}{2a + p\varepsilon} = \dfrac{4ap^2\varepsilon}{4a^2 - p^2\varepsilon^2} = \dfrac{4p\varepsilon\tan U}{4\tan^2 U - \varepsilon^2} \end{array}\right\} \tag{4-12}$$

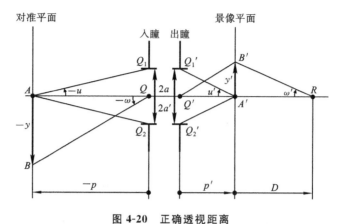

图 4-20 正确透视距离

Figure 4-20 correct perspective distance

式中,U 为物方孔径角。从式(4-12)可以看出,景深既可以用入瞳直径 $2a$ 表示,又可以用物方孔径角 U 表示。式(4-12)说明远景深度与近景深度并不相等,通常远景深度大、近景深度小,两者并非完全对称于对准平面;同时也可以看出景深的大小与入瞳直径(或孔径角)有关,入瞳直径越小(孔径角越小),景深越大,故为了获得较大的景深,可以通过减小入瞳直径来实现。此外,景深还与焦距、拍摄距离和所允许的弥散斑直径有关,焦距越大,景深越小;拍摄距离越大,景深越大;所允许的弥散斑直径越大,景深也越大。

在像差理论中还将学习到焦深,景深与焦深是两个不同的概念,景深描述的是在景像平面确定的情况下与之相对应的物空间成像清晰的空间深度,而焦深描述的则是在物平面确定的情况下与之相对应的像方空间成清晰像的空间深度。

例 4-5 请讨论照相物镜在下面两种特殊情况下的景深:

① 使对准平面以后的整个空间深度都在景像平面上成清晰像;

② 将照相物镜调焦(focusing)于无限远。

分析 按照景深的定义及各几何参量之间关系的图形描述,系统景深的大小与近景平面与远景平面的具体位置有关,故在例 4-5 中只要能够分析出不同情况下照相物镜的近景平面、远景平面的位置,就能够求出景深的大小。

解 ① 由题意要求可知,此时远景平面应位于无限远处,即 $\Delta_1 \rightarrow \infty$,根据远景深度的公式

$$\Delta_1 = p_1 - p = \frac{p^2 \varepsilon}{2a - p\varepsilon} \rightarrow \infty$$

故有

$$2a - p\varepsilon = 0 \Rightarrow p = \frac{2a}{\varepsilon}$$

即此时对准平面应位于入瞳前 $\frac{2a}{\varepsilon}$ 处,此时近景平面则位于

$$p_2 = p - \Delta_2 = p - \frac{p^2 \varepsilon}{2a + p\varepsilon} = \frac{a}{\varepsilon}$$

因此,当把照相物镜调焦于 $p = \frac{2a}{\varepsilon}$ 时,在景像平面上可获得的景深为自入瞳前 $\frac{a}{\varepsilon} \rightarrow \infty$,整个空间内的物体都能成清晰像。

② 若照相物镜调焦于无限远,即对准平面 $p \rightarrow \infty$,此时景深仅取决于近景平面的位置,即

$$p_2 = \frac{2ap}{2a + p\varepsilon} = \frac{2a}{\varepsilon}$$

因此当物镜调焦于无限远时,在景像平面上可获得的景深为自入瞳前 $\dfrac{2a}{\varepsilon}\to\infty$,整个空间内的物体都能成清晰像。

比较此两种情况下的景深不难发现,后者的景深相对于前者的景深要小。

"景深"视频

3. 远心光路(telecentric system)

光学仪器中有相当大的一部分属于计量仪器,有些是测量被测物体长度的,如工具显微镜;有些是测量光学系统与物体之间距离的,如经纬仪。此类计量仪器多使用远心光路以提高测量精度。远心光路分为两类,即物方远心光路及像方远心光路。

1) 物方远心光路(object space telecentric system)

以工具显微镜为例,其测量原理如下。在显微物镜的实像面上放置一刻有标尺的透明分划板(reticle),分划板上的刻线值已经考虑了物镜的放大率,并且分划板与物镜之间的距离保持不变。当使用该仪器进行测量时,首先通过调焦使被测物体的像与分划板的刻尺面相重合,然后按照刻尺面上的读数读取物体像的长度,该读数即为待测物体的长度值。但是,由于系统中存在景深,使得仪器在测量过程中无法确保物体的像平面与分划板的刻尺面完全重合,即存在视差(parallax)(像平面与刻尺面不重合的现象),并由此产生一定的测量误差(measurement error),其测量精度在很大程度上取决于像平面与刻尺面的不重合程度,不重合程度越大,其测量精度越低。如图 4-21(a)所示,首先物镜带动分划板整体移动对物体进行调焦,分划板的刻尺面 MN 与 A_1B_1 平面相共轭,在分划板刻尺面上成像为 y_1'。y_1' 为物体精确的像高,但由于视差的存在导致系统调焦不准确。当物体位于 A_2B_2 位置时,其共轭像位于 TQ 位置处,如图 4-21(a)中虚线所示,TQ 平面与分划刻线平面之间存在视差 $\Delta l'$,此时在分划板刻尺面上形成了一个小于人眼极限分辨角的具有一定大小的弥散斑 Z_B。由于主光线是出射光束的中心轴线,故实际读取的长度是光斑 Z_B 的中心到光轴的垂直距离 y_2',显然 $y_2'>y_1'$,实际测量的尺寸与真实尺寸之间产生了一定的测量误差 $\Delta y'$。当物面位于 A_3B_3 位置处时,如图 4-21(b)所示,像面 $T'Q'$ 与刻尺面不重合程度为 $\Delta l''$,此时读取的测量误差为 $\Delta y''$,显然像面与刻尺面不重合程度越大,产生的测量误差越大。

为了减小或消除由于视差所带来的测量误差,通常的做法是在系统当中引入一个孔径光阑 P_1PP_2,并且将孔径光阑放置在系统的像方焦面处以控制主光线的方向,如图 4-22 所示。物面 A_1B_1 与分划板刻尺面 MN 相共轭,精确像高为 y_1',当调焦不准时,物面位于 A_2B_2(用虚线表示)位置,此时物体的像面为 TQ,在分划板刻尺面上仍形成人眼不可分辨的、具有一定大小的弥散斑 Z_A、Z_B。由于孔径光阑 P_1PP_2 的中心点 P 与系统的像方焦点 F' 相重合,导致 B_1 点与 B_2 点的主光线方向相一致,皆为平行于光轴且过像方焦点的光线,且两条主光线与刻尺面的交点也相同,投射高度保持一致,故实际测量的像高为 y_2',显然 $y_1'\approx y_2'$,从而减小(或消除)了由于视差所带来的测量误差,称这种物方主光线平行于光轴,主光线的会聚中心位于物方无限远处的系统光路为物方远心光路,该种光路大量地应用于测长的计量仪器当中。

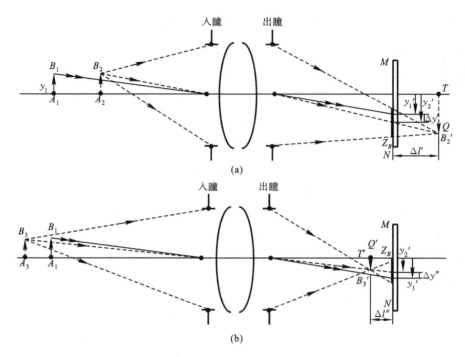

图 4-21 由视差引起的测量误差

Figure 4-21 measurement error due to parallax

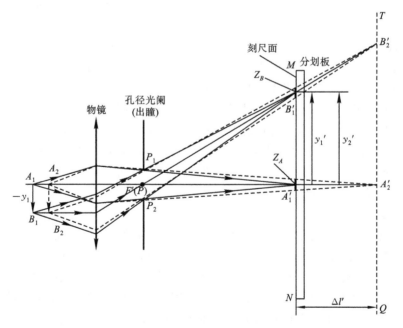

图 4-22 物方远心光路

Figure 4-22 object space telecentric system

2) 像方远心光路(image space telecentric system)

像方远心光路广泛应用于各种测距的光学仪器之中,该类仪器的测量原理与测长的仪器略有不同,通常的做法是将一带有刻度的标尺放置于需要检测的位置,并以此标尺作为物体进行观测,令物镜对物体进行调焦,以使标尺的像与分划板上的刻线面相重合,分划板上刻有一对间隔已知的测距丝,读出与测距丝所对应的标尺的长度,即可求出标尺到仪器之间的距离。如图 4-23 所示,设刻尺面与分划面 MN 相共轭,分划面上的固定测距丝的距离为 y',与 y' 相对应的刻尺面上的距离为 y,若物镜焦距 f' 已知,则物距 x 为

$$x = \frac{f'}{\beta} = \frac{f'y}{y'}$$

(4-13)

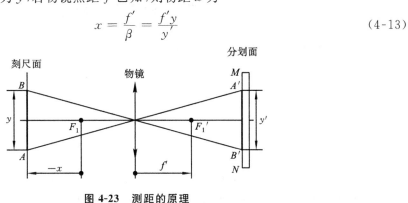

图 4-23　测距的原理

Figure 4-23　principle of range finding

但是,同样由于存在调焦不准确,导致标尺的像与分划板刻线面不相重合,从而产生读数误差,测量精度下降。为了减小或消除这种测量误差,可采用像方远心光路。与物方远心光路相近似,像方远心光路也是通过孔径光阑来制约主光线走向的,但是孔径光阑的位置则是位于系统的物方焦面处,如图 4-24 所示,设刻尺面 AB 与像平面 $A'B'$ 相共轭,且在整个测量过程中物面的位置并不发生改变。因为孔径光阑 P_1PP_2 位于物镜的物方焦面处,故物点 A、B 发出的主光线均经过物方焦点 F,且经过物镜后均平行于系统光轴射出,故物体的精确像高为 y_1',但由于调焦不准确,导致实际像面与实际分划面 MN 不完全重合,即存在视差 $\Delta l'$。虽然此时在分划板刻线面上形成了一个具有一定大小的弥散斑 Z_A、Z_B,但是由于读取的仍然是光斑 Z_A、Z_B 的中心,其实际读取的长度值为 y_2',显然,即使存在一定的调焦误差,测量的精度也得到了保证,从而减小或消除了由于视差引起的测距误差。由于此种系统的像方主光线平行于系统光轴,主光线的会聚中心位于像方无限远处,故常称其为像方远心光路。

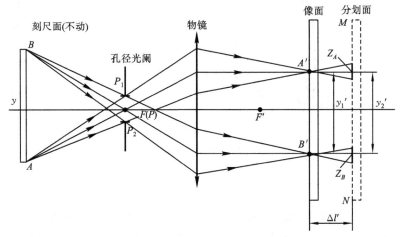

图 4-24　像方远心光路

Figure 4-24　image space telecentric system

"物方远心光路"视频

4.5 典型系统的光束限制
Beam Limiting of Typical System

光学系统的光束限制要依具体情况而具体分析,不同类型的光学系统其光束限制并不相同。

1. 望远镜(telescope)

望远镜通常用于观测较远处或无穷远处的物体,它有两种主要的结构形式,一为伽利略望远镜,一为开普勒望远镜,此两种望远镜的光束限制各有特点。

1) 伽利略望远镜(Galilean telescope)

伽利略望远镜的光束限制如图 4-25 所示,它考虑到了人眼瞳孔(iris)的影响,把人眼瞳孔 P_1PP_2 作为系统中的一个光孔来加以考虑。由于人眼的瞳孔起到限制系统成像光束的作用,故瞳孔成为系统的孔径光阑,同时也是系统的出瞳,瞳孔经过前面的光组在物空间所成的像为入瞳 $P_1'P'P_2'$。由于在整个系统的物平面或者像平面上没有设置专门的视场光阑,故物镜的边框 M_1M_2 既起到了视场光阑的作用,同时也起到了渐晕光阑的作用,同时物镜的边框也是系统的入射窗。望远镜最大的半视场角——ω 则是由入瞳上边缘与入射窗下边缘的连线所决定的,该视场的渐晕系数是 0,超过该视场的光线被入瞳遮拦,如图 4-25 中所示 c 光线。b 光线是由无穷远物面上的点发出的斜光线,它是入瞳中心与入射窗下边缘的连线,渐晕系数为 K_ω $=50\%$。a 光线是由物面上无渐晕区的边缘点发出的光线,是入瞳下边缘与入射窗下边缘的连线。

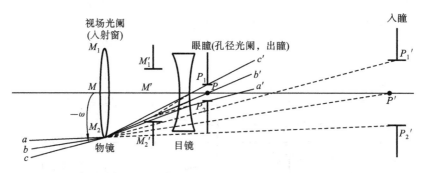

图 4-25 伽利略望远镜的光束限制

Figure 4-25 beam limiting in Galilean telescope

2) 开普勒望远镜(Keplerian telescope)

最简单的开普勒望远镜的光束限制如图 4-26 所示,此时物镜的边框 P_1PP_2 既为孔径光阑又为入瞳,它限制了成像光束的孔径大小,孔径光阑经过目镜所成的像为出瞳 $P_1'P'P_2'$。在开普勒望远镜的中间实像面上专门设置了分划板作为系统的视场光阑,以限制物空间的成像范围,一般情况下,无穷远轴外物点发出的充满入瞳的光都能够进入系统参与成像,但是若目镜的通光孔径较小,则可能会对进入系统的光束起到一定程度的拦截,即发生渐晕现象,此时目镜的边框即为渐晕光阑。图 4-26 中的光线 a_1、a_2、a_3 为一束平行于光轴的平行光,经物镜成像后会聚于 F_1' 点,再经目镜成像后出射光束将无拦截地射出,此时渐晕系数 $K_\omega = 100\%$;光线 b_1、b_2、b_3 为一束与光轴成 ω_1 的斜平行光束,经物镜成像后会聚于 M 点,当光束继续传播到达目镜时,由于目镜的通光口径较小,导致主光线下半部分的光束不能进入目镜参与成像,此时渐晕系数 $K_\omega = 50\%$;光线 c_1、c_2、c_3 为一束与光轴成 ω_2 的斜平行光束,经物镜成像后会聚于视场光阑的边缘 M_1 点,当光束到达目镜时全部被拦截,没有光束能够进入系统参与成像,此时渐晕系数 $K_\omega = 0$,故系统的最大半视场角为 ω_2,发出光线 c_1、c_2、c_3 的物点为望远系统能够成像的最边缘点。

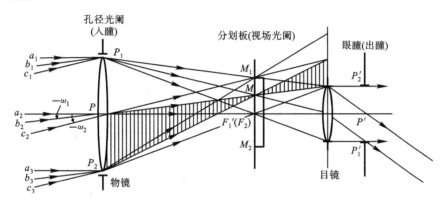

图 4-26　开普勒望远镜的光束限制

Figure 4-26　beam limiting in Keplerian telescope

当两个及两个以上光学系统联用时,一般应该满足光瞳衔接原则,即前一个系统的出瞳应该与后一个系统的入瞳相重合,否则就会出现光束拦截现象。当人使用双目望远镜进行观察时,相当于人眼光学系统与望远镜系统联用,故人眼的眼瞳一般应该位于望远系统的出瞳位置处。

2. 显微系统(microscope system)

低倍显微镜的物镜框 P_1PP_2 通常既为孔径光阑又为系统的入瞳,其物镜边框经过目镜所成的像为出瞳,如图 4-27 所示。高倍显微镜(如测量用显微镜)通常在物镜的后焦面上专门设置孔径光阑,形成物方远心光路,以减小测量误差。显微系统多在物镜的像平面上设置视场光阑(如分划板),以限制系统的成像范围。当人使用显微镜进行观测时,相当于显微系统与人眼系统联用,此时人眼应该位于显微镜的出瞳位置处以满足光瞳衔接原则,一般情况下,显微系统不设置渐晕光阑。

3. 普通照相系统(general photographic system)

普通照相系统通常是由照相物镜、可变光阑及感光胶片等三个主要部分构成,照相物镜既能够对有限远物体成像,又能够对无穷远物体进行成像。当系统对有限远物体成像时,为了能够将不同距离的物体都在照相底片上清晰成像,故要求能够适当调节照相物镜与底片之间的距离,即实现所谓的调焦;当系统对无限远物体成像时,照相底片应该位于照相物镜的像方焦面处。图 4-28 所示为典型的三片式照相物镜,照相系统中的孔径光阑多放置于照相物镜的某个空气间隔之中,该光阑形状多为圆形且通光尺寸大小能够进行调节,其目的是控制进入系统的能量以适应外界不同照明条件的要求。孔径光阑 P_1PP_2 位于第二片透镜与第三片透镜的

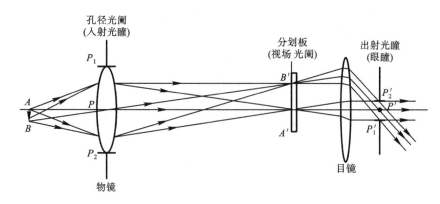

图 4-27 显微系统的光束限制

Figure 4-27 beam limiting in microscope system

空气隙中，P_1PP_2 经前面的光组在物空间所成的像为入瞳。照相系统的视场光阑通常设置于物镜的像平面上，即照相的底片框为系统的视场光阑，以限制成像范围的大小，照相物镜的视场光阑多为矩形，故其像方线视场一般用对角线表示。

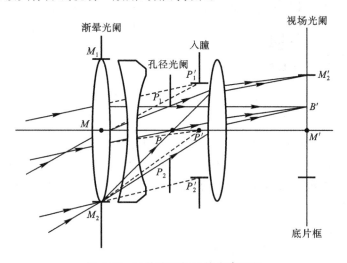

图 4-28 三片式照相机的光束限制

Figure 4-28 beam limiting in triplet camera

照相物镜的第一片透镜框多为渐晕光阑，照相系统设置渐晕光阑的目的是减小大视场的轴外光束，提高系统的成像质量。此时轴外点的成像光束大小既与孔径光阑有关，又与渐晕光阑有关，对于某些特殊的系统甚至存在两个渐晕光阑。

此外，照相系统还应该具有取景系统，其作用是用于观察被摄景物，以便在摄影时选取合适的摄影范围，但通常对取景系统的成像质量要求不高。

第 4 章 教学要求及学习要点 知识拓展

习　题

4-1　如题图 4-1 所示,一薄透镜的焦距 $f'=35$ mm,通光口径 $D=48$ mm,现在透镜的左侧距离透镜 15 mm 处放置一个孔径大小为 30 mm 的光阑,一个高为 15 mm 的物体 AB 垂直放置于光轴之上,且位于透镜左侧 80 mm 位置处。(1)求出瞳的大小及位置;(2)请利用主光线的特性采用作图法做出物体的像;(3)利用公式求出像的大小及位置。

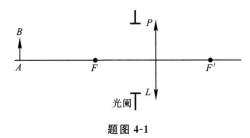

题图 4-1

4-2　如题图 4-2 所示,一薄透镜的焦距 $f'=60$ mm,通光口径 $D=60$ mm,现在透镜的左侧距离透镜 20 mm 处放置一个孔径大小为 60 mm 的光孔,在透镜的右侧距离透镜 20 mm 处放置一个孔径大小为 40 mm 的光孔,一个高为 40 mm 的物体 AB 垂直放置于光轴之上,与透镜相距 12 mm(在透镜左侧)。(1)判断系统的孔径光阑;(2)求入瞳的大小及位置;(3)利用公式求出像的大小及位置。

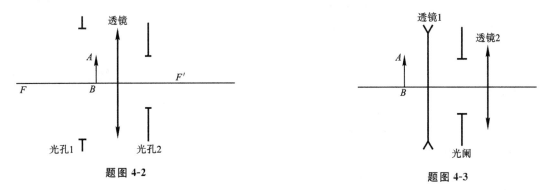

题图 4-2　　　　　　　　　　　　　　　　**题图 4-3**

4-3　如题图 4-3 所示,一焦距 $f'_1=-100$ mm、通光口径 $D_1=60$ mm 的薄透镜放置在另一个焦距 $f'_2=50$ mm,通光口径 $D_2=80$ mm 薄透镜的右侧,两透镜相距 40 mm。一个孔径直径为 50 mm 的光阑放置在两个透镜中间,一个高为 40 mm 的物体 AB 垂直放置于光轴之上,与透镜相距 12 mm(在透镜左侧)。(1)求入瞳的大小及位置;(2)求出瞳的大小及位置;(3)利用公式求出像的大小及位置。

4-4　一个由双薄透镜 L_1、L_2 构成的光学系统,透镜的焦距分别为 $f'_1=20$ mm,$f'_2=10$ mm,通光口径分别为 $D_1=D_2=6$ mm,现在 L_1、L_2 之间放置一个口径 $D_p=2$ mm 的孔,并且该孔与第一块透镜之间的距离为 40 mm,距第二块透镜的距离为 20 mm,一轴上物点 A 位于第一块透镜左侧 100 mm 位置处。(1)试判断系统的孔径光阑;(2)若系统的渐晕系数 $K_ω≥0.7$,请确定最大的视场范围。

4-5　一照相镜头的焦距为 $f'=35$ mm,底片像幅尺寸为 24 mm×36 mm,求该相机的最大视场角。

4-6　一望远镜的物镜通光口径为 $D_1=5$ cm,焦距为 $f'_1=20$ cm,目镜的通光口径为 $D_2=1$ cm,焦距为 $f'_2=2$ cm,试求此望远镜的入瞳及出瞳的大小和位置。

4-7　照相物镜的焦距为 75 mm,相对孔径分别为 1/3.5、1/4.5、1/5.6、1/6.3、1/8、1/11,设人眼的分辨角为 $1'$,当远景平面为无限远时,求其对准平面的位置、近景平面的位置及景深大小。

4-8　一个焦距为 50 mm、相对孔径为 1/2 的投影物镜,将物平面成一放大 $4^×$ 的实像,如果像平面上允许的几何弥散斑直径为 0.2 mm,求其景深大小。

4-9　一圆形光阑直径为 10 mm,放在一透镜和光源的正中间作为孔径光阑,透镜的焦距为 100 mm,在透镜后 140 mm 的地方有一个接收屏,光源的像正好成在屏上,求出瞳直径。

本 章 术 语

光束限制	beam limiting
光阑	stop
孔径光阑	aperture stop
视场光阑	field stop
渐晕光阑	vigenetting stop
消杂光光阑	stray light eliminating stop
入射光瞳	entrance pupil
出射光瞳	exit pupil
镜目距	eye relief
主光线	chief ray
相对孔径	relative aperture
F/#	f/number
入射窗	entrance window
出射窗	exit window
渐晕	vignetting
渐晕系数	vignetting coefficient
眼点和眼点距	eye point and eye point distance
景深	depth of field
远心光路	telecentric system
物方远心光路	object space telecentric system
像方远心光路	image space telecentric system
分划板	reticle
视差	parallax
清晰像	sharp image
弥散斑	confusion spot
测量误差	measurement error
调焦	focusing
望远镜系统	telescopic system
伽利略望远镜	Galilean telescope
开普勒望远镜	Keplerian telescope
显微系统	microscope system
照相系统	photographic system
三片式照相机	triplet camera

第 5 章

光能及其计算
Optical Energy and Calculation

5.1 光度学的基本术语
Basic Nomenclature of Photometry

光学系统既是成像系统又可看成是能量传输系统,从能量的观点出发,光是能量的载体,几何光线的行进方向就代表能量的传输方向。当辐射体辐射出的光经过中间媒质(如大气)、光学系统,最后到达接收器(人眼、屏、CCD、底片等)时,由于在此传输过程中能量只能逐渐递减而不能逆向加强,故如何有效地保证能量的有效利用率,减小系统的光能损失是极为重要的。

光辐射本质上是一种电磁辐射,在可见光波段,一定功率的光辐射通过人的视觉系统会产生一定的亮度感觉,光度学就是对这种可见光进行计量的科学。在国际度量衡单位制中,把光度学中发光强度 I 的单位 cd(坎德拉)定为七大基本单位之一,而把立体角作为辅助单位,其他量的单位如流明、勒克斯等则为导出单位。

辐射度量与光度量是从光辐射的空间、时间、频谱及其与物质的相互作用等方面分别进行描述的。某些辐射度量与光度量相互对应并用相同的符号进行表示,为了避免混淆,常加以下角标进行区分,下角标"e"表示辐射度量,下角标"v"表示光度量。

1. 辐射度量的基本量——辐射能和辐射通量(basic quantities of radiometry—radiant energy and flux)

1) 辐射能(radiant energy)Q_e

辐射能是以电磁辐射形式发射、传输或接收的能量,通常用字符 Q_e 表示,单位为 J(焦[耳])。

2) 辐射通量(或称辐射功率)(radiant flux (or radiant power))Φ_e

辐射能是由辐射体辐射出来的,同一辐射体发出的辐射能与时间有关,辐射时间越长,辐射的能量越多,为了表示不同辐射体辐射能的情况,引入了另外一个量,即辐射通量。

单位时间内发射、传输或接收的辐射能称为辐射通量,通常用 Φ_e 表示,单位为 W(瓦)。

任何辐射体向外辐射的能量都是由一定波长范围内各种波长的辐射组成的,而每种波长的辐射通量各不相同,即辐射通量是随波长变化的函数,辐射体在整个辐射波段内总的辐射通

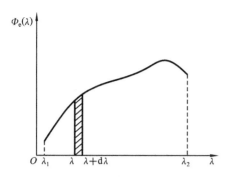

图 5-1 辐射通量随波长变化的关系

Figure 5-1 relationship between radiant
flux and wavelength

量应该是各个组成波长辐射通量的总和。图 5-1 表示某辐射体的能量分布曲线,该辐射体辐射的光谱范围为 $\lambda_1 \sim \lambda_2$,纵坐标 $\Phi_e(\lambda)$ 表示辐射通量随波长变化的函数,在极窄波段范围 $d\lambda$ 内所对应的辐射通量为

$$d\Phi_e = \Phi_e(\lambda)d\lambda \tag{5-1}$$

则辐射体的总辐射通量为

$$\Phi_e = \int_{\lambda_1}^{\lambda_2} \Phi_e(\lambda)d\lambda \tag{5-2}$$

2. 光度学中的量和单位(quantities and unit of photometry)

由于辐射量没有考虑人眼的视觉特性,而许多照明光源的照明效果又与人眼的视觉特性密切相连,因此用光度量来进行相应的描述就变得非常有意义。光度量主要包含光通量、光照度、光出射度、光亮度,等等。

1) 光通量(luminous flux)Φ_v

辐射能中能够引起人眼视觉刺激程度的量称为光通量,常用 Φ_v 表示,其单位为 lm(流明)。lm 是由发光强度单位 cd(坎德拉)导出的单位,通常把发光强度为 1 cd 的点光源在 1 sr 立体角内所辐射的光通量定义为 1 lm,即

$$1 \text{ lm} = 1 \text{ cd} \cdot 1 \text{ sr}$$

由于任何一种接收器都只能选择性地接收辐射体某一波段内的辐射能,且对该区域范围内不同波长的辐射敏感度也不相同。以硅光电池为例,该器件能够感受 $320 \sim 1\,080$ nm 内的辐射能,而人眼仅能感受 $380 \sim 780$ nm 区域内的辐射能,故常将此区域内辐射的能量理解为光通量。

2) 立体角(solid angle)Ω

(1) 立体角的理解及单位。

由于光源是在三维的空间范围内辐射光能,故对于其传播范围的描述只能用一个立体的锥角进行表征,即立体角。立体角常用 Ω 表示,它体现的是一个三维的张角,不同于我们之前所熟悉的二维平面角度,如图 5-2 所示。

以立体角的顶点为球心,作一个半径为 r 的球面,用此立体角的边界在此球面上所截的面积 S 除以半径的平方 r^2 来标志立体角的大小,即

$$\Omega = \frac{S}{r^2} \tag{5-3}$$

需要说明的是,在球面上所截的面积不仅可以是圆形的,也可以是方形的甚至是环形的。

立体角的单位是 sr(球面度),它是国际单位制

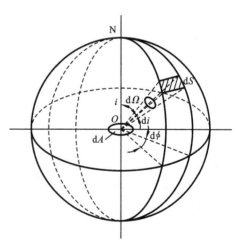

图 5-2 立体角的坐标表示

Figure 5-2 expression of solid angle
under coordinate

中很重要的一个辅助单位。1 sr 体现的是这样一个立体角,该立体角的顶点位于球心 O,而它在球面上所截取的面积等于以球面半径 r 为边长的正方形面积,即 $1 \text{ sr} = r^2$。

例 5-1　求一点周围空间的立体角大小。

分析　按照立体角的基本公式,立体角大小与球面上所截的面积 S 及半径平方 r^2 有关,只要能够求出一点周围全部空间在球面上所截的面积,就能够对例 5-1 进行求解。

解　按照式(5-3),该立体角所对应的面积刚好为整个球面的面积 $S=4\pi r^2$,则立体角

$$\Omega = \frac{S}{r^2} = \frac{4\pi r^2}{r^2} = 4\pi (\text{sr})$$

(2) 立体角的计算。

立体角的公式可以在极坐标下加以计算分析,如图 5-2 所示,设点光源位于坐标原点 O,以 O 为球心,r 为半径作一个球面,球面上的小面积 dS 对 O 点的张角即为立体角 dΩ,小面积的位置及大小由极坐标的天顶角 i、方位角 ϕ 及半径 r 共同决定,则小面积所对应的小立体角为

$$\mathrm{d}\Omega = \sin i\, \mathrm{d}i\, \mathrm{d}\phi \tag{5-4}$$

将式(5-4)积分,则有

$$\Omega = \iint_S \sin i\, \mathrm{d}i\, \mathrm{d}\phi = \int_{\phi_{\min}}^{\phi_{\max}} \int_{i_{\min}}^{i_{\max}} \sin i\, \mathrm{d}i\, \mathrm{d}\phi = (\phi_{\max} - \phi_{\min})(\cos i_{\min} - \cos i_{\max}) \tag{5-5}$$

按照式(5-5)可以计算圆形球面所对应的立体角的大小。

例 5-2　计算半径为 r 的半球面所对应的立体角大小,如图 5-3 所示。

分析　例 5-2 的解题方法并不单一,既可采用立体角的基本公式 $\Omega = S/r^2$ 进行计算,也可以采用式(5-5)进行计算,甚至可以在例 5-1 的基础上进行计算。

解　按式(5-5)有

$$\begin{aligned}\Omega &= (\phi_{\max} - \phi_{\min})(\cos i_{\min} - \cos i_{\max})\\ &= (2\pi - 0)(\cos 0° - \cos 90°)\\ &= 2\pi (\text{sr})\end{aligned}$$

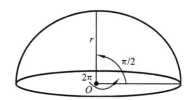

图 5-3　半球面所对应的立体角

Figure 5-3　solid angle subtended to semisphere

由于光学系统习惯于用数值孔径 $\mathrm{NA} = n\sin U$、$F = \dfrac{f'}{D}$ 来表示系统的光学特性,为了使用方便,需要建立平面孔径角 U 与立体角 Ω 之间的关系式,对式(5-4)积分有

$$\Omega = \iint_S \sin i\, \mathrm{d}i\, \mathrm{d}\phi = \int_0^{2\pi} \int_0^U \sin i\, \mathrm{d}i\, \mathrm{d}\phi = 4\pi \sin^2\left(\frac{U}{2}\right) \tag{5-6}$$

当孔径角很小时,可取 $\sin\dfrac{U}{2} \approx \dfrac{u}{2}$,若光学系统物方介质空间为空气,则 $\mathrm{NA} \approx u$,式(5-6)又可表示为

$$\Omega \approx \pi u^2 = \pi \mathrm{NA}^2 \tag{5-7}$$

从式(5-7)可见,数值孔径越大,则所对应的立体角越大,立体角越大,则表示进入系统的光能就越多。由于立体角正比于孔径角的平方,故增大孔径角能够增加光学系统接收能量的大小。

3) 发光强度(luminous intensity)I_v

由于大部分光源在不同方向上辐射的光通量并不相等,为了表征辐射体在空间某一方向上的发光特性,引入了发光强度并用符号 I_v 表示。发光强度是光度学中最重要的一个物理量,它表示某一方向上单位立体角内辐射的光通量的大小,其单位为 cd(坎德拉),cd 是国际单

位制中七大基本单位之一,1979 年 10 月在巴黎召开的第 16 届国际计量会议对发光强度的单位进行了重新规定:光源发出频率为 540×10^{12} Hz 的单色辐射($\lambda = 555$ nm),在给定方向上的辐射强度为 1/683 W/sr 时,其发光强度为 1 cd。这里之所以用频率而不用波长表示是因为频率与介质的折射率无关。发光强度的单位确定后,其他光度量的单位就可以确定了。

设有一点光源 O 向各个方向辐射光通量,若在某一方向上一个很小的立体角 $\mathrm{d}\Omega$ 内辐射的光通量为 $\mathrm{d}\Phi_v$,如图 5-4 所示,则点光源在该方向上的发光强度为

$$I_v = \frac{\mathrm{d}\Phi_v}{\mathrm{d}\Omega} \tag{5-8}$$

若点光源在一较大的立体角 Ω 内均匀辐射,即在此范围内发光强度不随方向而改变(I_v 是一个定值),且辐射的总光通量为 Φ_v,则可以用平均发光强度 I_0 来表征,即有

$$I_0 = \frac{\Phi_v}{\Omega} \tag{5-9}$$

平均发光强度 I_0 表示此时的光源辐射是一个不随方向变化而发生改变的常量。

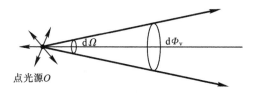

图 5-4 某方向的发光强度

Figure 5-4 luminous intensity of some direction

从式(5-6)、式(5-9)中可以得到均匀发光的点光源在孔径角 U 范围内辐射出的光通量为

$$\Phi_v = I_0 \Omega = 4\pi I_0 \sin^2 \frac{U}{2} \tag{5-10}$$

发光强度对于计算点光源的光通量起着极为重要的作用。从式(5-10)可见,光学系统的孔径角一旦确定之后,进入系统的光通量值也就确定了,任何光学系统都不能从根本上增加系统的总光通量,但是却可以改变光通量的分布,使能量集中于某一特定的方向之上,例如,探照灯就是使沿轴线方向的发光强度得以成千倍地增加,从而提高其照明效果的。

4)光照度(illuminance)E_v

光照度表示单位面积上接收的光通量的大小,常用 E_v 表示。光照度的单位为 lx(勒克斯),lx 同样是由发光强度导出的单位,1 lx 是 1 lm 的光通量均匀分布在 1 m^2 面积上所产生的光照度,即 1 lx=1 $\mathrm{lm/m}^2$,它体现被照明表面的明亮程度。如果在半径为 1 m 的球面球心处放置一发光强度为 1 cd 的点光源,则在球面上产生的光照度刚好为 1 lx。

若被照明面元的面积为 $\mathrm{d}S$,$\mathrm{d}S$ 上接收到的光通量为 $\mathrm{d}\Phi_v$,则光照度可表示为

$$E_v = \frac{\mathrm{d}\Phi_v}{\mathrm{d}S} \tag{5-11}$$

光照度值 E_v 越大,被照明面元就越亮,相同面积上接收到的光通量就越多。

若光源发出的光通量 Φ_v 均匀照明在面积为 S 的受照表面上,可用平均光照度 E_0 进行表示

$$E_0 = \frac{\Phi_v}{S} \tag{5-12}$$

需要说明的是,式(5-12)中面积的单位应该用 m^2。光照度是一个单位面积的量,在光通量不

变的情况下,面积越大,光照度值越小。光照度的测量可使用光照度计,在不同的工作场合往往需要有不同的光照度,表 5-1 所示为一些常见情况下所需要满足的光照度大小。

表 5-1 部分常见场合的光照度值

Table 5-1 conventional illuminance

场 合	光照度/lx	场 合	光照度/lx
晚间无月光的	3×10^{-4}	读书必需的	50
月光下的	0.2	精细工作时所需的	$100 \sim 200$
明朗夏天室内的	$100 \sim 500$	摄影棚内所需的	10 000
没有阳光时室外的	$1\,000 \sim 10\,000$	判别方向必需的	1
阳光直射时室外的	100 000	眼睛能感受最低的	1×10^{-9}

5)光出射度(irradiance)M_v

光出射度是一个描述光源发光特性的光度量,由于光源既可以是实际发光体,又可以是被照明表面,故光源可分为两种:一种是自身能够发光的,称为一次辐射源;一种是受其他光源照明后能够反射或散射入射其上的光通量,称为二次辐射源。两类光源光出射度的表示形式略有不同。

(1)一次辐射源的光出射度。

对于具有一定尺寸大小的面光源,面光源上不同位置的发光强弱可能并不完全一致,在某点周围取一微小面积 $\mathrm{d}A$,设其发出的光通量为 $\mathrm{d}\Phi_v$(不考虑光源的辐射方向及辐射范围立体角的大小),则该光源微小面元处的光出射度 M_v 为

$$M_v = \frac{\mathrm{d}\Phi_v}{\mathrm{d}A} \tag{5-13}$$

它表示光源单位面积内发出的光通量,光出射度的单位为 lx(勒克斯),与光照度的单位一致。

光出射度与光照度其实是一对具有相同意义的物理量,只不过描述的对象有所不同,光出射度描述的是单位面积光源发出的光通量,而光照度描述的则是单位面积接收的光通量,如图 5-5 所示。

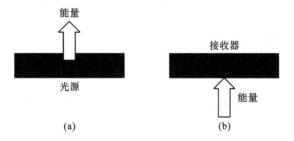

图 5-5 光出射度与光照度的区别

(a)光出射度;(b)光照度

Figure 5-5 difference between irradiance and illuminance

(a) irradiance;(b) illuminance

若光源面积 A 较大且均匀发光,可用平均光出射度 M_0 表示,即

$$M_0 = \frac{\Phi_v}{A} \tag{5-14}$$

(2)二次辐射源的光出射度。

若光源面积 A 较大且均匀发光,由式(5-14)有

$$M_0 = \frac{\Phi'_v}{A} \tag{5-15}$$

式(5-15)中 Φ'_v 为二次辐射源反射(或散射)的光通量,若辐射到二次辐射源上的光通量为 Φ_v 且该表面的反射率为 ρ,则有

$$M_0 = \frac{\Phi'_v}{A} = \frac{\rho \Phi_v}{A} = \rho E \tag{5-16}$$

显然,二次辐射源的光出射度不仅与光源本身的光照度有关,还与表面的反射率密切相关,不同物体表面反射率并不相同,如雪的反射率约为 0.93,白纸的反射率为 $0.7 \sim 0.8$,石灰的反射率约为 0.95,等等。由于所有物体的反射率都小于 1,故二次辐射源的 $M_0 < E$。

6) 光亮度(luninance)L_v

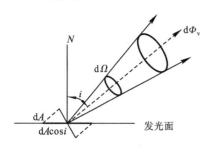

图 5-6　光亮度
Figure 5-6　luminance

如图 5-6 所示,在光源的发光表面上截取一块微面元 $\mathrm{d}A$,该面元的法线方向为 N,现在与法线成 i 角的方向上取立体角 $\mathrm{d}\Omega$,$\mathrm{d}\Omega$ 内发出的光通量为 $\mathrm{d}\Phi_v$,则光亮度 L_v 表示为

$$L_v = \frac{\mathrm{d}\Phi_v}{\cos i \, \mathrm{d}A \, \mathrm{d}\Omega} \tag{5-17}$$

光亮度体现的是光源投影到某方向的单位面积、单位立体角内光通量的大小(或投影到某方向的单位面积上的发光强度大小),其单位为 $\mathrm{cd/m^2}$(坎德拉/米^2),它表示 $1 \mathrm{m^2}$ 发光表面沿法线方向($i = 0°$)发射的发光强度为 1 cd 时,该发光面的光亮度为 $1 \mathrm{cd/m^2}$。由于 $I_v = \frac{\mathrm{d}\Phi_v}{\mathrm{d}\Omega}$,故式(5-17)又可以表示为

$$L_v = \frac{\mathrm{d}\Phi_v}{\cos i \, \mathrm{d}A \, \mathrm{d}\Omega} = \frac{I_v}{\cos i \, \mathrm{d}A} \tag{5-18}$$

式(5-18)表明微面元在某方向上的光亮度又可以表示为,微面元在某方向上的发光强度 I_v 与微面元在垂直于该方向上的投影面积 $\cos i \, \mathrm{d}A$ 之比。

各种常用表面的光亮度参考值如表 5-2 所示。由于人眼对光亮度更为敏感,故光源经常用光亮度来表示其发光特性。

表 5-2　各种常用表面的光亮度
Table 5-2　conventional luminance

表 面 名 称	$L/(\mathrm{cd \cdot m^{-2}})$	表 面 名 称	$L/(\mathrm{cd \cdot m^{-2}})$
地面上所见太阳表面	15×10^8	日用 200 W 钨丝灯	8×10^6
日光下的白纸	2.5×10^4	仪器用钨丝灯	10×10^6
晴朗白天的天空	0.3×10^4	6 V 汽车头灯	10×10^6
月光表面	0.3×10^4	放映投影灯	20×10^6
月光下白纸	0.03×10^4	卤素钨丝灯	30×10^6
烛焰	0.5×10^4	碳弧灯	$(15 \sim 100) \times 10^7$
钠光灯	$(10 \sim 20) \times 10^4$	超高压毛细汞弧灯	$(40 \sim 100) \times 10^7$
日用 50 W 钨丝灯	450×10^4	超高压电弧灯	25×10^8
日用 100 W 钨丝灯	6×10^6		

发光强度、光出射度及光亮度都是描述光源发光特性的光度量:发光强度表示的是光源在不同方向上的发光特性;光出射度表示的是光源不同表面位置上的发光特性;光亮度则表示的是光源不同位置、不同方向上的发光特性。正常人眼能够承受的光亮度约 $L = 10\ 000\ \text{cd/m}^2$。光亮度可以用光亮度计进行测定。

例 5-3　一均匀磨砂球形灯发出的光通量为 2 000 lm,若灯的直径为 17 cm,求该球形灯的光亮度。

分析　按照光亮度的定义,光亮度的大小与发光强度 I 与光源在垂直方向上的面积 S 密切相关,首先可通过球形光源在垂直方向上的投影形状(即圆形)求出面积的大小,再根据光通量与立体角之间的关系求出发光强度,进而对光亮度进行求解。

解　例 5-3 可根据式(5-18)进行计算。

① 求发光强度 I_v。

$$I_v = \frac{\Phi_v}{\Omega} = \frac{2\ 000}{4\pi}\ \text{cd} = 159.15\ \text{cd}$$

② 求在与发光强度相垂直方向上的投影面积 A。

$$A = \pi r^2 = \pi \times \left(\frac{0.17}{2}\right)^2\ \text{m}^2 = 2.27 \times 10^{-2}\ \text{m}^2$$

③ 求光亮度 L_v。

$$L_v = \frac{\mathrm{d}\Phi_v}{\cos i A \mathrm{d}\Omega} = \frac{I_v}{A} = \frac{159.15}{2.27 \times 10^{-2}}\ \text{cd/m}^2 = 7\ 000\ \text{cd/m}^2$$

3. 辐射度量与光度量之间的联系量(relationship between radiometric and photometric quantities)

1) 光谱光视效率(又称视见函数)(spectral luminous efficiency)

当人眼从某一方向观察辐射体时,人眼就成为一种可见光探测器,此时人眼视觉的强弱不仅取决于辐射体在该方向上的发光特性,还与辐射的光波长密切相关。大量实验表明,将具有相同辐通量而波长不同的可见光分别作用于人眼,人眼所感受到的明亮程度将有所不同,这表明在可见光范围内人眼对不同波长单色光的视觉敏感程度并不一致。为了表示人眼对不同波长辐射的敏感差异,引入了对波长的函数即光谱光视效率 $V(\lambda)$,光谱光视效率实际上反映的是人眼的光谱灵敏度,表示人眼对不同波长辐射的敏感度差异。

大量实验证明,在正常照明条件下人眼(青年人)对 $\lambda = 555$ nm 的黄光最为灵敏,故将该光波的光谱光视效率规定为 $V(555) = 1$。而任意其他波长 λ 的光谱光视效率 $V(\lambda)$ 则是按照下面的方式计算得出的,即在辐射体相同功率辐射下、相同距离处任意波长 λ 对人眼的视觉强度与波长 $\lambda = 555$ nm 对人眼的视觉强度之比作为波长 λ 的光谱光视效率,显然其他波长的 $V(\lambda) < 1$。

此外,光谱光视效率的数值与观察视场的明暗状态也有一定的关系,明暗状态不同,$V(\lambda)$ 值也会有所不同。当光亮度在几个 cd/m^2 以上时,正常人眼的适应状态称为明适应,此时的视觉称为明视觉;当光亮度在百分之几 cd/m^2 以下时,正常人眼的适应状态称为暗适应,相应暗适应的视觉称为暗视觉。图 5-7 所示分别为明视觉光谱光视效率曲线 $V(\lambda)$ 及暗视觉光谱光视效率曲线 $V'(\lambda)$。

表 5-3 为实验测得人眼(青年人)在不同明视觉、暗视觉下对部分不同波长的光谱光视效率值。

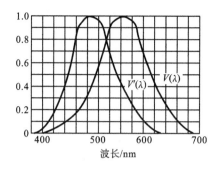

图 5-7   明视觉及暗视觉光谱光视效率曲线

Figure 5-7   spectrum luminous efficiency curve under photopic and scotopic vision

表 5-3   光谱光视效率

Table 5-3   spectral luminous efficiency

光的颜色	$\lambda/\mu m$	明视觉 $V(\lambda)$	暗视觉 $V'(\lambda)$	光的颜色	$\lambda/\mu m$	明视觉 $V(\lambda)$	暗视觉 $V'(\lambda)$
紫	0.360	0.000 00	—	黄	0.570	0.952 00	0.207 6
	0.370	0.000 01	—		0.580	0.870 00	0.121 2
	0.380	0.000 04	0.000 589		0.590	0.757 00	0.065 5
	0.390	0.000 12	0.002 209	橙	0.600	0.631 00	0.033 15
	0.400	0.000 40	0.009 29		0.610	0.503 00	0.015 93
	0.410	0.001 21	0.034 84		0.620	0.381 00	0.007 37
	0.420	0.004 00	0.096 6		0.630	0.265 00	0.003 335
	0.430	0.011 60	0.199 8		0.640	0.175 00	0.001 497
蓝	0.440	0.023 00	0.328 4		0.650	0.107 00	0.000 677
	0.450	0.038 00	0.455	红	0.660	0.061 00	0.000 312 9
青	0.460	0.060 00	0.567		0.670	0.032 00	0.000 148 0
	0.470	0.090 98	0.676		0.680	0.017 00	0.000 071 5
	0.480	0.139 02	0.793		0.690	0.008 21	0.000 035 33
	0.490	0.208 02	0.904		0.700	0.004 10	0.000 017 80
绿	0.500	0.323 00	0.982		0.710	0.002 09	0.000 009 14
	0.507	0.444 309 6	1		0.720	0.001 05	0.000 004 78
	0.510	0.503 00	0.997		0.730	0.000 52	0.000 002 546
	0.520	0.710 00	0.935		0.740	0.000 25	0.000 001 379
	0.530	0.862 00	0.811		0.750	0.000 12	—
黄	0.540	0.954 00	0.65		0.760	0.000 06	—
	0.550	0.994 95	0.481		0.770	0.000 03	—
	0.555	1.000 00	0.402		0.780	0.000 01	—
	0.560	0.995 00	0.328 8		0.900	0.000 00	—

从表 5-3 及图 5-7 可见,$V(\lambda)$、$V'(\lambda)$ 曲线峰值所对应的波长各不相同,明视觉 $V(\lambda)$ 的峰值位于 $\lambda=555$ nm 位置处,此时 $V(\lambda)=1$,而暗视觉 $V'(\lambda)$ 的峰值则位于 $\lambda=507$ nm 处。总的来说在明视觉状态下,相对而言人眼对黄、绿光较为敏感,光感最强,对红、紫光则较差,超过可见光区域则全无视觉反应,即 $V(\lambda)=0$。例如,查表可知 $\lambda=440$ nm 蓝光的 $V(\lambda)=0.023$,$\lambda=560$ nm 黄光的 $V(\lambda)=0.995$,$\dfrac{V(560)}{V(440)}=\dfrac{0.995}{0.023}\approx43$(倍),这意味着 43 W 功率的蓝光(波长为 440 nm)与 1 W 功率的黄光(波长为 560 nm)将对人眼造成相同的光刺激,故当人眼看到一束

黄光比蓝光亮时,实际上可能蓝光的功率比黄光的功率要大得多。

2) 发光效率(luminous efficiency)η

光源的发光效率是一个重要的物理量,对光源而言除要求具有较好的显色特性及尽量长的寿命外,还希望其具有较高的发光效率。光源的发光效率为辐射体发出的总光通量与该光源的耗电功率之比,用 η 表示,即

$$\eta = \frac{\Phi_v}{P} \tag{5-19}$$

其单位为 lm/W(流明/瓦特)。不同的辐射体其发光效率并不相同,表 5-4 所示为一些常见光源的发光效率。

表 5-4　常见光源的发光效率

Table 5-4　conventional luminous efficiency

光 源 名 称	发光效率/(lm/W)	光 源 名 称	发光效率/(lm/W)
钨丝灯	10～20	炭弧灯	40～60
卤素钨灯	30 左右	钠光灯	60 左右
荧光灯	30～60	低压钠灯	200
氙灯	40～60	高压汞灯	60～70
锡灯、铟灯	40～60	镝灯	80 左右

例 5-4　已知一个 6 V、15 W 钨丝灯泡的发光效率为 14 lm/W,该灯泡与一聚光镜联用,灯丝中心对聚光镜所张的孔径角为 $u \approx \sin U = 0.25$,若灯丝可看成是各向均匀发光的点光源,求:①灯泡发出的总光通量;②进入聚光镜的光通量;③平均发光强度。

分析　例 5-4 考查的是与光度学相关的各物理量之间的数学关系,第①问及第③问直接采用相关公式就可求解,故在此主要针对第②问进行分析。由于光源发出的光只能部分进入系统参与成像,最终能够进入系统的光能多少主要取决于能够参与成像的光源立体角大小,而立体角又与孔径角密切相关,故只要能够求出与孔径角相对应的立体角大小,并且知道一点周围全部空间的立体角,就能够求出其所占的百分比,若又能够求出光源发出的总光通量,在光源各向均匀发光的前提下,就能够求出其进入系统的能量。

解　① 求光源发出的总光通量 Φ_v

$$\Phi_v = \eta P = 14 \times 15 \text{ lm} = 210 \text{ lm}$$

② 求灯丝对聚光镜所张的立体角 Ω

$$\Omega \approx \pi u^2 = \pi \times 0.25^2 \text{ sr} = \frac{\pi}{16} \text{ sr}$$

该立体角 Ω 占一点周围全部空间立体角的百分比为

$$\frac{\Omega}{4\pi} \times 100\% = 1.6\%$$

则进入聚光镜的光通量 Φ_v' 为

$$\Phi_v' = \Phi_v \times 1.6\% = 3.4 \text{ lm}$$

③ 求平均发光强度 I_0

$$I_0 = \frac{\Phi_v}{4\pi} = \frac{210}{4\pi} \text{ cd} = 16.7 \text{ cd}$$

从例 5-4 可见,进入聚光镜的光通量只占光源辐射出来的光通量很小的一部分,能量的利

用率是非常低下的。

例 5-5 如图 5-8 所示,有一均匀发光的光源,在距离光源 100 mm 位置处放置一个通光口径为 200 mm 的聚光镜,光源经聚光镜后照明前方一定距离上直径为 2 m 的圆,要求被照明圆内的平均光照度大于 200 lx,光源的发光效率为 30 lm/W,问光源的功率至少应为多少(忽略光能损失)?

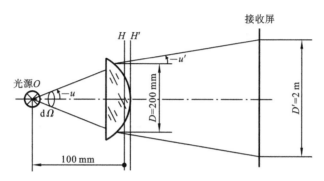

图 5-8 各元件及参量之间的几何关系
Figure 5-8 geometrical relationship among elements and parameters

分析 根据题意要求,被照明区域直径为 2 m 的圆内平均光照度应大于 200 lx,故可以求出该区域所包含的光通量大小 Φ_1,即进入聚光镜的光通量大小。由于光源均匀发光,且只有孔径角 U 所对应的立体角内的能量能够进入聚光镜,故只要求出聚光镜所对应立体角的大小就能够求出光源发出的总光通量 Φ,再根据该光源的发光效率就可以求出所需的功率。

解 ① 求进入聚光镜的光通量 Φ_1。
$$\Phi_1 = E \cdot S = E \cdot \pi r^2 = 200 \times \pi \times 1^2 \text{ lm} = 628.319 \text{ lm}$$

② 求光源发出的总光通量 Φ_v。

聚光镜的孔径角为
$$\tan U = \frac{D/2}{l} = \frac{100}{100} = 1 \Rightarrow U = 45°$$

孔径角 U 所对应的立体角为
$$\Omega_1 = 4\pi\sin^2\left(\frac{U}{2}\right) = 4\pi\sin^2\left(\frac{45}{2}\right) \text{ sr} = 1.84 \text{ sr}$$

则进入聚光镜的能量占全部能量的百分比为
$$\frac{\Omega_1}{\Omega} = \frac{1.84 \text{ sr}}{4\pi\text{sr}} \times 100\% = 14.6\%$$

光源发出的总光通量 Φ_v 为
$$\Phi_v = \frac{628.319}{0.146} \text{ lm} = 4\ 300 \text{ lm}$$

③ 求功率 P。
$$P = \frac{\Phi_v}{\eta} = \frac{4\ 300}{30} \text{ W} = 143.3 \text{ W}$$

3)光通量与辐射通量之间的换算关系(relationship between radiometric and photometric quantities)

根据理论分析和实验测量可知,在明视觉条件下对于 $\lambda = 555$ nm 的单色光辐射,1 W =

683 lm,此换算关系把辐射通量与光通量紧密地联系在一起。对其他波长的单色光而言,1 W辐通量引起的光刺激还与光谱光视效率有关,即

$$1 \text{ W} = 683 \cdot V(\lambda) \text{ lm} \tag{5-20}$$

若为暗视觉照明,对 $\lambda = 507$ nm 的单色光辐射,1 W=1 755 lm。

根据式(5-1)、式(5-20),在明视觉条件下,极窄波段范围 $d\lambda$ 内所对应的光通量为

$$d\Phi_v = 683V(\lambda)\Phi_v(\lambda)d\lambda$$

则在可见光全部范围内总的光通量为

$$\Phi_v = 683\int_{380}^{780}\Phi_e(\lambda)V(\lambda)d\lambda \tag{5-21}$$

除了上述的术语外,还经常会涉及光度量的时间特性量即曝光量 H_v,曝光量是光照度对时间的积分,单位为 lx · s,底片上单位面积在时间 t 内接收到的曝光量 H_v 为

$$H_v = E_v t \tag{5-22}$$

表 5-5 所示为本书所涉及的与光度学相关的诸物理量及单位。

表 5-5　与光度学相关的诸物理量及单位

Table 5-5　relative photometry quantities and units

物　理　量	国际单位制	
	单 位 名 称	单 位 符 号
辐射能 Q_e	焦耳	J
辐射通量（辐射功率）Φ_e	瓦特	W
发光强度 I_v	坎德拉	cd
光通量 Φ_v	流明	lm
光照度 E_v	勒克斯	lx
光出射度 M_v	勒克斯	lx
光亮度 L_v	坎德拉/米^2	cd/m^2
立体角 Ω	球面度	sr
光谱光视效率 $V(\lambda)$	—	—
发光效率 η	流明/瓦	lm/W
曝光量 H_v	勒克斯 · 秒	lx · s

5.2　光度学中的两个基本定律
Two Basic Laws in Photometry

1. 朗伯定律(Lambert law)

朗伯定律与光源的发光强度及光亮度有关,若一个面积为 dA 的发光表面,它在某一方向上的光亮度为 L_i,则根据光亮度公式可以得到该方向上的发光强度 I_i 为

$$I_i = L_i dA\cos i \tag{5-23}$$

式中,i 为 dA 的法线方向与该方向的夹角,又称方向角。若该面光源在各个方向上的光亮度相等,则式(5-23)又可表示成

$$I_i = L_v dA\cos i \tag{5-24}$$

当 $i=0°$ 时,发光面元法线方向上的发光强度为

$$I_N = L_v dA \qquad (5\text{-}25)$$

将式(5-25)代入式(5-24)得

$$I_i = I_N \cos i \qquad (5\text{-}26)$$

式(5-26)表明,一个光亮度在各个方向上均相等的发光面源,在某一方向上的发光强度等于该面元法线方向上的发光强度与方向角余弦之积,这就是著名的朗伯定律。凡是光亮度在各个方向均相等的发光面都可称为朗伯辐射体(或余弦辐射体),有时也称为均匀漫射面、均匀漫射体。例如,黑体辐射器就是一个朗伯辐射体,黑体又称为全辐射体,是一种理想辐射体,与其他热辐射体相比,它在给定温度下具有最大的光谱辐射出射度,它能吸收所有入射的辐射而不管其波长、入射方向或偏振情况。在光辐射计量中经常用到的漫射器如乳白玻璃、白色漫反射板也在很大程度上近似于朗伯辐射体,通常将一般的漫射表面都近似看做具有朗伯辐射的特性。朗伯辐射体若双面发光则称为双面朗伯辐射体,如图 5-9 所示。

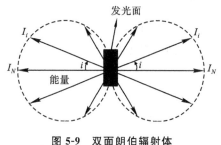

图 5-9 双面朗伯辐射体

Figure 5-9   double surface Lambert radiation

朗伯辐射体虽然在各个方向上的光亮度是一个定值,但是在各个方向上的发光强度却并不相等,如果用矢径表示发光强度,则各方向发光强度矢径的终点轨迹是一个球面。朗伯定律在光度学的计算分析中占有重要的地位,无论是光源光通量、光亮度的计算,还是系统光照度的分析都与朗伯定律的使用紧密相连。

2. 朗伯辐射体在 2π 立体角内发出的光通量(luminous flux of Lambert radiator in 2π solid angle)

设一微面元为 dA 的单面发光朗伯辐射表面(一次辐射源)的光亮度为 L_v,则在与面元法线方向成 i 角的立体角 $d\Omega$ 内发出的光通量为

$$d\Phi_v = L_v \cos i dA d\Omega \qquad (5\text{-}27)$$

将式(5-4)代入式(5-27)有

$$d\Phi_v = L_v \sin i \cos i dA di d\phi$$

则在孔径角 U 范围内发出的光通量为

$$\Phi_v = \int_0^{2\pi} \int_0^U L_v \sin i \cos i dA di d\phi = \pi L_v dA \sin^2 U$$

当孔径角 $U=\pi/2$ 时,面元向立体角 $\Omega=2\pi$ sr 范围内辐射出的光通量为

$$\Phi_v = \pi L_v dA$$

此时辐射体的光出射度为

$$M_v = \frac{\Phi_v}{dA} = \frac{\pi L_v dA}{dA} = \pi L_v \qquad (5\text{-}28)$$

式(5-28)说明朗伯辐射体的光出射度为光亮度的 π 倍。

若朗伯辐射体是二次辐射源,则有

$$M_v = \rho E_v = \pi L_v$$

进一步整理有

$$L_v = \frac{\rho E_v}{\pi} \qquad (5\text{-}29)$$

式(5-29)说明此时朗伯辐射体的光亮度与反射率的大小及二次辐射源具有的光照度有关,若为理想漫反射,$\rho = 1$,则式(5-29)又可表示为

$$L_{\mathrm{v}} = \frac{E_{\mathrm{v}}}{\pi} \tag{5-30}$$

若辐射体是双面发光的朗伯辐射体,则光通量为

$$\Phi_{\mathrm{v}} = 2\pi L_{\mathrm{v}} \mathrm{d}A \tag{5-31}$$

3. 距离平方反比定律及照度余弦定则(cosine law and inverse square law of illumination)

1) 距离平方反比定律(inverse square law of illumination)

距离平方反比定律描述的是光源直接照射表面时光照度所呈现的规律。

若一个点光源 O 各向均匀发光,现该光源垂直照明相距光源 r 位置处的受照面元 $\mathrm{d}S$,如图 5-10 所示,则被照明表面所接收到的光通量为

$$\mathrm{d}\Phi_{\mathrm{v}} = I_{\mathrm{v}} \mathrm{d}\Omega$$

又由于 $\mathrm{d}\Omega = \dfrac{\mathrm{d}S}{r^2}$,代入上式有

$$\mathrm{d}\Phi_{\mathrm{v}} = I_{\mathrm{v}} \frac{\mathrm{d}S}{r^2} \tag{5-32}$$

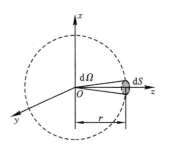

图 5-10　距离平方反比定律

Figure 5-10　inverse square law of illumination

将式(5-32)代入式(5-11)可得

$$E_{\mathrm{v}} = \frac{\mathrm{d}\Phi_{\mathrm{v}}}{\mathrm{d}S} = \frac{I_{\mathrm{v}}}{r^2} \tag{5-33}$$

式(5-33)即为距离平方反比定律。该定律表明,当用点光源垂直照明时,受照面的光照度 E_{v} 与光源的发光强度 I_{v} 成正比,而与受照面到光源距离的平方 r^2 成反比。

若光源为朗伯辐射体且面积为 A,则该面元在法线方向上相距 r 位置处面积为 S 受照面上的光照度为

$$E_{\mathrm{v}} = \frac{I_N}{r^2} = \frac{L_{\mathrm{v}} A}{r^2} \tag{5-34}$$

2) 照度余弦定则(cosine law of illuminance)

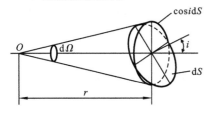

图 5-11　照度余弦定则

Figure 5-11　cosine law of illuminance

若光源并不垂直照明于受照面元 $\mathrm{d}S$,如图 5-11 所示,面元的法线方向 N 与 r 之间存在一夹角 i,则被照明表面所接收到的光通量为

$$\mathrm{d}\Phi_{\mathrm{v}} = I_{\mathrm{v}} \cdot \frac{\mathrm{d}S\cos i}{r^2} \tag{5-35}$$

式(5-35)中,$\mathrm{d}S\cos i$ 为被照明面元 $\mathrm{d}S$ 在垂直于 r 方向上的投影,则光照度可表示为

$$E_{\mathrm{v}} = \frac{I_{\mathrm{v}}\cos i}{r^2} = E_0 \cos i \tag{5-36}$$

式中,E_0 为垂直照明($i=0$)时的光照度。

从式(5-36)可见,随着角度 i 取值的不同,被照面元的光照度将在 $0 \sim E_0$ 之间逐渐变化,i 角越大光照度值越低,当 $i=0$(即垂直照射)时光照度达到极大值 E_0。

需要说明的是,任何实际的光源都有一定的尺寸大小(通常小于 2 cm),距离平方反比定

律虽然是从点光源推导出来的,但只要光源的尺寸远远小于所需考虑的距离(一般至少小于10 倍),就可以将光源近似用点光源来处理,此时的计算精度还是很高的。例如,当我们在地球上观测太阳时,就可以近似把太阳当成一个点光源。

例 5-6 已知两点光源 S_1、S_2 相距 $r=1.5$ m,光源的发光强度分别为 $I_1=35$ cd,$I_2=95$ cd,现将一白色的光屏置于 S_1、S_2 之间,且光屏的法线方向与 S_1、S_2 连线的夹角为 i。求当光屏置于何处时光屏两侧具有相同的光照度? 设两光源都各向均匀发光。

分析 基于光照度的计算公式,例 5-6 只要分别求出光屏两侧的光照度表示式,并根据光照度相等这一特殊条件列出等式就可进行求解。

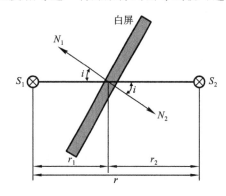

图 5-12 各元件及参量之间的几何关系

Figure 5-12 geometrical relationship among elements and parameters

解 设白屏位于两光源的连线之间,距两光源的距离分别为 r_1、r_2,如图 5-12 所示,则点光源在白屏上的光照度分别为

$$E_1 = \frac{I_1\cos i}{r_1^2}, \quad E_2 = \frac{I_2\cos i}{r_2^2}$$

按照题意要求 $E_1=E_2$,即

$$\frac{I_1\cos i}{r_1^2} = \frac{I_2\cos i}{r_2^2}$$

且有 $r=r_1+r_2=1.5$ m

求解可得

$$r_1=0.567 \text{ m}, \quad r_2=0.933 \text{ m}$$

例 5-7 一功率为 5 mW 的氦氖激光器,发光面半径 $r=0.5$ mm,发散角(孔径角)为 1 mrad,光谱光视效率为 $V(\lambda)=0.239\,8$,试求:①激光器发出的总光通量;②发光强度;③激光器发光面的光亮度;④激光器在 5 m 远处屏幕上产生的光照度。

分析 例 5-7 考查的是与光度学相关的各物理量之间的数学关系。第①问求解是解题的关键,它考查的是功率、光通量、光谱光视效率之间的关系,由于在明视觉条件下 $1w=683$ lm,故可求出 5 mw 所对应的光通量大小,再考虑光谱光视效率的影响,从而可求解出第①问。发光强度的求解可从其基本公式出发,只要求出所对应的立体角即可求解,而立体角又与孔径角(即发散角)有关,故可实现发光强度的求解;而第③、④问均可直接采用光亮度及光照度公式代入求解即可。

解 ① 求激光器发出的总光通量 Φ_v。

$$\Phi_v = 683V(\lambda)\Phi_e = 683 \times 0.239\,8 \times 0.005 \text{ lm} = 0.819 \text{ lm}$$

② 求发光强度 I_v。

该激光器的立体角为

$$\Omega = \pi u^2 = \pi(0.001)^2 \text{ sr} = 10^{-6}\pi \text{ sr}$$

$$I_v = \frac{\Phi_v}{\Omega} = \frac{0.819}{10^{-6}\pi} \text{ cd} = 2.6 \times 10^5 \text{ cd}$$

③ 求光亮度 L_v。

$$L_v = \frac{I_v}{\cos i dA} = \frac{2.6 \times 10^5}{\cos 0° \times \pi(0.5 \times 10^{-3})^2} \text{ cd/m}^2 = 3.312 \times 10^{11} \text{ cd/m}^2$$

④ 求在 5 m 远处屏幕上产生的光照度 E_v。

$$E_v = \frac{I_v}{r^2} = \frac{2.6 \times 10^5}{5^2} \text{ lx} = 1.04 \times 10^4 \text{ lx}$$

从例 5-7 可以看出，激光光源发出的总光通量其实并不大，它之所以有如此高的发光强度及光亮度，关键是因为激光光束的发散角很小，能够将能量在空间上高度集中，正是由于激光具有此特点，当它经光学系统聚焦后在焦点附近能够产生几千度甚至上万度的高温，从而具备了强大的破坏力，故而在工业、国防等方面都有广泛的应用。

3）面光源照射时受照表面的光照度（illuminance with surface source）

设发光面元的面积为 dS_1，受照表面 dS_2 与光源相距的距离为 r，如图 5-13 所示，若 dS_1 的法线方向 N_1 与距离 r 之间的夹角为 i_1，dS_2 的法线方向 N_2 与距离 r 之间的夹角为 i_2，dS_2 对 dS_1 所张的立体角为 $d\Omega_1$，dS_1 对 dS_2 所张的立体角为 $d\Omega_2$，根据光照度及光亮度公式，受照表面的光照度 E_v 为

$$E_v = \frac{d\Phi_v}{dS} = \frac{L_v d\Omega_1 dS_1 \cos i_1}{dS_2} \tag{5-37}$$

而

$$d\Omega_1 = \frac{dS_2 \cos i_2}{r^2} \tag{5-38}$$

将式（5-38）代入式（5-37）有

$$E_v = \frac{L_v d\Omega_1 dS_1 \cos i_1}{dS_2} = \frac{L_v dS_1 \cos i_1}{dS_2} \cdot \frac{dS_2 \cos i_2}{r^2} = \frac{L_v \cos i_1 \cos i_2 dS_1}{r^2} \tag{5-39}$$

式（5-39）表明当面光源照明时，受照面积的光照度不仅与距离 r 有关，还与两面元各自的法线方向和距离 r 之间的夹角有关。

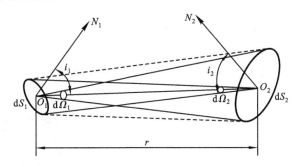

图 5-13　面光源照明时的光照度

Figure 5-13　illuminance with surface source

若将面光源与点光源照明时光照度的公式相比较，可以发现两者皆与表面的倾斜角度及距离有关，所不同的是点光源光照度公式与发光强度有关，而面光源的光照度公式与光亮度及面光源的大小都有关系。

5.3 　光束光亮度的传递
Transmission of Luminous Luminance

1. 单一无损介质中光束光亮度的传递（transmission of luminance in medium without loss）

假设有任意两个微面元 dS_1、dS_2，两面元之间的距离为 r，面元各自法线方向与 r 之间的夹角分别为 i_1、i_2，dS_1 上的光亮度为 L_1，dS_2 上的光亮度为 L_2，dS_2 对 dS_1 所张的立体角为 $d\Omega_1$，dS_1 对 dS_2 所张的立体角为 $d\Omega_2$。若光能量在传递过程中没有光能损失（不考虑介质吸

收、散射等因素),即 dS_1 发出的光能量全部传递到 dS_2 上(或 dS_2 发出的光能量全部传递到 dS_1 上),如图 5-14 所示,则由 dS_1 辐射出的到达 dS_2 上的所有光通量为

$$d\Phi_1 = L_1 \cos i_1 dS_1 d\Omega_1 = L_1 \cos i_1 dS_1 \frac{\cos i_2 dS_2}{r^2} \tag{5-40}$$

相应地由 dS_2 辐射出的到达 dS_1 上的所有光通量为

$$d\Phi_2 = L_2 \cos i_2 dS_2 d\Omega_2 = L_2 \cos i_2 dS_2 \frac{\cos i_1 dS_1}{r^2} \tag{5-41}$$

由于光传递过程中能量是守恒的,故 $d\Phi_1 = d\Phi_2$,相应得到

$$L_1 = L_2 \tag{5-42}$$

式(5-42)表明当光在无损介质中传播时,各截面上的光亮度相等。

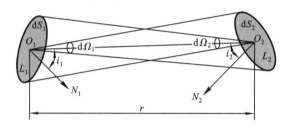

图 5-14　单一无损介质中光亮度的传递

Figure 5-14　Transmission of luminance in medium without loss

2. **不同介质分界面上光亮度的传递**(transmission of luminance at interface of different medium)

一束光射向两个不同透明介质 n、n' 分界面上时将同时发生反射和折射,各参量如图 5-15 所示,若不考虑介质吸收及散射,则

$$入射光能 d\Phi = 反射光能 d\Phi'' + 折射光能 d\Phi'$$

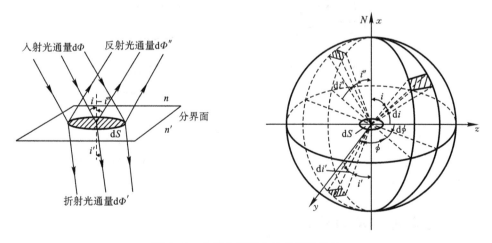

图 5-15　介质分界面上的折射及反射

Figure 5-15　refraction and reflection at interface between different medium

若一束光以入射角 i 投射在介质分界面上的微面元 dS 之上,反射角、折射角分别用 i''、i' 表示,设入射光、反射光、折射光的光亮度分别为 L、L''、L',各自所对应的立体角分别为 $d\Omega$、$d\Omega''$、$d\Omega'$,则根据立体角公式有

$$
\left.\begin{aligned}
\mathrm{d}\Omega &= \sin i \mathrm{d}i \mathrm{d}\phi \\
\mathrm{d}\Omega'' &= \sin i'' \mathrm{d}i'' \mathrm{d}\phi \\
\mathrm{d}\Omega' &= \sin i' \mathrm{d}i' \mathrm{d}\phi
\end{aligned}\right\}
\tag{5-43}
$$

入射光、反射光及折射光的光通量分别为

$$
\left.\begin{aligned}
\mathrm{d}\Phi &= L\cos i S \mathrm{d}\Omega \\
\mathrm{d}\Phi'' &= L''\cos i'' \mathrm{d}S \mathrm{d}\Omega'' \\
\mathrm{d}\Phi' &= L'\cos i' \mathrm{d}S \mathrm{d}\Omega'
\end{aligned}\right\}
\tag{5-44}
$$

1）反射光的光亮度传递（transmission of luminance for reflected light）

根据反射定律 $i = i''$，故 $\sin i = \sin i''$，$\cos i = \cos i''$，$\mathrm{d}i = \mathrm{d}i''$，由式（5-43）可得 $\mathrm{d}\Omega = \mathrm{d}\Omega''$，则

$$
\rho = \frac{\mathrm{d}\Phi''}{\mathrm{d}\Phi} = \frac{L''\cos i'' \mathrm{d}S \mathrm{d}\Omega''}{L\cos i S \mathrm{d}\Omega} = \frac{L''}{L}
\tag{5-45}
$$

式（5-45）中的 ρ 为 n、n' 介质分界面上的反射率，故有

$$
L'' = \rho L
\tag{5-46}
$$

即反射光光亮度等于入射光光亮度与介质分界面的反射率之积。

2）折射光的光亮度传递（transmission of luminance for refracted light）

对折射定律公式两边进行微分有

$$
n\cos i \mathrm{d}i = n'\cos i' \mathrm{d}i'
\tag{5-47}
$$

将折射定律 $n\sin i = n'\sin i'$ 与式（5-47）相乘，有

$$
n^2 \sin i \cos i \mathrm{d}i = n'^2 \sin i' \cos i' \mathrm{d}i'
$$

进一步整理得到

$$
\frac{n^2}{n'^2} = \frac{\sin i' \cos i' \mathrm{d}i'}{\sin i \cos i \mathrm{d}i}
$$

则

$$
\tau = \frac{\mathrm{d}\Phi'}{\mathrm{d}\Phi} = \frac{L'\cos i' \mathrm{d}S \mathrm{d}\Omega'}{L\cos i S \mathrm{d}\Omega} = \frac{L'\cos i' \sin i' \mathrm{d}i' \mathrm{d}\phi \mathrm{d}S}{L\cos i \sin i \mathrm{d}i \mathrm{d}\phi \mathrm{d}S} = \frac{L'\cos i' \sin i' \mathrm{d}i'}{L\cos i \sin i \mathrm{d}i} = \frac{L' n^2}{L n'^2}
\tag{5-48}
$$

又由于 $\mathrm{d}\Phi' = \mathrm{d}\Phi - \mathrm{d}\Phi''$，则透射率 $\tau = \dfrac{\mathrm{d}\Phi'}{\mathrm{d}\Phi} = \dfrac{\mathrm{d}\Phi - \mathrm{d}\Phi''}{\mathrm{d}\Phi} = 1 - \rho$，配合式（5-48）有

$$
L' = (1 - \rho)L\frac{n'^2}{n^2} = \tau L\frac{n'^2}{n^2}
\tag{5-49}
$$

式（5-49）表明，折射光束的光亮度与介质分界面的透射率及两边介质的折射率有关。若折射前后光能没有损失即 $\rho = 0$，$\tau = 1$，则式（5-49）又可以转化为

$$
\frac{L}{n^2} = \frac{L'}{n'^2}
\tag{5-50}
$$

即折射前后光亮度虽然发生改变，但是 $\dfrac{L}{n^2}$ 值保持不变。

以上所分析的是针对一个介质分界面的情况，对于一个光学系统而言，若物像位于同一种介质空间，则折射率因子 $\left(\dfrac{n'}{n}\right)^2$ 的作用将不复存在，射出系统的光亮度 $L' = \tau L$，此时 τ 代表系统透过率。

5.4 光学成像系统的像面照度
Image Plane Illuminance of Imaging System

1. 轴上像点的像面光照度（image plane illuminance of on axis image point）

一成像光学系统如图 5-16 所示，$\mathrm{d}S$ 代表轴上物点附近垂直于光轴的微小物面元，其光亮

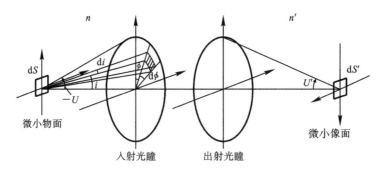

图 5-16　轴上像点的像面光照度

Figure 5-16　image plane illuminance of on axis image point

度为 L_v,物方孔径角为 U,dS' 代表轴上像点附近垂直于光轴的微小像面元,所对应的像方孔径角为 U',若将微小物面近似看成为一个朗伯辐射体,且光学系统满足正弦条件(见第 6 章),则进入孔径角为 U 的光学系统的光通量为

$$\Phi_v = \pi L_v \sin^2 U dS$$

由于光通量在系统传播过程中不可避免地存在光能损失(见第 5 章 5.6 节),若系统透过率为 τ,则射出系统的光通量为

$$\Phi_v' = \tau \pi L_v \sin^2 U dS$$

假定射出系统的光通量全部投射到像面元 dS' 上,则 dS' 面元上中心点附近的光照度,即轴上像点光照度为

$$E_0' = \frac{\Phi_v'}{dS'} = \tau \pi L_v \sin^2 U \frac{dS}{dS'} \tag{5-51}$$

式中,$\dfrac{dS}{dS'} \approx \left(\dfrac{y}{y'}\right)^2 = \left(\dfrac{1}{\beta}\right)^2$,$\beta$ 为系统垂轴放大率。另外由于光学系统满足正弦条件,有 $ny\sin U = n'y'\sin U'$,n、n' 分别为物、像方介质空间折射率,则 $\dfrac{dS}{dS'} = \left(\dfrac{n'\sin U'}{n\sin U}\right)^2$,整理式(5-51)得

$$E_0' = \tau \pi L_v \sin^2 U' \left(\frac{n'}{n}\right)^2 \tag{5-52}$$

式(5-52)就是像面中心处光照度的计算公式,该公式不仅适用于小视场大孔径光学系统的像面光照度计算,同样适用于大视场大孔径光学系统的像面中心部分像面光照度的求取,是一个具有普遍意义的像面光照度计算公式。

以望远物镜为例,由于其物方介质、像方介质多为空气,即 $n'=n=1$,另有 $\sin U' = \dfrac{D_人}{2f'}$,故其像面光照度为

$$E_0' = \tau \pi L_v \sin^2 U' \left(\frac{n'}{n}\right)^2 = \tau \pi L_v \left(\frac{D_人}{2f'}\right)^2 = \frac{1}{4}\tau \pi L_v \left(\frac{D_人}{f'}\right)^2 \tag{5-53}$$

式(5-53)表明当光源为朗伯辐射体时,望远物镜的像面光照度正比于相对孔径的平方。

当物体在有限远时,像面光照度为

$$E_0 = \tau \pi L \frac{1}{4N^2(1-\beta/\beta_z)^2} \tag{5-54}$$

式中,$N = \dfrac{f'}{D}$;β_z 为光瞳放大率;τ 为光学系统的透过率;L 为光亮度;β 为有限远物体的放

大率。

例 5-8　一会聚透镜位于光源与接收屏之间,光源与接收屏之间相距 200 mm,现将透镜从左向右移动,有两个位置可以在接收屏上得到光源的像,且这两个位置相距 40 mm,求这两次像的光照度之比。

分析　测量透镜焦距的方法有很多种,其中二次成像法是比较经典的一种测量方法,例 5-8 所描述的正是二次成像法的测量过程。由于例 5-8 求取的是光照度之比,故可按照系统光照度的计算公式进行求解,而其中像方孔径角的计算是本题的一个关键点。按照二次成像法的焦距公式可求出该透镜的焦距大小,在此基础上利用高斯公式即可求出每一次成像的物距、像距,从而求出像方孔径角的大小。

解　采用二次成像法的焦距公式有

$$f' = \frac{L^2 - d^2}{4L} = \frac{200^2 - 40^2}{4 \times 200}\ \text{mm} = 48\ \text{mm}$$

根据高斯公式及物与像之间的距离关系,有

$$\begin{cases} -l + l' = 200 \\ \dfrac{1}{l'} - \dfrac{1}{l} = \dfrac{1}{48} \end{cases} \Rightarrow\Rightarrow \begin{cases} l_1 = -80\ \text{mm};\ l_1' = 120\ \text{mm} \\ l_2 = -120\ \text{mm};\ l_2' = 80\ \text{mm} \end{cases}$$

第一次成像时,像距为 120 mm,若设透镜的半高度为 h,则 $\sin U_1' = h/120$

第二次成像时,像距为 80 mm,则 $\sin U_2' = h/80$

按照光照度的计算公式,则有

$$\frac{E_{01}'}{E_{02}'} = \frac{\tau\pi L \sin U_1'^2}{\tau\pi L \sin U_2'^2} = \frac{\sin U_1'^2}{\sin U_2'^2} = \left(\frac{h/120}{h/80}\right)^2 = \frac{4}{9}$$

2. 轴外像点的像面光照度(image plane illuminance of off axis image point)

图 5-17 所示为轴外物点 B 的成像情况,设 B' 是其轴外像点,光学系统的入瞳直径及出瞳直径分别为 D、D',像面与出瞳之间的距离为 l_0',物方孔径角、像方孔径角分别为 U、U',$O'B'$ 为 B' 点的主光线,它与光轴之间的夹角为 B' 点的像方视场角,用 ω' 表示,轴外 B' 点的像方孔径角为 U_B',显然 $U_B' < U'$。

若设物面源仍为朗伯辐射体,则轴外 B' 点的像面光照度可表示为

$$E_B' = \tau\pi L_v \sin^2 U_B' \left(\frac{n'}{n}\right)^2 \tag{5-55}$$

当 U_B' 较小时,近似有

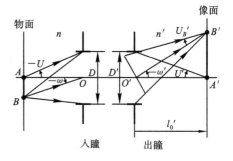

图 5-17　轴外像点的像面光照度

Figure 5-17　image plane illuminance of off axis image point

$$\sin U_B' \approx \tan U_B' = \frac{\dfrac{D'}{2}\cos\omega'}{\dfrac{l_0'}{\cos\omega'}} = \frac{D'\cos^2\omega'}{2l_0'} \approx \sin U' \cos^2\omega' \tag{5-56}$$

将式(5-56)代入式(5-55)有

$$E_B' = \tau\pi L_v \sin^2 U' \cos^4\omega' \left(\frac{n'}{n}\right)^2 = E_0' \cos^4\omega' \tag{5-57}$$

式(5-57)表明,轴外像点 B' 的像面光照度与 B' 点的像方视场角 ω' 有关,视场角越大即 B' 越远离光轴,其像面光照度越低。表 5-6 所示为对应不同视场角 ω' 的轴外像点光照度与轴上像点

光照度的比值。

表 5-6　轴外像点与轴上像点光照度的比值

Table 5-6　ratio of off axis image point illuminance to on axis image point illuminance

ω'	0	10°	20°	30°	40°	50°	60°
E_B'/E_0'	1	0.941	0.780	0.563	0.344	0.171	0.063

从表 5-6 中可见,对于视场较小的光学系统,视场边缘光照度的降低并不明显,基本上可以认为整个视场照度均匀;若视场较大,例如,$\omega'=30°$,则视场边缘的光照度为中心点光照度的 50%左右,此等程度光照度的降低仍不会引起摄影胶片感光的明显不均匀;但若视场继续增大,例如,$\omega'=60°$,则此时边缘光照度仅为中心点光照度的 6%左右,这必将引起胶片感光上的严重差异,必须采取其他办法加以解决。

需要说明的是,实际光学系统整个像面上的光照度并不均匀,总体来说,中心部分光照度最大,从中心向外光照度逐渐降低,若加大视场光阑,势必导致这种不均匀程度的加剧;此外,像面的光照度值还与轴上点像方孔径角正弦的平方成正比,若增加孔径光阑的口径有利于像面照度的提高。

例 5-9　有一物镜,其像方视场角为 $2\omega'=80°$,测得边缘视场的光照度为 20 lx,求中心视场的光照度(假设系统无渐晕)。

分析　根据所学的相关知识,边缘视场光照度与中心视场光照度、视场之间存在一定的关系,按照此关系式即可对问题进行求解。

解　$E_m' = E_0'(\cos\omega')^4 \Rightarrow \Rightarrow 20 = E_0'(\cos 40°)^4 \Rightarrow \Rightarrow E_0' = 58.1$ lx

"光学系统的像面光照度"视频

5.5　光学材料及色散
Optical Material and Dispersion

光学材料是光学系统的核心,它的主要功能是成像及实现光的传输,光学元件的材料主要有两大类:一类为反射光学材料,一类为透射光学材料。

1. 透射光学材料(transmitted material)

透射光学材料不仅应具备特定的光谱透过特性和光学常数,还必须满足加工条件和使用条件,需要有一定的机械强度、化学稳定性及耐热性。

透射光学材料主要用于折射光学元器件的制造,如透镜、平板、棱镜等,其选材主要看是否对工作波段有良好的透过率。透射光学材料主要分为三大类,分别是光学玻璃、光学晶体及光学塑料。

1)光学玻璃(optical glass)

光学玻璃是最常用的光学材料,其制造工艺成熟,品种齐全,大部分折射光学元件都是由光学玻璃制作而成的。光学玻璃又分为无色光学玻璃、耐辐射光学玻璃和有色光学玻璃,通常光学系统中使用的多为无色光学玻璃。

一般来说,无色光学玻璃的透过波长范围为 $0.35 \sim 2.5~\mu m$,超过此范围的光波将会被玻璃强烈地吸收,即玻璃成为非透明物质,特殊熔炼的光学玻璃可以透过特定的光波段。

(1) 光学玻璃的特征参量(character parameters of optical glass)。

透射材料一般以太阳光谱中的夫琅和费特性谱线(太阳光谱是典型的吸收光谱,在其连续光谱的背景上呈现出一条条的暗线,称为夫琅和费谱线)的折射率来表示其光学介质的折射特性。在国产光学玻璃目录中通常用以下几种光学常数来表示其玻璃特性。

① 折射率(refraction index):$n_D(\lambda=589.3~\text{nm})$ 或 $n_e(\lambda=546.1~\text{nm})$,以及其他谱线的折射率,如 $n_h(\lambda=404.7~\text{nm})$、$n_g(\lambda=435.8~\text{nm})$ 等。

② 平均色散(中部色散)(average dispersion):$dn=n_F-n_C$,式中,n_F 为 $\lambda=486.1~\text{nm}$ 的 F 光折射率,n_C 为 $\lambda=656.3~\text{nm}$ 的 C 光折射率。

③ 阿贝数(平均色散系数)(Abbe number):$\nu=\dfrac{n_D-1}{n_F-n_C}$ 或 $\nu=\dfrac{n_d-1}{n_F-n_C}$,常常被用来表示光学材料的色散特性。

④ 部分色散(partial dispersion):指任意一对谱线 λ_1、λ_2 的折射率之差,即 $n_{\lambda_1}-n_{\lambda_2}$。

⑤ 相对色散(相对部分色散)(relative partial dispersion):指部分色散与平均色散之比,即 $\dfrac{n_{\lambda_1}-n_{\lambda_2}}{n_F-n_C}$。

常规的光学玻璃以 D 光折射率 n_D(或 e 光折射率 n_e)、F 光折射率 n_F 以及 C 光折射率 n_C 为主要特征,这是因为目视光学系统是以人眼为最后的接收器件,而 F 光和 C 光接近人眼灵敏光谱区的两端,D 光(或 e 光)接近人眼的最灵敏谱线。

除以上各种光学常数外,在光学玻璃目录中还往往列有一些其他的物理及化学参量,如退火温度、密度、线膨胀系数、耐污染性、抗腐蚀性等。

(2) 无色光学玻璃的分类(classification of colorless optical glass)。

对可见光波段各种波长的透过率都相等且接近于 1 的玻璃称为无色光学玻璃,此类光学玻璃通常对紫外波段的吸收极强。无色光学玻璃又分为冕牌玻璃(用符号 K 表示)和火石玻璃(用符号 F 表示)两大类。一般来说,冕牌玻璃具有低折射率、低色散(阿贝数较大)的特点,而火石玻璃则具有高折射率、高色散(阿贝数较小)的特点。而这两类玻璃若分别加入不同的其他元素又可细分为若干种,如冕牌玻璃又分为轻冕(QK)、冕牌(K)、磷冕(PK)、钡冕(BaK)等;火石玻璃又分为轻火石(QF)、钡火石(BaF)、重火石(ZF)等。而每一种玻璃又可形成自己的系列,有自己的牌号,牌号用符号后面加数字以示区分,如冕牌玻璃(K)可分为 K_1,K_2,…,K_{12};钡冕玻璃(BaK)可分为 BaK_1,BaK_2,…,BaK_9 等,其下角标数字 1,2,…是指其折射率从低向高依次排列,每一系列的玻璃又有不同的特性。随着光学玻璃工业的发展,高折射率、低色散及低折射率、高色散的玻璃也在不断出现,从而使玻璃的种类和牌号得到扩充。目前国产光学玻璃目录(GB903/T—1987)中列出的无色光学玻璃共计 135 种,其中冕牌玻璃 57 种,火石玻璃 75 种,冕火石玻璃 3 种。需要说明的是,我国无色光学玻璃的命名方式与国外的略有不同,即使国内外玻璃具有相同的玻璃牌号表示形式,其光学特性也有所不同,例如,中国玻璃 K_6(折射率 $n=1.511\,1$,阿贝数 $\nu=60.5$)相当于日本玻璃 K_7(折射率 $n=1.511\,1$,阿贝数 $\nu=60.5$),而中国玻璃 K_7 的光学特性(折射率 $n=1.514\,7$,阿贝数 $\nu=60.6$)显然与日本玻璃 K_7 的光学特性有着一定的区别。表 5-7 所示为无色光学玻璃牌号、名称表。

表 5-7 无色光学玻璃牌号、名称表

Table 5-7 name and label of colourless optical glass

玻璃类型代号	玻璃类型名称	玻璃类型代号	玻璃类型名称
FK	氟冕	QF	轻火石
QK	轻冕	F	火石
K	冕	BaF	钡火石
PK	磷冕	ZBaF	重钡火石
BaK	钡冕	ZF	重火石
ZK	重冕	LaF	镧火石
LaK	镧冕	ZLaF	重镧火石
TK	特冕	TiF	钛火石
KF	冕火石	TF	特种火石

图 5-18 所示为光学玻璃按其主要光学常数平均折射率和阿贝数分布的 n_D-ν 图，按照惯例，阿贝数从右向左逐渐增大，而色散能力则从左向右逐渐增强。在阿贝数介于 50～60 时玻璃材料呈现出明显的分界，即左侧为冕牌玻璃，右侧为火石玻璃，远离该分界的玻璃相对较软且易着色，故难以加工，价格通常也非常昂贵。从图 5-18 中可见，各类玻璃在图中各自占有一小块区域，彼此相互连接成一片，从而为光学系统设计选择玻璃材料提供了充分的空间。但同时也可以发现大部分光学玻璃具有折射率高、色散也高的规律，近些年来已经能够生产出高折射率、低色散的光学玻璃，这对于高性能的光学系统设计产生了极大的辅助作用。由于各国对光学玻璃品种的标志方法有所不同，所以在选用时要查取光学玻璃目录以获取相应玻璃的特征参量值。

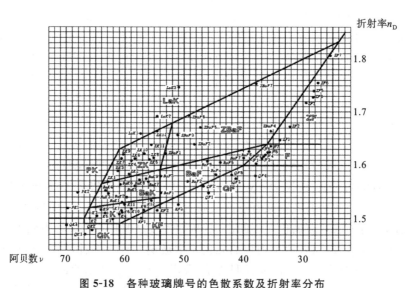

图 5-18 各种玻璃牌号的色散系数及折射率分布

Figure 5-18 dispersion coefficient and index of refraction of several kinds of glass

此外，光学玻璃还存在一系列的质量指标，如光学玻璃的均匀性、双折射、条纹度、气泡度、光吸收系数等，每一类指标都具有一定的分类或分级，有一定的标准或规定，它们都将对光学系统的成像质量产生一定的影响。其中,最重要的光学特性参数是折射率、色散和双折射。

(3) 耐辐射光学玻璃及有色光学玻璃(anti-radiation optical glass and colored glass)。

某些军用光学仪器中要求使用耐辐射光学玻璃,所谓耐辐射光学玻璃是指在 γ 射线作用下,具有一定抗辐射稳定性(不易着色或变暗)的光学玻璃,为了与无色光学玻璃相区分,在普通光学玻璃牌号右侧另加数字进行说明,例如,K_{509} 玻璃表示该玻璃的光学常数与 K_9 玻璃相同,能经受 10^5 伦琴辐照。

有色光学玻璃主要用于制作观察、照相、红外等光学仪器的滤光镜,以便改善观察条件,提高仪器的观察效果。在光学系统中加入滤光镜不外乎改变光强度或改变光谱成分,例如,在对空观察仪器中加入绿色滤光镜可以滤去大气中散射的大量紫蓝色光,从而获得对人眼灵敏度较高的黄绿色光;在对强光观察的仪器中加入中性滤光镜可使在可见光谱范围内各波长的光强度均匀地减弱,提高物体与背景的衬度,等等。部分常用的有色玻璃主要有:绿色玻璃(LB)主要应用于测量仪器、观察仪器中;透红外玻璃(HWB)主要应用于夜视仪器中;防护玻璃(FB)主要应用于防护眼镜;中性玻璃(AB)主要用于观察、瞄准仪器,特别是对空仪器,等等。

2) 光学晶体(optical crystal)

光学系统所使用的材料除光学玻璃外,还有石英、岩盐及其他碱金属卤化物的大块晶体。在透射材料中光学晶体的应用日益广泛,与光学玻璃相比,光学晶体具有更宽广的波段使用范围,但是这些材料不可能对全部光谱区都具有良好的光学性能,因此对不同的光谱区应选择不同的材料。如晶体砷化镓(GaAs),其透光范围为 $1.0\sim16\ \mu m$,显然该种材料适用于红外波段光学系统;晶体石英(SiO_2)的透光范围为 $0.18\sim4\ \mu m$,更适用于紫外波段;冕牌光学玻璃的透光范围则为 $0.35\sim2\ \mu m$;火石玻璃的透光范围为 $0.38\sim2.5\ \mu m$。

一般来说,常用于紫外光谱区的晶体材料有氟化锂(LiF)、氯化钠(NaCl)、溴化钾(KBr)、石英(SiO_2)等;常用于红外光谱区的晶体材料有硅(Si)、三硫化二砷(As_2S_3)等。在一些光学性能要求较高的光学系统中,为了改善成像质量更好的校正高级像差,也可以选用萤石(CaF_2)等晶体作为某些单片透镜的材料。

其他常用的晶体材料还有氯化银(AgCl)、氟化钠(NaF)、溴化铯(CsBr)、蓝宝石(Al_2O_3)、方解石($CaCO_3$)、金刚石(C)等。其中部分晶体较脆故而较难加工,部分晶体对水汽较为敏感。

需要说明的是,随着科技的发展,光学晶体已经超越了原来的透光范畴,进入声光、电光、磁光和激光等多个领域。

3) 光学塑料(optical plastic)

光学塑料是指可以用于代替光学玻璃的有机材料,根据其光学特性也可以分为类似冕牌类及火石类两种。由于有机塑料分子团的大小对折射率影响较大,故其光学性质较难控制在很高的精度上。另外,由于光学塑料的热膨胀系数和折射率的温度系数都较其他光学材料大很多,光学均匀性也比较差,故而还很难成为高级光学仪器零部件的材料。

目前光学塑料已开始普遍地应用于光学系统性能要求不高的中低档光学仪器中,如菲涅耳透镜、普通照相机、放大镜、眼镜、电视机、网络视频摄像头等,这类塑料镜片可由模压或铸塑而得,具有生产效率高、成本低、比重小、重量轻、不易破碎等优点。

常用的典型塑料主要有聚甲基丙烯酸甲酯又称有机玻璃(英文缩写为 PMMA)、聚苯乙烯(缩写为 PS)、聚碳酸酯(缩写为 PC)。PMMA 类似于冕牌类玻璃,具有较好的透光性能,适用于厚透镜的使用,同时也是较好的光学保护膜料及增透材料;PS 近似于火石玻璃,虽然综合性能不如 PMMA,但是该材料着色力强,易于成型且价格便宜,故而大量用于日用光学零件,也可与 PMMA 组合构成消色差光学系统;PC 材料的强度是热塑性光学材料中最好的,耐高温和耐寒性能也很好,适用于制作温差变化大、高冲击载荷的光学零件,但是 PC 具有熔点高、熔融黏度大的特点,因而对模具及成型条件要求较高。

2. 反射光学材料(reflective material)

反射光学材料主要用于反射光学元件的加工制造,通常都是在形状正确的抛光玻璃表面或在金属表面上镀以高反射率材料的薄膜。反射膜一般都是用金属材料镀制的,不同的金属反射面其反射特性不同,反射材料唯一的光学特性就是对各种色光的反射率 ρ。图 5-19 所示为几种常见金属材料的反射特性曲线。

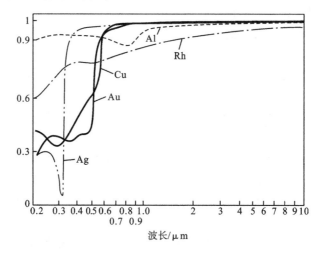

图 5-19 几种常见金属材料的反射特性曲线

Figure 5-19 reflective character curve of conventional metal material

从图 5-19 可见,金属的反射率大小与入射光波长密切相关,入射波段不同应选择不同的金属材料来镀制反射膜层。镀制金属反射膜常用的材料有铝(Al)、银(Ag)、金(Au)。铝是唯一的一种从紫外到红外都具有很高反射率($\rho \geqslant 80\%$)的材料,同时铝膜表面在大气中能生成一层厚度约为 5 nm 的氧化铝(Al_2O_3)薄层,使铝膜层得到保护,故膜层比较牢固、稳定,其应用也比较广泛。银膜在可见区及红外区都有很高的反射率,而且在倾斜使用时引入的偏振效应也最小,但是当蒸发的银膜用于前表面镀层时却受到严重的限制,这是因为它与玻璃基片的黏附性很差,且易于受到硫化物的影响而失去光泽,故而通常仅用于短期使用的场合或作为后表面镜的镀层。金膜在红外区的反射率很高,它的稳定性和强度都比银膜好,所以常用金膜作为红外反射镜的镀膜材料。由于金膜与玻璃基片的黏附性较差,故常用铬膜作为衬底层。

铑(Rh)和铂(Pt)的反射率远低于上述金属,只有在那些对抗腐蚀有特殊要求的情况下才使用它们,这两种金属都能牢固地黏附在玻璃上。

大多数金属膜都比较容易损坏,所以常常在金属膜外面加一层保护膜,这样既能改善强度又能保护金属膜不受大气侵蚀,但是镀了保护膜后反射镜的反射率或多或少会受到一定的影响,最常用的铝保护膜是一氧化硅,但是作为紫外反射镜的铝膜不能用此保护膜层,这是因为该保护膜层在紫外区有显著的吸收作用。

除了金属材料可以作为反射材料外,多层介质材料也可以制作高反射膜层。由于金属膜有较大的吸收损失,而高性能的多光束干涉仪中的反射膜以及激光器谐振腔的反射膜要求有更高的反射率和尽可能小的吸收损失,因此多层介质膜层的应用就变得非常有意义。用高、低折射率交替镀制,每层光学厚度为 $\lambda/4$ 的多层介质膜能够得到更高的反射率,理论上可望得到接近 100％的反射率。

3. 光的色散(dispersion)

1) 色散的定义及其分类(definition and classification of dispersion)

光在物质中传播时其折射率(传播速度)随光波频率(波长)变化而变化的现象称为色散。在分析光线的传播和光学系统成像时,折射率都是表征介质特性的一个重要量值,但实际上介质折射率是波长的函数,对同一种介质而言(除真空外),随着入射光波长的不同其折射率大小也将有所不同。

色散分为正常色散和反常色散。正常色散是指发生在物质透明区(即物质对光的吸收很小的区域)内的色散,表现为折射率随波长的增大而逐渐减小,即对同一种材料其蓝光的折射率大于红光的折射率;反常色散是指发生在物质吸收区内的色散,此时折射率随着波长的增大而增大。我们称介质折射率随波长变化而变化的曲线为色散曲线,图 5-20(a)所示为几种常见材料的正常色散曲线。从图 5-20(a)中可见,介质折射率随着波长的减小而增大,尤其是在短波部分,折射率增加非常迅速。图 5-20(b)所示为在可见光区域内透明的一般物质的反常色散曲线,显然在可见光区域内(曲线 PQ 之间)折射率 n 的变化符合一般规律,越过吸收带折射率数值将发生突变,增大到较大的数值,并随着波长的增加折射率下降非常迅速;离开吸收带较远时(当到达曲线的 ST 之间时)曲线又渐渐变得平坦,满足正常色散曲线。其实反常色散同样非常普遍,任何物质只要在红外或紫外光谱中有选择性吸收,就会表现出反常色散,只有当波长远离吸收带时才呈现正常色散的特性。

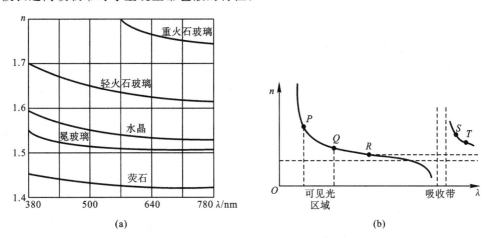

图 5-20　几种常见材料的色散曲线

Figure 5-20　dispersion curve of conventional material

2) 柯希色散公式(Cauchy dispersion formula)

在可见光区域附近,正常色散曲线可用如下所示的函数关系来加以描述,即

$$n = a + \frac{b}{\lambda^2} + \frac{c}{\lambda^4} \tag{5-58}$$

式(5-58)是一个实验获得的经验公式,式中 a、b、c 均为正的常量,称为柯希常数,它们与物质材料的性质有关。从式(5-58)中可见,只要能够测量出三个已知波长的折射率 n 便可求出三个常系数 a、b、c 的大小,从而能够计算出所需波长的折射率数值。例如,氦-氖激光器的主波

长为 $\lambda=632.8$ nm,但该色光不属于特征谱线,不能在玻璃目录中查找到其折射率的大小,但是利用柯希公式即可计算出相应的折射率。在大多数情况下,若精度要求不高且波长变化的范围也不大时,只要取柯希公式的头两项就足够了,即

$$n = a + \frac{b}{\lambda^2} \tag{5-59}$$

若对式(5-59)求导,可得到材料的色散关系

$$\frac{\mathrm{d}n}{\mathrm{d}\lambda} = -\frac{2b}{\lambda^3} \tag{5-60}$$

式(5-60)表示色散近似与波长的三次方成反比,呈现非均匀排列的特性,这表明 $\lambda=380$ nm 的紫光色散效应是 $\lambda=760$ nm 的红光色散效应的 8 倍。式中的负号表示折射率将随着波长的增大而减小,如图 5-21 所示。

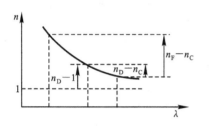

图 5-21 折射率与波长的关系

Figure 5-21 relationship between index of refraction and wavelength

需要说明的是,柯希公式不适用于紫外与红外波段折射率的求取。除柯希公式以外,长期以来还有许多其他的具有实用价值的色散公式,如哈特曼公式等。

3) 折射棱镜的色散(dispersion of refracting prism)

折射棱镜多是由透明材料制成的棱柱体,截面呈现三角形的折射棱镜称为棱镜片,它的主要作用之一就是利用其色散特性制成分光元件,应用于各种分光光谱仪中。

许多光学系统是以白光作为光源,若将白光投射到折射棱镜上,则由于棱镜对不同色光具有不同的折射率,各色光经折射棱镜后将有不同的折射角,因此白光经棱镜折射后将分解成各种色光,呈现出按红、橙、黄、绿、青、蓝、紫有序的颜色排列,即出现色散现象。由于红光的波长长,紫光的波长短,故红光的折射率小,产生的偏折也较小;紫光的折射率大,形成的偏折也较大,如图 5-22 所示。

棱镜光谱仪便是利用棱镜的这种分光性能制作而成的,它是研究光谱的重要仪器,其原理光路如图 5-23 所示。

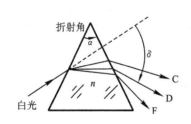

图 5-22 折射棱镜的色散

Figure 5-22 dispersion of refracting prism

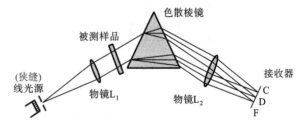

图 5-23 棱镜光谱仪的原理光路

Figure 5-23 principle of prism spectrometer

由图 5-23 可见,狭缝位于准直物镜 L_1 的物方焦面上,狭缝发出的白光经准直物镜后成为平行光,经棱镜进行分解后,各色光以不同的方向射入物镜 L_2,并在像方焦平面上形成各自对应的清晰的狭缝像。

光学系统的光能损失
Energy Loss of Optical System

任何一个实际的光学系统都不可能完全透明,射入系统的光通量 Φ 永远要大于射出系统的光通量 Φ',即光学系统的透过率 $\tau = \dfrac{\Phi'}{\Phi} < 1$,这意味着在系统传递过程中不可避免地存在一定的光能损失。造成光能损失的因素是多方面的,主要体现在透明介质分界面的反射损失、反射面的光能损失和透明介质材料的吸收损失。

1. 透明介质分界面的反射损失(reflected loss of interface between transparent medium)

按照折射定律和反射定律,当光照射到两个透明介质分界面上(折射率分别为 n、n')时将同时发生反射及折射,如图 5-24 所示,由于透射元件主要是利用折射光进行能量传输或成像的,故而分界面上的反射光能就构成系统光能损失的一个很重要的因素,分界面上的反射能量可以通过反射率 ρ 进行计算求取。

反射率 ρ 与入射角 I 的大小有关,通常认为入射角小于 30°时的反射率与入射角为零时的反射率基本相同,入射角小于 45°时也相差不多,但当入射角大于 45°时,反射率就增加很快,如图 5-25 所示。

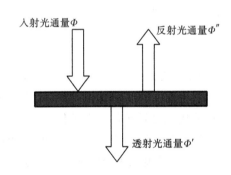

图 5-24 反射率与能量的关系

Figure 5-24 relationship between reflectance and energy

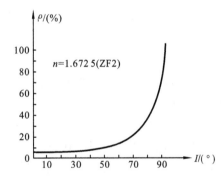

图 5-25 反射率与入射角的关系

Figure 5-25 relationship between reflectance and incident angle

实际上,光束经光学系统传播时光线在每一个面上的入射角很少会超过 45°,因此光学系统的反射率可以近似用垂直入射时反射率的相关公式 $\rho = \left(\dfrac{n'-n}{n'+n}\right)^2$ 进行计算。可见,反射率仅取决于介质分界面两侧的折射率大小,n'、n 的差值越大,反射率就越大。若不考虑吸收及散射,则反射光通量 Φ''、透射光通量 Φ' 与入射光通量 Φ 是守恒的。

若系统由 k 个折射面构成,则当光射入系统时将在每一个不同透明介质分界面上都存在一定程度的反射损失,射出系统的光通量 Φ'_k 为

$$\Phi'_k = (1-\rho_1)(1-\rho_2)\cdots(1-\rho_k)\Phi \tag{5-61}$$

式中,$\rho_1, \rho_2, \cdots, \rho_k$ 分别表示第一个折射面,第二个折射面,$\cdots$,第 k 个折射面的反射率。整个系统的透过率则为

$$\tau_k = \frac{\Phi'_k}{\Phi} = (1-\rho_1)(1-\rho_2)\cdots(1-\rho_k) \tag{5-62}$$

光学系统的透过率实际上反映了经过系统之后光通量的损失程度,透过率值越小,说明光通量损失越大。

例 5-10 一胶合物镜由两片透镜组成,其折射率分别为 $n_1 = 1.52$,$n_2 = 1.60$,这两片透镜用 $n = 1.54$ 的树胶黏在一起,设光在透镜上的入射角都很小,①试求光在透过此物镜时由于反射而造成的光能损失;②若两透镜不用树胶黏合,而仅是留有一空气薄隙,由于反射而造成的光能损失又是多少? 不考虑介质吸收及散射。

分析 由于假设光在透镜上的入射角都很小,故可以近似采用垂直入射时的反射率公式进行计算。又因为一个透镜有两个介质分界面,故该系统由四个折射面构成。当光射入系统时,在每个折射面上都要发生反射,产生一定的光能损失,故整个系统的透过率是由这四个折射面共同作用的结果,按照能量守恒定律,由于反射造成的光能损失为 $1 - \tau_4$。

解 ① 因为 $\rho = \left(\dfrac{n' - n}{n' + n}\right)^2$,故

$$\rho_1 = \left(\frac{1.52 - 1}{1.52 + 1}\right)^2 = 0.043, \quad \rho_2 = \left(\frac{1.54 - 1.52}{1.54 + 1.52}\right)^2 = 4.27 \times 10^{-5}$$

$$\rho_3 = \left(\frac{1.60 - 1.54}{1.60 + 1.54}\right)^2 = 3.65 \times 10^{-4}, \quad \rho_4 = \left(\frac{1 - 1.60}{1 + 1.60}\right)^2 = 0.053$$

$$\tau_4 = (1 - \rho_1)(1 - \rho_2)(1 - \rho_3)(1 - \rho_4) = 0.906$$

故由于反射造成的光能损失约为 $1 - \tau_4 \approx 0.1$。

② 若两透镜不用树胶黏合,而仅是留有一空气薄隙时,则同理可得

$$\tau_4 = (1 - 0.043)^2 (1 - 0.053)^2 = 0.82$$

由于反射造成的光能损失约为 $1 - \tau_4 \approx 0.18$。

比较上面两种情况,不难发现胶合透镜由于反射所造成的光能损失要比非胶合透镜所产生的光能损失小许多,而胶合面上的光能损失较非胶合面上的也小许多,故在计算系统光能损失时胶合面上的光能损失往往忽略不计,这就是许多物镜采用胶合透镜的主要原因。

此外,从例 5-10 也可见,在每一个空气-玻璃介质分界面上都将产生 4%~6% 的光能损失,若光学系统由多个折射面构成,则仅由于反射所产生的光能损失就相当可观。需要说明的是,这些反射的能量不仅使系统能量的有效利用率大大降低,而且各面的反射光又将被其他折射面部分地反射,这种表面间互相折反射的光最终将有一部分通过光学系统以杂散光的形式散布在像面上,形成杂光背景光强或形成杂光鬼像,危害光学系统的成像质量。为了尽可能减小这种反射光造成的危害,提高系统的性能,通常会利用多光束干涉的原理在折射光学零件的表面镀上一层或多层的介质膜层(即增透膜),以减少折射面上的反射损失,提高系统的透过率。若系统没有具体说明材质及所镀的膜层类型,一般情况下可认为未镀增透膜表面的冕牌玻璃透过率 $\tau \approx 0.96$,火石玻璃透过率 $\tau \approx 0.95$,镀增透膜表面的透过率 $\tau \approx 0.98$。

2. 反射面的光能损失(energy loss of reflecting surface)

光学系统中不仅存在折射元件,还存在大量的反射元件,反射元件将根据需求的不同在基片上涂镀不同的金属材料(或介质材料)以提高其反射性能。由于金属层(或介质层)反射面也在不同程度上存在一定的光能吸收,故而也不能将入射其上的光通量全部反射,因此反射面的吸收损失也是必须考虑的一个主要因素。以金属反射面为例,由于其反射率与所使用的材料、波长及所使用的工艺方法有关,在可见光区范围内多使用银(化学镀银后镀铜,再涂保护漆,反射率 $\rho' \approx 0.95$)和铝(真空镀铝后氧化加固,反射率 $\rho' \approx 0.85$)作为反射材料,此两种材料虽均

具有较高的反射率,但是毕竟仍存在一定的光能损失。设入射的光通量为 Φ,则反射的光通量为

$$\Phi'' = \rho'\Phi \tag{5-63}$$

而且反射面越多,由此所造成的光能量损失就越大。若系统中存在 m 个反射面,则反射后的能量为

$$\Phi''_m = \rho'_1 \rho'_2 \cdots \rho'_m \Phi \tag{5-64}$$

式中,$\rho'_1, \rho'_2, \cdots, \rho'_m$ 分别代表第一个,第二个,$\cdots$,第 m 个反射面的反射率。

3. 透明介质材料的吸收损失(absorption loss of transparent material)

虽然透射元件由光学玻璃、光学晶体等透明材料制作而成,但实际上,即使是透明材料,也不可能完全透明。从光与物质相互作用的观点来看,当光在透明介质中传播时,也存在一定程度的能量吸收,只不过吸收比较小而已,所以在前几章的探讨中没有过多地考虑它的吸收效应。但实际上光在介质中传播时的吸收损失也是不可忽略的,其吸收能量的大小与介质的吸收系数密切相关。

吸收系数通常用 α 表示,它在数值上等于光波强度因吸收而减弱到 $1/e$ 时透过的物质厚度的倒数,它的单位用 cm^{-1} 表示。吸收系数与材料的特性有关,各种物质的吸收系数差别很大,一般对可见光而言,金属的吸收系数为 $\alpha \approx 10^6 \ \text{cm}^{-1}$,玻璃的吸收系数为 $\alpha \approx 10^{-2} \ \text{cm}^{-1}$,一个大气压下空气的吸收系数为 $\alpha \approx 10^{-5} \ \text{cm}^{-1}$,这就表示空气的吸收最小,玻璃次之,而金属的吸收较大,故极薄的金属片就能够吸收掉入射的全部光能,因此金属一般并不透明,而空气和玻璃则是透明的。

光学玻璃的光吸收系数分为六类,最小为 0.001,最大为 0.03,故多数无色透明光学玻璃对白光的平均吸收系数取均值,即 $\alpha \approx 0.015 \ \text{cm}^{-1}$,而 $1-\alpha$ 则表示透明系数。

光在透明介质中传播所产生的能量损失不仅与介质的吸收系数有关,还与光学零件的厚度有关,一般来说,光学零件越厚,其能量吸收越多,损失也就越大。若系统中所使用材料的吸收系数相同,且所有元件中心厚度之和为 $\sum d$(单位为 cm),考虑到介质吸收而造成的能量损失,其透过的光通量为

$$\Phi' = (1-\alpha)^{\sum d}\Phi \tag{5-65}$$

若系统中所使用材料的吸收系数各不相同,则式(5-65)又可以表示为

$$\Phi' = (1-\alpha_1)^{\sum d_1}(1-\alpha_2)^{\sum d_2} \cdots (1-\alpha_n)^{\sum d_n}\Phi \tag{5-66}$$

式中,$\alpha_1, \alpha_2, \cdots, \alpha_n$ 分别表示系统所用各种材料的吸收系数;$\sum d_1, \sum d_2, \cdots, \sum d_n$ 分别表示相应材料制成元件的中心厚度之和。

若光学系统中包含析光元件,则还必须考虑析光膜层的光能损失。此外,光学材料内部的气泡、杂质和局部混浊将导致光的散射损失,光学零件表面抛光不良和疵病会造成光的漫反射,这些因素不仅会在一定程度上对光能造成损失,而且会形成杂散光而影响光学系统的成像质量,因此必须对光学零件的材料和表面加工质量提出严格的要求。

"光学系统中的光能损失"视频

4. 光学系统的总透射率(total transmittance of optical system)

由于光学系统中往往既有折射元件又有反射元件,为了计算光经过整个光学系统的光能损失,就需要同时考虑透明介质分界面的反射损失、反射面的光能损失和透明介质材料的吸收损失。若系统由 k 个折射面、m 个反射面构成,且存在 n 种介质材料,相应材料制成元件的中心厚度之和分别为 $\sum d_1, \sum d_2, \cdots, \sum d_n$,各种介质材料的吸收率分别为 $\alpha_1, \alpha_2, \cdots, \alpha_n$,各折射面的反射率分别为 $\rho_1, \rho_2, \cdots, \rho_k$,各反射面的反射率分别为 $\rho'_1, \rho'_2, \cdots, \rho'_m$,射入系统的光通量为 Φ,则射出系统的光通量 Φ' 为

$$\Phi' = \{(1-\rho_1)(1-\rho_2)\cdots(1-\rho_k)\}\{\rho'_1\rho'_2\cdots\rho'_m\}\{(1-\alpha_1)^{\sum d_1}(1-\alpha_2)^{\sum d_2}\cdots(1-\alpha_n)^{\sum d_n}\}\Phi$$

$$(5\text{-}67)$$

而系统总的透过率 τ 为

$$\tau = \frac{\Phi'}{\Phi} = \{(1-\rho_1)(1-\rho_2)\cdots(1-\rho_k)\}\{\rho'_1\rho'_2\cdots\rho'_m\}\{(1-\alpha_1)^{\sum d_1}(1-\alpha_2)^{\sum d_2}\cdots(1-\alpha_n)^{\sum d_n}\}$$

$$(5\text{-}68)$$

例 5-11 某光学系统,如图 5-26 所示,该系统由两个透镜组 Ⅰ、Ⅱ 及一个镀银反光镜构成。透镜组 Ⅰ 的有关数据如表 5-8 所示,透镜组 Ⅱ 的透过率 $\tau_2 = 0.66$,求整个系统的透过率 τ。

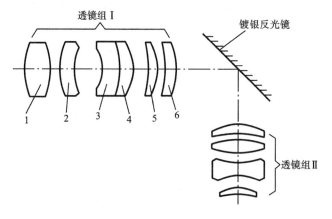

图 5-26 某光学系统的结构

Figure 5-26 structure of some optical system

分析 该光学系统既有透射元件,又有反射元件,故整个系统的光能损失应该既考虑到折射面的反射损失,又考虑到反射面的吸收损失及透明材料的吸收损失。由于反射面镀银,故可取为 $\rho' \approx 0.95$。系统中冕牌玻璃的透过率可取为 $\rho_1 \approx 0.96$,火石玻璃的透过率可取为 $\rho_2 \approx 0.95$。系统中共有 7 个冕牌玻璃与空气的介质分界面,3 个火石玻璃与空气的介质分界面,1 个胶合面,由于胶合面的光能损失很小,故可忽略不计。而各元件的中心厚度之和可通过表 5-8 中所示数据进行求和计算。

解 各元件中心厚度之和为 $d = 8.257$ cm,故透镜组 Ⅰ 的透过率为

$$\tau_1 = (0.96)^7 (0.95)^3 (1-0.015)^{8.275} = 0.58$$

整个系统的透过率为

$$\tau = \tau_1 \tau_2 \rho' = 0.58 \times 0.66 \times 0.95 = 0.36$$

表 5-8　系统数据

Table 5-8　system data

零件序号	材　　料	中心厚度/cm	与空气接触面数
1	冕	1.137	2
2	火石	1.337	2
3	火石	2.047	1
4	冕	1.545	1
5	冕	1.133	2
6	冕	1.058	2
	总厚度	8.257	

第 5 章　教学要求及学习要点

习　　题

5-1　物体的光亮度就是人眼感到的明亮程度,这种说法对吗?

5-2　已知乙炔焰的光亮度为 $8×10^4$ cd/m^2,而人眼通常习惯 10^4 cd/m^2 的光亮度,问焊接操作者需戴透过率为多少的防护眼镜?

5-3　假设 220 V、60 W 的充气钨丝灯泡均匀发光,辐射的总光通量为 900 lm,求该灯泡的发光效率及平均发光强度。

5-4　假设射在屏幕的光波长为 $λ=600$ nm,光通量 $Φ_v=1\,000$ lm,试求屏幕在一分钟内接收的辐射通量。

5-5　设有一个 60 W 的灯泡,其发光效率为 15 lm/W,假定灯泡是各向均匀发光的点光源,求:(1)光源的发光强度;(2)在距灯泡 2 m 处垂直照明的屏上的光照度。

5-6　发光强度为 50 cd 的点光源发出的光,射进有效瞳孔直径为 2 mm 的眼睛,光源距离眼睛 500 mm,求进入眼睛的光通量。

5-7　已知一 60 W 灯泡的发光效率 $η=11$ lm/W,若不计玻璃壳所造成的光能损失,求该灯泡发出的光通量、平均发光强度及平均光亮度。

5-8　一个 40 W 的钨丝灯发出的总光通量为 500 lm,设各向发光强度相等,请分别求出以灯丝为中心,半径分别为 1 m、2 m、3 m 时球面上的光照度。

5-9　电影院银幕的反射率 $ρ=0.75$,其上的光照度为 50 lx。假设银幕为朗伯辐射体,求银幕上的光亮度和光出射度。

5-10　在直径为 3 m 的圆桌中心上方 2 m 处吊一个平均发光强度为 200 cd 的灯,请分别求出圆桌中心及边缘处的光照度。

5-11　发光强度为 100 cd 的白炽灯泡照射在墙壁上,墙壁和光线照射方向距离为 3 m,墙壁的漫反射系数为 0.7,求与光线照射方向相垂直的墙壁上的光照度及墙面上的光出射度。

5-12　一房间长 5 m、宽 3 m、高 3 m,一均匀发光的灯悬挂在天花板中心,设灯的发光强度为 60 cd,离地面 2.5 m,试求:(1)灯正下方地板上的光照度为多少? (2)房间角落地板上的光照度又为多少?

5-13　某种光学玻璃对 $λ=400$ nm 光波的折射率为 $n=1.63$,对 $λ=500$ nm 光波的折射率为 $n=1.58$,假定柯希公式 $n=a+\dfrac{b}{λ^2}$ 适用于该种玻璃,求该玻璃对 $λ=600$ nm 入射光波的色散 $\dfrac{\mathrm{d}n}{\mathrm{d}λ}$。

5-14 一块光学玻璃对水银灯的蓝光谱线($\lambda=435.8$ nm)的折射率为1.6525,对绿光谱线($\lambda=546.1$ nm)的折射率为1.6245,试利用柯希公式 $n=a+\dfrac{b}{\lambda^2}$ 求出对钠光谱线($\lambda=589.3$ nm)的折射率。

5-15 已知一投影系统,未镀增透膜的空气-玻璃介质分界面为16个面,镀增透膜的空气-玻璃介质分界面为8面,胶合面为2面,镀银的反射面为3面,棱镜完全内反射面为2面,光学材料的中心厚度之和为 $\sum d=7.5$ cm,求整个系统的透过率。

本 章 术 语

光度学	photometry
辐射能	radiant energy
辐射通量(或称辐射功率)	radiant flux (or radiant power)
光通量	luminous flux
立体角	solid angle
发光强度	luminous intensity
光照度	illuminance
光出射度	irradiance
光亮度	luminance
光谱光视效率(又称视见函数)	spectral luminous efficiency
明视觉	photopic vision
暗视觉	scotopic vision
发光效率	luminous efficiency
朗伯定律	Lambert law
朗伯辐射体	Lambert radiator
色散	dispersion
光学玻璃	optical glass
平均色散(中部色散)	average dispersion
阿贝数(平均色散系数)	Abbe number
部分色散	partial dispersion
相对色散(相对部分色散)	relative partial dispersion
光学晶体	optical crystal
光学塑料	optical plastic
反射率	reflectance
透射率	transmittance

第6章

光路计算及像差
Ray Tracing and Aberration

6.1 ║║ **像差概述**
　　　　　Abstract of Aberration

1. 基本概念(basic concepts)

在近轴光学系统中,可根据精确的球面折射公式导出在 $\sin\theta=\theta,\cos\theta=1$ 时的物像大小和位置,即理想光学系统的物像关系式。一个物点的理想像仍然是一个点,从物点发出的所有的光线通过光学系统后都会聚于一点。

近轴光学系统只适用于近轴的小物体以细光束成像。对任何一个实际的光学系统而言,都需要一定的相对孔径(relative aperture)和视场(field of view),恰恰是相对孔径和视场这两个因素与系统的功能和使用价值紧密联系在一起。因此,实际的光路计算远远超过近轴区域所限制的范围,物像的大小和位置与近轴光学系统计算的结果不同。这种实际像与理想像之间的差异称为像差(aberration)。

正弦函数的级数展开式为

$$\sin\theta = \theta - \frac{\theta^3}{3!} + \frac{\theta^5}{5!} - \frac{\theta^7}{7!} + \cdots$$

利用展开式中的第一项 θ 代替三角函数 $\sin\theta$($\sin\theta=\theta$),导出了近轴公式。由于用 θ 代替 $\sin\theta$ 而忽略了级数展开式中的高次项,这些高次项则是产生像差的原因所在。

像差可分为两大类,即几何像差(geometrical aberration)和波像差(wavefront aberration)。

几何像差是基于几何光学讨论的,含有五种单色像差(monochromatic aberration)和两种色差(chromatic aberration),共七种。光学系统不同孔径的入射光线其成像的位置不同,不同视场的入射光线其成像的倍率不同,子午(meridional)面和弧矢(sagittal)面光束成像的性质也不尽相同。因此,单色光成像会产生性质不同的五种像差,即球差(spherical aberration)、彗差(coma)(正弦差 sine aberration)、像散(astigmatism)、场曲(field curvature)和畸变(distortion),统称为单色像差。实际上,绝大多数的光学系统都是对白光或复色光成像的。同一光学介质对不同的色光有不同的折射率,因此,白光进入光学系统后,由于折射率不同而有不同的光程,这样就导致了不同色光成像的大小和位置也不同,这种不同色光的成像差异称为色差。色差有两种,即位置色差(longitudinal chromatic aberration)和倍率色差(transverse chromatic aberration)。

波像差是基于波动光学理论讨论的。在近轴区内一个物点发出的球面波经过光学系统后仍然是球面波,由于衍射现象的存在,一个物点的理想像是一个复杂的艾里斑(Airy disk)。对于实际的光学系统,由于像差的存在,经光学系统形成的波面已不是球面,这种实际波面与理想球面的偏差称为波像差,简称波差。由于波像差的大小可直接用于评价光学系统的成像质量,而波像差与几何像差之间有着直接的变化关系,因此了解波像差的概念是非常有用的。

除平面反射镜成像之外,没有像差的光学系统是不存在的。实践表明,完全消除像差是不可能的,且也是没有必要的,因为所有的光能探测器,包括人眼都具有像差,或者说具有一定的缺陷。光学设计中总是根据光学系统的作用和接收器的特性把影响像质的主要像差校正到某一公差带范围内,使接收器不能察觉,即可认为像质是令人满意的。

2. 像差计算的谱线选择(spectral line selection of aberration calculation)

计算和校正像差时的谱线选择主要取决于光能接收器的光谱特性。其基本原则是,对光能接收器最灵敏的谱线校正单色像差,对接收器所能接收的波段范围两边缘附近的谱线校正色差,同时接收器的光谱特性也直接受光源和光学系统的材料限制,设计时应使三者的性能匹配好,尽可能使光源辐射的波段与最强谱线、光学系统透过的波段与最强谱线、接收器所能接收的波段与灵敏谱线三者对应一致。

不同光学系统具有不同的接收器,因此在计算和校正像差时选择的谱线不同。

1) 目视光学系统(visual optical system)

目视光学系统的接收器是人的眼睛。由人眼视见函数曲线可知,人眼只对波长在 $380\sim780$ nm 范围内的波段有响应,其中最灵敏的波长 $\lambda=555$ nm,故目视光学系统一般选择靠近此灵敏波长的 D 光($\lambda=589.3$ nm)或 e 光($\lambda=546.1$ nm)校正单色光像差。因 e 光比 D 光更接近于 555 nm,故用 e 光校正单色像差更为合适。对靠近可见区两端的 F 光($\lambda=486.1$ nm)和 C 光($\lambda=656.3$ nm)校正色差。选择光学材料相应的参数是

$$n_D, \quad \nu_D = (n_D-1)/(n_F-n_C) \quad (\nu \text{ 称阿贝常数})$$

2) 普通照相系统

照相系统的光能接收器是照相底片,一般照相乳胶对蓝光较敏感,所以对 F 光校正单色像差,而对 D 光和 G′光($\lambda=434.1$ nm)校正色差。实际上,各种照相乳胶的光谱灵敏度不尽相同,并常用目视法调焦,故也可以与目视系统一样来选择谱线。光学材料相应的参数指标是

$$n_F, \quad \nu_F = (n_F-1)/(n_{G'}-n_D)$$

对于天文照相光学系统,所用感光乳胶的灵敏区更偏于蓝光一端,并且不用目视法调焦,所以常用 G′光校正单色像差,对 h 光($\lambda=404.7$ nm)和 F 光校正色差。

3) 红外光学系统(infrared optical system)

波长在 $760\sim10^6$ nm 的波段称为红外波段。红外波段通常分为四个区域,即近红外($0.76\sim3$ μm)、中红外($3\sim6$ μm)、中远红外($6\sim20$ μm)、远红外($20\sim1\,000$ μm),常用的红外窗口为 $3\sim5$ μm 和 $8\sim12$ μm。红外波段人眼看不见,但是它可以被对红外敏感的探测器接收到。红外光学系统元件必须选用能透红外波段的锗、硅等材料。

4) 特殊光学系统

有些光学系统,如某些激光光学系统,只需某一波长的单色光照明,所以只对工作波长校正单色像差,而不用校正色差。对应用可见光区以外的某个波段的光学系统(如夜视仪(night vision scope)),若其光谱区范围从 λ_1 到 λ_2,则其光学参数是

$$n_\lambda = (n_{\lambda_1} + n_{\lambda_2})/2, \quad \nu_\lambda = (n_\lambda - 1)/(n_{\lambda_1} - n_{\lambda_2})$$

6.2 光线的光路计算
Ray Tracing

从物点发出进入光学系统入瞳并通过光学系统成像的光线有无数条,故不可能、也没有必要对每条光线都进行光路计算,一般只对计算像差有特征意义的光线进行光路计算,研究不同视场的物点对应不同孔径和不同色光的像差值。如已知光学系统的结构参数(r、d、n)、物体的位置和大小、孔径光阑的位置和大小(或数值孔径角),为求出光学系统的成像位置和大小以及各种像差,需进行下列光路计算。

对计算像差有特征意义的光线主要有三类。

(1) 子午面内的光线光路计算,包括近轴光线的光路计算和实际光线的光路计算,以求出理想像的位置和大小、实际像的位置和大小以及有关像差值。

(2) 轴外点沿主光线的细光束光路计算,以求像散和场曲。

(3) 子午面外的空间光线的光路计算,求得空间光线的子午像差分量和弧矢像差分量,对光学系统的像质进行更全面的了解。

对于小视场的光学系统,例如,望远物镜和显微物镜等,因为只要求校正与孔径有关的像差,因此只需作第一种光线的光路计算即可。对大孔径、大视场的光学系统,例如,照相物镜等,要求校正所有像差,因此上述三种光线的光路计算都需要进行。

1. 子午面内的光线光路计算(ray tracing in meridional plane)

1) 近轴光线的光路计算(ray tracing of paraxial ray)

轴上点(on-axis point)近轴光线的光路计算(又称第一近轴光线)的初始数据为 l_1、u_1(见图 6-1)。近轴光线通过单个折射面的计算公式为

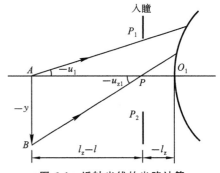

$$i = (l-r)u/r$$
$$i' = ni/n'$$
$$u' = u + i - i'$$
$$l' = (i'r/u') + r$$

以上式子为针对单个折射球面物体在有限远的情况,若物体在无限远,则有 $l = -\infty$,此时

$$u_1 = 0, \quad i_1 = \frac{h_1}{r_1}$$

图 6-1　近轴光线的光路计算

Figure 6-1　ray tracing of paraxial ray

这是单个折射球面的计算公式,由于系统由多个折射球面构成,要想计算出最终的结果,还必须用到由前一折射球面到后一折射球面的过渡公式。对于一个由 k 个面组成的光学系统,根据过渡公式得

$$n_2 = n_1', n_3 = n_2', \cdots, n_k = n_{k-1}'$$
$$u_2 = u_1', u_3 = u_2', \cdots, u_k = u_{k-1}'$$
$$y_2 = y_1', y_3 = y_2', \cdots, y_k = y_{k-1}'$$
$$l_2 = l_1' - d_1, l_3 = l_2' - d_2, \cdots, l_k = l_{k-1}' - d_{k-1}$$

这样可以计算出像点位置 l' 和系统各基点的位置,若要计算系统的焦点位置,可令 $l = \infty$,

$u_1 = 0$，由近轴光路计算出的 l_k' 即为系统的焦点位置，系统的焦距为 $f' = h_1/u_k'$。

轴外点(off-axis point)近轴光线的光路计算(又称第二近轴光线)是对轴外点而言的，一般要对五个视场(0.3,0.5,0.707,0.85,1)的物点分别进行近轴光线的光路计算，以求出不同视场的主光线与理想像面的交点高度，即理想像高 y_k'。轴外点近轴光线的初始数据为

$$l_z, u_z = y/(l_z - l_1) \qquad （当 l_1 = \infty 时, u_z = \omega） \tag{6-1}$$

可按上述第一近轴光线的光路计算公式进行计算，计算结果为 l_z' 和 u_z'，由此可求得理想像高为

$$y' = (l_z' - l') \cdot u_z' \tag{6-2}$$

2) 远轴光线的光路计算(ray tracing of marginal ray)

轴上点远轴光线的光路计算的初始数据是 L_1、$\sin U_1$，根据第 2 章中实际光路计算公式知

$$\sin I = \frac{(L - r)\sin U}{r}$$

$$\sin I' = \frac{n}{n'}\sin I$$

$$U' = U + I - I'$$

$$L' = r\left(1 + \frac{\sin I'}{\sin U'}\right)$$

以上式子为针对单个折射球面物体在有限远的情况，若物体在无限远，则有 $L = -\infty$，此时

$$U_1 = 0, \quad \sin I_1 = \frac{h_1}{r_1}$$

相应的转面公式为

$$L_k = L_{k-1}' - d_{k-1}$$

$$U_k = U_{k-1}'$$

$$n_k = n_{k-1}'$$

校对公式为

$$L' = PA\frac{\cos\left[\frac{1}{2}(I' - U')\right]}{\sin U'} = \frac{L\sin U}{\cos\left[\frac{1}{2}(I - U)\right]} \cdot \frac{\cos\left[\frac{1}{2}(I' - U')\right]}{\sin U'}$$

计算结果为 L_k'、U_k'，由此可求出通过该孔径光线的实际成像位置和像点弥散情况。

轴外点子午面内远轴光线的光路计算与轴上点的不同，光束的中心线即主光线不是光学系统的对称轴，因此在计算轴外点子午面内远轴光线时，对各个视场一般要求计算 11 条光线，考虑到问题的简化与代表性，本节只考虑计算 3 条光线，即主光线和上、下子午边缘光线。对物体在无限远处的情况，若光学系统的视场角为 ω，入瞳半孔径为 h，入瞳距为 L_z，则 3 条光线的初始数据为

上光线 $\qquad\qquad U_a = U_z, L_a = L_z + h/\tan U_a$

主光线 $\qquad\qquad U_z = \omega, L_z \qquad\qquad\qquad\qquad\qquad (6-3)$

下光线 $\qquad\qquad U_b = U_z, L_b = L_z - h/\tan U_b$

符号意义如图 6-2(a)所示。

对物体在有限远的情况，若光学系统的物距为 L，物高为 $-y$，入瞳的半孔径为 h，入瞳距为 L_z，则 3 条光线的初始数据为

上光线　　　　$\tan U_a = (y-h)/(L_z-L)，L_a = L_z + h/\tan U_a$

主光线　　　　$\tan U_z = y/(L_z-L)，L_z$　　　　　　　　　　　　　　(6-4)

下光线　　　　$\tan U_b = (y+h)/(L_z-L)，L_b = L_z - h/\tan U_b$

符号的意义如图 6-2(b)所示。

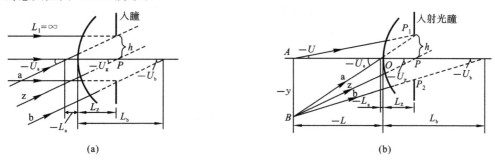

$$\text{(a)} \qquad\qquad\qquad\qquad \text{(b)}$$

图 6-2　远轴光线的光路计算

Figure 6-2　ray tracing of marginal ray

光线的初始数据确定之后,利用实际光路计算公式和过渡公式逐面计算,可得实际像高为

$$
\left.
\begin{aligned}
y'_a &= (L'_a - l')\tan U'_a \\
y'_z &= (L'_z - l')\tan U'_z \\
y'_b &= (L'_b - l')\tan U'_b
\end{aligned}
\right\}
\tag{6-5}
$$

3) 折射平面和反射球面的光路计算(ray tracing of refractive plane and reflective plane)

折射平面远轴光线的光路计算公式为

$$
\left.
\begin{aligned}
I &= -U \\
\sin I' &= n\sin I/n' \\
U' &= -I' \\
L' &= L\tan U/\tan U'
\end{aligned}
\right\}
\tag{6-6}
$$

当 U 角较小时,为提高计算精度,可进行如下变换

$$
L' = L\,\frac{n'\cos U'}{n\cos U}
$$

近轴光线的光路计算公式类似地有

$$
\left.
\begin{aligned}
i &= -u \\
i' &= ni/n' = -nu/n' \\
u' &= -i' \\
l' &= lu/u' = ln'/n
\end{aligned}
\right\}
\tag{6-7}
$$

反射球面可作为折射面的一个特例,在计算时,令 $n' = -n$,且将反射球面以后光路中的间隔 d 取为负值,则可应用折射面的公式进行计算。球面的计算公式仍然适用于平面。

2. 沿轴外点主光线细光束的光路计算(ray tracing of pencil beam along chief ray)

轴外点细光束(pencil beam)的计算是沿主光线(chief ray)进行的,主要研究在子午面内的子午细光束和在弧矢面内的弧矢细光束的成像情况。若子午光束和弧矢光束的像点不位于主光线上的同一点,则存在像散。子午像点和弧矢像点的计算公式为

$$
\frac{n'\cos^2 I'_z}{t'} - \frac{n\cos^2 I_z}{t} = \frac{n'\cos I'_z - n\cos I_z}{r}
\tag{6-8}
$$

$$\frac{n'}{s'} - \frac{n}{s} = \frac{n'\cos I'_z - n\cos I_z}{r} \tag{6-9}$$

式中,I_z、I'_z 分别为主光线的入射角和折射角(见图 6-3);t、t' 分别为沿主光线计算的子午物距和像距;s、s' 分别为沿主光线计算的弧矢物距和像距。式(6-8)和式(6-9)称为杨氏公式。计算的初始数据是 $t_1 = s_1$,当物体位于无限远时,$t_1 = s_1 = -\infty$。当物体位于有限距离时,由图 6-3 可知,$t_1 = s_1 = \dfrac{l_1 - x_1}{\cos U_{z1}}$ 或 $t_1 = s_1 = \dfrac{h_1 - y_1}{\sin U_{z1}}$。$I_z$ 和 I'_z 在主光线的光路计算中得出。

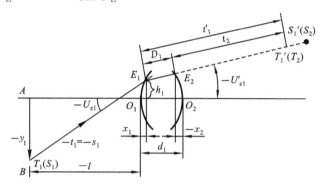

图 6-3 轴外点细光束的光路计算

Figure 6-3 ray tracing of pencil beam

转面公式也是沿主光线进行计算的,即,

$$\left.\begin{array}{l} t_k = t'_{k-1} - D_{k-1} \\ s_k = s'_{k-1} - D_{k-1} \end{array}\right\} \tag{6-10}$$

式中,D_{k-1} 为相邻两折射面间沿主光线方向的间隔。

$$D_k = (h_k - h_{k+1})/\sin U'_{zk}$$

或者

$$\left.\begin{array}{l} D_k = (d_k - x_k + x_{k+1})/\cos U'_{zk} \\ h_k = r_k \sin (U_{zk} + I_{zk}) \end{array}\right\} \tag{6-11}$$

空间光线的光路计算比较复杂,只是在视场和孔径均很大的系统才有必要计算它,这里不再叙述。

3. 计算举例(example of calculation)

下面仅计算全口径和全视场的情况,其他口径和视场的计算过程相同。

一望远物镜的焦距 $f' = 100$ mm,相对孔径 $D/f' = 1/5$,视场角 $2\omega = 6°$,其结构参数如下

$r/$mm	$d/$mm	n_D	ν_D
62.5	4.0	1.516 33	64.127
−43.65	2.5	1.672 70	32.22
−124.35			

根据已知条件,其第一近轴光线光路计算的初始数据为

$$l_1 = \infty, \quad h_1 = 10 \text{ mm}, \quad u_1 = 0(l_1 = \infty, i_1 = h_1/r_1)$$

由近轴光线的光路计算得 $l' = 97.009$ mm,$u' = 0.100\ 104$,该系统的像方截距为 $l' = 97.009$ mm,系统的实际焦距为

$$f' = h_1/u'_3 = 10 \text{ mm}/0.100\ 104 = 99.896 \text{ mm}$$

第二近轴光线光路计算的初始数据为

$$u_{z1}=\omega=-3°=-0.052\,336$$

因孔径光阑与物镜重合,可以认为双胶合物镜的第一面金属框为入瞳,入瞳距 l_{z1} 即是第一面的矢高 x_1,有

$$(D_1/2)^2+(r_1-x_1)^2=r_1^2$$
$$l_{z1}=x_1=0.802\,5\ \text{mm}$$

由近轴光线的光路计算得 $l'=-97.009\ \text{mm}$,$u'=0.100\,104$,系统的出瞳距系统最后一面的位置为 $l_z'=-3.381\,3\ \text{mm}$,$u_z'=-0.052\,783$。这样,由式(6-2)可以计算出在视场 $\omega=-3°$ 时的理想像高为

$$y'=(l_z'-l')u_z'=(-3.381\,3\ \text{mm}-97.009\ \text{mm})\times(-0.052\,783)=5.228\,16\ \text{mm}$$

轴上点远轴光线光路计算的初始数据为

$$L_1=\infty,\quad U_1=0,\quad h_1=10\ \text{mm}$$

由远轴光线的光路计算得 $L'=97.005$,$U'=5°44'37''7$,因此入射高度 $h_1=10\ \text{mm}$ 时,实际像点的位置为 $L'=97.005\ \text{mm}$。

全口径时实际像点与理想像点的偏差为

$$\delta L'=L'-l'=97.005\ \text{mm}-97.009\ \text{mm}=-0.004\ \text{mm}$$

轴外点主光线光路计算的初始数据是

$$L_{z1}=0.805\,2\ \text{mm},\quad U_{z1}=-3°$$

由远轴光线的光路计算得 $L'=-3.378\ \text{mm}$,$U'=-2°59'6''8$,因此

$$L_z'=-3.378\ \text{mm},\quad U_z'=-2°59'6''8$$

这样,实际像高为

$$y_z'=(L_z'-l')\tan U_z'=(3.378-97.009)\ \text{mm}\times(-0.051\,249)=5.235\,1\ \text{mm}$$

实际像高与理想像高之差等于

$$\delta y'=y_z'-y'=5.235\,1\ \text{mm}-5.228\,2\ \text{mm}=0.007\ \text{mm}$$

沿主光线细光束计算的初始数据是

$$t_1=s_1=l_1=-\infty$$

各折射面的 I_z 和 I_z' 已在主光线的光路计算中得出,由细光束的光路计算得 $t'=96.650\,7\ \text{mm}$,$s'=96.913\,1\ \text{mm}$,因此

$$t_3'=96.650\,7\ \text{mm},\quad s_3'=96.913\,2\ \text{mm}$$

主光线细光束的子午像点和弧矢像点间沿光轴方向的偏差是 x_{ts}',有

$$x_{ts}'=(t_3'-s_3')\cos U_{z3}'=(96.650\,7-96.913\,2)\ \text{mm}\times0.998\,6=-0.262\,1\ \text{mm}$$

子午像点与高斯像面的轴向偏差是

$$x_t'=t_3'\cos U_{z3}'-l'=96.650\,7\ \text{mm}\times0.998\,6-97.009\ \text{mm}=-0.489\,6\ \text{mm}$$

弧矢像点与高斯像面的轴向偏差是

$$x_s'=s_3'\cos U_{z3}'-l'=96.913\,2\ \text{mm}\times0.998\,6-97.009\ \text{mm}=-0.227\,4\ \text{mm}$$

6.3　初级单色像差的一般表达式
General Expressions of Primary Monochromatic Aberration

像差的大小取决于系统的结构参数、物点的位置和光线的坐标,其子午方向与弧矢方向的像差表达式分别为

子午像差 $\qquad \Delta y' = f(r,d,n,l_1,l_z,\eta,\xi)$

弧矢像差 $\qquad \Delta z' = \phi(r,d,n,l_1,l_z,\eta,\xi)$ $\qquad$ (6-12)

对任一光学系统,把这种关系以公式的形式写出来是不可能的,当像差和物点的位置确定后,也不存在结构参数 r、d、n 的直接解。可以利用下面的方法解决这个问题。

把式(6-12)当作参数(y,η,ξ)的函数,展开成级数,组成三级序列、五级序列等。三级序列系数的表达式不复杂,而五级等高级序列的表达式很复杂,实际应用不方便。因此研究三级序列,我们称为三级像差或初级像差,由近似公式求解得出结构参数。如果系统的相对孔径和视场较小,那么这种近似解能给出好的结果。

如图 6-4 所示,横向像差表示为

子午方向 $\qquad \Delta y' = f(\eta,\xi,y)$

弧矢方向 $\qquad \Delta z' = \phi(\eta,\xi,y)$ $\qquad$ (6-13)

该函数可展开成级数形式

$$\Delta y' = \sum g_{abc}\eta^a\xi^b y^c$$
$$\Delta z = \sum t_{abc}\eta^a\xi^b y^c$$
(6-14)

式中,g 和 t 是与系统结构参数有关的常数。由于共轴球面系统的对称性(symmetry),$a+b+c=2k+1$(k 是整数),当 $a+b+c=3$ 时的像差称为三级像差,也称初级像差。同理,当 $a+b+c=5$ 或 $a+b+c=7$ 时,分别称为五级像差、七级像差。五级与五级以上均称为高级像差,或称二级高级像差、三级高级像差等。

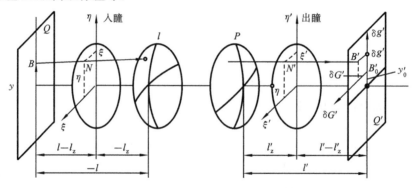

图 6-4 入射光线和出射光线的坐标

Figure 6-4 coordinate of incident ray and emerging ray

由共轴球面系统的对称性,可得出以下结论。

(1) 当用 $-\xi$ 代替 ξ 时,子午像差 $\Delta y'$ 不变,因此在 $\Delta y'$ 的像差级数中不可能包含 ξ 的奇数项,如 ξ^1、ξ^3 等。

(2) 当用 $-\xi$ 代替 ξ 时,弧矢像差 $\Delta z'$ 大小不变,但符号相反,因此在 $\Delta z'$ 的级数展开中不可能包含 ξ 的偶次项。

(3) 当 $\xi = 0$ 时,$\Delta z' = 0$,因此在 $\Delta z'$ 的像差级数展开中,不可能有不带 ξ 的项。

利用上面的讨论,可以把式(6-14)写成级数展开形式。级数各分项中的 g 和 t 是光学系统结构参数 r、d、n 和物体位置 l 和 l_z 的函数。对于实际计算,我们关心的是三级像差。因为只有在三级像差公式中系数保持上述函数关系,而在五级像差中系数太复杂,实际应用中已不能证明是正确的。式(6-14)的三级像差级数展开可以写成

$$\left.\begin{array}{l} \Delta y' = g_{300}\eta^3 + g_{201}\eta^2 y + g_{120}\eta\xi^2 + g_{102}\eta y^2 + g_{021}\xi^2 y + g_{003}y^3 \\ \Delta z' = t_{210}\eta^2\xi + t_{111}\eta\xi y + t_{030}\xi^3 + t_{012}\xi y^2 \end{array}\right\} \qquad (6\text{-}15)$$

正如理论研究所示,式(6-15)中的某些分量可以成对地分类,文献中一般写成下列形式

$$\left.\begin{array}{l} \Delta y' = A(\eta^2 + \xi^2)\eta + By(3\eta^2 + \xi^2) + Cy^2\eta + Ey^3 \\ \Delta z' = A(\eta^2 + \xi^2)\xi + 2By\eta\xi + Dy^2\xi \end{array}\right\} \qquad (6\text{-}16)$$

式(6-16)也可以用像空间参数(y'、η'、ξ')表示,用 $\eta' = \beta_0\eta, \xi' = \beta_0\xi, y' = \beta_0 y$ 代入式(6-16)即可,其中 β_0 是光瞳的垂轴放大率(paraxial magnification of pupil)。

系数 A、B、C、D、E 取决于结构参数 r、d、n 和物体的位置 l、l_z,但其函数关系不能表示成简单的使用方便的形式。如果通过两条辅助光线的参数表示 r 和 d,那么系数 A、B、C、D、E 可以表示为

$$\left.\begin{array}{l} A = -\dfrac{1}{2n'u'h_1^3}\dfrac{l_1^3}{(l_1 - l_{z1})^3}\sum S_{\text{I}} \\[3mm] B = \dfrac{1}{2n'u'h_1^2 h_{z1}}\dfrac{l_1^2 l_{z1}}{(l_1 - l_{z1})^3}\sum S_{\text{II}} \\[3mm] C = -\dfrac{1}{2n'u'h_1 h_{z1}^2}\dfrac{l_1 l_{z1}^2}{(l_1 - l_{z1})^3}\sum (3S_{\text{III}} + J^2 S_{\text{IV}}) \\[3mm] D = -\dfrac{1}{2n'u'h_1 h_{z1}^2}\dfrac{l_1 l_{z1}^2}{(l_1 - l_{z1})^3}\sum (S_{\text{III}} + J^2 S_{\text{IV}}) \\[3mm] E = \dfrac{1}{2n'u'h_{z1}^3}\dfrac{l_{z1}^3}{(l_1 - l_{z1})^3}\sum S_{\text{V}} \end{array}\right\} \qquad (6\text{-}17)$$

其中,$\sum S_{\text{I}}$、$\sum S_{\text{II}}$、$\sum S_{\text{III}}$、$\sum S_{\text{IV}}$、$\sum S_{\text{V}}$ 称为赛得尔和(Seidel sum),分别表示初级球差分布系数、初级彗差分布系数、初级像散分布系数、初级场曲分布系数和初级畸变分布系数(coefficient of distribution),它们取决于两辅助光线的计算参数。

由式(6-16)和式(6-17)可知,如果 5 个赛得尔和数均为零,则光学系统没有三级像差。但还不能确定是否系统没有像差,因为系统可能存有高级像差。然而,正如光学设计经验表明,初级像差小是获得光学系统像差好的条件之一。因此在光学系统像差设计的初期,要寻找出这样一个结构方案,使赛得尔和 S_{I}、S_{II}、S_{III}、S_{IV} 和 S_{V} 最小。

6.4 初级单色像差
Primary Monochromatic Aberration

1. 初级球差(primary spherical aberration)

球差是轴上点宽光束像差,轴上球差是指不同入射高度的光线经光学系统后与光轴的交点相对近轴像点的偏差,即 $\delta L' = L' - l'$。为了计算初级单色像差,需计算两条近轴辅助光线。第一条辅助光线是轴上点近轴光线,由此可计算出 l'、u'、i' 等(见图 6-5)。第二条辅助光线是轴外点主光线,由此得出 l_z'、u_z'、i_z' 等。

以 6.2 节的望远物镜为例,将其初始参数输入 ZEMAX 软件中。其 D 光线轴上点球差的成像光束分布如图 6-6 所示。

实际球差由两部分组成,即该面本身产生的球差 δL^* 和折射面物方球差 δL 乘以该面转面倍率(transfer magnification)α,即

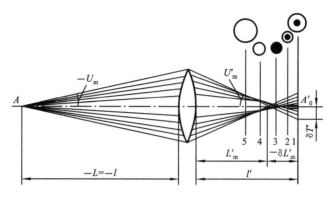

图 6-5 轴上点球差

Figure 6-5　spherical aberration of on -axis point

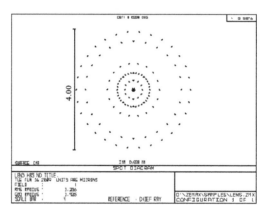

图 6-6 球差成像光束分布

Figure 6-6　imaging ray distribution of spherical aberration

$$\delta L' = \alpha \delta L + \delta L^{*}$$

转面倍率 α 为

$$\alpha = \frac{nu\sin u}{n'u'\sin u'}$$

对于初级球差,可令 $\sin u = u$,则转面倍率 α 为

$$\alpha = \frac{nu^2}{n'u'^2}$$

令 $n'u'\sin U'\delta L^{*} = -\dfrac{1}{2}S_{-}$,则实际球差分布系数 S_{-} 为

$$S_{-} = \frac{niL\sin U(\sin I - \sin I')(\sin I' - \sin U)}{\cos\frac{1}{2}(I - U)\cos\frac{1}{2}(I' + U)\cos\frac{1}{2}(I + I')} \tag{6-18}$$

对于初级球差系数,用近轴公式表示式(6-18)可写为

$$S_{\mathrm{I}} = luni(i - i')(i' - u) \tag{6-19}$$

$$n'u'^{2}\delta L^{*} = -\frac{1}{2}S_{\mathrm{I}}$$

当光学系统由 k 个面组成时,对物体成像,则初级球差为

$$\delta L' = -\frac{1}{2n'_k u'^2_k}\sum_{1}^{k}S_{\mathrm{I}} \tag{6-20}$$

由式(6-18)可知,当 $l=0$ 时,物在球面顶点(vertex of surface);当 $i=i'$ 时,物在球心(center of surface);当 $i'=u$ 时,由折射定律可导出 $L=\dfrac{n'+n}{n}r$, $L'=\dfrac{n'+n}{n'}r$,这三对共轭点没有球差,后面将证明这三对共轭点也没有彗差和像散。

S_{I} 是在已知 r、d、n 的前提下求出的,然而,光学系统像差设计的目的是求解 r、d、n,因此需减少变量。设 $P=ni(i-i')(i'-u)$,则初级球差系数的另一表达式为

$$S_{\mathrm{I}} = \sum hp \tag{6-21}$$

对于薄透镜系统,h 是常量,则有

$$S_{\mathrm{I}} = h\sum p \tag{6-22}$$

也可以用阿贝不变量(Abbe's invariable)Q 把 S_{I} 与系统结构 r、n 等联系起来。

$$ni = n\frac{l-r}{r}u = hn\left(\frac{1}{r}-\frac{1}{l}\right) = hQ$$

$$(i-i')(i'-u) = i'u'-iu = ni\left(\frac{u'}{n'}-\frac{u}{n}\right)$$

$$= hni\left(\frac{1}{n'l'}-\frac{1}{nl}\right) = hni\,\Delta\frac{1}{n'l'} = h^2Q\Delta\frac{1}{nl}$$

所以

$$\sum S_{\mathrm{I}} = \sum h^4 Q^2 \Delta\frac{1}{nl}$$

"球差"视频

2. 初级彗差(primary coma)

彗差是轴外点宽光束非对称像差(asymmetric aberration),同一视场不同孔径光线经系统后的交点不在主光线上,在垂直光轴方向的偏差称为彗差 K'_{T},沿光轴方向与高斯像面的偏差称为宽光束像散 X'_{T},彗差 K'_{T} 用边缘光线 a、b 和主光线 z 在高斯面的交点高度表示。由图 6-7 可知,子午彗差可表示为

$$K'_{\mathrm{T}} = (y'_a+y'_b)/2 - y'_z$$

因弧矢光线对称于子午面,这两光线在高斯面交点高度 y'_s 相等,故弧矢彗差表示为

$$K'_s = y'_s - y'_z$$

初级彗差系用两条辅助光线参量表示为

$$\sum S_{\mathrm{II}} = \sum S_{\mathrm{I}}\frac{i_z}{i} \tag{6-23}$$

由拉赫不变量 J 与阿贝不变量 Q 的关系

$$J = nuy = nuu_z(l_z-l) = nhh_z\left(\frac{1}{l}-\frac{1}{l_z}\right)$$

$$= hh_z\left[n\left(\frac{1}{r}-\frac{1}{l_z}\right) - n\left(\frac{1}{r}-\frac{1}{l}\right)\right] = nhi_z - nh_zi$$

$$i_z/i = h_z/h + J/nih \tag{6-24}$$

如果取 $W=(i-i')(i'-u)$,则 $\sum S_{\mathrm{II}}$ 可表示为

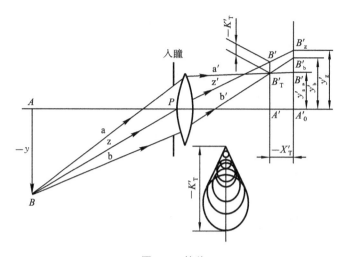

图 6-7 彗差

Figure 6-7 coma

$$\sum S_{\text{II}} = \sum S_{\text{I}} \frac{i_z}{i} = \sum h_z p + J \sum W \tag{6-25}$$

类似于球差公式推导,初级彗差的转面倍率 $\beta = \frac{n_1 u_1}{n_k u_k}$,系统的初级子午彗差(meridional coma)和初级弧矢彗差(sagittal coma)分别为

$$\left.\begin{aligned} K'_t &= -\frac{3}{2n'_k u'_k} \sum_1^k S_{\text{II}} \\ K'_s &= -\frac{1}{2n'_k u'_k} \sum_1^k S_{\text{II}} \end{aligned}\right\} \tag{6-26}$$

以 6.2 节中的望远物镜为例,其初级子午彗差是(OSC=0.000 28,参见 6.8 节彗差和正弦条件)

$$K'_t = 3K'_s = 3\text{OSC}'y' = 3 \times 0.000\ 28 \times 3\ \text{mm} = 0.002\ 54\ \text{mm}$$

由此可见,例题中的彗差很小,其对弥散斑的形状影响较小。

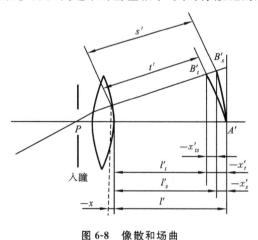

图 6-8 像散和场曲

Figure 6-8 astigmatism and field curvature

"彗差"视频

3. 初级像散和场曲(primary astigmatism and field curvature)

像散和场曲是轴外点靠近主光线的细光束(pencil beam)的像差,因此与入瞳大小无关,但与入瞳位置有关。其子午光束和弧矢光束均成像在主光线上,但彼此不重合,分别称为子午像点和弧矢像点。子午像点到高斯像面的轴向距离称为子午场曲 x'_t,弧矢像点到高斯像面的轴向距离称为弧矢场曲 x'_s,两者之差称为细光束像散,如图 6-8 所示。

$$x_{ts} = x_t' - x_s'$$

初级像散系数 S_{III} 表示为

$$\sum S_{\text{III}} = \sum S_{\text{I}} \left(\frac{i_z}{i}\right)^2$$

$$= \sum \frac{h_z^2}{h} P + 2J \sum \frac{h_z}{h} W + J^2 \sum \frac{1}{h} \Delta \frac{u}{n} \tag{6-27}$$

对于薄透镜系统,式(6-27)的最后一项可以进行如下变化,设第 j 个薄透镜有 k 个面,并在均匀介质(homogeneous medium)(如空气)中。

$$\sum_1^k \frac{1}{h} \Delta \frac{u}{n} = \frac{1}{h} \sum \Delta \frac{u}{n}$$

$$= \frac{1}{h}\left[\left(\frac{u_1'}{n_1'} - \frac{u_1}{n_1}\right) + \left(\frac{u_2'}{n_2'} - \frac{u_2}{n_2}\right) + \cdots + \left(\frac{u_k'}{n_k'} - \frac{u_k}{n_k}\right)\right] = \frac{1}{h}\left(\frac{u_k'}{n_k'} - \frac{u_1}{n_1}\right)$$

$$= \frac{1}{h}(u_k' - u_1) = \phi_j$$

所以薄透镜组的像散系数可以写为(设有 N 个薄透镜组)

$$\sum S_{\text{III}} = \sum_{j=1}^N \frac{h_{zj}^2}{h_j} P_j + 2J \sum_{j=1}^N \frac{h_{zj}}{h_j} W_j + J^2 \sum_{j=1}^N \phi_j \tag{6-28}$$

场曲系数仅与系统结构参数有关,与物体位置、光瞳等无关,它表示为

$$\sum S_{\text{IV}} = J^2 \sum \frac{n' - n}{n'nr} \tag{6-29}$$

对空气中的薄透镜,$n_1 = n_2' = 1$,$n_1' = n_2 = n$,则

$$\sum_1^2 \frac{n' - n}{nn'r} = \frac{n_1' - n_1}{n_1' n_1 r} + \frac{n_2' - n_2}{n_2' n_2 r} = \frac{n-1}{nr_1} + \frac{1-n}{nr_2}$$

$$= \frac{1}{n}(n-1)\left(\frac{1}{r_1} - \frac{1}{r_2}\right) = \frac{\phi}{n}$$

所以对 N 个薄透镜组,有

$$\sum S_{\text{IV}} = J^2 \sum_{i=1}^k \frac{n' - n}{nn'r} = J^2 \sum_1^N \frac{\phi}{n} = J^2 \mu \sum_1^N \phi \tag{6-30}$$

知道初级像散系数和场曲系数之后,细光束的场曲和像散可分别表示为

细光束子午场曲
$$x_t' = -\frac{1}{2n'u'^2}\left(3\sum S_{\text{III}} + \sum S_{\text{IV}}\right) \tag{6-31}$$

细光束弧矢场曲
$$x_s' = -\frac{1}{2n'u'^2}\left(\sum S_{\text{III}} + \sum S_{\text{IV}}\right) \tag{6-32}$$

细光束像散
$$x_{ts}' = -\frac{1}{n'u'^2} \sum S_{\text{III}} \tag{6-33}$$

当像散为零,$x_t' = x_s'$ 或 $\sum S_{\text{III}} = 0$ 时,仍然存在像面弯曲,称为匹兹伐尔场曲(Petzval field curvature),其表达式为

$$x_p' = -\frac{1}{2n'u'^2} \sum S_{\text{IV}} \tag{6-34}$$

匹兹伐尔像面顶点处的曲率可表示为(系统在空气中)

$$\frac{1}{R} = -n' \sum S_{\text{IV}} = -\sum S_{\text{IV}} \tag{6-35}$$

6.2 节中望远物镜 D 光的场曲和像散情况如图 6-9 所示。

4. 初级畸变(primary distortion)

畸变是轴外点主光线像差,对光阑位置变化十分敏感,它表示不同视场成像的垂轴放大倍率不同。它可以表示为 $\delta y' = y'_z - y'$,通常用相对畸变(relative distortion)表示,即

$$q' = \frac{\delta y'}{y'} \times 100\% = \frac{y'_z - y'}{y'} \times 100\% = \frac{\overline{\beta} - \beta}{\beta} \times 100\%$$

初级畸变像差系数可表示为

$$\sum S_V = \sum (S_{\text{III}} + S_{\text{IV}}) \frac{i_z}{i}$$

$$= \sum \frac{h_z^3}{h^3} P + 3J \sum \frac{h_z^2}{h^2} W + J^2 \sum \frac{h_z}{h} \left(\frac{3}{h} \Delta \frac{u}{n} + \frac{n'-n}{nn'r} \right) - J^3 \sum \frac{1}{h^2} \Delta \frac{1}{n^2} \quad (6\text{-}36)$$

对于薄透镜系统,式(6-36)中的最后一项为零,而第三项由式(6-28)和式(6-30)推导而知,可写为 $J^2 \sum \frac{h_{zj}}{h_j} \phi_j (3 + \mu)$,所以

$$\sum S_V = \sum_1^N \frac{h_{zj}^3}{h_j^3} P + 3J \sum \frac{h_{zj}^2}{h_j^2} W + J^2 \sum \frac{h_{zj}}{h_j} \phi_j (3 + \mu) \quad (6\text{-}37)$$

由此而知,当光阑与薄透镜组重合时,$h_z = 0$,光学系统没有畸变。

畸变的转面倍率与彗差相似,初级畸变与畸变系数间的关系是

$$\delta y' = -\frac{1}{2n'u'} \sum S_V$$

由 ZEMAX 结果可知,6.2 节中望远物镜的相对畸变如图 6-10 所示。

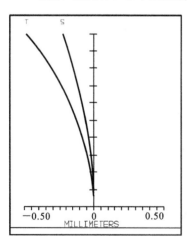

图 6-9 像散和场曲

Figure 6-9 astigmatism and field curvature

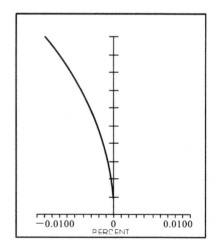

图 6-10 相对畸变

Figure 6-10 relative distortion

6.5 具有初级单色像差的物点像的结构
Structure of Image Point with Primary Monochromatic Aberration

为了研究点像的结构,在式(6-17)中用极坐标(polar coordinate)ρ, θ 表示直角坐标(rectangular coordinate)η, ξ,$\eta = \rho\cos\theta$,$\xi = \rho\sin\theta$,则横向像差 $\Delta y'$ 和 $\Delta z'$ 改写为

$$
\left.\begin{array}{l}
\Delta y' = A\rho^3\cos\theta + By\rho^2[2 + \cos(2\theta)] + Cy^2\rho\cos\theta + Ey^3 \\
\Delta z' = A\rho^3\sin\theta + By\rho^2\sin(2\theta) + Dy^2\rho\sin\theta
\end{array}\right\}
\tag{6-38}
$$

1. 球差（spherical aberration）

当系统仅具有初级球差时，$A\neq0$，$B=C=D=E=0$，则 $\Delta y' = A\rho^3\cos\theta$，$\Delta z' = A\rho^3\sin\theta$，从而

$$
\Delta y'^2 + \Delta z'^2 = (A\rho^3)^2 = r^2
\tag{6-39}
$$

因此，仅具有初级球差的光学系统，在高斯像面上的物点的像是一弥散斑（confusion spot），其中心在近轴附近，其半径与入瞳半径三次方成正比，$r = A\rho^3$。可以看出，弥散斑半径 r 与视场 y 无关，即与物平面中物点的位置无关，这表明对视场中所有物点，其在高斯像面上的初级球差相同。但高斯像面并非最佳像面，可以使接收器像面离焦，使弥散斑直径最小，这一点将在波像差中论述。

因初级横向球差（弥散斑的直径）正比于孔径的三次方，所以弥散斑的中心集中光能多，而外环光能少（见图 6-6）。因此在数字图像处理中，由质心可求出像点的位置。

2. 彗差（coma）

$B\neq0$，$A=C=D=E=0$，这时横向像差为

$$
\left.\begin{array}{l}
\Delta y' = By\rho^2[2 + \cos(2\theta)] \\
\Delta z' = By\rho^2\sin(2\theta) \\
(\Delta y' - 2By\rho^2)^2 + \Delta z'^2 = (By\rho^2)^2 = r^2
\end{array}\right\}
\tag{6-40}
$$

仍然是圆的方程（equation of a circle），但圆心在 $\Delta y'$ 轴上，相对近轴像点 B_0' 位移 $2By\rho^2 = 2r$，且圆心的半径和其中心的位移量都正比于入瞳（entrance pupil）半径的平方，其像点如图 6-11 所示。

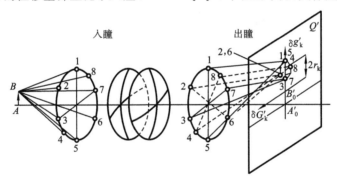

图 6-11　彗差的点像

Figure 6-11　image point of coma

对子午光线对，$\theta=0$ 或 π 时，$\Delta y' = 3By\rho^2$，$\Delta z'=0$；对弧矢光线对，$\theta=\dfrac{\pi}{2}$ 或 $-\dfrac{\pi}{2}$ 时，$\Delta y' = By\rho^2$，$\Delta z'=0$，所以初级子午彗差是初级弧矢彗差的 3 倍。因在 $\Delta y'$ 方向圆心偏离理想像点是 2 倍半径的距离，故可以计算出弥散圆的两条切线间夹角为 $60°$。

3. 场曲和像散（astigmatism and field curvature）

令 $C\neq0$，$D\neq0$，$A=B=E=0$，则

$$
\left.\begin{array}{l}
\Delta y' = Cy^2\rho\cos\theta \\
\Delta z' = Dy^2\rho\sin\theta \\
\left(\dfrac{\Delta y'}{Cy^2\rho}\right)^2 + \left(\dfrac{\Delta z'}{Dy^2\rho}\right)^2 = 1
\end{array}\right\}
\tag{6-41}
$$

因而存在像散和场曲时,在高斯像面上的物点的像是一个椭圆(ellipse),椭圆的中心与近轴像点 B'_0 重合。由式(6-17)可知,$C>D$,故椭圆的长轴在 $\Delta y'$ 方向。若参考像面移动至物点,像变成弧矢面内的一条线,称为子午焦线(meridional focal line),则子午场曲为

$$
\left.
\begin{aligned}
x'_t &= \frac{Cy^2}{k}, \quad \Delta y' = 0 \\
k &= \frac{n_1}{n'_p(l-l_p)\beta} \quad \text{(均匀介质中 } n_1 = n'_p)
\end{aligned}
\right\}
\tag{6-42}
$$

同理,参考像面移动至物点,像变成子午面内一条直线,称为弧矢焦线(sagittal focal line),则弧矢场曲为 $x'_s = \frac{Dy^2}{k}, \Delta z' = 0$。

图 6-12 所示为当系统仅具有初级像散时,不同像面位置物点的成像情况。

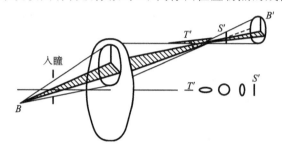

图 6-12　像散光束结构

Figure 6-12　beam structure of astigmatism

子午焦线和弧矢焦线沿光轴的距离称为像散 x'_{ts},即

$$
x'_{ts} = \frac{y^2}{k}(C-D)
\tag{6-43}
$$

如果 $C=D\neq0$,则 $x'_t=x'_s=x'_p$,即没有像散,但仍然存在场曲,即匹兹伐尔场曲,场曲的曲面是一旋转抛物面。在高斯像面上则是一圆形弥散斑,其直径为

$$
2r_p = 2Cy^2\rho = 2Dy^2\rho
\tag{6-44}
$$

场曲顶点曲率为

$$
\frac{1}{R_p} = \frac{2C}{k} = \frac{2D}{k}
\tag{6-45}
$$

图 6-13 所示为 6.2 节的望远物镜 D 光在高斯像面各视场的弥散斑的形状。其中,零视场是一圆斑,表明轴上点只有球差,0.7 视场和 1 视场是椭圆,均方半径分别是 15.3 μm 和 30.1 μm,表明轴外点像散较大;1 视场的椭圆大于 0.7 视场的椭圆,表明像散随着视场的增大而增大。

4. 畸变(distortion)

当 $E\neq0,A=B=C=D=0$ 时,横向像差表示为

子午方向 $\qquad\qquad\qquad\qquad \Delta y' = Ey^3$ $\qquad\qquad\qquad$ (6-46)

弧矢方向 $\qquad\qquad\qquad\qquad \Delta z' = 0$ $\qquad\qquad\qquad\qquad$ (6-47)

用 y'_0 表示理想像高,这样物高为 y 的像 y' 表示为

$$
y' = y'_0 + \Delta y' = \beta y + Ey^3
\tag{6-48}
$$

实际像的放大倍率

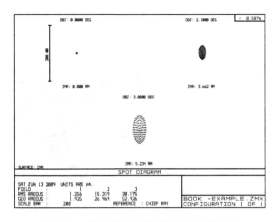

图 6-13　望远物镜在高斯像面的点列图

Figure 6-13　spot diagram in Gaussian image plane of the telescope

$$\bar{\beta} = \frac{y'}{y} = \beta + Ey^2 \tag{6-49}$$

这样物高不同,垂轴放大倍率不同。故当系统存在畸变时,像平面上的垂轴放大倍率不是恒定的。当 $E>0$ 时为正畸变,$E<0$ 时为负畸变,如图 6-14 所示。

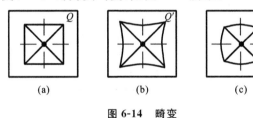

图 6-14　畸变

(a) 矩形物平面;(b) 正畸变;(c) 负畸变

Figure 6-14　distortion

(a) rectangle;(b) positive distortion;(c) negative distortion

　　当系统有畸变时,矩形的边框直线的像已不再是直线,而是抛物线(parabola),由以上分析可知,唯独畸变不影响成像的清晰度,而其他的像差在高斯像面上均是弥散斑,影响成像清晰度。一个理想的光学系统是齐明的,消像散并无畸变的。

　　当物体在无限远时,物高 y 趋于无限大,系数 B、C、D、E 趋于零,因而 By、Cy^2、Dy^2 和 Ey^3 不确定。在这种情况下,式(6-40)可变换为

$$\left.\begin{array}{l}\Delta y' = A^* \rho^3 \cos\theta + B^* \omega\rho^2 [2 + \cos(2\theta)] + C^* \omega^2 \rho\sin\theta + E^* \omega^3 \\ \Delta z' = A^* \rho^3 \sin\theta + B^* \omega\rho^2 \sin(2\theta) + D^* \omega^2 \rho\sin\theta \end{array}\right\} \tag{6-50}$$

式中

$$\omega = -\frac{y}{l - l_p}, \quad A^* = A$$

$$B^* = -B(l - l_p), \quad C^* = C(l - l_p)^2, \quad D^* = D(l - l_p)^2$$

$$E^* = -E(l - l_p)^3, \quad (l - l_p)u_1 = h_1$$

6.6 初级色差
Primary Chromatic Aberration

1. 位置色差(longitudinal chromatic aberration)

由光线追迹可知,像的位置和大小是折射率的函数,不同色光有不同的像面位置(见图

6-15)和不同的成像大小,因此,色差分为位置色差和倍率色差。由单折射面成像公式

$$\frac{n'}{l'} - \frac{n}{l} = \frac{n' - n}{r}$$

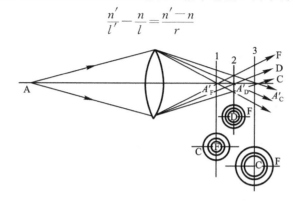

图 6-15 位置色差

Figure 6-15 longitudinal chromatic aberration

经微分整理后,可得初级位置色差。

$$\Delta l'_{FCk} = \frac{n_1 u_1^2}{n'_k u_k'^2} \Delta l_{FC1} - \frac{1}{n'_k u_k'^2} \sum_1^k C_{\mathrm{I}} \left.\right\} \tag{6-51}$$

$$\sum C_{\mathrm{I}} = \sum luni\Delta \frac{\mathrm{d}n}{n}$$

式中,

$$\Delta l_{FC1} = l_{F1} - l_{C1}, \qquad \frac{\mathrm{d}n}{n} = \frac{n_F - n_C}{n}$$

以 6.2 节的望远物镜为例,其位置色差曲线如图 6-16 所示。

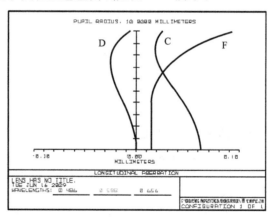

图 6-16 ZEMAX 的位置色差

Figure 6-16 longitudinal chromatic aberration by ZEMAX

因像的位置是波长的函数,故不可能对所有的波长校正色差。对目视光学仪器,$\mathrm{d}n = n_F - n_C$,而 n 是指 e 光(或 D 光)的折射率。位置色差一般指轴上点宽光束的像差,故也只能在某一带校正色差,一般取 $0.707h_m$ 带。但两色光和光轴的公共交点并不与 D 光和光轴的交点相重合,其轴向距离称为二级光谱。

对于单薄透镜,利用薄透镜焦距公式,式(6-51)展开后可以写成

$$\sum_1^2 C_{\mathrm{I}} = h^2 \frac{\phi}{\nu} \tag{6-52}$$

这样,正透镜产生负色差,负透镜产生正色差,所以单薄透镜不能校正色差。消色差条件为

$$\sum_{1}^{N} C_{1} = \sum_{1}^{N} h^{2}\,\frac{\phi}{\nu} = 0 \tag{6-53}$$

对于双胶合薄透镜组,

$$\frac{\phi_{1}}{\nu_{1}} + \frac{\phi_{2}}{\nu_{2}} = 0,\phi_{1} + \phi_{2} = \phi$$

由此可得,

$$\left.\begin{aligned} \phi_{1} &= \frac{\nu_{1}}{\nu_{1}-\nu_{2}}\phi \\ \phi_{2} &= -\frac{\nu_{2}}{\nu_{1}-\nu_{2}}\phi \end{aligned}\right\} \tag{6-54}$$

因冕牌玻璃阿贝常数 ν 大,而火石玻璃 ν 小,所以当光学系统的光焦度 $\phi>0$ 时,正透镜必然用冕牌玻璃,负透镜一定用火石玻璃。

在 $0.707h_{\mathrm{m}}$ 带校正色差之后,边缘带色差 $\Delta L_{\mathrm{FC}}'$ 和近轴带色差 $\Delta l_{\mathrm{FC}}'$ 并不为零,两者之差称为色球差(chromatic spherical aberration)。

$$\delta L_{\mathrm{FC}}' = \Delta L_{\mathrm{FC}}' - \Delta l_{\mathrm{FC}}' = \delta L_{\mathrm{F}}' - \delta L_{\mathrm{C}}' \tag{6-55}$$

所以色球差实质就是不同色光的球差之差。当 F 光和 C 光在某带($0.707h_{\mathrm{m}}$)校正色差后,两色光的球差曲线交点与 e 光(D 光)的球差曲线上并不相交,其轴向距离即为二级光谱(secondary spectrum)。一般光学系统对二级光谱要求不严,仅长焦距平行光管、高倍显微物镜等考虑消除二级光谱。由校正色差条件可得密接双薄透镜的二级光谱的初级量为

$$\Delta L_{\mathrm{FCD}}' = -\frac{1}{n'u'^{2}}\sum_{1}^{2} C_{\mathrm{FDi}} = -\frac{1}{n'u'^{2}}h^{2}\left(\frac{\phi_{1}}{\nu_{1}}P_{\mathrm{FD1}} + \frac{\phi_{2}}{\nu_{2}}P_{\mathrm{FD2}}\right) \tag{6-56}$$

$P_{\mathrm{FD}} = \dfrac{n_{\mathrm{F}}-n_{\mathrm{D}}}{n_{\mathrm{F}}-n_{\mathrm{C}}}$ 是相对部分色散(relative partial dispersion),由式(6-56)可知,欲校正二级光谱,必须满足 $\sum C_{1} = 0$,且 $P_{\mathrm{FD1}} = P_{\mathrm{FD2}}$。但现有玻璃库中,除萤石(氟化钙)等极少数材料外,还找不到 P_{FD} 值相同而 ν 值相差较大的玻璃对,因此校正二级光谱十分困难。对于双胶合望远物镜,二级光谱几乎为定值,其值 $\Delta L_{\mathrm{FCD}}' = 0.000\,52f'$,图 6-17(a)表明, λ_{a} 和 λ_{b} 在某带校正了位置色差,图 6-17(b)校正了二级光谱。

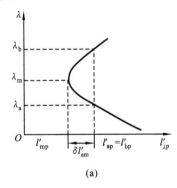
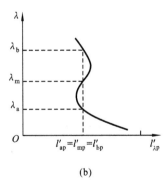

图 6-17　二级光谱

(a) 色差校正;(b) 二级光谱的校正

Figure 6-17　secondary spectrum

(a) correction of chromatic aberration;(b) correction of secondary spectrum

校正二级光谱的另一种方法是利用衍射光学元件,由于衍射光学元件的色散特性与光学

玻璃不同,其遵循衍射公式,而不是折射定律;其阿贝常数是很小的负值,可用于校正二级光谱。衍射光学元件的光焦度是

$$\phi = k\lambda \tag{6-57}$$

阿贝常数为

$$\nu = \frac{\lambda_D}{\lambda_F - \lambda_C} = -3.45 \tag{6-58}$$

相对部分色散是

$$P = \frac{\lambda_D - \lambda_C}{\lambda_F - \lambda_C} \tag{6-59}$$

以上参量的大小仅取决于波长,符号与普通光学玻璃相反。衍射光学元件没有场曲和畸变。

下面以长春理工大学设计的焦距 $f' = 1\ 000$ mm、口径 $D = 100$ mm 的平行光管为例,如图6-18(a)所示。二级光谱的大小与焦距成正比,对于长焦距的平行光管,通过普通玻璃校正二级光谱并不容易。然而,在一个球面上采用了二元面后,该系统二级光谱得到了很好的矫正。从图6-18(b)可以看出,该系统的二级光谱在两个带得到了校正。

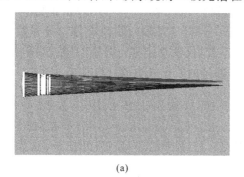

(a)

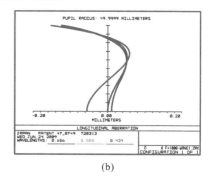

(b)

图 6-18　平行光管

(a) 结构图;(b) 位置色差

Figure 6-18　collimator

(a) structure of collimator;(b) longitudinal chromatic aberration

"位置色差"视频

2. **倍率色差**(transverse chromatic aberration)

由放大率公式

$$\beta = \frac{y'}{y} = \frac{nl'}{n'l}$$

可知,当波长不同时,同一物体的像的大小也不同。不同的色光有不同的像面位置,如图6-19所示,故不同色光的像高都在消单色像差的高斯像面上进行度量。对放大率公式进行微分,整理后得

$$\Delta y'_{FCk} = \frac{n_1 u_1}{n'_k u'_k} \Delta y_{FC1} - \frac{1}{n'_k u'_k} \sum_1^k C_{\mathrm{II}} \tag{6-60}$$

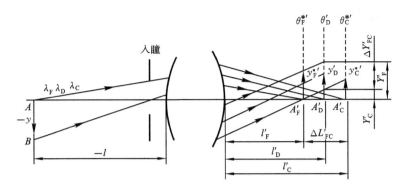

图 6-19　倍率色差

Figure 6-19　transverse chromatic aberration

$$C_{\text{II}} = luni_z\Delta\frac{\mathrm{d}n}{n} = C_{\text{I}}\frac{i_z}{i} \tag{6-61}$$

其中，C_{II} 为初级倍率色差分布系数。当计算出位置色差后，再计算一条第二辅助光线，即可知倍率色差的大小。对于薄透镜系统，利用式(6-24)可以得到

$$\sum_1^N C_{\text{II}} = \sum_1^N hh_z\frac{\phi}{\nu} \tag{6-62}$$

由此可知，对密接薄透镜组，当校正初级位置色差后（$\sum\dfrac{\phi}{\nu}=0$），初级倍率色差也得到了校正。当光阑与薄透镜系统重合时，初级倍率色差为零。

6.7　像差级数展开与高级像差
Series Expansion of Aberration and High Order Aberration

在像差普遍式(6-16)中，三级像差已表示成孔径和视场的函数，实际像差由初级像差和高级像差(二级像差、三级像差)组成。对大多数光学系统，二级以后的高级像差很小，在分析时可以不考虑，故在级数展开时可取到二级高级像差。

几乎所有镜头都具有高级像差，而高级像差一般很难减少，除非增加镜头的复杂度，故非常重要的是应调校初级像差来减少高级像差的作用，这个过程称为像差平衡。在光学设计的后期是非常重要的(见 M. J. Kidger 著的《Fundamental Optical Design》)。光学系统实际设计表明，基于三级像差和高级像差相互平衡的方法是有效的(见 G. G. Slyusarev 著的《Aberration and Optical Design Theory》)。

1. 球差(spherical aberration)

球差是轴上点宽光束对称像差，所以在级数展开中以孔径 h（或 u）表示，且只包含 $h(u)$ 的偶次项。当 $h(u)$ 为零时，$L'=l'$，故展开式中没有常数项，所以球差 $\delta L'$ 的展开式为

轴向球差　　　　　　　　　$\delta L' = A_1h^2 + A_2h^4$

垂轴球差　　　　　　　　　$\delta T' = B_1h^3 + B_2h^5$ $\left.\right\}$ $\tag{6-63}$

式中，第一项为初级球差，第二项为二级高级球差。

在校正球差时，只能使某带的球差为零，通过改变结构参数使初级球差系数 A_1 与高级球差系数 A_2 符号相反，并具有一定的比例，使某带初级球差与高级球差大小相等、符号相反。

在实际光学系统设计中,一般使边缘带球差为零,即

$$\delta L'_m = A_1 h_m^2 + A_2 h_m^4 = 0$$

$$A_1 = - A_2 h_m^2$$

把此关系代入式(6-63),微分求极值,$\dfrac{\partial \delta L'}{\partial h} = A_2(4h^3 - 2hh_m^2) = 0$,$h = 0.707 h_m$,即 $\delta L'$ 为极大值时的入射高度为 $h = 0.707 h_m$。在该带的最大球差为

$$\delta L' = (-A_2 h_m^2)(0.707 h_m)^2 + A_2(0.707 h_m)^4 = -\frac{1}{4} A_2 h_m^4$$

即最大剩余球差(residual spherical aberration)是边缘高级球差的 $-\dfrac{1}{4}$。由式(6-63)可知,校正球差实质是用初级球差补偿高级球差的。实际球差曲线是初级球差与高级球差的合成结果,$0.707 h_m$ 处的带球差表征了系统的高级球差的大小。经验表明,当光学系统结构形式确定后,改变结构参数时,高级像差变化很小,而初级像差变化较快。故在像差设计时,通过改变 r、d、n,使初级球差补偿高级球差。另外,正由于高级像差的限制,不能任意增大系统的孔径和视场。

应该指出,由轴外点引起的宽光束场曲 X'_T(field curvature of wide beam)和细光束场曲 x'_t(pencil beam field curvature)之差 $X'_T - x'_t$,称为轴外球差。它与轴上点球差不同,已不是轴对称像差。但在只研究子午光束($z=0$)或弧矢光束($y=0$)时,两者与初级球差相同(用 η、ξ 表示光线在入瞳处子午与弧矢的坐标)。

$$\left. \begin{array}{l} 2n'u'T_y(初级) = S_{\mathrm{I}} \eta^3 \\ 2n'u'T_z(初级) = S_{\mathrm{I}} \xi^3 \end{array} \right\} \tag{6-64}$$

所以,当仅研究轴外初级球差时,其在高斯面上的图形结构与轴上点的相同,如同在 6.4 节中所述。

当研究二级轴外高级球差(off-axis high order spherical aberration)时,情况比较复杂,即

$$\left. \begin{array}{l} 2n'u'T'_y = (5S^{\mathrm{III}}_{\mathrm{I}} + S^{\mathrm{IV}}_{\mathrm{I}})y'^2 \eta^3 \\ 2n'u'T'_z = (S^{\mathrm{III}}_{\mathrm{I}} + S^{\mathrm{IV}}_{\mathrm{I}})y'^2 \xi^3 \end{array} \right\} \tag{6-65}$$

即二级轴外球差变化量与视场平方成正比,称为视场二级球差。$S^{\mathrm{III}}_{\mathrm{I}}$、$S^{\mathrm{IV}}_{\mathrm{I}}$ 为轴外二级球差系数,且 $S^{\mathrm{III}}_{\mathrm{I}}$ 子午光束影响比弧矢大 4 倍。轴外球差已失圆对称性,如图 6-20 所示。故球差级数展开,也可写成 $\Delta L' = A_1 h^2 + A_2 h^4 + A_3 h^2 y^2$。

2. 位置色差(longitudinal aberration)

位置色差仍然是轴上点宽光束对称像差,故其展开式类似于球差。但由于不同色光近轴成像位置不同 $l'_F \neq l'_C$,故在展开式中有常数项,即

$$\Delta L'_{\mathrm{FC}} = A_0 + A_1 h^2 + A_2 h^4 \tag{6-66}$$

式中,常数项 A_0 正是近轴成像位置色差 $\Delta l'_{\mathrm{FC}} = l'_F - l'_C$;第二项是 F 光和 C 光的初级球差之差,也称色球差,属于二级高级色差;第三项是二级球差的色差,是三级高级色差。

为了减小色差对光学系统的像质影响,允许存在近轴位置色差,即 $\Delta l'_{\mathrm{FC}} \neq 0$。若边缘色差为 L'_{FC},则色球差

$$\delta L'_{\mathrm{FC}} = \delta L'_F - \delta L'_C = (L'_F - l'_F) - (L'_C - l'_C) = \Delta L'_{\mathrm{FC}} - \Delta l'_{\mathrm{FC}}$$

校正色差一般在 $0.707 h_m$,这样使 $\Delta L'_{\mathrm{FC}0.707} = -\Delta l'_{\mathrm{FC}}$,符号相反,

$$\Delta L'_{\mathrm{FC}0.707} = \Delta l'_{\mathrm{FC}} + A_1 h^2 = \Delta l'_{\mathrm{FC}} + A_1(0.707 h_m)^2 = 0$$

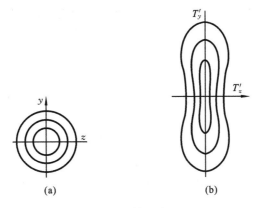

图 6-20 轴外球差

Figure 6-20 spherical aberration of an off-axis point

$$\Delta l'_{FC} = -\frac{1}{2}A_1 h_m^2$$

同理代入式(6-66),取二项,微分取极值,即

$$d(\Delta L'_{FC}) = 2A_1 h = 0$$

即当 $0.707h_m$ 带校正色差后,$h=0$ 带有极大值,其值为 $\Delta l'_{FC} = -0.5A_1 h_m^2$。此时边缘带色差

$$\Delta L'_{FCm} = -0.5A_1 h_m^2 + A_1 h_m^2 = \frac{1}{2}A_1 h_m^2$$

相比较,若在 $h=0$ 时校正色差,即 $\Delta l'_{FC} = 0$,则 $\Delta L'_{FCm} = A_1 h_m^2$。此时最大剩余色差是在 $0.707h_m$ 带校正时的 2 倍。故一般校正色差在 $0.707h_m$ 带,如图 6-16 所示。

3. 彗差(coma)

彗差是轴外点宽光束非对称像差,所以其级数展开式应为

$$K'_s = A_1 yh^2 + A_2 yh^4 + A_3 y^3 h^2 \tag{6-67}$$

式中,第一项为初级彗差;第二项为二级孔径彗差;第三项为二级视场彗差。对于小视场大孔径的光学系统(例如,显微镜物镜、望远镜物镜)主要由第一、二项决定;对于大视场小孔径的光学系统(例如,目镜、照相物镜)主要由第一、三项决定。研究第一、二项,主要考虑孔径对彗差的影响,$K'_s = A_1 yh^2 + A_2 yh^4$,其形式与球差级数展开相同,故当边缘带彗差为零时,$0.707h_m$ 带有最大彗差,其值是 $-\frac{1}{4}A_2 yh_m^4$。如果用像差系数表示子午和弧矢彗差,则

$$2n'u'K'_T = y(3S_{\mathrm{II}}\,\eta^2 + 5S_{\mathrm{II}}^{\parallel}\,\xi^4)$$
$$2n'u'K'_s = y(S_{\mathrm{II}}\,\eta^2 + S_{\mathrm{II}}^{\parallel}\,\xi^4)$$

即初级子午彗差是弧矢彗差的 3 倍,二级子午彗差 $S_{\mathrm{II}}^{\parallel}$ 是弧矢彗差的 5 倍。

研究第一、三项,主要考虑视场对彗差的影响,$K'_s = A_1 yh^2 + A_2 y^3 h^2$,同样微分求极值,得极大值在 $y = 0.58y_m$ 时,其值为 $-0.38A_2 y_m^3 h^2$。

4. 像散和场曲(astigmatism and field curvature)

像散和场曲是轴外点细光束轴向像差,其展开式中仅有视场 y 的偶次项,即

$$\left.\begin{array}{l} x'_t = A_1 y^2 + A_2 y^4 \\ x'_s = B_1 y^2 + B_2 y^4 \\ x'_{ts} = C_1 y^2 + C_2 y^4 \end{array}\right\} \tag{6-68}$$

故其分析过程和结果与球差的完全相同,但应该指出,在实际设计中,很难使两像散在边缘带为零,在校正时,除满足公差外,一般使像散曲线与球差曲线同侧,这样使最佳像面对轴上点和轴外点都有利。

5. 畸变(distortion)

畸变是主光线像差,故仅与视场有关,当改变视场符号时,畸变也变号,展开式只有视场 y 奇次项,即

$$\Delta y' = A_1 y^3 + A_2 y^5 \tag{6-69}$$

一次项是理想像高,所以式中没有一次项。式(6-69)中第一项是初级畸变,第二项是二级畸变。当边缘视场校正畸变后,最大剩余畸变在 $0.755 y_m$ 带,其值为 $-0.186 A_2 y^5$。

6. 倍率色差(transverse chromatic aberration)

倍率色差是轴外主光线色差(chromatic aberration of chief ray),与光学系统孔径无关,其展开后取两项可写成

$$\Delta y'_{FC} = A_1 y + A_2 y^3 \tag{6-70}$$

因不同色光的理想像高也不相等,即 $y'_F \neq y'_C$,故展开式中有一次项,称为初级倍率色差。第二项称为色畸变(chromatic distortion),是二级倍率色差。类似于视场高级彗差,当边缘带倍率色差校正为零后,最大倍率色差在 $0.58 y_m$ 带,其值为 $-0.38 A_2 y^3$。

6.8 ||| **像差校正**
Aberration Correction

像差校正是重要而又很难讨论的课题,下面仅就原则上和设计中需要注意的问题进行讨论。由于像差是孔径和(或)视场的函数,故校正像差只能对某带孔径(视场)或某对共轭点校正。

1. 球差与不晕点(spherical aberration and aplanatic points)

在光学系统中,按马吕斯定律(Malus law),一对共轭点成完善像的条件应满足该点发出所有光线的光程相等,如图 6-21 所示,即

$$n \sqrt{y^2 + (l+x)^2} + n' \sqrt{y^2 + (l'-x)^2} = -nl + n'l' \tag{6-71}$$

当物体位于无限远时,式(6-71)可以变化为

$$y^2 = 2\left(1 - \frac{n}{n'}\right) f'x - \left[1 - \left(\frac{n}{n'}\right)^2\right] x^2 \tag{6-72}$$

这是二次旋转曲面方程,$n < n'$ 时为椭球面(ellipsoid),$n > n'$ 时为双曲面(hyperboloid)。当 $n' = -n$ 时,由式(6-72)可得反射面情况,l 与 l' 同号,则反射面为旋转椭球面;l 与 l' 异号,则反射面为旋转双曲面;当 $l = \infty$ 时,反射面为旋转抛物面(paraboloid)。图 6-22 所示为三种非球面(aspherical surface)的情况。其中,图 6-22(a)中透镜的第一面是椭球面;图 6-22(b)中透镜的第一面是平面,第二面是双曲面;图 6-22(c)中的反射面是椭球面;图 6-22(d)中的反射面是双曲面。

故对二次非球面,有一对共轭点没有球差。椭球面常用在投影照明系统(projecting and illuminating system)中,如电影投影。抛物面常用在天文和投影系统,而非球面透镜已应用在各种光学系统中,如半导体激光器的准直柱面镜。

对于球面镜,由球差分布公式可知有三对共轭点。

(1)物点和像点在表面顶点,$l = l' = 0$,$\beta = 1$。

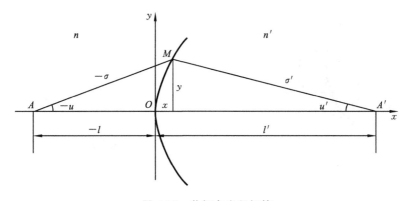

图 6-21　共轭点光程相等

Figure 6-21　equal optical path of conjugate points

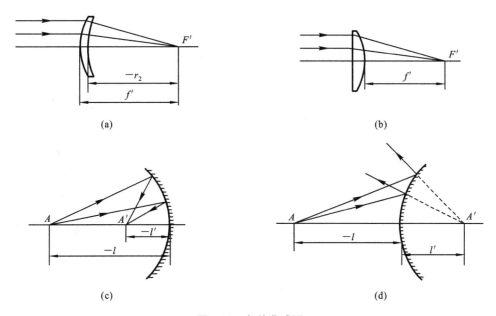

(a)　　　　　　　　　　　　　　　　　　　　(b)

(c)　　　　　　　　　　　　　　　　　　　　(d)

图 6-22　各种非球面

Figure 6-22　different aspherical surfaces

（2）物点和像点在表面球心，$l=l'=r$，$\beta=\dfrac{n}{n'}$。

（3）共轭点 $l=\dfrac{n'+n}{n}r$，$l'=\dfrac{n'+n}{n'}r$，或 $nl=n'l'$，$\beta=\left(\dfrac{n}{n'}\right)^2$。

　　这三对无球差的点称为不晕点或齐明点（aplanatic point），常用在高倍显微镜中，以提高显微物镜的数值孔径；也用于照明系统中，如无球差弯月镜（meniscus）作为聚光镜（condenser）。当透镜的两个折射面都满足上述条件时，称为不晕（齐明）透镜（aplanatic lens）。

　　例 6-1　物点位于透镜第一个折射面的曲率中心（见图 6-23），第二个折射面满足前面三对共轭点中的条件（3）。如果透镜的厚度为 d，且透镜位于空气中，分析其角放大倍率。

　　分析　物点位于透镜第一个折射面的曲率中心，按高斯公式，像点也在球心，满足条件（2），则第一面是齐明面；第二个折射面满足条件（3），则也是齐明面；该透镜称为齐明透镜。分别求出每个面的物距和相距，即可求出每个面的放大倍率，进而求出该齐明透镜的放大倍率。

　　解　对于透镜第一个折射面，有

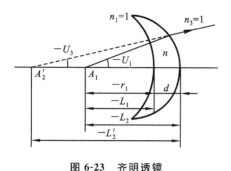

图 6-23 齐明透镜

Figure 6-23   aplanatic lens

$$L_1 = L_1' = r_1, \quad \beta_1 = n_1/n_2 = 1/n$$
$$L_2 = L_1 - d = r_1 - d$$
$$L_2' = n_2 L_2/n_3 = n L_2$$
$$r_2 = n_2 L_2/(n_2 + n_3) = n L_2/(n+1)$$
$$\beta_2 = (n_2/n_3)^2 = n^2$$
$$\beta = \beta_1 \beta_2 = n$$

由这样两个齐明面组成的透镜称为齐明透镜,经该透镜后得

$$\sin U_3 = \sin U_1/\beta = \sin U_1/n$$

如果透镜的玻璃折射率为 $n = 1.5$,则系统前放入这样一个齐明透镜,可使系统入射光束的孔径角增大 1.5 倍。若在这个弯月镜后还有两个这样设计的齐明镜,则

$$\sin U_5 = \sin U_1/n^3$$

例 6-2   物点同第一个折射面的顶点重合,第一个表面的曲率半径可以是任意的,通常为平面,如图 6-24 所示。第二个表面满足齐明条件,当透镜厚度为 d 时,分析其角放大倍率。

分析   物点同第一个折射面的顶点重合,则物距为零,按高斯公式,像点在顶点,像距也为零,第一个面是齐明面;按齐明条件(3)求出第二个面的物距和相距,则可求出该齐明透镜的放大倍率,从而可以分析数值孔径。

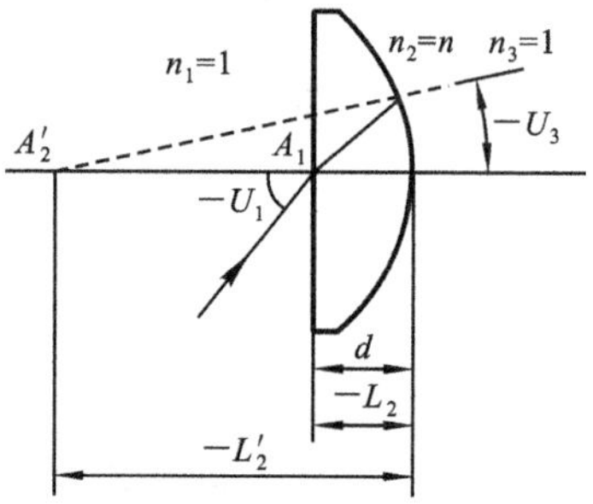

图 6-24   带有齐明面的透镜

Figure 6-24   lens with aplanatic surface

解   物点同第一个折射面的顶点重合,即

$$L = L' = 0, \quad \beta_1 = +1$$
$$L_2 = -d$$
$$L_2' = n_2 L_2/n_3 = -nd$$
$$r_2 = n_2 L_2/(n_2 + n_3) = -nd/(n+1)$$
$$\beta_2 = (n_2/n_3)^2 = n^2$$
$$\beta = \beta_1 \beta_2 = n^2$$
$$\sin U_3 = \sin U_1/\beta = \sin U_1/n^2$$

即数值孔径增大 n^2 倍。

2. 彗差与正弦条件(coma and sine condition)

为了使在校正球差的同时也能校正彗差,对于小视场的光学系统(如望远物镜等),需满足正弦条件(也称为阿贝正弦条件),即

$$n y \sin u = n' y' \sin u' \tag{6-73}$$

或写成

$$\beta = \frac{n \sin u}{n' \sin u'} = \text{const}$$

光学系统具有轴对称性,所以满足式(6-73),则垂直于光轴的面均能获得清晰的像。近轴的轴外物点成像是否理想,无需计算该点的光程,只需计算对应的轴上点即可判读。

当物体在无限远时,$\sin u = 0$,$\beta = 0$,正弦条件可以变换为

$$\frac{n'}{n} \sin u' = \frac{\sin u}{\beta} = \frac{x}{f'} \sin u = \frac{h}{f'}$$

在均匀介质中,写成

$$f' = \frac{h}{\sin u'} = \text{const} \tag{6-74}$$

满足式(6-74),则在后焦平面能获得清晰的理想像。应该指出,若满足式(6-74),则光学系统的后主平面不是平面,而是以焦点为球心的球面。在讨论放大倍率法测光学系统焦距的原理误差时要用到该结论。

可以证明,满足无球差的三对共轭点,均能满足正弦条件。这三对共轭点称为齐明点(或不晕点),对应的折射面称为齐明面。

例如,$L = \frac{n'+n}{n}r$,$L' = \frac{n'+n}{n'}r$ 是一对共轭点,则

$$\beta = \frac{y'}{y} = \frac{nl'}{n'l} = \left(\frac{n}{n'}\right)^2 = \frac{n\sin I'}{n'\sin I} = \frac{n\sin u}{n'\sin u'}$$

所以

$$ny\sin u = n'y'\sin u'$$

由彗差系数 S_{II} 可知,当 $l=l'=0$ 和 $l=l'=r$(即 $i=0$),即球差为零时,显然 $S_{\text{II}}=0$,故这二对共轭点也满足正弦条件。

实际光学系统对轴上点校正球差只能使某带球差为零,其他带仍存在球差。故除齐明点之外,当物体位在其他位置时,校正了彗差($K'_s=0$),使轴外点和轴上点有相同的球差值,即有相同的弥散斑,称为等晕成像,这就是等晕条件(isoplanatic condition)。若系统彗差不为零,用 $\frac{K'_s}{y'}$(relative coma)表示与等晕条件的偏离,称为正弦差(off sine condition,OSC),表示为

$$\text{OSC}' = \frac{K'_s}{y'} = \frac{\sin u}{\sin u'} \cdot \frac{u'}{u} - \frac{\delta L'}{L'-l'_z} - 1 \tag{6-75}$$

当物体在无限远时,$\sin u = u$,$u' = \frac{h}{f'}$。在光学设计中,对小视场光学系统,可以把正弦差作为衡量彗差大小的指标,如 $\text{OSC}' \leqslant 0.002\,5 \sim 0.000\,25$。

由前面的光线光路计算结果可得 6.2 节中的双胶合望远物镜的正弦差,由式(6-75)计算为

$$\begin{aligned}
\text{OSC}' &= \frac{h_1}{f'\sin U'} - \frac{\delta L'}{L'-l'_z} - 1 \\
&= \frac{10}{99.896 \times 0.100\,08} - \frac{-0.004}{97.005 - (-3.381\,3)} - 1 = 0.000\,28
\end{aligned}$$

由彗差分布系数 S_{II} 可知,若使 $i_z=0$,即把光阑放在某面的球心处,则该面彗差自动为零,这一思想已用在折反射式光学系统的设计中。

3. 畸变与正切条件(distortion and tangent condition)

要使光学系统成像没有畸变,必须满足正切条件,即

$$y' = -f'\tan u'_{z1} \tag{6-76}$$

由此而知,当系统满足正弦条件时,不可能同时满足正切条件。这正是在傅里叶光学系统(Fourier optical system)设计时要注意的问题。

畸变与光阑孔径的大小无关,但与光阑的位置有关,因而在校正畸变(或其他垂轴像差)时,可以把孔径光阑的位置当作校正畸变的变量,其位置对畸变变化十分敏感。例如,在完全对称的光学系统中,光阑位置在中间,当 $\beta=-1$ 时,所有垂轴像差(畸变、彗差、倍率色差)自动校正,这一思想用在透镜转像系统中。对于无穷远的物体,即当 $\beta=0$ 时,实际上完全消畸变

的物镜一般具有不对称的结构。

对于密接薄透镜系统,若光阑与其重合,则 $h_z=0$,这样使畸变(包括倍率色差)自动校正。例如,在折反光学系统中,可使光阑位在反射镜的球心,而薄透镜与光阑重合,这样对薄透镜组,因 $h_z=0$,无畸变,也无倍率色差。对反射镜因,$i_z=0$,也无畸变。

在像差校正过程中,如果高级像差不能控制,应使初级像差与其相补偿,而且补偿的结果还稍大于接收器能感知的量,使像差对整个像面的影响减到最小限度。然而怎样才算降低到最小限度,是与使用要求密切相关的。使用条件决定各个视场起的作用大小。

一般视场边缘部分在很多情况下作用不大,从最大视场到 0.707 带视场不是观察的重点,仅是陪衬而已,0.5 视场以内才是主要观察对象。当照片不是用坐标准确测量时,只要人眼感觉不到直线所形成的像是弯曲的就可以了。畸变不宜用绝对值表示,而宜用相对值表示,可以证明这种相对值与直线所成像的弯曲度相对应,最大畸变的相对值的 2 倍就是直线像的弯曲度(曲线的弯曲度定义为它的长度与该曲线的半径之比)。眼睛一般不能觉察弯曲度为 4% 的曲线,故对目视光学系统 2% 的畸变是容许的。

无焦光学系统,如双目望远镜,校正畸变的条件是

$$\omega' = \omega\gamma \tag{6-77}$$

式中,ω 为视场角,γ 为角放大倍率。

对激光扫描光学系统,校正畸变的条件是

$$y' = f'\theta \tag{6-78}$$

该光学系统称为 $f'-\theta$ 镜头,要求像的大小正比于反射镜的扫描角。

4. 像散与场曲(astigmatism and field curvature)

像散与场曲也是与光阑孔径大小无关的像差,校正场曲比较难,它只与结构参数有关,对于薄透镜系统,只有正、负透镜分离,使 $\sum\dfrac{\phi}{n}=0$;或者采用弯月厚透镜,其实质也相当正、负透镜分离,才能校正场曲。当给定弯月厚透镜正光焦度时,随厚度不同产生的 S_{IV} 可为正值,也可为零或负值。存在像散一定伴随存在场曲,校正像散时,尽可能使子午和弧矢场曲曲线与球差同侧,并使消像散的点在 $0.7\omega_m$ 带,这样使像散在整个视场各部分影响都不大。例如,图6-25(c)校正的情况比图 6-25(a)的好些,图(f)的比图(d)的好些。图中,O 为新像面位置。

对于目视光学仪器,由于人眼特性,校正情况有所不同。因人眼有调焦能力,若像面弯曲在调焦范围内,则弯曲是不重要的。另外由于像成像在视网膜的球面上,故像面曲率的影响也大大减少。一般认为眼睛的调节可在 0.25 D。在瞳孔孔径为 2 mm 时,眼睛的像散估计为0.1 D,对应像散为 0.038 mm。

上面仅给出一般校正的共性问题,对于一个实际光学系统的像差校正,应按各面对像差的贡献 S_I-S_V、C_I-C_{II}、$\dfrac{i_z}{i}$ 进行分析,判断应改变哪个面的半径,曲率增大还是减少,以利于校正某种像差而对其他像差不敏感。

然而光学设计的首要问题是初始结构的型式,即选型,如果选型不正确,则很难完成像差校正的任务。

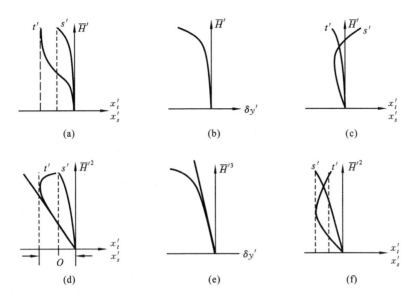

图 6-25　子午和弧矢场曲曲线

Figure 6-25　curves of meridional and sagittal field curvature

6.9　典型光学元件的像差

Aberration of Typical Optical Element

1. 单透镜(single lens)

单透镜可以分解为无数个光楔的合成,这样由光楔偏角(deviation angle)公式可得出,对正透镜边缘光线偏角大,而近轴光线偏角小,这样按球差的定义 $\delta L' = L' - l'$,正透镜产生负球差,同理负透镜产生正球差。

由 $n_\lambda = \dfrac{\lambda_0}{\lambda}$ (λ_0 为真空中波长)可知,波长大则折射率小,经透镜后偏角小,故由色差定义 $\Delta l'_{FC} = l'_F - l'_C$,正透镜产生负色差,负透镜产生正色差。因此单透镜不能校正球差和色差,必须正、负透镜组合。

当 $d=0$ 时,单透镜仅两个变量 r_1 和 r_2,在给定焦距时,仅能校正一种像差。当 $l=\infty$ 时,由式(6-51)和式(6-52)可知,单透镜的色差可以表示为

$$\Delta l'_{FC} = -l'^2_2 \frac{\phi}{\nu} = -\frac{f'(1-\beta)}{\nu} \tag{6-79}$$

球差取决于 p,因空气中 $n_1 = n_3 = 1$,可以证明当物体在无限远时,球差的极值为

$$\delta L' = -\frac{n(4n-1)}{8(n-1)^2(n+2)}h^2\phi \tag{6-80}$$

当 $f'=1$ 和 $d=0$ 时,相应的半径为

$$\left.\begin{array}{l} r_1 = \dfrac{2(2+n_2)(n_2-1)}{n_2(2n_2+1)} \\[3mm] r_2 = \dfrac{2(2+n_2)(n_2-1)}{n_2(2n_2-1)-4} \end{array}\right\} \tag{6-81}$$

如果 $n_2 = 1.5$,则 $r_1 = 0.583$, $r_2 = -3.5$。

处于球差为极小值的单透镜,其正弦差也最小。当应用单透镜时,其能承担的光线偏角不超过 0.2,即 $u'-u<0.2$,否则导致 ϕ 过大或半径过小而产生较大的高级像差。

最简单的正、负透镜组合就是双胶合,它有三个半径,如果把折射率也当作变量,则可以在满足焦距 f' 后还能校正三种像差,一般是球差、彗差和位置色差。

2. 场镜(field lens)

场镜是一平凸透镜,位于像平面,使斜光束发生偏折,以减少后面光学系统的通光口径。由于场镜与像平面重合,$l=l'=0$,故除产生 S_{IV} 正场曲和由此衍生的正畸变外,不产生其他像差。因畸变可以由透镜的弯曲状况变化而变化,所以场镜也可以用于校正系统的畸变。由于场镜能影响主光线的光路,故也可以利用场镜改变出射光瞳的位置。

在现有转像系统(relay system)的光学仪器中,例如,在内窥镜(endoscope)、潜望镜(periscope)中,常利用场镜来减少系统的横向尺寸。

3. 反射棱镜和平行平板(reflecting prism and plane parallel plate)

因反射棱镜可以展开成平行平板,故只讨论平行平板。因平行平板的 $r=\infty$,故在任何情况下平行平板均不产生场曲。若平行平板在平行光路中,因平板仅使光线向后平移 $\Delta=\frac{n-1}{n}d$,而出射光的方向不变,故平面波经平板后仍然是平面波,这样不产生任何像差。若平行平板位于会聚光路(convergent light path)中,则所有像差(除场曲外)均存在。设平板位于空气中,则 $n_1=n_2'=1$,$n_1'=n_2=n$,$i_1=-u_1=i_2'$,$i_1'=-u_2=i_2$,代入初级像差分布式,得

$$\left.\begin{array}{l}\sum S_{\text{I p}}=\dfrac{1-n^2}{n^3}du_1^4\\[2mm]\sum S_{\text{II p}}=\dfrac{1-n^2}{n^3}du_1^3u_{z1}\\[2mm]\sum S_{\text{III p}}=\dfrac{1-n^2}{n^3}du_1^2u_{z1}^2\\[2mm]\sum S_{\text{IV p}}=0\\[2mm]\sum S_{\text{V p}}=\dfrac{1-n^2}{n^3}du_1u_{z1}^3\\[2mm]\sum C_{\text{I p}}=\dfrac{d}{\nu}\dfrac{1-n}{n^2}u_1^2\\[2mm]\sum C_{\text{II p}}=\dfrac{d}{\nu}\dfrac{1-n}{n^2}u_1u_{z1}\end{array}\right\} \tag{6-82}$$

在具有反射棱镜的光学系统中,要使透镜系统的像差与棱镜像差平衡。

4. 反射镜(reflecting mirror)

1) 平面反射镜(plane mirror)

平面反射镜满足马吕斯定律,成像理想。反射镜对任何色光,反射角均等于入射角,故任何形式(球面或非球面)的反射镜均不产生色差。因 $u=-i$,$u'=-i'$,$r=\infty$,代入式(6-82)后,可得

$$S_1=S_{11}=S_{111}=S_{1V}=S_V=C_1=C_{11}=0 \tag{6-83}$$

2) 球面反射镜(spherical mirror)

球面反射镜存在各种单色像差。在光学设计时,经反射镜后,只需要取 d 为负值即可。当物体位于无限远时,$i=\dfrac{h}{r}$,$lu=h$,$i=-i'$,$i'-u=\varphi=-\dfrac{h}{r}$,$n=1$,$n'=-1$。若球面反射镜的

半径为 r，则初级像差公式为

$$
\left.
\begin{aligned}
S_{\text{I}} &= -\frac{2h^4}{r^3} \\[6pt]
S_{\text{II}} &= -\frac{2h^3}{r^2}i_z \\[6pt]
S_{\text{III}} &= -\frac{2h^2}{r}i_z^2 \\[6pt]
S_{\text{IV}} &= 2J^2\frac{1}{r} \\[6pt]
S_{\text{V}} &= (S_{\text{III}} + S_{\text{IV}})\frac{i_z}{i}
\end{aligned}
\right\}
\tag{6-84}
$$

当光阑位于球心时，因 $i_z=0$，故 $S_{\text{II}}=S_{\text{III}}=S_{\text{V}}=0$，反射镜仅剩下球差和场曲，可用弯月厚透镜在消色差的条件下来补偿反射镜的球差。

5. 对称式系统（symmetric system）

全对称光学系统的结构完全对称于孔径光阑，分为前、后两部分。若 $\beta=-1$，则前、后两部分每一折射面的第一、第二近轴光线的参数（i、i_z、u）均大小相等而符号相反。因此由像差分布式可求得初级垂轴像差 $\sum S_{\text{II}}$、$\sum S_{\text{V}}$、$\sum C_{\text{II}}$ 大小相等、符号相反，而轴向像差大小相等、符号相同，故整个系统的垂轴像差自动校正，而轴向像差是半部系统像差的 2 倍。所以对轴向像差，每半部单独校正，例如，在双高斯（double-Gauss）照相物镜中，如图 6-26 所示，利用厚透镜校正场曲，选取光阑到每半部的位置校正像散，加入胶合面使每半部校正色差，应用厚、薄透镜互相补偿球差。这样由初级像差理论分析，双高斯型物镜可以校正所有像差。

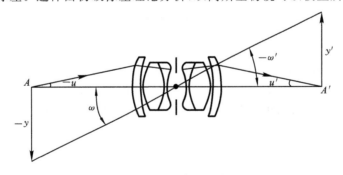

图 6-26 双高斯物镜

Figure 6-26   double-Gauss objective

例 6-3   试分析如何校正周视瞄准镜物镜像差。

分析   头部直角棱镜和道威棱镜在平行光路中，$u_1=0$，没有任何像差，双胶合物镜和底部屋脊直角棱镜一起校正像差。

周视瞄准镜是望远系统，是小视场（一般小于 $10°$）、大孔径的系统，所以孔径像差——球差、色差必须校正，彗差既与孔径相关，又与视场相关，也必须校正。由望远镜的三个球面半径变量和一个折射率变量恰能满足三种像差和焦距要求。

畸变和倍率色差 S_{V}、C_{II} 是主光线像差，分别与视场的三次方和一次方成正比（见式（6-36）、式（6-61）），因望远镜视场小，S_{V}、C_{II} 自动很小，不必校正。

像散、场曲是细光束像差，仅与视场相关。因为物镜焦距长，故光焦度小，S_{III}、S_{IV} 很小（按薄透镜分析，见式（6-28）、式（6-30）），也不校正。

另外,望远镜是目视光学系统,由于像成像在视网膜的球面上,故像面曲率的影响也大大减少。人眼的自动调节能力(可为 0.25 D)也使场曲影响变小。

6.10 像差特征曲线与分析
Characteristic Curve of Aberration and Analysis

1. 像差特征曲线(characteristic curve of aberration)

像差特征曲线在评价光学系统的像质方面十分重要,因它比较综合地评价了各种像差的影响。因为子午像差比弧矢像差更灵敏,所以一般研究子午像差特征曲线。研究像差曲线,只能分别研究在某视场全孔径的像差,图 6-27 所示为轴外全视场物点 B 发出的子午光束通过光学系统的情况。图 6-28 示出其子午像差曲线(也可用 h 作纵坐标)。由子午横向像差公式

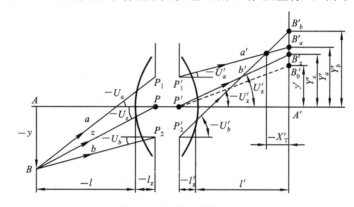

图 6-27　轴外点成像光束

Figure 6-27　imaging light beam of off-axis point

(6-16)可知,令 $\xi=0$,得子午光束的横向像差

$$\Delta y' = A\eta^3 + 3By\eta^2 + Cy^2\eta + Ey^3$$

当 $\eta=0$ 时,$\Delta y'=Ey^3$,主光线的垂轴像差就是畸变,即图中 $B'_z B'_0$。按畸变定义,该畸变是正畸变。

将式(6-16)对 η 微分,即

$$\frac{\partial y'}{\partial \eta} = 3A\eta^2 + 6By\eta + Cy^2 \tag{6-85}$$

令 $\eta=0$,则表明曲线与横轴交点处的斜率 $\tan\theta'$ 就是某视场细光束子午像面弯曲 x_t。

$$\tan\theta' = \frac{\partial y'}{\partial \eta} = Cy^2 \quad (\eta = 0)$$

从而可以推出,曲线上任一点的斜率就是以此线为主光线时的子午像面场曲。θ' 越大表示像面越弯曲。

宽光束场曲,例如,某视场边缘光线 a、b 的场曲,可以在图 6-28 中连接 $\tan U'_a$ 和 $\tan U'_b$ 作直线,其斜率 $\tan\theta'_{ab}$ 即该视场的宽光束场曲 X'_T,两斜率之差 $\tan\theta'_{ab} - \tan\theta'$ 即轴外球差 $X'_T - x'_t$。

由图 6-28 还可知道,直线与横坐标的交点 B'_{ab} 到 B'_z 的距离即表示实际边缘光 a、b 的交点到主光线的距离,因此 $B'_{ab}B'_z$ 表示子午彗差。由图 6-28 也可以推出

$$B'_{ab}B'_z = \frac{\Delta Y'_a + \Delta Y'_b}{2} = \frac{1}{2}(Y'_a + Y'_b) - Y'_z$$

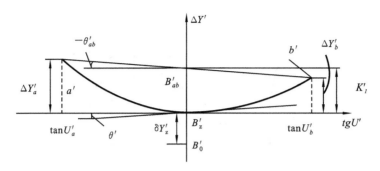

图 6-28　子午像差曲线

Figure 6-28　curve of meridional aberration

这正是子午彗差计算公式。

该像差特征曲线图类似于 ZEMAX 中的 Ray Fan,因此可以通过分析 Ray 来了解光学系统的综合像质情况。

2. 像差特征曲线分析(characteristic curve analysis of aberration)

像差曲线不但可以判读像差大小,而且可以用于分析像差,对像差的校正有指导意义。

1) 光阑位置的选择(position selection of aperture stop)

由子午像差曲线可以分析某视场相对主光线的上、下两部分光束的成像情况。若上、下两部分光束的像差曲线失对称严重,则可以移动光阑的位置,即改变主光线的位置。在子午像差曲线中使纵向坐标向左或右移动,例如在图 6-29 中,欲使上半部分像差大的部分拦掉,而保持通光孔径不变,则应使光阑向光学系统后面移动,这样可以使主光线向下移。为使光束孔径角不变,光阑位置改变后应重新计算光阑直径。

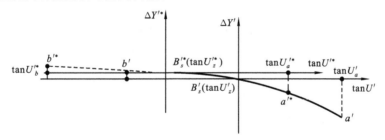

图 6-29　光阑位移像差变化

Figure 6-29　aberration change by stop shifting

2) 离焦的选择(selection of defocusing)

所绘像差曲线是在高斯像面上取值的,但高斯像面不一定是最佳像面,通过离焦可以选取最佳像面(optimum image plane)。如图 6-30 所示,像平面若由 $\overline{Q}$ 移至 $\overline{Q}'$,则子午面的弥散斑明显减少,$-\Delta l'$ 称为离焦量。一般来说,不同的物点的像将有不同的调焦平面。对所有视场都能获得最好的像的平面称为最佳像面。

由图 6-31 可以看出,若横轴旋转某一角度 $\Delta\theta'$,使曲线和纵坐标轴之间所围为面积大小相等的若干块为止,这时 $\Delta\theta'$ 是最佳横轴偏转角。

$$\tan\Delta\theta' = \Delta\theta' = -\frac{\Delta Y_a'^* - \Delta Y_a'}{\tan U_a' - \tan U_z'}$$

由图 6-30 可知,离焦后光线在新像面的交点高度分别为($j=a$ 或 $j=b$)

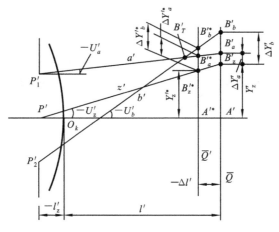

图 6-30　像面离焦

Figure 6-30　defocusing of image plane

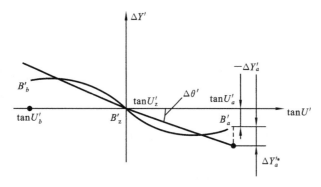

图 6-31　离焦后的像差

Figure 6-31　aberration after defocusing

$$Y'^*_z = (l'_z - l' - \Delta l')\tan U'_z = Y'_z - \Delta l' \tan U'_z$$

$$Y'^*_j = (l'_j - l' - \Delta l')\tan U'_j = Y'_j - \Delta l' \tan U'_j$$

像高差
$$\Delta Y^*_j = Y'^*_j - Y'^*_z = Y'_j - Y'_z - \Delta l'(\tan U'_j - \tan U'_z)$$
$$= \Delta Y'_j - \Delta l'(\tan U'_j - \tan U'_z)$$

离焦量
$$\Delta l' = \frac{\Delta Y'^*_j - \Delta Y'_j}{\tan U'_j - \tan U'_z} = \tan \Delta \theta' = \Delta \theta' \tag{6-86}$$

由此可知，$\Delta \theta'$ 的弧度值即为离焦量 $\Delta l'$。

3) 拦光(stopping light beam)

若横向像差曲线边缘光束的横向像差较大,可以通过光阑把部分像差较大的边缘光束拦截掉,称为拦光。这样做虽然会降低像面照度产生渐晕,但能提高其成像质量。对照相物镜,允许边缘视场渐晕达到 50%。为达到拦光的目的,可用渐晕光阑,或使某些光学零件尺寸作得小些,但对轴上点规定的孔径的光束不允许拦光。

在 ZEMAX 窗口里用 Ray 指令,可以给出镜头的横向像差曲线。图 6-32 所示的为 6.2 节望远物镜的横向像差曲线,读者可以基于本章论述,分析该横向像差曲线。

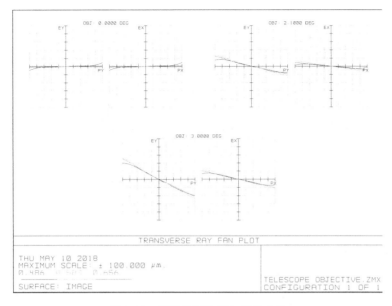

图 6-32　望远物镜的横向像差曲线

Figure 6-32　aberration curves of telescope objective

6.11　波像差
Wavefront Aberration

1. 轴上点的波像差（wavefront aberration of on-axis point）

在具有高像质的光学系统中,通常通过光学系统的波表面变形评价像质。如果光学系统是理想的,那么在像空间的波表面是球面,存在像差时,波面变形。这种变形波面（deformed wavefront）与参考球面在出瞳处的偏差称为波像差。

轴上像点的几何像差和波像差的关系如图 6-32 所示。A_0' 是近轴光线的物点像,OMK 是在出瞳处的波面截面。选择一个任意调焦像面 $\overline{Q}'$ 距 A_0' 为 $\Delta l'$,确定在该平面上相对点 $\overline{A}'$ 的波像差。画一个参考球面,半径 $R=\overline{OA'}$。如果点 $\overline{A}'$ 是物体的理想像,那么 OMK 应与参考球面重合。在波面上选择一任意点 M,表面的法线 MC 是光线,同光轴夹角为 u',并有轴向球差为 $\delta L'$,连接点 M 和参考波面曲率中心 $\overline{A}'$,得截距 ME,它表征了波面与参考球面的偏差,称为波像差 W',是孔径角 u' 的函数。在该波面靠近点 M 取另一个点 K,连接 K 与参考球面的曲率中心 $\overline{A}'$,得截线段 $KN=\dfrac{\mathrm{d}W'}{n}$,表征了由波面上点 M 到点 K 时波像差的增量。由图6-33可得出

$$\overline{A}'B=(\delta L'-\Delta l')\sin u'$$

$$R+\frac{W'}{n'}=\frac{(\delta L'-\Delta l')\sin u'}{\sin \phi}$$

$$MN=(R+\frac{W'}{n})\mathrm{d}\,\overline{u}'$$

$$\frac{\mathrm{d}W'}{n'}=MN\tan\phi=\frac{(\delta L'-\Delta l')\sin u'\mathrm{d}\,\overline{u}'}{\cos \phi}$$

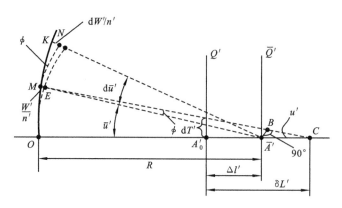

图 6-33 几何像差和波像差的关系

Figure 6-33 relationship between geometrical aberration and wavefront aberration

由于光学系统的轴向球差 $\delta L' \ll l'$,故 ϕ 很小,$\cos\phi \to 1$,$\bar{u}' \to u'$,使像差为

$$dW' = n'(\delta L' - \Delta l')\sin u' du'$$

$$W' = n' \int_0^{u'} (\delta L' - \Delta l')\sin u' du'$$

或
$$W' = n'\Delta l'(\cos u' - 1) + n' \int_0^{u'} \delta L' \sin u' du' \tag{6-87}$$

故 u' 不大,因此可以作变换 $\cos u' - 1 = -\dfrac{u'^2}{2}$,$\sin u' = u'$(当相对孔径 $\geqslant 1:2$ 时,仅小数点后第三位有变化)。这样,下面确定的相对离焦面的波像差公式可以获得实际足够高的精度。

$$W' = -\frac{n'\Delta l' u'^2}{2} + \frac{n'}{2} \int_0^{u'} \delta L' du'^2 \tag{6-88}$$

式中,第一项是离焦产生的波像差,第二项是相对高斯面($\Delta l' = 0$)的波像差 W_0。用垂轴像差表示,式(6-88)也可写成

$$W' = -\frac{n'\Delta l' u'^2}{2} + n' \int_0^{u'} \delta Ty' du' \tag{6-89}$$

这样,当已知球差函数($\delta L' = A_1 u^2 + A_2 u^4$ 或 $A_1 h^2 + A_2 h^4$)后,可以求出任意孔径光束相对离焦面的波像差 W'。因像空间是空气,空气中 $n' = 1$,故可去掉。由式(6-88)可知,波像差符号与球差相同。当存在像差时,最佳调焦平面应使系统全孔径的波差 W' 的绝对值最小,这个平面的位置可用下面的方法找出,由式(6-89)可得

$$W_0 = W' + \frac{n'\Delta l' u'^2}{2} \tag{6-90}$$

以 u'^2 为纵坐标,W_0 和 $\dfrac{\Delta l' u'^2}{2}$ 为横坐标,则波像差曲线中,离焦产生波像差 $\dfrac{\Delta l' u'^2}{2}$ 是一条直线。对任一纵坐标 u'^2,W_0 曲线和直线的横坐标的差值即相对离焦面的波像差 W_0。

设对任意一个光学系统,波像差 $W_0 = f(u'^2)$ 的曲线如图 6-34(a)所示,再引一条直线使 u'_1 和 u'_e 的波像差 W'_e 和 W'_1 的绝对值相等,即 $|W'_1| = |W'_e|$,如图 6-34(b)所示,在图中得一截距 EL,此即离焦产生的波差 $EL = \dfrac{\Delta l' u'^2_e}{2}$。

相对 $\Delta l'$ 解方程,则该系统的最佳焦平面为

$$\Delta l' = \frac{2EL}{u'^2_e} \tag{6-91}$$

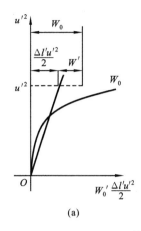 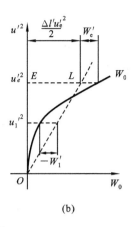

图 6-34 波像差

（a）离焦前波像差；（b）离焦产生的波像差

Figure 6-34   wavefront aberration

（a）wavefront aberration before defocusing；（b）wavefront aberration after defocusing

按瑞利准则，则

成像理想
$$\frac{W'}{\lambda} \leqslant 0.1$$

成像较好
$$\frac{W'}{\lambda} \leqslant 0.25$$

注意：波像差的单位是波长。

由式（6-88）可知，当画出球差曲线后，曲线的面积的一半即波像差。

当光学系统只包含初级球差和二级球差时，以 $(u/u_\mathrm{m})^2$ 或 $(h/h_\mathrm{m})^2$ 为纵坐标的球差曲线是一抛物线。通过离焦把抛物线分成面积相等的三部分，如图 6-35（a）所示，这样使离焦后波像差变小。

可以证明最佳像面位置应距高斯像面 $\frac{3}{4}\delta L'_{0.707h}$，离焦后最大波像差为原波差的 $-\frac{1}{8}$，在 $\frac{1}{4}\left(\frac{h}{h_\mathrm{m}}\right)^2$ 带处，在 $\frac{3}{4}\left(\frac{h}{h_\mathrm{m}}\right)^2$ 处波像差为零，如图 6-35（b）所示。

按瑞利判断，若离焦产生的波像差是

$$W_0 = \frac{1}{2}n'u'^2_\mathrm{m}\Delta l'_0 \leqslant \frac{\lambda}{4}$$

则这一离焦量不影响像质。离焦可向前也可向后，故定义 $2\Delta l'_0$ 为焦深（depth of focus），

$$2\Delta l'_0 \leqslant \frac{\lambda}{nu'^2_\mathrm{m}} \tag{6-92}$$

定义 $\Delta y' = 2\Delta l'_0 u'_\mathrm{m} = \frac{\lambda}{nu'_\mathrm{m}}$ 为焦宽（width of focus）。

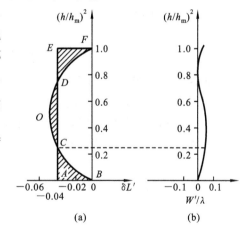

图 6-35   波像差曲线

（a）球差曲线；（b）离焦后波像差

Figure 6-35   curve of wavefront aberration

（a）spherical aberration；

（b）wavefront aberration after defocusing

2. 轴外点的波像差(wavefront aberration of off-axis point)

轴外点的像差已失对称性,故用横向像差 T_y'、T_z' 表示轴外点发出的某一光线与参考平面的交点距理想像点间的子午和弧矢像差分量,如图 6-36 所示,轴外点的波像差也可以表示成与两个分量垂轴像的关系。

子午分量 $$\frac{\partial W'}{\partial \eta'} = n'u_m'\delta T_y'$$

弧矢分量 $$\frac{\partial W'}{\partial \xi'} = n'u_m'\delta T_z'$$

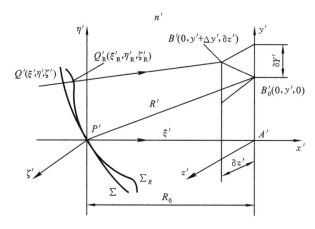

图 6-36 子午与弧矢像差分量

Figure 6-36 meridional and sagittal aberration

因 $u_m' = \dfrac{\eta_m'}{R'}$,所以

$$W' = \frac{n}{R'}\int_0^{\eta_m'}(\delta T_y'\mathrm{d}\eta' + \delta T_z'\mathrm{d}\xi) \tag{6-93}$$

垂轴像差 $\delta T_y'$ 和 $\delta T_z'$ 与光学系统变量 (ξ', η', ζ) 关系复杂,一般不能用式(6-93)计算波像差,仅用它来分析几何像差的计算结果。

类似于由轴上点的轴向球差可以判读轴上点的波像差,也可以由轴外点的横向像差判读轴外点的波像差。在光学设计中,一般要计算子午光束的 $\Delta y'$-$\tan u'$ 特征曲线,它反映轴外点的子午像差。

如图 6-36 所示,对于轴外像点 B',可认为 $B_0'P'$ 是参考球面半径 R',则

$$Ty' - \eta' = -R'\sin U_z'$$

微分得 $$\mathrm{d}\eta' = R'\mathrm{d}\sin U_z'$$

代入式(6-93),令 $\xi = 0$,则

$$W' = n'\int_0^{u_m'}\delta T_y'\mathrm{d}\sin U' \tag{6-94}$$

把 $\Delta Y'$-$\tan U'$ 的曲线纵坐标用 $\sin U'$ 来标定,得 $\Delta Y'$-$\sin U'$ 曲线,如图 6-37 所示。因此,曲线与 $\sin U'$ 坐标所围面积即该波面子午截面的波像差。

当像方孔径角 u' 不大时,$\sin u' = \tan u'$,可估读波像差。曲线所围面积是以高斯面上的理想像点为参考点的。然而,轴外点的实际弥散斑大小是相对主光线的实际像点的,故需垂轴离焦,使参考点由理想像点 B_0' 移至实际像点 B_z',即纵轴由理想像高 y' 移至 y_z',则使波像差大大

减小。若纵轴由 I 的位置转 $\Delta\theta'$ 至 II 的位置时曲线与 II 所围的面积更小，如图 6-37 所示，此即前面所说的轴向离焦，参考面不在高斯像面，而沿光轴移动 $\Delta l' = \Delta\theta'$。

在 ZEMAX 程序中，可以很方便地由 OPD 和 wavefront map 确定光学系统的二维、三维的波像差。

3. 轴上点的波色差（wavefront chromatic aberration of on-axis point）

用波色差的概念来描述色差是很方便和实用的，对轴上点而言，λ_1 和 λ_2 在出瞳处两波面的光程差称为波色差，用 $W'_{\lambda_1\lambda_2}$ 表示。例如，目视光学仪器用 W'_{FC} 表示。按康拉弟提出的 $(D-d)$ 法，波色差可以表示为

$$W'_{FC} = W'_F - W'_C = \sum(D_F - d)n_F - \sum(D_C - d)n_C$$
$$= \left(\sum D_F n_F - \sum D_C n_C\right) - \sum d(n_F - n_C)$$
$$= \sum(D - d)(n_F - n_C) \qquad (6\text{-}95)$$

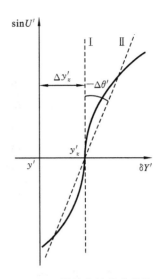

图 6-37　轴外点波像差曲线

Figure 6-37　aberration curve of an off-axis point

式中，d 是光学系统各个介质沿光轴的厚度；D 表示某带色光（如 e 光）光线通过各介质的光路长度。在公式推导中，取 $D_F = D_C = D$，略去了由折射率差引起的两色光光路的光程差。D 可由下式确定。

$$D_i = \frac{d_i - x_i + x_{i+1}}{\cos U'_i}$$
$$x_i = \frac{1}{2r_i}\left[\frac{L\sin U}{\cos\frac{1}{2}(I-U)}\right]^2$$

利用 $(D-d)$ 法，可以选取等折射率（equal refractive index）、不等色散（different dispersion）的玻璃来校正色差，而保持已校正好的单色像差不变。这对复杂光学系统设计具有实用意义。也可以改变最后面的曲率半径来修正整个系统的色差。设光学系统有 m 个透镜，当算出 $m-1$ 块透镜的 $\sum_1^{m-1}(D-d)dn_i$ 后，可求出系统消色差应有的最后一块透镜的 $(D_m - d_m)dn_m$ 的值。

$$(D_m - d_m)dn_m = -\sum_1^{m-1}(D_i - d_i)dn_i + W'_{FC} \qquad (6\text{-}96)$$

式中，W'_{FC} 是需保留的剩余波色差，仅 D_m 是未知数。求出 D_m 后，按下式可求出校正色差所需的半径，如图 6-38 所示。

$$X_k = D_m\cos U'_k - X_{k-1} - d_m$$
$$h_k = h_{k-1} - D_m\sin U'_{k-1} = r_{k-1}\sin(U_{k-1} - i_{k-1}) + D_m\sin U'_{k-1}$$

利用波色差表示二级光谱很简单，如果在 0.707 带校正了 F、C 光色差，则 F、D 光的二级光谱可表示为

$$W'_{FD} = W'_F - W'_D = \sum(D - d)(n_F - n_D)$$
$$= \sum(D - d)(n_F - n_C)\frac{n_F - n_D}{n_F - n_C}$$
$$= \sum(D - d)dnP_{FD} = W'_{FC}P_{FD} \qquad (6\text{-}97)$$

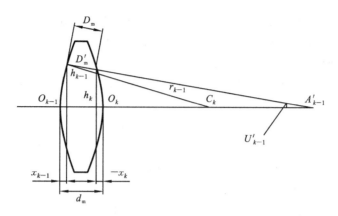

图 6-38 (D−d) 法

Figure 6-38 method of (D−d)

其中，P_{FD} 为相对部分色散。

图 6-39 给出了 6.2 节望远物镜的二维波像差和三维波像差。

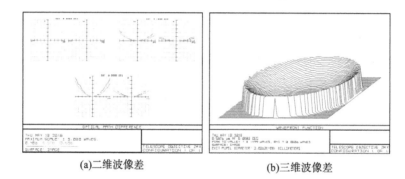

(a)二维波像差　　　　　　　　(b)三维波像差

图 6-39 望远物镜的波像差

(a) 二维波像差；(b) 三维波像差

Figure 6-39 wavefront aberration of telescope objective

(a) 2D wavefront aberration；(b) 3D wavefront aberration

本章仅讨论共轴球面系统的像差，对于非球面的像差，请参考第一版的第 6.12 节。

知识拓展

第 6 章 教学要求及学习要点

习　　题

6-1 设计一齐明透镜，第一面曲率半径 $r_1 = -95$ mm，物点位于第一面曲率中心处，第二个球面满足齐明条件。若该透镜厚度 $d=5$ mm，折射率 $n=1.5$，该透镜位于空气中，求：

(1) 该透镜第二面的曲率半径；

(2) 该齐明透镜的垂轴放大率。

6-2 什么称为等晕成像？什么称为不晕成像？试问单折射面三个不晕点处的垂轴物面能成理想像吗？为什么？

6-3　如果一个光学系统的初级子午彗差等于焦宽$(\lambda/n'u')$,则 $\sum S_{\text{II}}$ 应为多少?

6-4　如果一个光学系统的初级球差等于焦深$(\lambda/n'u'^2)$,则 $\sum S_{\text{I}}$ 应为多少?

6-5　若物点在第一面顶点,第二面符合齐明条件,已知透镜折射率 $n=1.5$,$d=4$ mm,求该齐明透镜的角放大率和第二面的曲率半径。

6-6　球面反射镜有几个无球差点?

6-7　设计一双胶合消色差望远物镜,$f'=100$ mm,采用冕牌玻璃 K_9($n_D=1.516\,3$,$\nu_D=64.1$)和火石玻璃 F_2($n_D=1.612\,8$,$\nu_D=36.9$),若正透镜半径 $r_1=-r_2$,求:

(1) 正、负透镜的焦距;

(2) 三个球面的曲率半径。

6-8　指出题图 6-1 中

(1) $\delta L'_m$ 等于多少;

(2) $\delta L'_{0.707}$ 等于多少;

(3) $\Delta L'_{FC}$ 等于多少;

(4) $\Delta l'_{FC}$ 等于多少;

(5) $\Delta L'_{FC0.707}$ 等于多少;

(6) 色球差 $\delta L'_{FC}$ 等于多少;

(7) 二级光谱 $\Delta L'_{FCD}$ 等于多少。

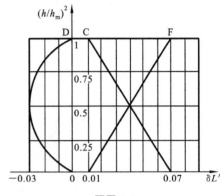

题图 6-1

6-9　设计一个 $f'=100$ mm 的双胶合物镜,选用 K_9($n_D=1.516\,3$,$\nu_D=64.1$)和 ZF_2($n_D=1.672\,5$,$\nu_D=32.2$)玻璃制作透镜,为补偿其他元件的色差,物镜保留 $\Delta l'_{FC}=-0.26$ mm 的初级位置色差。求:

(1) 正、负透镜的光焦度分配;

(2) 该物镜的二级光谱为多大。

6-10　一双胶合望远物镜,$f'=100$ mm,$D/f'=1/5$,若只含初级球差,边缘带三个面的球差分布系数分别为

	1	2	3
S_{I}	0.010 010 4	−0.033 852 7	0.025 626 3

求:(1) 该物镜的初级球差有多大?

(2) 若初级球差允许不大于 4 倍焦深(见式(9-6)),物镜的球差是否超差?

(3) 物镜的二级光谱有多大?

6-11　什么叫匹兹伐尔场曲?校正场曲有哪些方法?若系统校正了像散,是否同时校正了场曲?

6-12　场镜的作用是什么?其像差特征如何?为什么?

6-13　在球面反射镜的球心处放一薄透镜,其半径相等,光阑与薄透镜重合,系统对无限远物体成像,试分析该光学系统的像差特性。

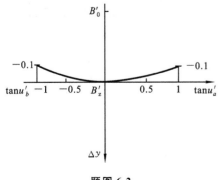

题图 6-2

6-14　轴外像差曲线如题图 6-2 所示,求:K'_t、X'_t、x'_t、$\delta L'_T$(轴外球差)和畸变 $\delta y'_z$。

6-15　一个对称光学系统,当垂轴放大倍率 $\beta=-1$ 时,垂轴像差和轴向像差各为多少?

6-16　在周视瞄准镜中,头部直角棱镜和道威棱镜的像差特性如何?底部屋脊直角棱镜具有哪些像差?其大小与距物镜的距离有关么?

6-17　在七种像差中,哪些像差影响成像的清晰度?哪些不影响?哪些像差仅与孔径有关?哪些像差仅与视场有关?哪些像差与孔径和视场都有关?

6-18　畸变可以写成 $\Delta y' = cy'^3$，$\Delta z' = 0$，其相对畸变是多少? 实际放大倍率是多少?

6-19　一双胶合薄透镜组，$C_I = 0$，$C_{II} = ?$ 若两薄透镜是双分离的，情况又如何?

6-20　一双胶合透镜光焦度为正，在物镜中的正透镜和负透镜，哪种用冕牌玻璃，哪种用火石玻璃? 为什么?

6-21　校正球差一般在边缘带，校正色差为什么在 $0.707h_m$ 带?

6-22　物体经光学系统产生像散，如何证明子午焦线、弧矢焦线是分离的? 为什么子午焦线位于弧矢焦线前方?

6-23　物面上有 A、B、C、D、E 五个点，如题图 6-3(a)所示。该物面经过光学系统后，A 点成像为 A'，如题图 6-3(b)所示。问：其余四个点经该系统后如何成像?

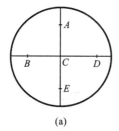 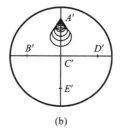

题图 6-3

6-24　一"米"字车轮位于光学系统前方，如题图 6-4 所示，成像后产生像散。问：该车轮在高斯像面上如何成像? 在子午焦面如何成像? 在弧矢焦面如何成像?

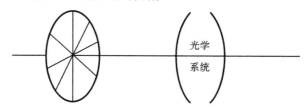

题图 6-4

6-25　与 Lister 显微物镜相比，Amich 和 Abbe 显微物镜的数值孔径增大多少倍?

6-26　由题图 6-5 判断系统存在何种像差? 其子午面和弧矢面的像差有何关系? 估计其像差大小(注：ZEMAX 中 EY、EX 分别表示子午面和弧矢面的横向像差，PY、PX 分别表示子午面和弧矢面的入瞳半径)。

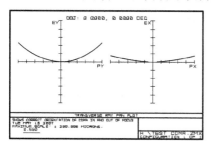 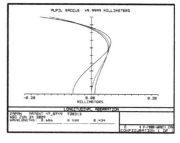

题图 6-5　　　　　　　　　　　　　题图 6-6

6-27　由题图 6-6 判断，该系统是否存在二级光谱? 在哪些带对其进行了校正? 该系统的近轴色差多大?

6-28　ZEMAX 程序中没有彗差曲线，通过 ZEMAX，哪个文件可以判读有无彗差及判读其大小?

本 章 术 语

近轴　　　　　　　　paraxial axis

相对孔径　　　　　　relative aperture

视场	field of view
像差	aberration
几何像差	geometrical aberration
波像差	wavefront aberration
单色像差	monochromatic aberration
色差	chromatic aberration
子午像差	meridional aberration
弧矢像差	sagittal aberration
球差	spherical aberration
彗差	coma
像散	astigmatism
场曲	field curvature
畸变	distortion
位置色差	longitudinal chromatic aberration
倍率色差	transverse chromatic aberration
艾里斑	Airy disk
目视光学系统	visual optical system
红外光学系统	infrared optical system
轴上点	on-axis point
轴外点	off-axis point
近轴光线	paraxial ray
远轴光线	marginal ray
细光束	pencil beam
主光线	chief ray
近轴光瞳放大倍率	paraxial pupil magnification
转面倍率	transfer magnification
球面顶点	vertex of surface
球心	center of surface
阿贝不变量	Abbe's invariable
非对称	asymmetry
子午彗差	meridional coma
弧矢彗差	sagittal coma
相对畸变	relative distortion
极坐标	polar coordinate
直角坐标	rectangular coordinate
圆方程	equation of a circle
椭圆	ellipse
子午焦线	meridional focal line
弧矢焦线	sagittal focal line
匹兹伐尔场曲	Petzval field curvature

抛物线	parabola
色球差	chromatic spherical aberration
二级光谱	secondary spectrum
相对部分色散	relative partial dispersion
剩余像差	residual aberration
轴外高级球差	off-axis high order spherical aberration
宽光束场曲	field curvature of wide beam
色畸变	chromatic distortion
椭球面	ellipsoid
双曲面	hyperboloid
抛物面	paraboloid
非球面	aspherical surface
投影照明系统	projecting and illuminating system
齐明点	aplanatic point
弯月镜	meniscus
聚光镜	condenser
不晕透镜	aplanatic lens
正弦条件	sine condition
等晕条件	isoplanatic condition
正弦差	off-sine condition
正切条件	tangent condition
傅里叶光学系统	Fourier optical system
单透镜	single lens
场镜	field lens
内窥镜	endoscope
潜望镜	periscope
转像系统	relay system
会聚光路	convergent light path
对称式系统	symmetric system
最佳像面	optimum image plane
焦深	depth of focus
焦宽	width of focus

第7章

典型光学系统

Typical Optical System

由于成像理论的逐步完善,许多在科学技术和国民经济中广泛应用的光学系统得以发展,例如,放大镜、显微镜、望远镜、摄影仪器和投影仪器等。本章主要介绍上述光学系统的成像特性和设计要求,组成上述光学系统的物镜和目镜的结构形式及其主要光学参数等。

7.1 眼睛及其光学系统
Eye and Its Optical System

1. 眼睛的结构——成像光学系统(structure of eye—imaging optical system)

目视光学仪器都和人眼一起使用,以扩大人眼的视觉能力。因此,了解人眼的结构及其光学特性对设计目视光学仪器非常必要。人眼本身相当于摄影光学系统,其水平截面如图7-1所示。

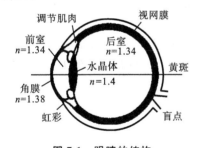

图 7-1 眼睛的结构

Figure 7-1 structure of eye

在角膜和视网膜之间的生物构造均可以看成像元,如角膜、前室(水状液)、水晶体(eyelens)和后室(玻璃体)。由图 7-1 可以看出,仅空气和角膜之间的界面间有较大的折射率差(1.00/1.38),物体主要通过这个界面成像在视网膜(retina)上,视网膜起光屏作用,视神经受到刺激,产生视觉。在视网膜上所形成的像是倒像,但由于神经系统的内部作用,感觉仍然是正立的像。主平面 H 和 H' 距角膜顶点后约 1.3 mm 和 1.6 mm,眼睛的焦距约为 $f=-17$ mm,$f'=23$ mm。以上数据是近似值,仅适用于未调节的眼睛。

水晶体由外层向内层折射率逐渐增加(1.37→1.41),是由多层膜构成的双凸透镜。水晶体周围肌肉的调节作用,能改变水晶体的曲率半径(40~70 mm),从而改变人眼的焦距,使不同距离的物体都自动成像在视网膜上。在水晶体前的虹彩(iris),中央是一圆孔,即人眼瞳孔(eye pupil),它是人眼的孔径光阑。根据物体的亮暗,瞳孔直径可自动变化(2~8 mm),以调节进入人眼的光能。黄斑(yellowish spot)中心与眼睛光学系统像方节点的连线称为视轴(sight axis)。人眼的视场虽可达150°,但能同时清晰地观察物体的范围只在视轴周围6°~8°,故在观察物体时,眼球自动旋转,使视轴对准物体。

2. 眼睛的调节及校正(accommodation and correction of eye)

眼睛成像系统对任意距离的物体自动调焦的过程称为眼睛的调节。为此,可通过环形肌肉调节使水晶体的曲率半径变小,导致水晶体表面的曲率增大,从而眼睛的焦距可由 $f' \approx 23$ mm 下降至 $f' \approx 18$ mm。

眼睛的调节能力用能清晰调焦的极限距离表示,即远点距离 l_r 和近点距离 l_p。其倒数 $1/l_r = R$,$1/l_p = P$ 分别表示远点和近点的发散度(divergence)(或会聚度),其单位为屈光度 D,$1 \, \text{D} = 1 \, \text{m}^{-1}$。眼睛的调节能力是以远点距离 l_r 和近点距离 l_p 的倒数之差来度量的,即

$$\frac{1}{l_r} - \frac{1}{l_p} = R - P = \overline{A} \tag{7-1}$$

其单位也为 D。

眼睛的调节范围随人的年龄变化而变化。当年龄增大时,调节范围变小,表 7-1 为不同年龄的眼睛的调节范围概况。当然,这里是平均值,仅将其看成粗略的标准值。

表 7-1 调节能力随年龄增大而减小

Table 7-1 reducing accommodation ability with age increasing

年龄/岁	10	20	30	40	50	60	70	80
l_p/cm	−7	−10	−14	−22	−40	−200	100	40
l_r/cm	∞	∞	∞	∞	∞	200	80	40
$\overline{A}$/D	14	10	7	4.5	2.5	1	0.25	0

例如:40 岁的正常眼,不需要调节就能在视网膜上获得无限远的像,当眼睛最大限度调节时,能看到的最近点为 −22 cm;60 岁时,远点为 +200 cm,这就是说,只有入射会聚光束,且光束的会聚点距眼睛后 200 cm,才能在视网膜上形成一个清晰的像点,只有通过调节才能清晰地看到位于无限远的物体;80 岁时,水晶体的调节能力完全丧失,调节范围为零。

在阅读时,或眼睛通过目视光学仪器观测物像时,为了舒适,习惯上把物或像置于眼前 250 mm 处,称此距离为明视距离。

眼睛的远点在无限远,或者说,眼睛光学系统的后焦点在视网膜上,称为正常眼;反之,称为反常眼。若远点位于眼前有限距离,则称为近视眼(nearsighted eye);若远点位于眼后有限距离,则称为远视眼(farsighted eye)。50 岁以后的远视眼,也称老花眼(presbyopic eye)。欲使近视眼的人看清无限远点,必须在近视眼前放一负透镜,其焦距大小恰能使其后焦点 F' 与远点 S 重合(见图 7-2(a)),或者

$$f' = l_r \tag{7-2}$$

同理,欲校正远视眼,需在远视眼前放一正透镜,使其焦距恰好等于远点距离(见图 7-2(b))。远点距离 l_r(单位为 m)的倒数表示近视眼或远视眼的程度,称为视度(sight distance),单位为 D。通常医院和眼镜店把 1 D 称为 100 度。

若水晶体两表面不对称,则使细光束的两个主截面的光线不交于一点,即两主截面的远点距离也不相同,视度 $R_1 \neq R_2$,其差称为人眼的散光(astigmatism)A_{st},

$$A_{st} = R_1 - R_2 \tag{7-3}$$

校正散光可用圆柱面(见图 7-3(a)、(b))或双心圆柱面(见图 7-3(c))透镜。

用两正交的黑白线条图案可以检验散光眼(astigmatic eye)。由于存在像散,所以不同方向的线条不能同时看清。具有 0.5 D 的像散不足为奇,不必校正。

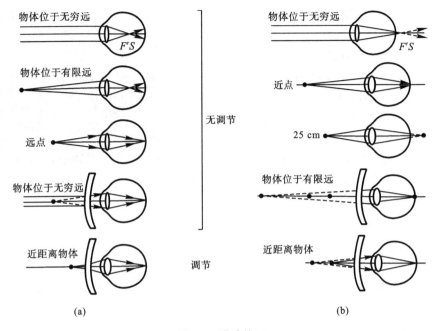

图 7-2 眼睛校正

（a）近视眼校正；（b）远视眼校正

Figure 7-2 eye correction

（a）nearsighted eye correction；（b）farsighted eye correction

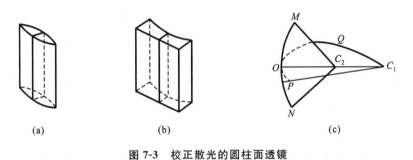

图 7-3 校正散光的圆柱面透镜

Figure 7-3 sphero-cylindrical lens for correction of astigmatic eye

远视眼、近视眼和散光眼都是人眼的水晶体的缺陷，而视网膜的缺陷（网膜炎、网膜血管阻塞等）是人眼的另一种重要疾病。视网膜疾病的症状表现为中心视力减退，有中心暗点，物像变形。视网膜疾病的原因不详，目前认为以上这些眼睛疾病是黄斑视网膜下有新生血管长入所致，需在医院用眼底相机检测，由眼科医生治疗。图 7-4 为用眼底相机拍摄的某人的视网膜的血管等情况。

"眼睛的调节及校正"视频

3. 眼睛——辐射接收器（eye—radiation receiver）

视网膜是由锥状细胞和杆状细胞组成的辐射接收器。两种细胞具有完全不同的性质和完全不同的功能。杆状细胞对光刺激极敏感,但完全不感色;锥状细胞的感光能力比杆状细胞的差得多,但它们能对各色光有不同的感受。因此,锥状细胞的存在,决定了人眼分辨颜色的能力——色视觉。在亮照明时,视觉主要由锥状细胞起作用;在弱照明时,视觉主要由杆状细胞起作用。最小的亮度灵敏度为 673 lm/W,最大的亮度灵敏度为 1 725 lm/W。人眼对不同波长的光辐射有不同的灵敏度,称为光谱灵敏度。人眼可接受的光谱范围是 380~780 nm,即从紫光到红光,最敏感的波长是 555 nm。故在目视光学仪器设计中,对 D 或 e 谱线校正单色像差。

图 7-4 人眼视网膜

Figure 7-4 retina of human eye

眼睛对周围空间光亮情况的自动适应程度称为适应。适应分为明适应(photopia)和暗适应(scotopia)。前者发生在由暗处到亮处时,后者发生在由亮处到暗处时。适应是通过瞳孔的自动增大或缩小完成的。当由暗处进入亮处时,瞳孔自动缩小;反之,瞳孔自动增大。适应要有一个过程,最长可达 30 min。

4. 眼睛的分辨率(resolving power of eye)

眼睛的分辨率包括三种:人眼的空间分辨率、人眼的时间分辨率和人眼的对比度分辨率。

(1) 人眼的空间分辨率(spacial resolving power of human eye)。

通过视网膜的结构,眼睛能把两相邻的点分开。视神经能够分辨的两像点间的最小距离应至少等于两个视神经细胞直径,若两像点落在相邻的两个细胞上,则视神经无法分辨出两个点,故视网膜上最小鉴别距离等于两神经细胞直径,即不小于 0.006 mm。眼睛能够分辨最靠近两相邻点的能力称为眼睛的分辨能力,或视觉敏锐度(visual acuity)。

物体对人眼的张角称为视角。对应视角周围很小范围,在良好照明时,人眼能分辨的物点间的最小视角称为最小视觉分辨率 ε,它满足

$$\tan\varepsilon = \frac{0.006}{f'} \times 206265''$$

眼睛在没有调节的松弛状态下,$f' \approx 23$ mm,可得 $\varepsilon \approx 60''$。若把眼睛看成理想光学系统,则 $\varepsilon = 140''/D$(D 以 mm 为单位),当 $D = 2$ mm 时,$\varepsilon = 70''$。当瞳孔直径增大时,眼睛光学系统的像差增大,分辨能力随之下降。由于眼睛具有较大色差,故视觉分辨率随光谱而异,连续光谱中间部分的视觉分辨率高于红光和紫光部分的分辨率。

眼睛的分辨能力或视觉敏锐度是极限分辨率的倒数,定义为

$$视觉敏锐度 = \frac{1}{\varepsilon} \tag{7-4}$$

式中,ε 以(′)为单位。一般视觉敏锐度取 1(或视觉分辨率取 1′)。眼睛的视觉分辨率因人而异,并视观察条件而变化。

在设计目视光学仪器时,应使仪器本身由衍射决定的分辨能力与眼睛的视觉分辨率相适应,即光学系统的放大率和被观察物体所需的分辨率的乘积应等于眼睛的分辨率。

(2) 人眼的时间分辨率(time resolving power of human eye)。

眼睛的另一个重要特性是视觉惰性,即光信号一旦在视网膜上形成,视觉将对这个图像的感觉保留一个有限的时间,这种生理现象称为视觉暂留。对于中等光亮度的光刺激,视觉暂留

的时间为 0.05～0.2 s。人眼的时间分辨率取决于视觉暂留的时间,一般定义为人眼的时间分辨率为 25 f/s(帧/秒)。因此,当把一运动的目标以 50 f/s 的速度拍摄后放映时,人眼感觉目标是连续运动的,没有闪烁。

(3) 人眼的对比度分辨率(contrast resolution power of human eye)。

人眼的对比度分辨率(即对比度灵敏度变化)很小,大约为 0.02,这个值称为韦伯比。当背景亮度较强或较弱时,人眼分辨亮度差异的能力下降。这一点应用于目视光学系统 MTF 的像质评价。

例 7-1　如果人眼的视觉分辨率取 $1'$,则观察明视距离处的目标时线分辨率是多少?

分析　该题的目的是掌握角分辨率和线分辨率的换算关系,求出在明视距离处能观察到的两目标最小距离后,再求人眼能在明视距离处的线分辨率。

令人眼在明视距离处能观察到的两目标最小距离是 s,则
$$s = l\varepsilon = 250 \text{ mm} \times 0.000\ 3 = 0.075 \text{ mm}$$

人眼明视距离处的线分辨率为
$$1/s = 1 \div 0.075 = 13.3 \text{ cy/mm}$$

其中,cy 为 cycle 的缩写,代表周期数。

5. 眼睛的对准精度(aligning accuracy of eye)

对准和分辨是两个不同的概念,分辨是指眼睛能区分开两个点或线之间的线距离或角距离的能力,而对准是指在垂直于视轴方向上的重合或置中过程。对准后,偏离置中或重合的线距离或角距离称为对准误差。

图 7-5 所示的是几种对准形式:图(a)是两实线重合,对准误差为 $\pm 60''$;图(b)是两直线端部重合,对准误差为 $\pm 10'' \sim \pm 20''$;图(c)和图(d)分别是双线对准单线和叉线对准单线,对准精度均可达 $\pm 10''$。

(a)　　　　　　(b)　　　　　　(c)　　　　　　(d)

图 7-5　对准形式

Figure 7-5　aligning form

6. 眼睛的景深(depth of field of eye)

当眼睛调焦在某一对准平面时,眼睛不必调节能同时看清对准平面前和后某一距离的物体,称为眼睛的景深,如图 7-6 所示。对准平面 P 上物点 A 在视网膜上形成点像 A',在对准平面的远景平面 P_1 和近景平面 P_2 上的 A_1 和 A_2 在视网膜上形成弥散斑,弥散斑的大小对应人眼的极限分辨角 ε。所以 A_1 和 A_2 在视网膜上形成的像等效于对准平面上 a、b 两点在视网膜上形成的像 a'、b',因节点处的角放大率等于1,所以 a、b 相对节点 J 的张角也等于 ε。设眼瞳直径为 D_p,则由图 7-6 得
$$ab = -p\varepsilon$$

$$\frac{D_p}{p_2} = \frac{p\varepsilon}{-p + p_2}, \quad \frac{D_p}{p_1} = \frac{p\varepsilon}{-p_1 + p}$$

由此可得远景和近景到人眼的距离分别为

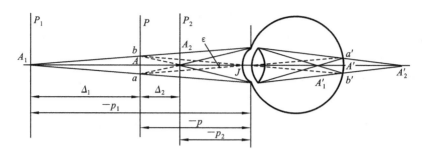

图 7-6 眼睛的景深

Figure 7-6 depth of field of eye

$$\left. \begin{array}{l} p_1 = \dfrac{pD_p}{D_p + p\varepsilon} \\[3mm] p_2 = \dfrac{pD_p}{D_p - p\varepsilon} \end{array} \right\} \tag{7-5}$$

远、近景深分别为

$$\left. \begin{array}{l} \Delta_1 = p - p_1 = \dfrac{p^2\varepsilon}{D_p + p\varepsilon} \\[3mm] \Delta_2 = p_2 - p = \dfrac{p^2\varepsilon}{D_p - p\varepsilon} \end{array} \right\} \tag{7-6}$$

若眼睛调节在无限远, $p = \infty$,则远、近景深距离分别为

$$\left. \begin{array}{l} p_{1\infty} = + D_p/\varepsilon \\[2mm] p_{2\infty} = - D_p/\varepsilon \end{array} \right\} \tag{7-7}$$

7. 双目立体视觉(stereoscopic vision with two eyes)

用单眼判读物体的远近,是利用眼睛的调节变化所产生的感觉。因水晶体的曲率变化很小,故判读极为粗略。一般单目判读距离不超过 5 m。

单眼观察空间物体是不能产生立体视觉的。但对于熟悉的物体,由于经验,往往在大脑中把一平面上的像想象为一空间物体。当用双目观察物体时,同一物体在左、右两眼中分别产生一个像,这两个像在视网膜上的分布只有适合几何上某些条件时才可以产生单一视觉,即两眼的视觉汇合到大脑中成为一个像,这种印象是出自心理和生理的。

当双目观察物点 A 时,两眼的视轴对准 A 点,两视轴之间的夹角 θ 称为视差角(parallax angle),两眼节点 J_1 和 J_2 的连线称为视觉基线(stereoscopic base),其长度用 b 表示,如图 7-7 所示。物体远近不同,视差角不同,使眼球发生转动的肌肉的紧张程度也就不同,根据这种不同的感觉,双目能容易地辨别物体的远近。

若物点 A 到基线的距离为 L,则视差角 θ_A 为

$$\theta_A = b/L \tag{7-8}$$

若两物点和观察者的距离不同,它们在两眼中所形成的像与黄斑中心有不同的距离,或者说,不同距离的物体对应不同的视差角,其差异 $\Delta\theta$ 称为立体视差,简称视差(parallax)。若 $\Delta\theta$ 大,则人眼感觉两物体的纵向深度大;若 $\Delta\theta$ 小,则人眼感觉两物体的纵向深度小。人眼能感觉到 $\Delta\theta$ 的极限值 $\Delta\theta_{min}$ 称为体视锐度(stereo acuity)。$\Delta\theta_{min}$ 大约为 10″,经训练可达到 3″~5″。图 7-8 所示为不同距离的物体对应的视差角。

无限远物点对应的视差角 $\theta_\infty = 0$,当物点对应的视差角 $\theta = \Delta\theta_{min}$ 时,人眼刚能分辨出它和

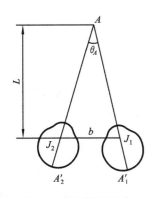

图 7-7　双目观察物体

Figure 7-7　observing object with two eyes

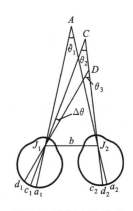

图 7-8　双目立体视觉

Figure 7-8　stereoscopic sense of vision with two eyes

无限远物点的距离差别,即人眼能分辨远近的最大距离。人眼两瞳孔间的平均距离 $b=62$ mm,则

$$L_{\max} = b/\Delta\theta_{\min} = 62 \text{ mm} \times 206\,265''/10'' \approx 1\,200 \text{ m} \tag{7-9}$$

其中,$L_{\max}$ 称为立体视觉半径。立体视觉半径以外的物体,人眼不能分辨其远近。然而,在某些情况下,观察点虽在立体视觉半径以内,但仍有可能不产生或难以产生立体视觉。

(1) 若两物体(如线)位于两眼基线的垂直平分线上,由于此时的像不位于视网膜的对应点,在目视点以外的点产生双像,破坏了立体视觉。此时只要把头移动一下,便可恢复立体视觉。

(2) 如图 7-8 所示,在右眼中 C 点和 D 点的像相重合,由于 C 点被 D 点遮蔽,右眼看不到 C 点的像,故不可能估计 C 点的位置。此时只要移动一下头部,使 C 点在右眼中单独成像即可。

双眼能分辨两点间的最短深度距离称为立体视觉阈(stereoscopic domain),用 ΔL 表示。对式(7-8)微分,可得

$$\Delta L = \Delta\theta L^2/b \tag{7-10}$$

当 $\Delta\theta = \Delta\theta_{\min}$ 时,对应的 ΔL 即双目立体视觉误差。将 $b=62$ mm, $\Delta\theta_{\min}=10''=0.000\,05$ rad 代入式(7-10),得

$$\Delta L = 8 \times 10^{-4} L^2 \tag{7-11}$$

即物体距离越远,立体视觉误差越大。例如,物点在 100 m 距离上,对应的立体视觉误差为 8 m,而在明视距离(0.25 m)上,立体视觉误差约为 0.05 mm。只有当 L 小于 1/10 立体视觉半径时,才能应用式(7-11),否则误差较大。

由式(7-9)和式(7-11)可知,若通过双目光学系统(双目望远镜和双目显微镜)来增大基线 b 或增大体视锐度,即减少 $\Delta\theta_{\min}$ 值,则可以增大立体视觉半径和减少立体视觉误差。例如, 3 m 测距机(range finder),其基线是 3 m。

知识拓展

7.2 显微镜
Microscope

为了观察近距离的微小物体,要求光学系统有较高的视觉放大率,必须采用复杂的组合光学系统,如显微镜。显微镜由物镜和目镜组成,物体经显微物镜放大成像后,其像再经目镜放大以供人眼观察。

1. 显微镜的视觉放大率(visual magnification of microscope)

人眼感觉的物体大小取决于其像在视网膜上的大小,由于眼睛光学系统的焦距是一定的,所以人眼感觉的物体大小也取决于物体对人眼所张的视角大小。物体离眼睛越近,张角越大。但被观察的物体必须位于眼睛的近点之外才能被眼睛看清,而且被观察的物体细节对眼睛节点的张角大于眼睛的分辨率 $60''$ 时,眼睛才能分辨。为了扩大人眼的视觉能力,人们设计和制造了各种目视光学仪器,如放大镜、显微镜和望远镜等。物体通过这些仪器后,其像对人眼的张角大于人眼直接观察物体时对人眼的张角。这就是目视光学仪器的基本工作原理。

目视光学仪器的放大率不能用第 2 章所讨论的横向放大率或角放大率来理解。因为在用眼睛通过仪器观察物体时,有意义的是像在眼睛视网膜上的大小。目视光学仪器的放大率用视觉放大率表示,其定义为用仪器观察物体时视网膜上的像高 y_i' 与用人眼直接观察物体时视网膜上的像高 y_e' 之比,用 Γ 表示。

$$\Gamma = y_i'/y_e' \tag{7-12}$$

设人眼后节点到视网膜的距离为 l',式(7-12)又可写为

$$\Gamma = \frac{y_i'}{y_e'} = \frac{l'\tan\omega'}{l'\tan\omega} = \frac{\tan\omega'}{\tan\omega} \tag{7-13}$$

式中,ω' 为用仪器观察物体时,物体的像对人眼所张的视角;ω 为人眼直接观察物体时对人眼所张的视角。

人眼直接观察时,一般把物体放在明视距离(distance of most distinct vision)D 上,$D = 250$ mm,则

$$\tan\omega = y/D$$

设计显微镜时,物点经目镜出射的光是平行光,即把物成像在无穷远,把物体设置在显微镜组合的物方焦平面上,故有

$$\tan\omega' = y/f'$$

由第 2 章可知,若把显微镜看成一个组合系统,则其组合焦距为

$$f' = -f_o'f_e'/\Delta$$

式中,f_o' 为物镜焦距,f_e' 为目镜焦距。故显微镜的视觉放大率为

$$\Gamma = \frac{\tan\omega'}{\tan\omega} = \frac{250}{f'} = -\frac{250\Delta}{f_o'f_e'} = \beta\Gamma_e \tag{7-14}$$

式中,

$$\Gamma_e = \frac{250}{f_e'} \tag{7-15}$$

式(7-14)说明显微镜的视觉放大率等于物镜的垂轴放大率 β 和目镜的视觉放大率 Γ_e 之积。

与放大镜相比,显微镜是把物体二次放大,显微镜的二次成像过程如图 7-9 所示。放大镜的视觉放大率公式与目镜的视觉放大率公式相同,也与显微镜的视觉放大率公式形式相同,仅

是焦距不同,显微镜的视觉放大率公式中的焦距是物镜和目镜的组合焦距。

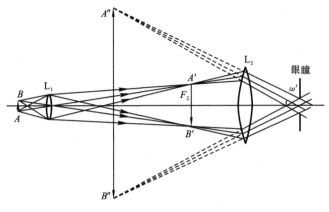

图 7-9　显微镜的成像原理

Figure 7-9　imaging principal of microscope

各国生产的通用显微镜物镜从物平面到像平面的距离(共轭距),不论放大率如何,都是相等的,约为 180 mm。对于生物显微镜,我国规定其共轭距为 195 mm。把显微镜的物镜和目镜取下后,所剩的镜筒长度称为机械筒长,也是固定的。各国有不同的标准,如 160 mm、170 mm 和 190 mm 等,我国规定 160 mm 作为物镜和目镜定位面的标准距离。这样,显微镜的物镜和目镜都可以根据倍率要求而替换。常用的物镜倍率有 $4^\times$、$10^\times$、$40^\times$ 和 $100^\times$;常用的目镜倍率为 $5^\times$、$10^\times$ 和 $15^\times$。

"显微镜的工作原理与视觉放大率"视频

2. 显微镜的线视场(linear field of view of microscope)

显微镜的线视场取决于放在目镜前焦平面上的视场光阑的大小,物体经物镜就成像在视场光阑上。设视场光阑直径为 D,则显微镜的线视场为

$$2y = D/\beta \tag{7-16}$$

为保证在这个视场内得到优质的像,视场光阑的大小应与目镜的视场角一致,即

$$D = 2f'_e \tan\omega' \tag{7-17}$$

用目镜的视觉放大率表示,即

$$D = 500\tan\omega'/\Gamma_e (\text{mm}) \tag{7-18}$$

代入式(7-16),得

$$2y = \frac{500\tan\omega'}{\beta\Gamma_e} = \frac{500\tan\omega'}{\Gamma} (\text{mm}) \tag{7-19}$$

由此可见,在选定目镜(即 $2\omega'$ 给定)后,显微镜的视觉放大率越大,其在物空间的线视场越小。

3. 显微镜的出瞳直径(exit pupil of microscope)

对于普通显微镜,物镜框是孔径光阑,复杂物镜是以最后镜组的镜框为孔径光阑的。用于测量的显微镜,一般在物镜的像方焦平面上设置专门的孔径光阑。孔径光阑经目镜所成的像

即为出瞳。

设显微镜的出瞳直径为 D',对于显微镜物镜,应用正弦条件,有

$$n\sin u = n'\sin u' y'/y = -\Delta n'\sin u'/f'_e$$

对像方孔径角 u',可以近似地有 $\sin u' = \tan u' = D'/2f'_e$,把 $\sin u'$ 代入上式,并利用式(7-15),可以得出

$$n\sin u = D'\Gamma/500 \text{ (mm)}$$

即

$$D' = 500\ \text{NA}/\Gamma \text{ (mm)} \tag{7-20}$$

$\text{NA} = n\sin u$,称为显微镜物镜的数值孔径(numerical aperture),它与物镜的倍率 β 一起,刻在物镜的镜框上,是显微镜的重要光学参数。显微镜的出瞳直径很小,一般小于眼瞳直径,只有在低倍时,才能达到眼瞳直径。

4. 显微镜的分辨率和有效放大率(resolving power and effective magnification of microscope)

光学仪器的分辨率受光学系统中孔径光阑的衍射影响,点光源经任何光学系统形成的像都不可能是一个几何点,而是一个衍射斑,衍射斑中心的亮斑集中了全部能量的 83.78%,称为艾里斑(Airy disk),艾里斑的中心代表像点的位置。

根据瑞利判断(Rayleigh judgment),当两个相邻像点衍射斑中心之间的间隔等于艾里斑的半径时,能被光学系统分辨。设艾里斑的半径为 a,则

$$a = 0.61\lambda/(n'\sin u') \tag{7-21}$$

根据道威判断(Dove judgment),两个相邻像点之间的两衍射斑中心距为 $0.85a$ 时,能被光学系统分辨。显微镜是观察近距离微小物体的,故其分辨率用能分辨的物方两点间最短距离 σ 来表示。因此按瑞利判断,由正弦条件,其分辨率为

$$\sigma = \frac{a}{\beta} = \frac{0.61\lambda}{\text{NA}} \tag{7-22}$$

按道威判断,其分辨率为

$$\sigma = 0.85a/\beta = 0.5\lambda/\text{NA} \tag{7-23}$$

实践证明,瑞利分辨率标准是比较保守的,因此通常以道威判断给出的分辨率值作为光学系统的目视衍射分辨率,或称为理想分辨率。

以上讨论的光学系统的分辨率公式只适用于视场中心情况。对于显微系统和望远系统,因视场通常较小,故只考虑视场中心的分辨率。

由以上公式可知,显微镜的分辨率主要取决于显微物镜的数值孔径,与目镜无关。目镜仅把被物镜分辨的像放大,即使目镜放大率很高,也不能把物镜不能分辨的物体细节看清。

距离为 σ 的两个点不仅应通过物镜被分辨,而且要通过整个显微镜被放大,使被物镜分辨的细节能被眼睛区分开。设眼睛容易分辨的角距离为 $2'\sim4'$,则在明视距离上对应的线距离 σ' 为

$$2\times250\times0.000\ 29 \text{ mm} \leqslant \sigma' \leqslant 4\times250\times0.000\ 29 \text{ mm}$$

把 σ' 换算到显微镜的物空间,按道威判断取 σ 值,则

$$2\times250\times0.000\ 29 \text{ mm} \leqslant 0.5\lambda/\text{NA} \cdot \Gamma \leqslant 4\times250\times0.000\ 29 \text{ mm}$$

设照明光的平均波长为 $0.000\ 555$ mm,得

$$523\ \text{NA} \leqslant \Gamma \leqslant 1\ 046\ \text{NA}$$

近似写成

$$500\ \text{NA} \leqslant \Gamma \leqslant 1\ 000\ \text{NA} \tag{7-24}$$

　　满足式(7-24)的视觉放大率称为显微镜的有效放大率。一般浸液物镜的最大数值孔径为1.5,故显微镜能达到的有效放大率不超过 1 500$^\times$。放大率低于 500NA 时,物镜的分辨能力没有被充分利用,人眼不能分辨已被物镜分辨的物体细节;放大率高于 1 000NA,称之为无效放大(empty magnification),不能使被观察的物体细节更清晰。

　　若一显微物镜上标明 170 mm/0.17,40/0.65,则表明显微物镜的放大率为 40$^\times$,数值孔径为 0.65,适合于机械筒长 170 mm、物镜是对玻璃厚度 $d=0.17$ mm 的玻璃盖板校正像差的情况。按式(7-24),若要求显微镜的放大率为 325$^\times$～650$^\times$,则可以应用倍率为 10$^\times$ 或 15$^\times$ 的目镜。若用倍率为 25$^\times$ 的目镜,则导致无效放大。

　　5. 显微镜的景深(depth of field of microscope)

　　人眼通过显微镜调焦在某一平面(对准平面)上时,在对准平面前和后一定范围内物体也能清晰成像,能清晰成像的远、近物平面之间的距离称为显微镜的景深,如图 7-10 所示。

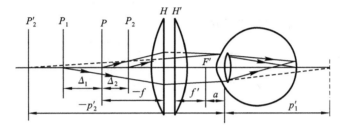

图 7-10　显微镜的景深

Figure 7-10　depth of field of microscope

　　若人眼通过显微镜调焦在对准平面上,则该平面上的物点经系统后成像为一像点,在对准平面前或后某一距离平面上的物点,其像成在视网膜的前方或后方,即在视网膜上形成弥散斑。如果该弥散斑的直径小于人眼视网膜上感光细胞直径的 2 倍,则观察者仍感觉是一个清晰的像点。

　　如图 7-10 所示,P 是显微镜的对准平面,位于显微镜的前焦点,P_1 和 P_2 分别是能同时看清的远景和近景,其像 P_1' 和 P_2' 到眼睛的距离不小于由式(7-7)确定的距离 $p_{1\infty}'$ 和 $p_{2\infty}'$。

　　按牛顿公式和式(7-6)可得

$$\Delta_1 = \frac{nf'^2}{p_{1\infty}+a} = \frac{nf'^2\varepsilon}{D'+a\varepsilon}$$

$$\Delta_2 = -\frac{nf'^2}{p_{2\infty}+a} = \frac{nf'^2\varepsilon}{D'-a\varepsilon}$$

式中,假定仪器的出瞳 D' 小于或等于眼瞳 D_e。

　　因在使用显微镜时,眼瞳靠近系统的后焦点,故 $a\varepsilon$ 值很小,上式可简化为

$$\Delta_1 = \Delta_2 = nf'^2\varepsilon/D' \tag{7-25}$$

　　式(7-25)同样适用于目镜和放大镜。若系统焦距 f' 用视觉放大率表示,出瞳 D' 用式(7-20)表示,则

$$\Delta_1 = \Delta_2 = \frac{n\,250^2\varepsilon}{\Gamma^2 D'} \;(\text{mm}) = \frac{250n\varepsilon}{2\Gamma\text{NA}}$$

$$2\Delta_1 = \frac{250n\varepsilon}{\Gamma\text{NA}} \;(\text{mm}) \tag{7-26}$$

　　由此可知,显微镜的数值孔径越大,要求放大倍率越高,其景深越小。例如,$\beta=10^\times$,

NA＝0.25 的物镜,选用目镜 Γ＝15$^\times$ 组成的显微镜,其景深只有 0.002 mm。

景深的大小决定了用显微镜纵向调焦时的调焦误差。当物像调焦在明视距离时,有

$$\Gamma = \frac{\tan\omega'}{\tan\omega} = \frac{y'/250}{y/250} = \frac{y'}{y} = \beta \tag{7-27}$$

即显微镜的视觉放大率等于显微镜的横向放大率,则弥散斑直径为

$$E' = 250\varepsilon \ (\text{mm})$$

E' 在显微镜物空间对应的大小为

$$E = \frac{250\varepsilon}{\beta} \ (\text{mm}) = \frac{250\varepsilon}{\Gamma} \ (\text{mm}) \tag{7-28}$$

这就是显微镜的横向对准误差公式。ε 值视标志的形状而定,例如,叉线对准单线时,可取 $\varepsilon = 10'' = 0.000\ 05$ rad。

6. 显微镜的照明方法(illumination method of microscope)

图 7-11 所示为显微镜的四种照明方法。

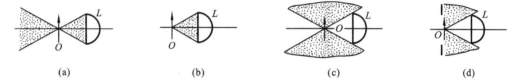

(a)   (b)   (c)   (d)

图 7-11 显微镜的照明方法

Figure 7-11   illumination method of microscope

1) 透射光亮视场照明

光通过透明物体,例如,透明玻璃光栅等,光被透明光栅的不同透射比所调制。若光通过无缺陷的玻璃平板,则产生一均匀的亮视场,如图 7-11(a)所示。

2) 反射光亮视场照明

对不透明的物体,例如,金属表面,必须从上面照明。一般通过物镜从上面照明,光束被不同反射率的物体结构所调制。没有缺陷的漫射或者规则的反射表面产生一均匀的亮视场,如图 7-11(b)所示。

3) 透射光暗视场照明

倾斜入射的照明光束在物体旁侧向通过。光束通过物体结构的衍射、折射和反射射向物镜,形成物体的像,若用无缺陷的玻璃板作为物体,则可获得均匀的暗视场,如图 7-11(c)所示。

4) 反射光暗视场照明

在旁侧入射到物体上的照明光束经反射后在物镜侧向通过。若用无缺陷的反射镜作为物体,则可获得一均匀的暗视场,如图 7-11(d)所示。

在暗视场照明时,进入物镜成像的只是由微粒散射的光线束。在暗的背景上,给出亮的颗粒像,对比好,可使分辨率提高,可观察小于显微镜分辨极限的微小质点——超显微质点。生物显微镜多为透明标本,常用透射光亮视场照明。其照明方式又分为两种,即临界照明(critical illumination)和柯勒照明(Koehler illumination),分别如图 7-12 和图 7-13 所示。

临界照明把光源的像成在物平面上,故光源表面亮度的不均匀性会影响显微镜的观察效果。临界照明的聚光镜的出射光瞳和像方视场分别与物镜的入射光瞳和物方视场重合。对测量显微镜,其物镜的入射光瞳在无限远,所以聚光镜的孔径光阑应放在其前焦平面上。

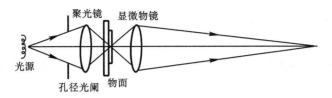

图 7-12　临界照明

Figure 7-12　critical illumination

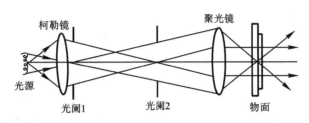

图 7-13　柯勒照明

Figure 7-13　Koehler illumination

柯勒照明消除了临界照明中物平面光照度不均匀的缺点,它由两组透镜组成,前组透镜称为柯勒镜(又称聚光镜前组),后组透镜一般称为成像物镜(又称聚光镜后组)。在紧靠柯勒镜后放置光阑 1,在成像物镜的前焦平面放置光阑 2,光阑 1 限制了进入柯勒镜的光束的孔径,是柯勒镜的孔径光阑。光阑 2 限制了柯勒镜的照明光源的视场,称为柯勒镜的视场光阑。成像物镜把光阑 1 成像在显微物镜的物面上,把光阑 2 成像在无限远。柯勒镜的视场光阑限制了成像物镜的光束的孔径,是成像物镜的孔径光阑。柯勒镜的孔径光阑限制了成像物镜的视场,是成像物镜的视场光阑。也就是说,柯勒照明是"窗对瞳、瞳对窗"的光管。

调节光阑 2 的大小,可改变柯勒照明出射光束的孔径,使其出射光束的孔径角准确等于显微物镜的孔径角,满足物镜数值孔径的要求,同时有利于消除有害的散射光。调节光阑 1 的大小,使照明显微物镜视场的光受到有效限制,使不在视场内的标本的所有部分完全黑暗,以减少有害的杂散光,提高对比度。

7. 显微镜的物镜(objective of microscope)

显微物镜的放大率的范围为 $2.5^{\times} \sim 100^{\times}$,数值孔径 NA 随放大率 β 增大而增大,借助于目镜的放大率 $\Gamma(5^{\times} \sim 25^{\times})$ 来满足有效放大率的要求。对于非浸液系统(物镜前是空气),高倍显微物镜数值孔径的上限是 0.95,对于浸液物镜(immersion lens,在物镜前,浸液折射率和玻璃盖板折射率大约相同),数值孔径可以达到 1.40。显微物镜按照像差校正形式分类,消色差物镜(achromatic lens)用于简单的光学系统,且随数值孔径的增大,透镜的数目也增多。为了避免二级光谱产生彩色边缘,采用复消色差物镜(apochromatic lens),物镜结构中含有萤石制造的透镜。对于显微照相和显微投影,要求校正像面弯曲,采用平像场消色差物镜或平像场复消色差物镜。

图 7-14 所示为显微物镜的类型:图(a)为低倍物镜,由双胶合物镜组成,$\beta = 3^{\times} \sim 6^{\times}$,NA $= 0.1 \sim 0.15$;图(b)为中倍物镜,由两组双胶合透镜组成,称为里斯特物镜(Lister objective),$\beta = 8^{\times} \sim 10^{\times}$,NA $= 0.25 \sim 0.3$;图(c)为高倍物镜,在里斯特物镜前加一半球透镜,其第二面为齐明面,半球透镜使里斯特物镜的孔径角增加 n^2 倍,这种物镜称为阿米西物镜(Amich objective),$\beta=40^\times$,NA=0.65;图(d)为浸液物镜,在阿米西物镜中再加一个同心齐明透镜,称为阿贝浸液物镜(Abbe immersion lens),$\beta=90^\times\sim100^\times$,NA=1.25~1.4,在玻璃盖片和物镜前片之间填充折射率为 n 的浸液,可使数值孔径提高 n 倍;图(e)为复消色差物镜,有阴影线的透镜,是由特殊材料萤石制成的,$\beta=90^\times$,NA=1.3;图(f)为平像场复消色差物镜(flat field apochromatic lens),$\beta=40^\times$,NA=0.85。

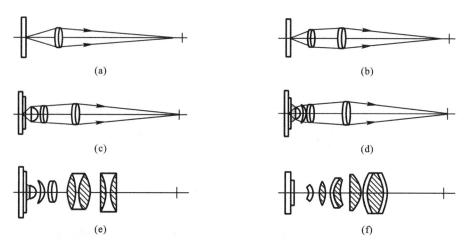

图 7-14 显微物镜的类型

Figure 7-14   type of microscope

利用显微镜可以把微小物体放大观测,但长期使用目视显微镜会使人眼疲劳,甚至降低视力。利用 CCD-微机系统取代显微镜的目镜,不仅可以提高放大倍率,而且可以利用计算机的可编程性实现自动测试。图 7-15(a)所示为长春理工大学设计的显微-CCD-微机系统,把 3 倍显微物镜与 CCD-微机系统组合,使物体在监视器上放大 240 倍,图 7-15(b)所示为该系统微孔自动测试情况。

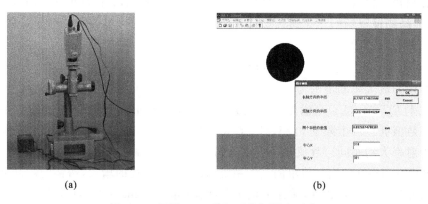

图 7-15   显微-CCD-微机系统与圆孔测试

(a)显微-CCD-微机系统;(b)圆孔测试

Figure 7-15   microscope-CCD-computer system and circle hole measurement

(a) microscope-CCD-computer system； (b) circle hole measurement

图 7-16 所示为德国光学家阿贝的雕像。世界上第一台光学显微镜如图 7-17 所示。

图 7-16　德国光学家阿贝

Figure 7-16　German opticist—Abbe

图 7-17　世界上第一台光学显微镜

Figure 7-17　the first optical microscope in the world

7.3 望远镜
Telescope

由第 2 章可知,望远系统的视觉放大率为

$$\Gamma = \frac{\tan\omega'}{\tan\omega} = \gamma \tag{7-29}$$

图 7-18 所示为开普勒望远镜的成像原理。由图 7-20 可以看出,

$$\Gamma = -f'_{\text{o}}/f'_{\text{e}} = -D/D' \tag{7-30}$$

式中,D 和 D' 分别为望远镜的入瞳和出瞳的大小。

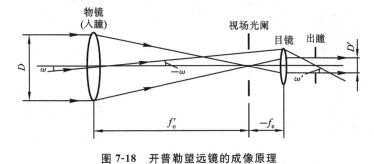

图 7-18　开普勒望远镜的成像原理

Figure 7-18　imaging principle of Keplerian telescope

由式(7-30)可知,望远镜的视觉放大率是光瞳垂轴放大率的倒数,即

$$\Gamma = 1/\beta \tag{7-31}$$

由式(7-31)可知,望远镜的视觉放大率与物体的位置无关,仅取决于望远系统的结构。欲增大视觉放大率,必须增大物镜的焦距或减小目镜的焦距,但目镜的焦距不得小于 6 mm,使望远系统保持一定的出瞳距,以避免眼睫毛与目镜的表面相碰。

手持望远镜的放大倍率一般不超过 $10^{\times}$。大地测量仪器中的望远镜,视觉放大率约为

30$^\times$。天文望远镜有很高的放大倍率,例如,美国帕洛马(Palormar)天文台的反射式望远镜物镜焦距为165 m,相对口径为1:33。

由视觉放大率公式可知,根据物镜和目镜的焦距符号不同,视觉放大率可能为正值,也可能为负值,因此通过望远镜来观察到的物体像的方向不同。若 Γ 是正值,则像是正立的;反之,则像是倒立的。

开普勒望远镜(Keplerian telescope)是由两个正光焦度的物镜和目镜组成的,因此望远系统成倒像。为使经系统形成的倒像转变成正像,需加入一个透镜或棱镜转像系统。因开普勒望远镜的物镜在其后焦平面上形成一实像,故可在中间像的位置放置一分划板,用于瞄准或测量。图 7-19 所示为军用望远镜的棱镜转像系统是由两个垂直放置的 DⅡ-180°棱镜(即普罗棱镜)组成的。

伽利略望远镜(Galilean telescope)是由正光焦度的物镜和负光焦度的目镜组成的,其视觉放大率大于1,形成正立的像,无须加转像系统,但无法安装分划板,应用较少,可应用于观剧,倒置伽利略望远镜可用于门镜。图 7-20 所示为伽利略望远镜的系统原理。

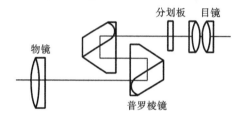

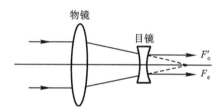

图 **7-19** 军用望远镜的棱镜转像系统 　图 **7-20** 伽利略望远镜的系统原理

Figure 7-19　military telescope with prism inverting image　Figure 7-20　the system principle of Galilean telescope

图 7-21、图 7-22 分别示出伟大的科学家伽利略和开普勒的照片。图 7-23 示出世界上第一台开普勒天文望远镜。

图 **7-21** 伽利略(1564—1642)　图 **7-22** 开普勒(1571—1630)　图 **7-23** **Keplerian** 天文望远镜

Figure 7-21　Galileo　　Figure 7-22　J. Kepler　　Figure 7-23　Keplerian astronomical telescope

1. 望远系统的分辨率及工作放大率(resolving power and working magnification of telescope)

望远系统的分辨率用极限分辨角 φ 表示,由式(7-21)可得

$$\varphi = \frac{a}{f_o'} = \frac{0.61\lambda}{n'\sin u' f_o'} \tag{7-32}$$

因像空间折射 $n'=1$,$\sin u'=D/2f_o'$,故式(7-32)可写成(取 $\lambda=0.000\ 555$ mm)

$$\varphi = 140''/D \tag{7-33}$$

式中,D 是以 mm 为单位的数值。

根据道威判断,得

$$\varphi = 120''/D \tag{7-34}$$

即入射光瞳直径 D 越大,极限分辨率越高。

望远镜是目视光学仪器,因而受人眼的分辨率限制,即两个观察物点通过仪器后对人眼的视角必须大于人眼的视觉分辨率 $60''$,故除了增大物镜口径以提高望远镜的衍射分辨率外,还要增大系统的视觉放大率,以满足人眼分辨率的要求。但当仪器的分辨率一定时,过高地增大视觉放大率也不会看到更多的物体细节。

视觉放大率和分辨率的关系为

$$\varphi\Gamma = 60''$$
$$\Gamma = 60''/\varphi = D/2.3 \tag{7-35}$$

从式(7-35)求得的视觉放大率是满足分辨要求的最小视觉放大率,称为有效放大率(effective magnification,或称正常放大率)。

然而,眼睛处于分辨极限条件($60''$)下观察物像时会使眼睛感到疲劳,故在设计望远镜时,一般视觉放大率比按式(7-35)求得的数值大 2~3 倍,称工作放大率(working magnification)。若取 2.3 倍,则

$$\Gamma = D \tag{7-36}$$

对观察仪器的精度要求是其分辨角,由式(7-35)可求得

$$\varphi = 60''/\Gamma \tag{7-37}$$

对瞄准仪器的精度要求是其瞄准误差 $\Delta\varphi$,它与瞄准方式有关。使用压线瞄准,则有

$$\Delta\varphi = 60''/\Gamma \tag{7-38}$$

使用双线或叉线瞄准,则有

$$\Delta\varphi = 10''/\Gamma \tag{7-39}$$

"望远系统的分辨率及工作放大率"视频

2. 望远镜的视场(field of view of telescope)

开普勒望远镜的物镜框既是孔径光阑,也是入瞳。出瞳在目镜外面,与人眼重合。目镜框是渐晕光阑,一般允许有 50% 的渐晕。物镜的后焦平面上可放置分划板(reticle),分划板框即是视场光阑。由图 7-18 可以求出,望远镜的物方视场角 ω 满足

$$\tan\omega = y'/f'_o \tag{7-40}$$

式中,y' 是视场光阑半径,即分划板半径。

开普勒望远镜的视场 2ω 一般不超过 15°。人眼通过开普勒望远镜观察时,必须使眼瞳位于系统的出瞳处,才能观察到望远镜的全视场。

伽利略望远镜一般以人眼的瞳孔作为孔径光阑,同时又是望远系统的出瞳。物镜框为视场光阑,同时又是望远系统的入射窗。由于望远系统的视场光阑不与物面(或像面)重合,因此伽利略望远系统对大视场一般存在渐晕现象,如图 7-24 所示。

由图 7-24 可知,当最大边缘视场存在 50% 渐晕($K=50\%$)时,其视场角为

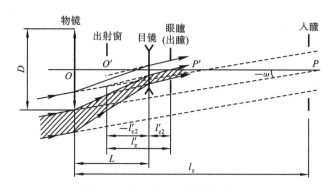

图 7-24 伽利略望远镜的光束限制

Figure 7-24 beam limiting of Galileo telescope

$$\tan\omega = \frac{D}{2l_z}$$

式中，D 为物镜框直径；l_z 为入瞳到物镜框的距离。由轴向放大率与垂轴放大率关系式(7-31)可得

$$l_z = \Gamma^2 l_z' = \Gamma^2(-l_{c2}' + l_{z2}') \tag{7-41}$$

所以有

$$\tan\omega = \frac{D}{2l_z} = \frac{D}{2\Gamma(L + \Gamma l_{z2}')} \tag{7-42}$$

式中，$L = f_o' + f_e'$ 为望远镜的机械筒长；l_{z2}' 为眼睛到目镜的距离。

伽利略望远镜的最大视场(渐晕系数 $K=0$)是由通过入射窗(物镜框)的边缘和相反方向的入瞳边缘的光线决定的，即

$$\tan\omega_{\max} = \frac{D + D_p}{2\Gamma(L + \Gamma l_{z2}')} \tag{7-43}$$

式中，D_p 是入瞳的直径。

伽利略望远镜的视觉放大率越大，视场越小，故其视觉放大率不大。一般伽利略望远镜仅用于在剧场观剧。

3. 射电望远镜(radiotelescope)

射电望远镜应用于天文观测中，以探测到更远的星体。射电望远镜利用定向天线和灵敏度很高的微波接收装置来接收星体发出的电磁波以观测天体的仪器，可以测量天体射电的强度、频谱及偏振等。这种望远镜比光学望远镜的观测距离远得多，并且使用时不受时间和气候变化的影响。

2012 年，亚洲最大的全方位可转动的 65 m 口径的射电望远镜在上海天文台正式落成，这台射电望远镜的综合性能排名亚洲第一、世界第四，能够观测 100 亿光年以外的天体，参与了我国探月工程及各项深空探测。2016 年 9 月 25 日，被誉为"中国天眼"的 500 m 口径球面射电望远镜(Five-hundred-meter Aperture Spherical radio Telescope，FAST)在贵州落成(见图 7-25)。它是由 4450 块反射面单元组成的 500 m 球冠状主动反射镜，这是世界最大单口径、最灵敏的可观测宇宙的最大极限的射电望远镜(观测距离可以达到 137 亿光年)，为宇宙起源和演化、暗物质、太空生命起源与外星文明等研究提供了重要支撑。

灵敏度和分辨率是衡量射电望远镜的两个重要指标。灵敏度是指射电望远镜最低可探测的能量值，该值越低，灵敏度越高；因此，为了提高灵敏度，应该增大天线接收面积，延长观测积

分时间,降低接收系统噪音。分辨率是指能区分两个彼此靠近的射电源的能力,因两个点源的角距需大于天线方向束的半功率波束宽度时才可分辨,故将射电望远镜的分辨率规定为其主方向束的半功率波束宽,按道威准则计算。天线的直径越大,分辨率越高;观测的波长越短,分辨率越高。射电望远镜观测的波段是在米波的量级,要比普通的光学望远镜的可见光波段高出六个数量级,因此,虽然射电望远镜口径很大,但分辨率远低于光学望远镜。

FAST 的照明口径(即天线)为 300 m,设计工作频率为 70 MHz～3 GHz,对应的波段范围为 4 m～10 cm,分辨率为 2.9′,焦比为 0.467,灵敏度为 200 m/k², 天空覆盖 40°。

FAST 自 2016 年 9 月 25 日落成启用以来,共发现 51 颗脉冲星候选体,其中有 11 颗已被国际认证,确认为新脉冲星。其中 2017 年 10 月发现的两颗脉冲星,距地球分别为 4100 光年和 16000 光年。

图 7-25 500 m 口径球面射电望远镜

Figure 7-25 Five-hundred-meter Aperture Spherical radio Telescope

7.4 目镜
Eyepiece

目镜的作用类似于放大镜,把物镜所成的像放大在人眼的远点或明视距离供人眼观察,其光学参数主要有焦距 f'_e、视场角 $2\omega'$、相对镜目距(relative eye relief)P'/f'_e、工作距离 l_F。目镜的视场取决于望远镜的视觉放大率和物方视场角 2ω,即

$$\tan\omega' = \Gamma\tan\omega \tag{7-44}$$

一般目镜的视场角为 $40°\sim50°$,广角目镜的视场角可达 $60°\sim80°$,双目仪器的目镜视场不超过 75°。

镜目距(eye relief)是目镜后表面的顶点到出瞳的距离,而相对镜目距是其与目镜焦距之比。目镜的孔径光阑与物镜的孔径光阑重合,其出瞳位于目镜的后焦平面附近。出瞳直径一般为 2～4 mm。测量仪器的出瞳直径可以小于 2 mm,以提高其测量精度。军用仪器的出瞳直径较大,例如,坦克瞄准镜的出瞳直径为 8 mm,这是为了适应极其困难下的观察条件。

根据牛顿公式,可以容易地计算出镜目距 P'。

$$(P' - l'_F) = f'^2_e/f'_o = f'_e/\Gamma$$

$$P' = l'_F + f'_e/\Gamma \tag{7-45}$$

相对镜目距为

$$\frac{P'}{f'_e} = \frac{l'_F}{f'_e} + \frac{1}{\Gamma} \tag{7-46}$$

所以当放大倍率较大时,镜目距 P' 近似地等于目镜的后截距。对于一定形式的目镜,相对镜目距近似为一个常数。镜目距的大小视仪器使用要求而定,但最短不得小于 6 mm。在设计时,首先应根据视场角 $2\omega'$ 和镜目距 P' 的要求确定目镜的形式。由相对镜目距和仪器要求的镜目距即可初步确定目镜的焦距。

目镜第一面的顶点到其物方焦平面的距离称为目镜的工作距 l_F。目镜的视场光阑与物镜的视场光阑重合,位于目镜的前焦平面上。为了适应近视眼与远视眼的需要,视度(sight distance)是可以调节的。所以工作距离要大于视度调节的深度,视度调节的范围一般在 ± 5 D。

目镜相对视场光阑(分划板)的移动量

$$x = \frac{\pm 5 f'^2_e}{1\ 000\ \text{mm}} \tag{7-47}$$

图 7-26 所示为惠更斯目镜(Huygens eyepiece)的光路原理。惠更斯目镜由靠近物镜的场镜和靠近眼睛的接目镜(eye lens)组成,场镜所成的像平面即为接目镜的物平面。而场镜和接目镜的像差是互相补偿的,因此,当观察到的物体是清晰的时候,视场光阑是不清楚的,故在惠更斯目镜中不宜放分划板,测试仪器也不能选用这种结构。惠更斯目镜的视场角 $2\omega' = 40° \sim 50°$,相对镜目距 $P'/f'_e \approx 1/3$,焦距不小于 15 mm。

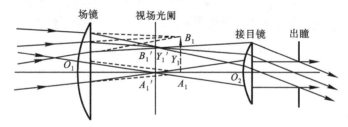

图 7-26 惠更斯目镜的光路原理

Figure 7-26 the optical path principle of Huygens eyepiece

图 7-27 所示为冉斯登目镜的光路原理,其场镜向接目镜移近,使物镜的像平面移出目镜,可以设置分划板。冉斯登目镜的视场角 $2\omega' = 30° \sim 40°$,相对镜目距 $P'/f'_e \approx 1/3$。

图 7-28 所示为凯涅尔目镜的光路原理,它由场镜和双胶合接目镜组成,像质优于冉斯登目镜。光学特性为 $2\omega' = 45° \sim 50°$,$P'/f' \approx 1/2$,截距 l_F 和 l'_F 近似地表示为 $l_F \approx 0.3f'$,$l'_F \approx 0.4f'$,因此,出瞳靠近目镜。目镜总长度近似为 $1.25f'$。

图 7-29 所示为无畸变目镜的光路原理。无畸变目镜并非完全校正了畸变,只是畸变小一些,适用于测量仪器。其光学特性为 $2\omega' = 48°$,$P'/f' \approx 0.8$,在 40°视场时的相对畸变为 $3\% \sim 4\%$。

有的军用仪器要求有较长的出瞳距,例如,22~25 mm。选择长出瞳距目镜可以满足这种要求。图 7-30 所示为长出瞳目镜的光路原理,其视场 $2\omega' = 50°$,截距 $l_F \approx 0.3f'$,$l'_F \approx f'$。

除此之外,还有对称目镜、广角目镜、超广角目镜等。目镜的形式较多,设计时,在满足光学特性要求时,还要兼顾成像质量和结构的简单化。

图 7-31 所示为双目开普勒望远镜的实物图。

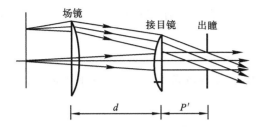

图 7-27　冉斯登目镜的光路原理

Figure 7-27　the optical path principle of Ramsde eyepiece

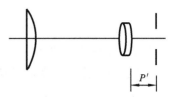

图 7-28　凯涅尔目镜的光路原理

Figure 7-28　the optical path principle of Kellner eyepiece

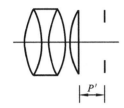

图 7-29　无畸变目镜的光路原理

Figure 7-29　the optical path principle of orthoscopic eyepiece

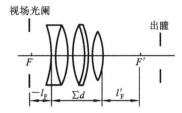

图 7-30　长出瞳目镜的光路原理

Figure 7-30　the optical path principle of long eye relief eyepiece

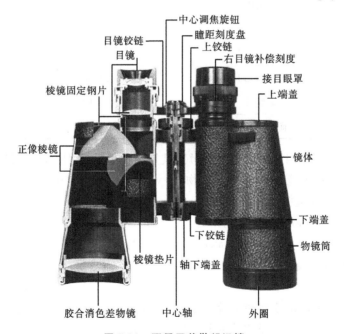

图 7-31　双目开普勒望远镜

Figure 7-31　binocular Keplerian telescope

7.5　摄影系统

Photographic Optical System

摄影系统由摄影物镜和感光元件组成。通常把摄影物镜和感光胶片、电子光学变像管或电视摄像管等接收器件组成的光学系统称为摄影光学系统,包括照相机、电视摄像机、CCD摄像机等。

1. 摄影物镜的光学特性(optical characters of photographic objective)

摄影物镜的光学特性由焦距 f'、相对孔径 D/f' 和视场角 2ω 表示。焦距决定成像的大小,相对孔径决定像面照度,视场决定成像的范围。

1) 视场(field of view)

视场的大小由物镜的焦距和接收器的尺寸决定。一般来说,焦距越长,所成像的尺寸越大。在拍摄远处物体时,像的大小为

$$y' = -f'\tan\omega \tag{7-48}$$

在拍摄近处物体时,像的大小取决于垂轴放大率

$$y' = y\beta = yf'/x \tag{7-49}$$

摄影物镜的感光元件框是视场光阑和出射窗,它决定了像空间的成像范围,即像的最大尺寸,表7-2列出了几种常用摄影底片的规格。

表 7-2 常用摄像底片的规格

Table 7-2 size of common photographic film

名　　称	长×宽/(mm×mm)
136 底片	36×24
120 底片	60×60
16 mm 电影片	10.4×7.5
35 mm 电影片	22×16
航摄底片	180×180
航摄底片	230×230

当接收器的尺寸一定时:物镜的焦距越短,其视场角越大;焦距越长,其视场角越小。相应地,对应这两种情况的物镜分别称为广角物镜(wide-angle objective)和远摄物镜(telephoto lens)。普通照相机标准镜头的焦距为 50 mm。

当拍摄远处物体时,物方最大视场角为

$$\tan\omega_{max} = y'_{max}/2f' \tag{7-50}$$

式中,y'_{max} 为底片的对角线长度。

2) 分辨率(resolving power)

摄影系统的分辨率取决于物镜的分辨率和接收器的分辨率。分辨率是以像平面上每毫米内能分辨开的线对数表示的。设物镜的分辨率为 N_L,接收器的分辨率是 N_r,按经验公式,对系统的分辨率 N 有

$$1/N = 1/N_L + 1/N_r \tag{7-51}$$

按瑞利准则,物镜的理论分辨率为

$$N_L = 1/\sigma = D/(1.22\lambda f')$$

取 $\lambda = 0.555~\mu m$,则

$$N_L = 1\,475D/f' = 1\,475/F \tag{7-52}$$

式中,$F = f'/D$ 称为物镜的光圈数。

由于摄影物镜有较大的像差,且存在着衍射效应,所以物镜的实际分辨率要低于理论分辨率。此外,物镜的分辨率还与被拍摄目标的对比度有关。同一物镜对不同对比度的目标(分辨率板)进行测试,其分辨率值也是不同的。因此,评价摄影物镜像质的科学方法是利用光学传递函数(OTF)。

3) 像面照度(illumination of imaging plane)

摄影系统的像面照度主要取决于相对口径,根据光度学理论(见第 5 章),像面照度 E' 为($n' = n = 1$)

$$E' = \tau\pi L \sin^2 U' = \frac{1}{4}\tau\pi L \frac{D^2}{f'^2} \cdot \frac{\beta_p^2}{(\beta_p - \beta)^2} \tag{7-53}$$

式中,β_p 为光瞳垂轴放大率;β 为物像垂轴放大率;L 为物体的亮度;τ 为系统透射比。

当物体在无限远时,$\beta = 0$,则

$$E' = \frac{1}{4}\tau\pi L \frac{D^2}{f'^2} \tag{7-54}$$

对大视场物镜,其视场边缘的照度要比视场中心的小得多,按式(5-26)可得

$$E'_m = E' \cos^4 \omega \tag{7-55}$$

式中,ω 为像方视场角。

由式(7-55)可知,大视场物镜视场边缘的照度急剧下降。感光底片上的照度分布极不均匀,导致在同一次曝光中,很难得到理想的照片,或者中心曝光过度,或者边缘曝光不足。

为了改变像面照度,一般照相物镜都利用可变光阑来控制孔径光阑的大小。使用者根据天气情况按镜头上的刻度值选择使用。分度的方法一般是按每一刻度值对应的像平面照度依次减半。由于像平面的照度与相对孔径平方成正比,所以相对孔径按 $1/\sqrt{2}$ 等比级数变化,光圈数 F 按公比为 $\sqrt{2}$ 的等比级数变化。国家标准是按表 7-3 来分挡的。曝光时间挡按公比为 2 的等比级数变化。

表 7-3　光圈数的分挡
Table 7-3　F-number specification

D/f'	1/1.4	1/2	1/2.8	1/4	1/5.6	1/8	1/11	1/16	1/22
F	1.4	2	2.8	4	5.6	8	11	16	22

2. 摄影物镜的景深(field of view of photographic objective)

照相制版、放映和投影物镜等只需要对一对共轭面成像。然而,电视系统、电影系统、照相系统则要求光学系统对整个或部分物空间同时成像于一个像平面上。设接收器像平面允许的弥散斑直径为 z',则在对准平面上对应的弥散斑直径 z 为

$$z = z'/\beta$$

式中,β 为对准平面的垂轴放大率。

若用眼睛在明视距离来观察所拍摄的照片,z' 对人眼的张角为

$$\varepsilon = \frac{z'}{L}$$

式中,L 为观察距离。

应用景深公式可得

$$\left.\begin{array}{l} \Delta_1 = \dfrac{P\varepsilon L}{2a\beta - \varepsilon L} \\[3mm] \Delta_2 = \dfrac{P\varepsilon L}{2a\beta + \varepsilon L} \end{array}\right\} \tag{7-56}$$

式中,$2a$ 为入瞳直径;P 为对准平面到仪器的距离;β 为摄影系统的放大倍率。

因为 $f' \ll P$,所以可以认为 $x \approx P - f' \approx P$,则 $\beta = -f/x \approx f'/P$,式(7-56)可写为

$$\left.\begin{array}{l} \Delta_1 = \dfrac{P^2\varepsilon}{2a\dfrac{f'}{L} - P\varepsilon} \\[5mm] \Delta_2 = \dfrac{P^2\varepsilon}{2a\dfrac{f'}{L} + P\varepsilon} \end{array}\right\} \tag{7-57}$$

当在明视距离观察照片时:焦距越长,入瞳直径越大,景深越小;拍摄距离越大,景深越大。因此,在使用照相机拍摄时,选用的光圈数(F 数)越大,则景深越大。

3. 摄影物镜的类型(type of photographic objective)

摄影物镜属大视场、大相对孔径的光学系统,为了获得较好的成像质量,它既要校正轴上点像差,又要校正轴外点像差。摄像物镜根据不同的使用要求,其光学参数和像差校正也不尽相同。因此,摄影物镜的结构形式是多种多样的。

摄影物镜主要分为普通摄影物镜、大孔径摄影物镜、广角摄影物镜、远摄物镜和变焦距物镜等。

普通摄影物镜是应用最广泛的物镜,一般具有下列光学参数:焦距 $20 \sim 500$ mm,相对孔径 $D/f' = 1/9 \sim 1/2.8$,视场角可达 $64°$。图 7-32 所示为最流行的著名的天塞(Tessar)物镜的结构示意图,其相对孔径 $1/3.5 \sim 1/2.8$,$2\omega = 55°$。

大孔径摄影物镜相对比较复杂。图 7-33 所示为双高斯物镜的结构示意图,其光学参数 $f' = 50$ mm,$D/f' = 1/2$,$2\omega = 40° \sim 60°$。

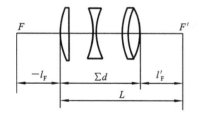

图 7-32 天塞物镜

Figure 7-32 Tessar objective

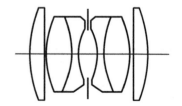

图 7-33 双高斯物镜

Figure 7-33 double Gaussian objective

图 7-34 所示为单反照相机剖视图。

广角摄影物镜多为短焦距物镜,以便获得更大的视场。其结构形式一般采用反远距型物镜。广角物镜中最著名的应属鲁沙尔-32 型,其焦距 $f' = 70.4$ mm,相对孔径 $D/f' = 1/6.8$,$2\omega = 122°$,图 7-35 所示为其结构示意图。

远摄物镜一般在高空摄影中使用,以获得较大的像面。摄远物镜的焦距可达 3 m 以上,但其机械筒长 L 小于焦距,远摄比 $L/f' < 0.8$。随着焦距的增加,系统的二级光谱也增加,制作材料常用特种火石玻璃。为缩短筒长,也可以采用折反型物镜,但其孔径中心光束有遮拦。图 7-36 所示为蔡司公司的远摄物镜,其相对口径 $D/f' < 1/6$,$2\omega < 30°$。

图 7-34　照相机剖视图

Figure 7-34　section of a camera

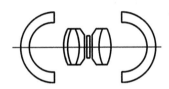

图 7-35　广角物镜

Figure 7-35　wide-angle objective

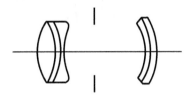

图 7-36　远摄物镜

Figure 7-36　telephoto lens

图 7-37(a)为长春理工大学设计的 CCD 弹道相机光学系统图,其视场为 25°,焦距为 65 mm,相对孔径为 1/1.6。面阵 CCD 作为探测器,像素为 15 μm。图 7-37(b)给出了该相机的调制传递函数,当截止频率为 35 cy/mm 时,各视场的 MTF 值均大于 0.5。由于 CCD 感光面小,为满足视场的要求,光学系统中放一分束立方棱镜。光束的一半被反射,一半透过;视场由两个 CCD 接收,并进行视场拼接。

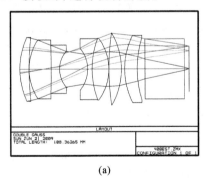

(a)

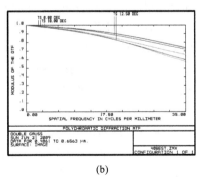

(b)

图 7-37　CCD 弹道相机

（a）光学系统;（b）MTF 曲线

Figure 7-37　CCD trajectory camera

（a）optical system;（b）MTF curve

变焦物镜(zoom lens)的焦距可以在一定范围内连续地变化,故对一定距离的物体其成像的放大率也在一定范围内连续变化,但系统的像面位置保持不变。在摄影领域,变焦物镜几乎代替了定焦物镜,并已用于望远系统、显微系统、投影仪、热像仪等。变焦系统由多个子系统组成,焦距变化是通过一个或多个子系统的轴向移动、改变光组间隔来实现的。其变倍比为

$$M = \frac{f'_{\max}}{f'_{\min}} = \frac{|\beta_1\beta_2\cdots\beta_3|_{\max}}{|\beta_2\beta_3\cdots\beta_k|_{\min}} \tag{7-58}$$

焦距为

$$f' = f'_1\beta_2\beta_3\cdots\beta_k \tag{7-59}$$

通常把系统中引起垂轴放大率 β 发生变化的子系统称为变倍组,相对位置不变的子系统称为固定组。一般情况下,系统中第一个子系统是固定组,最后一个子系统是固定组。前固定组为变倍组提供一个固定且距离适当的物面位置,后固定组提供一个固定且距离适当的后工作距离。图 7-38 所示为变焦物镜的结构形式,焦距范围为 $38.5\sim151$ mm,相对孔径为 1/24,$2\omega=40°$,全长 280 mm。

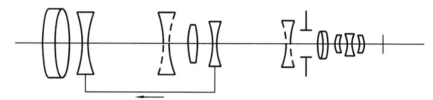

图 7-38　变焦物镜

Figure 7-38　zoom lens

我国已设计出一系列变焦物镜,其中:$5^\times$ 的长焦距物镜,其变焦范围为 $125\sim600$ mm 或 $250\sim1\,200$ mm,相对孔径为 1/5,最大视场 $2\omega=20°$;$6^\times$ 的广角物镜,其变焦范围为 $37.5\sim148$ mm,相对孔径为 1/2,最大视场 $2\omega=60°$。关于变焦距光学系统将在第 7 章 7.7 节中详细讨论。

4. 数码相机(digital camera)

随着电子技术的发展,电荷耦合器件(charge coupled device,CCD)和互补金属氧化物半导体(complementary metal-oxide semiconductor,CMOS)的分辨率越来越高,性价比低,商用的 CCD 的分辨率已超过 3 μm,CMOS 的分辨率更高。因此经典的显微镜、望远镜、目镜已根据用途,用面阵 CCD 或 CMOS 代替,变成显微电视系统或望远电视系统,而普通的相机胶片也用 CCD 或 CMOS 代替,变成数码相机,其体积小、功能全、携带方便。市场上的通用数码相机分辨率已达到 1 000 万像素,3 倍变焦。但数码相机的分辨率远低于照相胶片,照相胶片的分辨率超过 1 000 cy/mm。为了提高军用卫星相机对地面的分辨率,一般采用线阵 CCD,利用狭缝扫描满足视场要求和像差畸变的要求。

图 7-39 所示为伟大的科学家哈勃和用以他名字命名的太空望远镜拍摄的太空。哈勃太空望远镜是唯一一台在太空紫外波段有效工作的望远镜。哈勃太空望远镜于 1990 年 4 月 24 日发射,在 1993 年装备了 CCD 阵列,可以发现从 1 μm 红外到 121.6 nm 的紫外波段的星体。CCD 的灵敏度高于感光胶片 50 倍。哈勃太空望远镜采取卡塞格林系统,主镜口径为 2.4 m,次镜口径为 0.3 m,主镜到次镜的间隔是 4.84 m,焦距为 57.6m,飞行器重 11 600 kg。

图 7-40(a)是宇宙飞行员杨立伟用长焦距数码相机在神舟五号飞船上拍摄的地球,图名是"美丽的地球";图 7-40(b)是宇宙飞行员费俊龙在神舟七号飞船上拍摄的地球,图名为"地球、冰、云"。

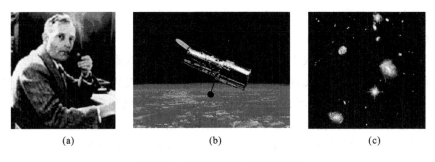

(a) (b) (c)

图 7-39 哈勃与哈勃太空望远镜

(a) 哈勃(1889—1953);(b) 哈勃太空望远镜;(c) 美丽的太空

Figure 7-39 scientist Hubble and space telescope

(a) Hubble(1889—1953);(b) Hubble space telescope;(c) beautiful space

(a) (b)

图 7-40 杨利伟和费俊龙拍摄的地球

(a) "美丽的地球"——杨利伟拍摄;(b) "地球、冰、云"——费俊龙拍摄

Figure 7-40 photos of the earth taken by Yang Liwei and Fei Junlong

(a) "beautiful earth" taken by Yang Liwei;(b) "earth, ice and cloud" taken by Fei Junlong

7.6 投影系统
Projector

投影仪,又称投影机,是一种可以将图像或视频信号投射到幕布上或某空间的设备。幻灯机、照相放大机、电影放映机、测量投影仪、微缩胶片阅读仪、目标模拟器(例如红外目标模拟器、星体模拟器)等都属于投影系统,可以通过不同的接口与计算机、VCD、DVD 等连接,播放相应的视频信号。

按投影仪发展史及其应用的图像信息写入器件,投影仪可分为四种类型,即胶片投影仪、CRT(cathode ray tube)投影仪、LCD(liquid crystal display)投影仪和 DMD(digital micromirror device)投影仪。其中,胶片投影仪包括幻灯片投影仪和电影放映机。LCD 投影仪和 DMD 投影仪能与计算机连接,可以实现数字图像写入,也称 DLP(digital light processor,数字投影仪)。随着 LCD、DMD 器件和信息技术的发展,幻灯片投影仪、CRT 投影仪已被逐步取代。故本节仅列举 LCD 投影仪和 DMD 投影仪。

投影仪的基本结构由光源、照明系统、写入器件、投影物镜、接收器组成。写入器件可以是胶片、CRT、LCD、DMD 等。对于测量投影仪,写入器件可以是待测的实物。对于不透明的实物投影,可采用反射式照明方式。接收器可以是投影屏,也可以是 CCD,例如红外目标模拟器的接收系统就是安装在红外摄远物镜焦平面上的红外 CCD。

1. 基本参数(basic parameters)

投影系统是把一平面物体放大成一平面实像以便于人眼观察。幻灯机、电影放映机、照相放大机、测量投影仪、微缩胶片阅读仪等都属于投影系统。对投影系统的主要要求取决于其使用的目的。例如,图片投影仪要求有较强的照明,而测量投影仪则要求像面无畸变,两者都要求在像面上有足够的亮度。任何接收屏的像面亮度 L 都和接收屏的照度 E' 及反射比 ρ 有关。实验研究表明,投影接收屏的亮度根据其不同用途有不同的要求,例如,

电影投影 $\qquad\qquad L=(25\sim50)\times10^4$ cd/m²

幻灯片投影 $\qquad\qquad L=(3\sim50)\times10^4$ cd/m²

反射投影 $\qquad\qquad L=(1\sim5)\times10^4$ cd/m²

下面给出几种漫射屏的反射比。

白色理想的漫射屏 $\qquad\qquad \rho=1$

碳酸钡制作的屏 $\qquad\qquad \rho=0.8$

白色的胶纸 $\qquad\qquad \rho=0.72$

知道了反射比 ρ 和亮度 L,则可以根据

$$E'=\pi L/\rho$$

或者 $\qquad\qquad L=\rho E'/\pi \qquad\qquad (7\text{-}60)$

确定接收屏所需的照度。式(7-60)具有重要的实际应用,因为我们周围的大部分物体都是通过反射光发光的,用其亮度来确定其辐射,从而可以确定入射到光屏的光通量 Φ'。设屏的面积为 S,则

$$\Phi'=E'S \qquad\qquad (7\text{-}61)$$

通过选择光源和投影系统相应的参数来保证光通量 Φ'。例如,在电影放映机中,入射到光屏的光通量 Φ' 大约是辐射灯源光通量 Φ_0 的 $1/100\sim5/100$,即 $\Phi'=E'S=0.01\sim0.05\Phi_0$。

如果在光源目录中仅给出光通量大小和发光体尺寸 dS,那么对于平面发光的物体,发光亮度和强度(法线方向)分别为

$$\Phi_0=2\pi LdS=2\pi I \qquad\qquad (7\text{-}62)$$

$$I=\Phi_0/2\pi \qquad\qquad (7\text{-}63)$$

对于点光源,发光强度为

$$I=\Phi_0/4\pi \qquad\qquad (7\text{-}64)$$

投影物镜的光学特性用放大率、视场、焦距和相对孔径来表示。

垂轴放大率由银幕尺寸与图片尺寸之比确定,即

$$\beta=y'/y$$

焦距为 $\qquad\qquad f'=\dfrac{\beta L}{-(\beta-1)^2}\approx\dfrac{l'}{1-\beta} \qquad\qquad (7\text{-}65)$

式中,L 为物像间的共轭距。

视场角 ω' 满足 $\qquad \tan\omega'=\dfrac{y'}{l'}=\dfrac{\beta y}{f'(1-\beta)} \qquad\qquad (7\text{-}66)$

根据式(7-53),取光瞳放大率为1,则相对孔径为

$$D/f'=2(1-\beta)\sqrt{E'/\tau\pi L} \qquad\qquad (7\text{-}67)$$

2. 投影物镜的结构形式（structure type of projector）

投影系统类似于倒置的摄影系统。因此，普通摄影物镜倒置使用时，均可作为投影系统使用，例如，匹兹伐尔型物镜、天塞物镜和双高斯物镜等。

在宽银幕电影（wide screen film）中，宽银幕物镜将银幕加宽以使放映出来的景物对观察者有更大的张角，从而给观察者更强的真实感。但宽银幕仅在宽度方向加大，而高度并无变化，即画面在水平方向和垂直方向有不同的放大率，其比值称为压缩比 K，$K = \beta_s / \beta_t$，通常取 $K = 1.5 \sim 2.0$。宽银幕物镜是在普通的摄影物镜和投影物镜前加一变形镜组成的。

变形镜可由柱面透镜或棱镜构成。柱面透镜的一面是平面，另一面是柱面。其子午焦距为无限大，而弧矢焦距为有限值。图 7-41 为伽利略式变形镜的原理结构。

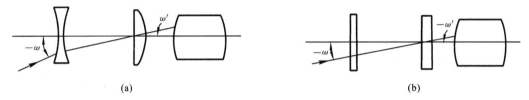

(a)　　　　　　　　　　　(b)

图 7-41　宽银幕变形物镜

Figure 7-41　anamorphic objective for wide screen

3. 照明系统（illuminator）

为了在投影屏上获得均匀而足够的照度，必须应用大孔径角的照明系统和适当的光源。照度的大小与光源的发光强度、光源的尺寸及聚光系统的光学特性等有关。按照明系统的结构形式可分为透射照明系统、反射照明系统和折反照明系统；按照明方式又可分为临界照明和柯勒照明。

照明透镜又称聚光镜（condenser）。通常聚光镜由多个正透镜组成，因此它具有较大的球差和色差。孔径角越大，垂轴放大率越大，其结构形式越复杂。此外，照明系统提供的光能要想全部进入投影系统，且有均匀的照明视场，则照明系统与投影成像系统必须有很好的衔接。其衔接条件为，一是照明系统的拉赫不变量 J_1 要大于投影成像系统的拉赫不变量 J_2，二是要保证两个系统的光瞳衔接和成像关系。

下面给出几种照明系统的形式。图 7-42 中示出双透镜聚光镜的结构原理，其中：图（a）由两个相同的平凸透镜组成，孔径角 $2u_0 = 50° \sim 60°$，垂轴放大率 $\beta = -1^\times \sim -3^\times$；图（b）由一个弯月形透镜和一个正透镜组成，与图（a）相比有较小的球差，且第一块透镜是齐明透镜，$2u_0 = 50° \sim 60°$，$\beta = -4^\times \sim -10^\times$。图 7-43 示出大孔径聚光镜的结构原理，它由三片或四片透镜组成，孔径角增大到 $2u_0 = 90°$，$\beta = -1.5^\times \sim -5^\times$，若采用非球面，孔径角可增加到 110°。

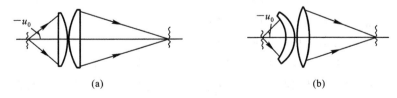

(a)　　　　　　　　　　　(b)

图 7-42　聚光镜

Figure 7-42　condenser

图 7-44 所示为折反式聚光镜的结构原理，孔径角 $2u_0 = 135°$，垂轴放大率 $\beta = -5^\times \sim -8^\times$。若其中采用抛物面或非球面的透镜，既可改善照明系统的像质，也可增大聚光镜的通光孔径。

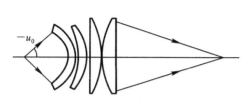

图 7-43 大孔径聚光镜

Figure 7-43 condenser with large aperture

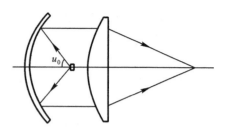

图 7-44 折反式聚光镜

Figure 7-44 catadioptric condenser

4. LCD 投影仪(LCD projector)

LCD(liquid crystal display)投影仪是利用液晶的光电效应,即液晶分子的排列在电场作用下发生变化,影响其液晶单元投影仪的透光率或反射率,从而影响它的光学性质,产生具有不同灰度层次及颜色的图像。

LCD 投影仪含有三片独立的 LCD 玻璃面板,分别为视频信号的红、绿、蓝三个分量。每个 LCD 面板都含有数以万计(甚至上百万)的液态晶体,可被配置为开、闭合或部分闭合的不同位置来允许光线透过。每个单独的液态晶体本质上都像一个快门或者百叶窗那样运作,代表一个单独的像素("图元")。当红、绿、蓝三色透过不同的 LCD 面板时,液态晶体基于该时刻、该像素的每种颜色各需要多少,即时地开启和闭合。这个行为对光线进行了调制,从而产生出了投射到屏幕上的图像。

液晶是介于液体和固体之间的物质,本身不发光,工作性质受温度影响很大,其工作温度为 $-55℃\sim+77℃$。液晶投影仪中的光源是金属卤素灯或 UHP(冷光源),发出明亮的白光,经过光路系统中的分光镜,将白光分解为 RGB(红色、绿色、蓝色)三种元素颜色的光线。RGB 三种元素颜色的光线在精确的位置上穿过液晶体,这时每个液晶体的作用类似于光阀门,控制每个液晶体中光线的通过与否以及通过光线的多少。RGB 三种元素颜色的光线再合并为一,经过投影仪的镜头投射到屏幕上。形成了与原图像一致的色彩的图像。

液晶投影仪主要由光源、液晶板、驱动电路及光学系统构成。光学系统包括照明系统、分色合色系统、投影成像系统。LCD 液晶模组则是控制投影机显示影像的装置,主要考量为 RGB 图元排列、液晶特性等。电子部分是将输入的电子影像信号加以处理,之后将所要显示的色彩电子信号传输给 LCD 液晶模组。

LCD 投影仪可以分为液晶板投影仪和液晶光阀投影仪,前者是投影仪市场上的主要产品。按照液晶板的片数,LCD 投影仪可分为三片机和单片机。三片 LCD 板投影机的原理是光学系统把强光通过分光镜形成 RGB 三束光,分别透射过 RGB 三色液晶板;信号源经过 A/D 转换,调制加到液晶板上,通过控制液晶单元的开启、闭合,从而控制光路的通断,RGB 光最后在棱镜中汇聚,由投影镜头投射在屏幕上形成彩色图像。

图 7-45 给出了一种形式的三片机 LCD 投影仪光学结构。图 7-46 给出了 LCD 投影仪在照明系统中的双排复眼透镜阵列是由一系列小透镜组成的,用于获得高的光能利用率和大面积的均匀照明。由于 LCD 投影仪色彩还原较好、分辨率可达 SXGA 标准,体积小,重量轻,携带方便,因此获得了广泛的应用。

5. DMD 投影仪(DMD projector)

DMD(digital micromirror device)投影仪是利用数字微镜器件(DMD)作为图像信号的写

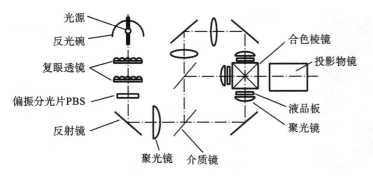

光源
反光碗
复眼透镜
偏振分光片PBS
反射镜
聚光镜 介质镜
合色棱镜
投影物镜
液晶板
聚光镜

图 7-45　一种形式的 LCD 投影仪光学结构

Figure 7-45　an optical scheme of LCD projector

图 7-46　LCD 投影仪

Figure 7-46　LCD projector

入器件,这种技术要先把影像信号数字化,通过计算机程序控制,输入 DMD,投影得到需要的图像,视频信号受 DLP(digital light processor,数字光处理器)调制,故 DMD 投影仪也称 DLP 投影仪。

DMD 投影仪与 LCD 投影仪有很大的不同,它的成像是通过 DMD 上成千上万个微小的镜片反射光线来实现的。DMD 投影仪的分辨率取决于微镜阵列,以 1024×768 分辨率为例,在一块 DMD 上共有 1024×768 个小反射镜,每个镜子代表一个像素,每个小反射镜具有独立控制光线的开关能力。小反射镜反射光线的角度受视频信号的控制,视频信号受数字光处理器(DLP)调制,把视频信号调制成等幅的脉宽调制信号,用脉冲宽度大小来控制小反射镜开、关光路的时间,在屏幕上产生不同灰度等级的图像。

DMD 是美国 TI 公司研制的一种景象生成器件,是一种利用铝溅射工艺在硅基体上设计的数字光开关器件。DMD 的表面由很多可转动的微镜组成,每个微镜由下面的 CMOS 电路控制独立转动,对照射表面的辐射光进行反射调制,生成需要的图像。DMD 表面微镜的偏转方向由其下面的 CMOS 单元的状态决定,通过下面的寻址电极产生静电而作用于微镜实现偏转。

DMD 微镜不同的偏转角度对应不同的工作状态,以微镜偏转度为 ±10° 的 DMD 为例对其工作原理进行简单介绍。当微镜偏转 +10° 角度时处于"开"态,调制的光线全部进入投影系统,投射到导引头系统;相反,偏转 −10° 角度时处于"关"态,反射的光线全部被吸收介质所吸收,不能进入投影系统;微镜水平放置时处于"平态",不发生偏转。随着 DMD 器件的不断改进,当前 DMD 器件的偏转角度已达到 ±12°。图 7-47 给出了 DMD 投影仪的工作原理,图7-48 给出了 DMD 投影仪的结构。

DMD 投影仪与 LCD 投影仪投射光照明的方式不同,LCD 投影仪是背投照明 LCD,是透射式成像;而 DMD 投影仪是反射照明 DMD,是反射光成像;二者的信号源都是通过 A/D 转换,输入写入器件 LCD 或 DMD。因此,DMD 投影仪与 LCD 投影仪都可以称为数字投影仪。

DMD 投影仪可以用于军事目标模拟。图 7-49 给出了 DMD 红外目标模拟器,把经计算机程序控制的待模拟的目标图像输入 DMD,黑体辐射通过图中的照明镜筒、棱镜、DMD,DMD 上的目标图像被反射照明后再经棱镜、投影镜筒被投射到某一距离处,其接收系统就是安装在红外摄远物镜焦平面上的红外 CCD。应用时,红外摄远物镜的入瞳应与目标模拟器的出瞳匹配,以避免视场切割。

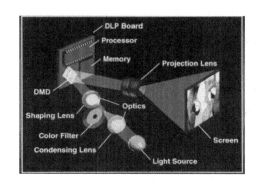

图 7-47 DMD 投影仪的工作原理

Figure 7-47 working principal of DMD projector

图 7-48 DMD 投影仪

Figure 7-48 DMD projector

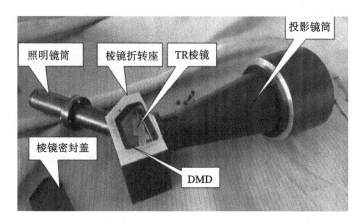

图 7-49 红外目标模拟器

Figure 7-49 IR-target simulator

7.7 变焦距光学系统
Zoom Lens

1. 变焦距光学系统的原理(principle of zoom lens)

很多光学仪器都要求其光学系统的放大倍率能够变化,使同一仪器既能看到总体(大视场、低倍率),又能仔细观察局部(小视场、高倍率),更换镜头是一种常用的方法,例如,显微物镜等,然而,这种更换物镜断续变焦的方法会使其成像大小突然变化。为使成像大小连续变化,只能使用变焦距光学系统。

变焦距光学系统原理是焦距在一定范围内连续改变,其物、像面保持不动。光学系统的总焦距是由单个透镜(或透镜组)的焦距 $f'_1, f'_2, \cdots, f'_n$ 和透镜(或透镜组)主平面间的距离 d_1, $d_2, \cdots, d_{k-1}$ 所决定的。在现代的技术条件下,很难实现单个透镜的焦距按一定规律变化,只能令某些间隔 d 连续变化,达到其总焦距连续变化的目的。

为使焦距改变而物、像面不动,一般都利用物-像交换原理。设有一普通物镜,使无限远的物体成像在 A 点,大小为 y_1,再经物镜 L 后成像在 A' 点,像高为 y'_1,如图 7-50(a)所示。当物镜 L 向左移动,到达图 7-50(b)所示位置(即图 7-50(a)翻转 180°)时,其像点的位置仍在 A' 点,像高为 y'_2。

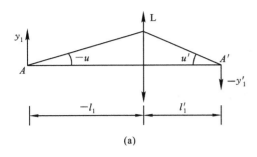 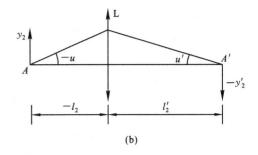

图 7-50　物-像交换原理

Figure 7-50　image-object interchangeable principle

如图 7-50 所示,若物镜的两个共轭点(物点和像点)都是实点(或都是虚点),则可找到物镜的两个不同位置,其共轭距彼此相等。由垂直放大率公式可知,其垂轴成像倍率互为倒数,这就是物-像交换原理。

物-像交换原理只能保证物镜在两个位置的像面固定不动,当物镜 L 由图 7-50(a)所示的位置移至图 7-50(b)所示位置的过程中,像面将发生移动。为使像面保持不动,要对像面的移动进行补偿。按补偿的性质,补偿分为光学补偿和机械补偿。光学补偿通常都是由前固定组、变焦组和后固定组三个部分组成,如图 7-51 所示,其中 A 为前固定组(front-fixed group),B、C、D 为变焦组(variable power group),E_k 为后固定组(back-fixed group)。

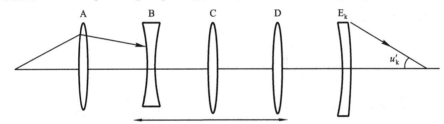

图 7-51　光学补偿变焦系统

Figure 7-51　optical compensation zoom lens

机械补偿的变焦组由变倍组(variator)和补偿组(compensator)两部分组成,变倍组作线性运动(linear movement),补偿组作非线性运动(non-linear movement)。通过凸轮、非线性螺纹等机构使补偿组作非线性运动来保持像面不动。在机械加工精度不断提高的今天,完全可以保证凸轮的准确性,以使像面稳定(stationary imaging plane),因而机械补偿正成为变焦系统中一种最基本的类型。

前固定组是正光焦度组元,用于聚焦物体;变倍组是负光焦度组元,通过移动改变系统的焦距;补偿组是正或负光焦度组元,通过凸轮移动来保持像面稳定,即使像面固定在后焦平面;后固定组是正光焦度组元,包含光阑和光束分束器,它承担系统的大部分光焦度,把光反射到取景器(finder)(注:对摄影变焦镜头包含光束分束器和取景器)。

在光学补偿变焦系统中,所有移动透镜组一起作线性移动,如图 7-51 所示。其最大的优点是不需要设计偏心凸轮(或其他机械补偿组机构),然而,这样的系统结构一般要比机械补偿系统的长,而且随着焦距的改变,像平面会发生微位移。设计者的任务是使像面的位移小于焦深。所以光学补偿变焦系统的变倍比(zoom ratio)不大,一般限制为 3∶1 或 4∶1。

变焦距光学系统的应用,应满足以下基本要求:

（1）能均匀地改变焦距；

（2）变焦过程中像面保持稳定；

（3）相对孔径基本保持不变；

（4）成像质量符合要求。

总体而言,研究变焦距光学系统的设计问题,掌握下面几点是非常重要的。

（1）变焦概念和表示变焦过程的变焦微分公式；

（2）由变焦微分公式分析高斯解的区域；

（3）研究系统在不同焦距位置的像差；

（4）变焦系统的光学镜头像差设计。

其中第（1）点和第（2）点不仅是重要的,也是基本的,其对设计质量的影响很大。

2. 变焦距光学系统的变焦方程(varifocal equation of zoom lens)

在机械补偿变焦系统中,为保持像面的稳定,对所有变焦组的运动组元,其物像间共轭距的变化量之和为零,也就是说,像面位移的补偿依赖于变倍组和补偿组共轭距的改变,该改变量的总和为零,即

$$\sum_i \Delta L_i = 0 \qquad (7\text{-}68)$$

图 7-52 是由 Φ_2 和 Φ_3 组成的变焦系统的变倍组和补偿组,其物点 A 和像点 A' 间的共轭距 $L = L_1 + L_2$。若 Φ_2 向右移动 x_1,其共轭距改为 ΔL_1,则 Φ_3 必须相应地移动 x_2,使共轭距改变 $\Delta L_2 = -\Delta L_1$,从而使像面保持不动。

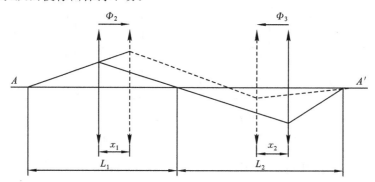

图 7-52　机械补偿变焦系统

Figure 7-52　mechanical compensation zoom lens

若变倍组的初始位置 A 的垂轴放大率为 β_A,按物-像交换原理,当共轭距不变时,其另一位置 B 的垂轴放大率 $\beta_B = \dfrac{1}{\beta_A}$,前后两个位置的倍率之比,即变焦比 Γ 为

$$\Gamma = \frac{\beta_A}{\beta_B} = \beta_A^2 \qquad (7\text{-}69)$$

由高斯公式,一个物镜的共轭距 L 可以表示为

$$L = l' - l = f'(1 - \beta) - f'\left(\frac{1}{\beta} - 1\right) = f'\left(2 - \frac{1}{\beta} - \beta\right) = 2f' - f'\beta - f'\frac{1}{\beta} \quad (7\text{-}70)$$

共轭距随倍率变化的曲线如图 7-53 所示。由图 7-53 可知,极小值在 $\beta = -1$ 处,其大小为 $L_{min} = 4f'$,在 $\beta = -1$ 的特定点是分析变焦过程的关键点。

若物点不动,变倍组 Φ_2 沿轴微动 dq,像面的微移动量为 de,若用 Φ_2 的倍率 β_2 表示,则有

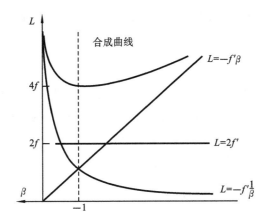

图 7-53 共轭距 L 与 β 的关系

Figure 7-53   relation between conjugate distance L and β

$$de = (1 - \beta_2^2)dq \tag{7-71}$$

式(7-71)可理解为,若物点向左微动 dq,则根据轴向倍率公式,其像点向左微移 $-\beta_2^2 dq$,再考虑到原来的物点、像点和 Φ_2 向右微移 dq,即得式(7-71)的 de 微移量。

由于 Φ_2 的移动,引起整个运动组(由 Φ_2 和 Φ_3 组成)的像面移动为(即 Φ_3 的横向放大作用)

$$\beta_3^2(1 - \beta_2^2)dq \tag{7-72}$$

对 Φ_3 的移动,同 Φ_2 的移动原理相似,引起整个运动组的像面移动为(设 Φ_3 沿轴移动 $d\Delta$)

$$(1 - \beta_3^2)d\Delta \tag{7-73}$$

为使像面稳定,两个像面移动量的代数和必须为零,即

$$\beta_3^2(1 - \beta_2^2)dq + (1 - \beta_3^2)d\Delta = 0 \tag{7-74}$$

对变倍组 Φ_2 而言,β_2 的改变是由物距的变化引起的,用物距 l_2 来表示 β_2,并微分得

$$d\beta_2 = -\frac{\beta_2^2}{f_2^2}dl_2$$

注意 $dl_2 = -dq$,有

$$dq = \frac{f_2^2}{\beta_2^2}d\beta_2 \tag{7-75}$$

对补偿组,β_3 的改变是由像距变化引起的,即

$$d\Delta = f_3' d\beta_3 \tag{7-76}$$

将 dq、$d\Delta$ 代入式(7-74),得

$$\frac{1 - \beta_2^2}{\beta_2^2}f_2' d\beta_2 + \frac{1 - \beta_3^2}{\beta_3^2}f_3' d\beta_3 = 0 \tag{7-77}$$

此即各种变焦距系统变焦过程的微分方程,利用式(7-75)~式(7-77),便可计算和分析变焦过程。微分方程的实质是所有运动组共轭距任何瞬间的微分变量之和必须为零。将共轭距公式(7-70)微分得

$$dL = \frac{1 - \beta^2}{\beta^2}f' d\beta \tag{7-78}$$

因此,微分方程表明,不论各运动组具体位置如何,变倍多少,各运动组用 β 为变量的数学表达式表示形式完全相同,式(7-77)的实质即是式(7-68)。从数学上讲,式(7-77)属于多变量微分

方程。设 $U(\beta_2,\beta_3)$ 为原函数,由变焦方程可知,其全微分应为零,即

$$dU(\beta_2,\beta_3) = 0$$

则其通解为

$$U(\beta_2,\beta_3) = f'_2\left(\frac{1}{\beta_2}+\beta_2\right)+f'_3\left(\frac{1}{\beta_3}+\beta_3\right) = C \quad (\text{常量})$$

当 Φ_2 和 Φ_3 处于长焦距位置,即 $\beta_2=\beta_{2l}$,$\beta_3=\beta_{3l}$ 时,上式同样成立,消去常量 C 得方程的特解为

$$f'_2\left(\frac{1}{\beta_2}-\frac{1}{\beta_{2l}}+\beta_2-\beta_{2l}\right)+f'_3\left(\frac{1}{\beta_3}-\frac{1}{\beta_{3l}}+\beta_3-\beta_{3l}\right) = 0 \tag{7-79}$$

从而补偿组 Φ_3 的倍率 β_3 构成二次方程

$$\beta_3^2-b\beta_3+1 = 0$$

$$b = -\frac{f'_2}{f'_3}\left(\frac{1}{\beta_2}-\frac{1}{\beta_{2l}}+\beta_2-\beta_{2l}\right)+\left(\frac{1}{\beta_{3l}}+\beta_{3l}\right) \tag{7-80}$$

其两个解为

$$\left.\begin{array}{l} \beta_{31} = \dfrac{b+\sqrt{b^2-4}}{2} \\[3mm] \beta_{32} = \dfrac{b-\sqrt{b^2-4}}{2} \end{array}\right\} \tag{7-81}$$

这两个解正是补偿组的两个端部位置的倍率,按物-像交换原理,有 $\beta_{31}=\dfrac{1}{\beta_{32}}$。这样,可以求出变焦系统变焦过程中的参数,求解过程如下所述。

(1) 对式(7-75)进行积分,q 由 0 积分到 q,β_2 由 β_2 积分到 β_{2l},得

$$q = f'_2\left(\frac{1}{\beta_2}-\frac{1}{\beta_{2l}}\right) \tag{7-82}$$

或

$$\beta_2 = \frac{1}{\dfrac{1}{\beta_{2l}}+\dfrac{q}{f'_2}} \tag{7-83}$$

这样任意给定变焦组 Φ_2 的移动量 q,则可求出该位置的倍率 β_2。

(2) 由式(7-80)求解得 b。

(3) 由式(7-81)求得补偿组 Φ_3 的两个倍率 β_{31} 和 β_{32}。

(4) 式(7-76)两边积分,求得补偿组的两个移动量 Δ_1 和 Δ_2,即

$$\left.\begin{array}{l} \Delta_1 = f'_3(\beta_{31}-\beta_{3l}) \\[2mm] \Delta_2 = f'_3(\beta_{21}-\beta_{3l}) \end{array}\right\} \tag{7-84}$$

这样补偿组有两条补偿曲线,可根据系统初始条件决定其中一条。

(5) 系统总变焦比为

$$\Gamma_1 = \frac{\beta_{2l}\beta_{3l}}{\beta_2\beta_{31}}, \quad \Gamma_2 = \frac{\beta_{2l}\beta_{3l}}{\beta_2\beta_{32}} \tag{7-85}$$

变倍组和补偿组一起同步运动直到预定的总变焦比为止(详细讨论参见陶纯堪著的《变焦距光学系统设计》,国防工业出版社,1988)。

(6) 求前固定组 Φ_1 的焦距 f'_1。

系统从长焦位置开始移动,一旦总变焦比达到预定要求时,变倍组 Φ_2 向左移动达到最左端,即短焦位置。为避免 Φ_1 和 Φ_2 相撞,取 $d_{12s}=0.5$ mm,则

$$f'_1 = 0.5 + \frac{f'_2(1-\beta_{2s})}{\beta_{2s}} \tag{7-86}$$

其中，$f'_2 \dfrac{1-\beta_{2s}}{\beta_{2s}}$ 为 Φ_2 最大的移动量。

（7）求系统总长 L_a。

由于具体情况不同，不同系统的最终像面位置亦不一样，因而不便比较不同系统的总长。对于正补偿变焦系统（即补偿组的光焦度为正的变焦系统），规定 Φ_1 到后固定组 Φ_4 的距离为总长。其运动方式如图 7-54 所示。当处于短焦位置时，变倍组 Φ_2 紧靠前固定组 Φ_1，当系统向长焦位置运动时，变倍组 Φ_2 向右运动，而补偿组 Φ_3 向左运动，最后它们在中部靠拢，形成最短的 d_{23l}。

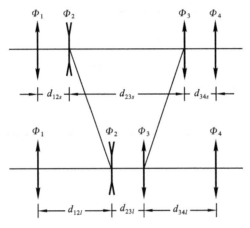

图 7-54　机械补偿变焦运动方式

Figure 7-54　moving mode of mechanical compensation zoom lens

总长 L_a 表达为

$$L_a = d_{12s} + |q_2|_{\max} + d_{23l} + |\Delta|_{\max} + d_{34s}$$

其中，$|q_2|_{\max}$ 和 $|\Delta|_{\max}$ 分别表示变倍组和补偿组的最大移动距离。设 $d_{12s} = d_{23l} = d_{34s} = 0.5 \text{ mm}$，则

$$L_a = 1.5 + |q_2|_{\max} + |\Delta|_{\max} \tag{7-87}$$

由微分方程得，当 $\beta_2 = -1$ 时，β_3 有极值。由式（7-81）计算出，Φ_3 的倍率总有两个根 β_{31} 和 β_{32}，两补偿曲线互相分离，这样补偿曲线不能单调变化。若调节系统参数，使 $|b| = 2$，$\beta_{31} = \beta_{32} = -1$，即 β_{31} 和 β_{32} 曲线在 $\beta_2 = -1$ 时相切，这样可以使 Φ_3 在 $\beta_2 = -1$ 的位置由 β_{31} 曲线经过切点换到 β_{32} 曲线上来，以使补偿曲线保持单调变化，达到变焦比增长迅速的目的。图 7-55 示出 Φ_3 移动情况。为了获得快速的变焦曲线，或者为了使补偿组 Φ_3 尽可能靠近快速变焦曲线移动，设计者必须这样选择 β_3，即当 $|\beta_2|$ 增加时，$|\beta_3|$ 单调增加。这样补偿组 Φ_3 可以首先沿 β_{31} 向右移动，然后通过切点变换到沿 β_{32} 移动，或者相反。实现 β_{31} 和 β_{32} 平滑变化的先决条件是

$$\beta_2 = -1 \quad \text{和} \quad \beta_3 = -1 \tag{7-88}$$

3. 机械补偿变焦系统（mechanical compensation IR zoom lens）

作为实例，图 7-56 给出长春理工大学设计的 $10\times$ 机械补偿红外变焦物镜，波长为 $8\sim12\ \mu m$，焦距为 $8.9\sim89\ mm$，相对孔径为 $F/1.2$，像面对角线直径为 $11\ mm$。图 7-56 中所给的变焦系统的位置是短焦位置。该镜头是按物体在无限远设计的，用 2/3 英寸的红外 CCD 摄像机

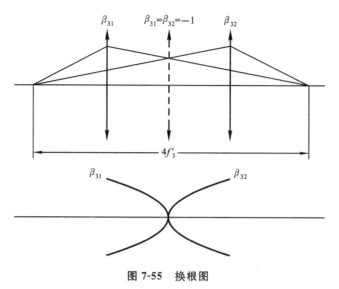

图 7-55 换根图

Figure 7-55 the map of solution exchange between β_{31} and β_{32}

接收。

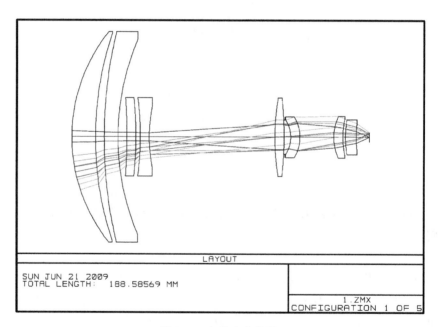

图 7-56 红外变焦物镜

Figure 7-56 infrared zoom lens

变焦镜头的结构形式是＋、－、＋、＋。表面序号 1～4 是前固定组,是正光焦度;表面序号 5～8 是变倍组,光焦度为负值;表面序号 9～10 是补偿组,其光焦度为正值;表面序号 11 是光阑;表面序号 12～17 是后固定组。从第一个透镜前表面到像面的距离为 188.58 mm。各组间是空气间隔变化,图 7-57 给出变焦透镜的结构参数,图 7-58 给出五个变焦位置,其像质良好,各位置的光学传递函数均高于 0.6,像面位置的变化小于 0.01 mm。

应该指出的是,新的研究表明,用一个移动组也可以实现同时变倍和补偿作用。例如, R. B. Johnson 在 1992 年就设计了具有一个移动组的红外变焦镜头。

Lens Data Editor: Config 1/5

Edit Solves Options Help

Surf:Type		Comment	Radius	Thickness	Glass	Semi-Diameter	Conic	Par 0(unused)	Par 1(unused)	Par 2(unused)
OBJ	Standard	+0.0	Infinity	Infinity		Infinity	0.000000			
1*	Even Asphere		117.032270	15.000000	GERMANIUM	70.000000 U	-0.130798		-2.641507E-005	2.194384E-008
2*	Standard		222.682308	5.734059		69.000000 U	0.000000			
3*	Standard		320.204429	8.700000	GERMANIUM	70.000000 U	0.000000			
4*	Standard		172.399141	5.700000		65.000000 U	0.000000			
5*	Standard		-431.615472	5.790000	GERMANIUM	26.000000 U	0.000000			
6*	Standard		-266.334634	2.827340		26.000000 U	0.000000			
7*	Standard		-216.325317	5.790000	GERMANIUM	26.000000 U	0.000000			
8*	Standard		104.551642	79.200000		20.000000 U	0.000000			
9*	Standard		162.582168	5.790000	GERMANIUM	26.000000 U	0.000000			
10*	Standard		-273.793520	0.500000		26.000000 U	0.000000			
STO	Standard		Infinity	3.743768		11.453126	0.000000			
12	Standard		-22.036037	5.760000	GERMANIUM	11.406030	0.000000			
13	Even Asphere		-24.788499	21.356022		13.640998	0.849418		2.067652E-003	9.832024E-006
14	Standard		33.559623	5.890000	GERMANIUM	13.908857	0.000000			
15	Standard		56.072744	1.680000		12.511315	0.000000			
16	Standard		73.459315	6.700000	ZNS_BROAD	11.654354	0.000000			
17	Standard		74.879083	8.505667 M		9.257178	0.000000			
IMA	Standard		Infinity	-		3.189493	0.000000			

图 7-57　变焦透镜的结构参数

Figure 7-57　structure parameters of zoom lens

Multi-Configuration Editor

Edit Solves Tools Help

Active : 1/5		Config 1*	Config 2	Config 3	Config 4	Config 5
1: THIC	4	5.700000	32.583000	47.540000	49.575000	52.320000
2: THIC	8	79.200000	44.797000	23.840000	6.895000	2.021000
3: THIC	10	0.500000	8.020000	14.020000	28.930000	31.059000

图 7-58　变焦位置

Figure 7-58　position of variator

在许多情况下,前固定组并非绝对不移动,根据倍率变化及像面稳定性要求,有的系统在高倍时前固定组并不固定,随焦距的增大而前移。

变焦距物镜的设计一般应使前固定组、变倍组、补偿组系统像差尽量小且相互补偿,其残余像差用后固定组来校正。为使像质尽可能不随焦距的变化而明显变化,机械补偿系统的长、中、短焦最佳像面的离焦方向应一致。

4. 光学补偿变焦物镜(optical compensation zoom lens)

相对于机械补偿,光学补偿变焦镜头的像面漂移略大,为使各变焦位置的像质满足设计要求,像面漂移小于该镜头的焦深,光学补偿变焦物镜变倍比较小,一般不大于 4。

图 7-59 给出了长春理工大学设计的 $2^\times$ 光学补偿红外变焦物镜,波长为 $8\sim12\ \mu m$,焦距为 $100\ mm\sim200\ mm$,相对孔径为 $1/3$。$2/3$ 英寸红外 CCD 作为探测器,其像素尺寸是 $30\ \mu m$。图中的三个结构对应变焦系统的焦距分别为 $100\ mm$、$150\ mm$ 和 $200\ mm$。

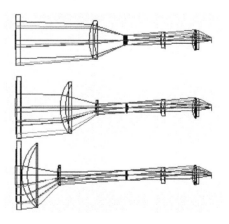

图 7-59　光学补偿红外变焦物镜

Figure 7-59　optically compensated IR zoom lens

图 7-60 给出了该光学系统的结构参数。该镜头由七片透镜组成,表面序号 1～2 是前固定组,光焦度为正值;序号 3～4 是变倍组,光焦度为正值;序号 5～6 是补偿组,光焦度为负值;序号 7 是光阑;序号 8～15 是后固定组,光焦度为正值。全部透镜的材料均为锗。变倍组透镜 2 和补偿组透镜 3 一起移动,完成光学补偿。图 7-61 给出了变焦系统的焦距分别为 100 mm、150 mm 和 200 mm 时的三个位置参数。

Lens Data Editor: Config 1/3

Edit Solves View Help

Surf:Type		Comment	Radius		Thickness		Glass	Semi-Diameter
OBJ	Standard		Infinity		Infinity			Infinity
1	Standard		731.240	V	8.500		GERMANIUM	61.307
2	Standard		1010.963	V	3.070			60.711
3	Standard		76.232	V	9.853		GERMANIUM	57.250
4	Standard		90.086	V	54.254			55.033
5	Standard		60.987	V	2.001		GERMANIUM	18.344
6	Standard		33.241	V	124.114	V		16.715
STO	Standard		Infinity		1.215			8.560
8	Standard		-172.933	V	1.979		GERMANIUM	8.691
9	Standard		-131.716	V	61.080			8.825
10	Standard		52.775	V	6.140		GERMANIUM	13.918
11	Standard		48.400	V	51.498			12.815
12	Standard		33.750	V	3.781		GERMANIUM	17.405
13	Standard		43.587	V	5.165			16.493
14	Standard		Infinity		3.853		GERMANIUM	15.642
15	Standard		Infinity		23.489			15.251
IMA	Standard		Infinity		—			4.862

图 7-60 光学补偿变焦镜头的结构参数

Figure 7-60 structure parameters of optically compensated zoom lens

Edit Solves Tools View Help

Active: 1/3		Config 1*		Config 2		Config 3	
1: THIC	2	3.070	V	72.652	V	125.039	V
2: THIC	4	54.254		54.384		54.254	
3: THIC	6	124.114	V	54.431	V	2.142	V
4: THIC	15	23.489		23.489		23.489	

图 7-61 变焦位置

Figure 7-61 position of variator

图 7-62 示出了焦距在 150 mm 时该变焦镜头的 MTF 曲线。根据 CCD 的像素尺寸,可计算出截止频率为 17 cy/mm。由图可以看出,在截止频率为 17 cy/mm 处,各色光、各视场的 MTF 值约为 0.3,接近于衍射受限曲线的 MTF 的 0.38。

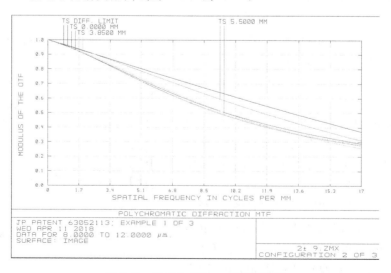

图 7-62 焦距为 150 mm 时的 MTF

Figure 7-62 MTF at focal length 150mm

7.8 | **光学系统的外形尺寸计算**
Size Calculation of Optical System

1. 转像系统和场镜（relay lens and field lens）

为了在像方观察到正立的像，光学系统必须有转像系统。转像系统有两类：一类用透镜作为转像系统；另一类用棱镜作为转像系统，例如医用内窥镜通常用透镜作为转像系统，而军用望远镜通常用棱镜作为转像系统。

棱镜式转像系统已在第 3 章论述，下面仅讨论应用最广的双透镜转像系统。双透镜转像系统的作用与单透镜转像系统的一样，都是为了把经物镜所成的倒像转为正像，但应用双透镜转像系统能大大地改善整个系统的像差校正。

此外，双透镜转像系统中两转像透镜间的光束是平行的，转像透镜间的间隔不影响其放大倍率 β，便于光学系统的装校。对望远镜这样的小视场光学系统，其双透镜转像系统一般由两个双胶合透镜组成，且为对称结构，系统的孔径光阑在两个转像透镜的中间，因此其转像系统的垂轴像差自动校正，而轴向像差是半部系统像差的 2 倍，故需每半部系统的轴向像差单独校正。此外，对称式转像系统除具有转像作用外，还可以增加系统的长度，以达到特殊的使用要求，例如，在潜望镜系统和内窥镜系统中常用到双透镜式转像系统。

在具有转像系统的光学系统中，为了使通过物镜后的轴外斜光束折向转像系统，以减少转像系统的横向尺寸，在物镜的像平面和转像系统的物平面处往往加入一块透镜，此透镜称为场镜。

图 7-63 所示为一个带有场镜和双透镜转像系统的开普勒望远镜系统。由图 7-63 可以看出，由于场镜位于物镜的像面处，其放大倍率为

$$\beta_F = 1 \tag{7-89}$$

转像系统的放大倍率为

$$\beta = - f_4'/f_3' \tag{7-90}$$

整个系统的放大倍率为

$$\Gamma = - f_1'\beta/f_5' \tag{7-91}$$

对于双透镜的对称式转像系统，由于转像透镜间是平行光，如图 7-63 所示，故可把整个系统看成是由两个望远镜系统组成的，其视觉放大率为

$$\Gamma = \Gamma_1\Gamma_2 = (- f_1'/f_3')(- f_4'/f_5') = f_1'f_4'/(f_3'f_5')$$

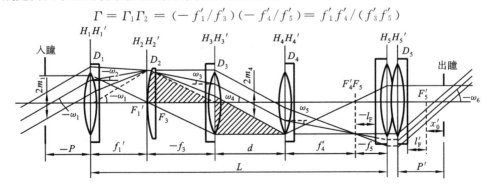

图 7-63　带有透镜转像系统的望远镜

Figure 7-63　telescope with relay lens

知识拓展

2. 带有棱镜转像系统的望远镜(telescope with prism-erecting)

题目:设计一个 $\Gamma = 10^{\times}$ 的潜望镜,其设计要求如下。

全视场:$2\omega = 5°$;出瞳直径:$d = 5$ mm;镜目距:$p = 25$ mm

分辨率:$\alpha = 5''$;渐晕系数:$K = 0.55$;棱镜的出射面与分划板之间的距离:$a = 45$ mm;潜望高度:300 mm;棱镜:保罗Ⅱ型棱镜($k = 3.0$);材料:K11($n = 1.5263, v = 60.1$)

分析　潜望镜是一望远系统,为了使人眼能看到正立的像,必须有转像系统,该题目要求用保罗Ⅱ型棱镜。目镜没有倒像作用,仅能使像放大。因目镜已系列化,故不再设计,仅是选型,使其满足潜望镜的设计要求。要求镜目距较长,为 25 mm,故应选择长出瞳距目镜。如果目镜的出瞳距不能满足,则可考虑用场镜代替分划板,分划板朝向目镜的一面为平面,朝向物镜的一面为曲面,其曲率由入瞳和出瞳的位置确定。

设计步骤是:①确定目镜参数;②确定物镜参数;③确定分划板的位置及尺寸;④根据最大视场 $2\omega'$ 和渐晕系数 K,确定棱镜各光组的口径。

1)目镜的计算及其选取

(1)像方视场角 $2\omega'$。

根据已知的视觉放大倍率 Γ 及视场 2ω 求出 $2\omega'$,即

$$\Gamma = \frac{\tan\omega'}{\tan\omega}$$

$$2\omega' = 2\arctan(10 \times \tan 2.5) = 47.2°$$

(2)选择合适的目镜类型。

根据像方视场 $2\omega'$、出瞳距要求,在光学仪器设计手册中选择合适的目镜类型,并验证是否满足出瞳距要求。选择长出瞳距目镜为 2-35,其结构如图 7-64 所示,结构参数如表 7-4 所示。这种目镜的视场 $2\omega' = 50°$,截距 $l_f \approx 0.3f', l'_F \approx f'$。

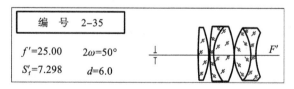

图 7-64　目镜 2-35 结构

Figure 7-64　construction of eyepiece 2-35

表 7-4　目镜 2-35 结构参数

Table 7-4　construction parameters of eyepiece 2-35

r	d	n
108.65	6	K9
-33.31	0.2	1
108.65	2	F4
21.82	11.5	K9

续表

r	d	n
-41.72	0.2	1
24.91	11.35	K9
-24.91	2.5	F4
33.31		

注意,手册中的目镜图和数据是按目镜设计给出的,而目镜设计是倒追光线的,即使用时目镜为出瞳,设计时为入瞳,物在无限远。

从图 7-64 可知,工作距 $l_F = 7.298$ mm,是望远镜中目镜到分划板的距离。

(3) 目镜的后截距。

将目镜倒置,原来的第一个折射面变为最后一个面,原来的第二个折射面变为倒数第二个折射面,以此类推。值得注意的是:不但折射面的次序发生变化,与此同时,其半径的符号也将发生相应的变化,原来为正号的应改为负号。倒置后的目镜数据如表 7-5 所示。

表 7-5　倒置目镜 2-35 结构参数

Table 7-5　construction parameters of reversed eyepiece 2-35

r	d	n
-33.31	2.5	F4
24.91	13.5	K9
-24.91	0.2	1
41.72	11.5	K9
-21.81	2	F4
-108.65	0.2	1
33.31	6	K9
-108.65		

应用 ZEMAX 或第 6 章近轴光线的光路计算公式,追迹一条平行于光轴的近轴光线,初始值为 $l_1 = -\infty$,入射高度 $h = 1$,物方孔径角 $u = 0$。可以得出,目镜像方焦距与目镜最后一面的距离为 $l'_F = 23.4$ mm。

(4) 实际镜目距。

一般情况下,由于望远系统的孔径光阑是物镜的边框,由出瞳的定义可知:孔径光阑经后面的光学系统在像空间所成的像是出瞳,如图 7-65 所示。$x' = p' - l'_F$,由牛顿公式得

$$-f'_o(p' - l'_F) = -f_e^2$$

$$p' = l'_F + \frac{f'_e}{\Gamma} = (23.4 + 25/10) \text{ mm} = 25.9 \text{ mm}$$

因为 $p' > 25$ mm,所以所选目镜满足设计要求。

(5) 目镜的口径。

根据渐晕系数、目镜的出瞳和像方视场,可计算目镜的口径。

$$D_e = D' + 2l'_F \tan\omega' = (5 + 2 \times 25.9 \times \tan25) \text{ mm} = 29.2 \text{ mm}$$

2) 选择物镜的结构形式及其基本数据的确定

(1) 物镜的特征参数和结构形式。

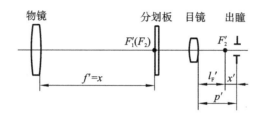

图 7-65 望远镜简化图

Figure 7-65 scheme of telescope

选取物镜框作为入瞳,则可算出:

物镜通光口径:$D = \Gamma \times D' = 50$ mm;

物镜焦距:$f_o' = \Gamma \times f_e' = 250$ mm;

物镜视场:$2\omega = 5°$。

物镜的分辨率要求 $R' = 140''/D = 140''/50 = 2.8'' < 5''$,满足潜望镜分辨率的要求。

因为相对孔径 $D : f_o' = 1 : 5$ 不大,视场也不大,故选用双胶合物镜。

(2) 物镜的初始结构参数确定。

对于物镜来说,首先要消色差,根据以下公式可以算出双胶合物镜的两片透镜的光焦度:

$$\varphi = \varphi_1 + \varphi_2$$
$$\varphi_1/\nu_1 + \varphi_2/\nu_2 = 0$$

选择朝物方正透镜材料为 K11($n = 1.526\ 3, \upsilon = 60.1$),后面负透镜材料 ZF5($n = 1.740\ 00, \upsilon = 28.24$),根据以上两个公式算出 $\varphi_1 = 0.008\ 825\ 97, \varphi_2 = -0.003\ 882\ 3$。设正透镜为等凸透镜,中间厚度为 6 mm,负透镜的厚度设为 3 mm,根据透镜公式,有

$$\varphi_1 = \frac{n_2}{f'} = \frac{n_1 - 1}{r_1} + \frac{n_2 - n_1}{r_2} - \frac{n_1 - 1}{r_1} \times \frac{n_2 - n_1}{r_2} \times \frac{d}{n_1}$$

对于等凸透镜,$r_2 = -r_1$,可以算出 $r_1 = -r_2 = 90.045$ mm。

对于后面的负透镜,由于是双胶合,所以负透镜的前表面半径与正透镜的后表面半径相等。负透镜的光焦度为

$$\varphi_2 = \frac{1}{f'} = \frac{n_2 - n_1}{r_2} + \frac{1 - n_2}{r_3} - \frac{n_2 - n_1}{r_2} \times \frac{1 - n_2}{r_3} \times \frac{d}{n_2}$$

可以算出 $r_3 = 532$ mm。

(注:如果学过像差理论,可以计算出在会聚光路中保罗(Porro)Ⅱ型棱镜部分的平行平板色差,使双胶合物镜的色差与平行平板色差互相补偿。)

3) 分划板(reticle)确定

分划板是一个平行平板,半径无限大,板材料选用 K9,其折射率为 1.516 3 mm,厚度取为 3 mm,根据物镜的视场和焦距,可以计算出平行平板的口径 D_3 为

$$D_3 = 2f_o'\tan\omega = (2 \times 250 \times \tan 2.5)\ \text{mm} = 28.3\ \text{mm}$$

计算出分划板后,可从物方计算目镜口径为

$$D_e = D_p + 2kf_e'\tan\omega' = (28.3 + 2 \times 0.55 \times 25 \times \tan 2.5)\ \text{mm} = 29.5\ \text{mm}$$

该值与在像方计算的目镜口径 29.2 mm 相比,大 0.3 mm,故目镜口径可取 29.5 mm。

4) 计算棱镜的口径

设计要求用保罗Ⅱ型棱镜,该棱镜由两部分组成:位于物镜前在主截面内的 D-90°棱镜;

位于物镜后的垂直主截面的 D Ⅱ-180°棱镜和与其组合在一起的主截面内的 D-90°棱镜。因此,需分别计算其口径。

（1）计算汇聚光路保罗Ⅱ型棱镜部分。

根据最大视场 $2\omega'$ 和渐晕系数计算各棱镜光组的口径。

要求棱镜采用的是保罗Ⅱ型棱镜（$k=3.0$）,参数如图 7-66 所示。

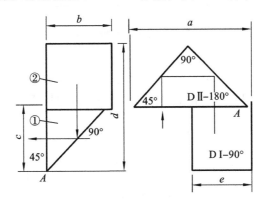

图 7-66　汇聚光路保罗Ⅱ型棱镜

Figure 7-66　Porro Ⅱ prism in conversing light path

首先把棱镜展开成平行平板 d,再把平行平板转换成等效空气层 $\overline{d}$。由图 7-66 可以求出:

无渐晕时

$$\tan\alpha = \frac{D_1 - D_3}{2f_o'},$$

有渐晕时

$$\tan\alpha = \frac{KD_1 - D_3}{2f_o'} = \frac{0.55 \times 50 - 28.3}{2 \times 250} = -0.0016$$

其中,K 为渐晕系数。

要求棱镜后表面到分划板距离 $a=45$ mm,选用 K9 玻璃作为棱镜的材料,折射率 $n=1.5163$。棱镜通光口径 D_{p1} 可由下面公式求出:

$$D_{p1} = D_3 + 2(a + \overline{d})\tan\alpha$$

$$\overline{d} = d/n = 3. D_p/n$$

故可计算出棱镜口径为 $D_{p1} = 28.07$,考虑装配,取 32 mm。

棱镜展开成平行平板 d（表中给出 $L=3D$）,

$$d = 3D_{p1} = 3 \times 32 \text{ mm} = 96 \text{ mm}$$

平行平板转换成等效空气层（见图 6-67）:

$$\overline{d} = \frac{d}{n} = \frac{96}{1.5163} \text{ mm} = 63.3 \text{ mm}$$

（2）计算物镜到棱镜前表面的距离 b。

$$b = f'1 - a - \overline{d} = (250 - 45 - 63.3) \text{ mm} = 141.7 \text{ mm}$$

5）计算平行光路中保罗Ⅱ型棱镜部分

平行光路中保罗Ⅱ型棱镜部分是一直角棱镜,为了保证潜望高 300 mm 的要求,入射到棱镜的光轴到物镜的距离（物镜按薄透镜考虑）c 为（注:潜望镜的潜望高是指入射到棱镜的光轴到从目镜出射的光轴距离）

$$c = 300 - b + \frac{D_{p1}}{2} = (300 - 141.7 + 16) \text{ mm} = 174.3 \text{ mm}$$

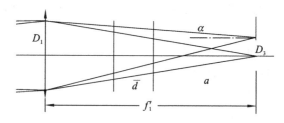

图 7-67 棱镜的等效空气层

Fig 7-67　equivalent air layer of prism

$$c = 300 - b = (300 - 141.7) \text{ mm} = 158.3 \text{ mm}$$

取 K9 玻璃作为棱镜的材料,棱镜展开成平行平板,再转换成空气层,有

$$\bar{d} = \frac{d}{n} = \frac{D_{p2}}{1.5163}$$

$$D_{p2} = D_1 + 2(c + \bar{d})\tan\omega = 50 + 2 \times \left(159 + \frac{D_{p2}}{1.5163}\right) \times \tan 2.5$$

由此可计算出: $\qquad D_{p2} = 65.8 \text{ mm}$

潜望镜的光学系统设计结果如图 7-68 所示。

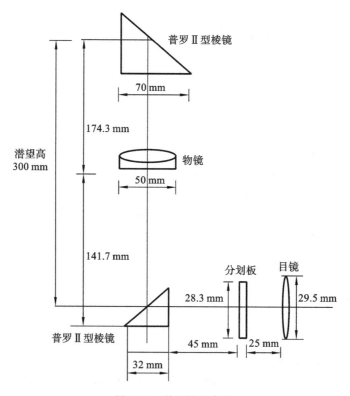

图 7-68 潜望镜示意图

Figure 7-68　scheme of periscope

带有对称透镜转像系统的望远镜(telescope with relay lens)设计可参阅第一版第 7 章第 7.9 节。

第 7 章 教学要求及学习要点

习　　题

7-1　一个人近视程度是－2D,调节范围是8D,求:

(1) 其远点距离;

(2) 其近点距离;

(3) 佩戴 100 度的近视镜,求该镜的焦距;

(4) 戴上该近视镜后,求看清的远点距离;

(5) 戴上该近视镜后,求看清的近点距离。

7-2　一放大镜焦距 $f' = 25$ mm,通光孔径 $D = 18$ mm,眼睛距放大镜为 50 mm,像距离眼睛在明视距离 250 mm,渐晕系数 $K = 50\%$,试求:(1) 视觉放大率;(2) 线视场;(3) 物体的位置。

7-3　一显微镜物镜的垂轴放大率 $\beta = -3^{\times}$,数值孔径 NA $= 0.1$,共轭距 $L = 180$ mm,物镜框是孔径光阑,目镜焦距 $f'_e = 25$ mm。

(1) 求显微镜的视觉放大率;

(2) 求出射光瞳直径;

(3) 求出射光瞳距离(镜目距);

(4) 斜入射照明时 $\lambda = 0.55$ μm,求显微镜的分辨率;

(5) 求物镜通光孔径;

(6) 设物高 $2y = 6$ mm,渐晕系数 $K = 50\%$,求目镜的通光孔径。

7-4　欲分辨 0.000 725 mm 的微小物体,使用波长 $\lambda = 0.000 55$ mm 的光斜入射照明,问:

(1) 显微镜的视觉放大率最小应为多大?

(2) 数值孔径应取多少合适?

7-5　有一生物显微镜,物镜数值孔径 NA $= 0.5$,物体大小 $2y = 0.4$ mm,照明灯丝面积为 1.2 mm×1.2 mm,灯丝到物面的距离 100 mm,采用临界照明,求聚光镜焦距和通光孔径。

7-6　为看清 4 km 处相隔 150 mm 的两个点(设 $1' = 0.000 3$ rad),若用开普勒望远镜观察,则:

(1) 求开普勒望远镜的工作放大倍率;

(2) 若筒长 $L = 100$ mm,求物镜和目镜的焦距;

(3) 物镜框是孔径光阑,求出射光瞳距离;

(4) 为满足有效放大率要求,求物镜的通光孔径;

(5) 视度调节在 ±5D,求目镜的移动量;

(6) 若物方视场角 $2\omega = 8°$,求像方视场角;

(7) 渐晕系数 $K = 50\%$,求目镜的通光孔径。

7-7　一开普勒望远镜,物镜焦距 $f'_0 = 200$ mm,目镜焦距 $f'_e = 25$ mm,物方视场角 $2\omega = 8°$,渐晕系数 $K = 50\%$,为了使目镜通光孔径 $D = 23.7$ mm,在物镜后焦平面上放一场镜,

(1) 求场镜的焦距;

(2) 若该场镜是平面在前的平凸薄透镜,折射率 $n = 1.5$,求其球面的曲率半径。

7-8　有一台 35 mm 的电影放映机,采用碳弧灯作光源,要求银幕光照度为 100 lx,放映机离开银幕的距离为 50 m,银幕宽 7 m,物的大小 22 mm(碳弧灯的亮度 $L = 1.5 \times 10^8$ cd/m²),求放映物镜的焦距、相对孔径

和视场。

7-9 一个照明器由灯泡和聚光镜组成,已知聚光镜焦距 $f'=400$ mm,通光孔径 $D=200$ mm,要求照明距离 5 m 远直径为 3 m 的圆,试问灯泡应安置在什么位置。

7-10 已知液晶电视屏对角线为 3 in(76.2 mm),大屏蔽对角线尺寸为 100 in(2 540 mm),投影距离(即投影物镜到屏幕的距离)为 3 100 mm,如果要求投影画面对角线在 45~90 in(1 143~2 286 mm)之间连续可调,试求投影变焦物镜的焦距和视场为多大?

7-11 用电视摄像机监视天空中的目标,设目标的亮度为 $L=2500$ cd/m²,光学系统的透过率为 0.6,摄像管靶面要求照度为 20 lx,求摄影物镜应用多大的光圈。

7-12 设计一激光扩束器,其扩束比为 $10^{\times}$,筒长为 220 mm,

(1) 求两子系统的焦距 f_1' 和 f_2';

(2) 激光扩束器应校正什么像差?

(3) 若用两个薄透镜组成扩束器,求透镜的半径(设 $n=1.6$,$r_2=r_3=\infty$)。

7-13 基线为 1 m 的体视测距机,在 4 km 处相对误差小于 1‰,问仪器的视觉放大倍率应为多少?

7-14 开普勒望远镜的筒长为 225 mm,$\Gamma=-8^{\times}$,$2\omega=6°$,$D'=5$ mm,无渐晕,

(1) 求物镜和目镜的焦距;

(2) 求目镜的通光孔径和出瞳距;

(3) 在物镜焦面处放一场镜,其焦距 $f'=75$ mm,求新的出瞳距和目镜的通光孔径;

(4) 目镜的视度调节在 ±4D,求目镜的移动量。

7-15 591 式对空 3 m 测距机中,望远系统的出瞳直径 $D'=1.6$ mm,视觉放大率为 $32^{\times}$,试求:

(1) 求它们的衍射分辨率和视觉分辨率;

(2) 欲分辨 0.1 mm 的目标,问该目标到测距机的距离不能大于多少?

(3) 是否能用提高视觉放大率的办法分辨更小的细节,为什么?

7-16 珠宝商戴着焦距为 25.4 mm 的放大镜观察一直径为 5 mm 的宝石,求:

(1) 该放大镜角放大倍率的最大值;

(2) 宝石经放大镜后的大小;

(3) 在明视距离处,用裸眼观察宝石时,宝石的视场角大小;

(4) 人眼通过放大镜观察宝石时,宝石的视场角大小。

7-17 一伽利略望远镜,放大倍率为 2,一投影物镜,焦距为 100 mm,如何组合使系统焦距为 50 mm?何种透镜可用于宽银幕放映?画出组合系统光路图。

7-18 一望远镜,其物镜口径为 40 mm,焦距为 150 mm,目镜口径为 10 mm,焦距为 15 mm,分划板口径为 10 mm,位于物镜的后焦平面上,问:

(1) 孔径光阑应选在何处?视场光阑在哪?

(2) 视觉放大倍率多大?

(3) 出瞳直径多大?出瞳距目镜后焦点多远?

7-19 照相物镜对天空中目标亮度 2 000 cd/m² 成像,采用光圈数为 $F=8$,求:

(1) 其视场中心部分像面的照度多大(设光学系统的透过率为 0.8)?

(2) 此时照相机的理论分辨率多大?

(3) 如果曝光时间为 0.5 s,拍摄该目标的曝光量为多少?

7-20 在显微镜或望远镜中,目镜是否起分辨的作用?是否起放大的作用?是否起倒像的作用?其像是实像还是虚像?

7-21 若一显微物镜上标明 170 mm/0.17,40/0.65,这表明的意义是什么?如果满足 0.65 要求,问应选择多大倍率的目镜?

本 章 术 语

成像光学系统	imaging optical system
视网膜	retina
水晶体	eyelens
虹彩	iris
眼瞳孔	eye pupil
黄斑	yellowish spot
视轴	sight axis
眼睛的调节	accommodation of eye
屈光度	diopter
近视眼	nearsighted eye
远视眼	farsighted eye
老花眼	presbyopic eye
视度	sight distance
散光	astigmatism
散光眼	astigmatic eye
明适应	photopia
暗适应	scotopia
视觉敏锐度	visual acuity
对比度分辨率	contrast resolution
对准精度	aligning accuracy
双目立体视觉	stereoscopic vision with two eyes
视差	parallax
视差角	parallax angle
视觉基线	stereoscopic base
体视锐度	stereo acuity
测距机	range finder
放大镜	magnifier
视觉放大率	visual magnification
明视距离	distance of most distinct vision
线视场	linear field of view
渐晕光阑	vignetting stop
显微镜	microscope
数值孔径	numerical aperture
分辨率	resolving power
有效放大率	effective magnification
瑞利判断	Rayleigh judgment

艾里斑	Airy disk
道威判断	Doves judgment
无效放大	empty magnification
临界照明	critical illumination
柯勒照明	Koehler illumination
显微镜的物镜	objective of microscope
消色差物镜	achromatic lens
复消色差物镜	apochromatic lens
浸液物镜	immersion lens
平像场复消色差物镜	flat field apochromatic lens
开普勒望远镜	Keplerian telescope
伽利略望远镜	Galilean telescope
工作放大率	working magnification
分划板	reticle
光束限制	beam limiting
目镜	eyepiece
镜目距	eye relief
相对镜目距	relative eye relief
惠更斯目镜	Huygens eyepiece
冉斯登目镜	Ramsde eyepiece
凯涅尔目镜	Kellner eyepiece
无畸变目镜	orthoscopic eyepiece
长出瞳目镜	long eye relief eyepiece
摄影物镜	photographic objective
摄像底片	photographic film
光圈数	F-number
天塞物镜	Tessar objective
双高斯物镜	double Gaussian objective
广角物镜	wide-angle objective
远摄物镜	telephoto lens
CCD 弹道相机	CCD trajectory camera
变焦物镜	zoom lens
数码相机	digital camera
电荷耦合器件	CCD(charge coupled device)
互补金属氧化物半导体	CMOS(complementary metal-oxide semiconductor)
哈勃太空望远镜	Hubble space telescope
投影系统	projector
宽银幕电影	wide screen film
宽银幕变形物镜	anamorphic objective for wide screen

照明系统	illuminator
聚光镜	condenser
折反式聚光镜	catadioptric condenser
物-像交换原理	image-object interchangeable principle
光学补偿变焦系统	optical compensation zoom lens
机械补偿变焦系统	mechanical compensation zoom lens
前固定组	front-fixed group
变焦组	variable power group
变倍组	variator
线性运动	linear movement
补偿组	compensator
非线性运动	non-linear movement
后固定组	back fixed group
像面稳定	stationary imaging plane
取景器	finder
变倍比	zoom ratio
红外变焦物镜	infrared zoom lens
场镜	field lens
潜望镜	periscope
内窥镜	endoscope
管道内窥镜	borescope

第8章

现代光学系统
Modern Optical System

　　20 世纪 60 年代以来,随着激光、光纤、红外、紫外、仿生、机器视觉和光电技术等的迅速发展,各种新型光学系统应运而生。与传统的光学系统相比,其光束的传输特性和成像机理明显不同,表现在这些系统和相应的光电接收器件、计算机技术、电子技术、精密机械技术等现代技术相关联,产生了区别于传统光学系统的现代光学系统,如激光光学系统、傅里叶光学系统、自聚焦光纤光学系统、扫描光学系统、红外和微光光学系统、紫外光学系统、机器视觉光学系统、仿生光学系统、LED 照明光学系统以及光电光学系统等。

8.1 激光光学系统
Laser Optical System

　　"laser"是"light amplification by stimulated emission of radiation"的缩写,其意为由受激辐射光放大产生的辐射。激光原理早在 1916 年被著名的物理学家爱因斯坦发现。1960 年,物理学家梅曼研制成功世界上第一台可实际应用的红宝石激光器。1961 年,我国第一台激光器在长春研制成功。1964 年,按照我国著名科学家钱学森的建议将"光受激发射"(stimulated emission)改称"激光"。

　　与普通光源相比,激光具有相干度高、单色性好、方向性强和亮度高的特点,被称为"最快的刀""最准的尺""最亮的光"和"奇异的激光",在军事、工业、农业、医疗等领域得到了广泛应用。

　　1. 激光的产生与基本结构(generation of laser and basic structure)

　　激光器的基本结构如图 8-1 所示,包括工作物质、激励源(泵浦源)和光学谐振腔三个组成部分。

　　1) 工作物质(operating material)

　　工作物质(即激活介质)是激光器中产生受激发射的物质,其作用是使入射光得到放大,是激光器的核心。它应满足的条件是,具有能产生激光的能级结构,其中高能级应有足够长的寿命,以使粒子被激发到该能级后能滞留较长的时间,从而在该能级上积累较多的粒子,与低能级之间形成粒子数反转。

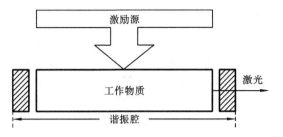

图 8-1 激光器结构示意图

Figure 8-1 sketch of structure of laser

2）激励源（pumping source）

激励源的作用是供给工作物质能量,使介质中处于基态（ground state）的粒子获得能量后被"抽运"到高能级,形成粒子数反转,激励源通常是电源或光源,其供给能量的过程称为光抽运。

3）粒子数反转（population inversion）

激光是通过辐射的受激发射来实现光放大的,光在与原子体系相互作用时,总是同时存在着吸收、自发辐射（spontaneous emission）与受激辐射三种过程。在一般情况下,受激辐射与吸收过程是矛盾的。通常,吸收过程是主要的,受激辐射过程是次要的,但在特定条件下,在破坏了原子体系的平衡态分布后,就可能使受激辐射过程处于绝对优势状态,这样的特定状态就是粒子数反转。

4）谐振腔（resonator）

谐振腔是位于激光器两端的一对反射镜,它可以使激光部分透过并输出,谐振腔的作用就是只让与反射镜轴向平行的光束能在工作物质中来回地反射,连锁式的雪崩放大,最后形成稳定的激光输出,偏离轴向的光从侧面溢出。谐振腔对光束方向的选择,如图 8-2 所示,这保证了激光器输出激光具有极好的方向性,经谐振腔反射回来的光对工作物质的作用称为光反馈（optical feedback）,激光器实际上就是一个正反馈放大器（positive feedback amplifier）。

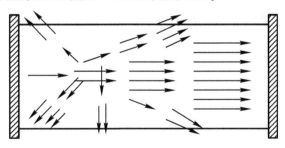

图 8-2 谐振腔对激光束的方向选择

Figure 8-2 direction selection of laser beam by resonator

为了进一步了解激光器,以常见的氦-氖激光器为例来说明激光器的结构,如图 8-3 所示。

氦-氖激光器为四能级的激光器,如图 8-4 所示。四能级系统很容易实现粒子数反转,产生受激辐射。

5）纵模与横模（longitudinal mode and transverse mode）

光波是一种电磁波,每种光都有一定频率的电磁振荡。由于光波在光学谐振腔的两个反射镜之间不断反射,因而腔内存在同时反向传播的两列相干波,以驻波的形式稳定存在,如图

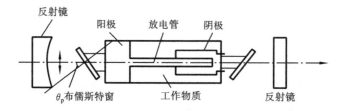

图 8-3 氦-氖激光器结构简图

Figure 8-3 sketch of He-Ne laser structure

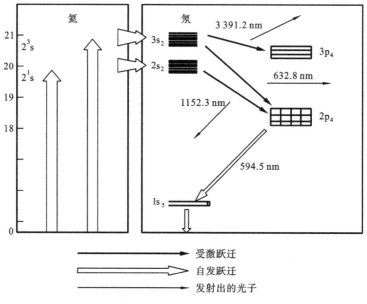

图 8-4 氦-氖激光器能级图

Figure 8-4 sketch of He-Ne laser energy-level

8-5 所示,构成一稳定的电磁振荡。其谐振条件为

$$nl = q\frac{\lambda}{2} \tag{8-1}$$

式中:n 为激光介质折射率(对于气体激光器,$n \approx 1$);l 为谐振腔长度;λ 为谐振波长;q 为正整数。由此可知

$$\nu_q = \frac{c}{2nl}q \tag{8-2}$$

任意相邻两纵模之间的频率之差为

$$\Delta\nu = \nu_{q+1} - \nu_q = \frac{c}{2nl} \tag{8-3}$$

在频谱(frequency spectrum)上呈现的为等间隔的分立谱线,称为谐振频率,因此也称谐振腔的纵模为谐振模,如图 8-6 所示。要提高输出激光的相干性,就要尽可能地增大纵模间隔并限制纵模数。

谐振腔内光场沿横向的稳定分布称为激光的横模,它是指激光束在腔内往返一个来回后能够再现其自身的一种光场分布状态。按对称性可将横模分为轴对称模和旋转对称模,分别如图 8-7 和图 8-8 所示。激光器输出光束在观察屏上的投影光斑形状,直观地显示了横模的

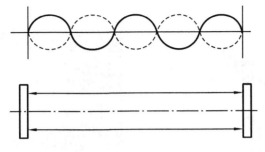

图 8-5　谐振腔中的驻波

Figure 8-5　standing wave in resonator

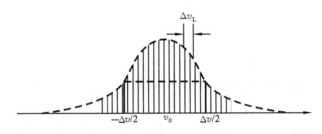

图 8-6　输出激光的纵模

Figure 8-6　longitudinal mode of output laser

形式，一般用 TEM_{mn} 表示激光的横模模式，其中 TEM 表示横电磁波，m 和 n 分别表示光束横截面内沿 x 和 y 方向出现的暗区数目。一般情况下，为了获得高质量的光束，都希望激光器工作在单横模输出状态。

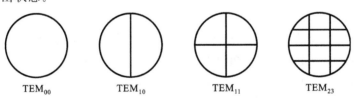

图 8-7　几种轴对称横模图形

Figure 8-7　several kinds of symmetric transverse mode

图 8-8　几种旋转对称横模图形

Figure 8-8　several kinds of rotational symmetric transverse mode

通常使用的激光器大多数工作在单横模状态，此时的激光束的方向性、亮度、单色性或相干性最好。图 8-9 所示为单模的氦-氖激光器光斑。

2. 激光的特性（characteristics of laser）

激光器是强相干光源，它所辐射的激光是一种受激辐射相干光，是在一定条件下光频电磁场和激光工作物质的相互作用，以及光学谐振腔选模作用的结果。激光束与普通光相比，最突出的特性是它具有高度的方向性、单色性、相干性和高亮度。

图 8-9 单模的氦-氖激光器光斑

Figure 8-9 disk of single mode He-Ne laser

1) 方向性好(good directionality)

从激光器射出的光束基本上沿着激光器轴向传播,其发散的立体角为 $10^{-5} \sim 10^{-8}$ sr,普通点光源是在 4π 立体角中发射的,面光源是在 2π 立体角中发射的。激光束的发散立体角比普通光源的发散立体角小得多,可以将能量高度集中在很小的立体角以内。

激光束的方向性好主要是由激光器受激辐射的机理和光学谐振腔对光束的方向限制所决定的。然而,激光所能达到的最小光束发散角还要受到衍射极限的限制,它不能小于激光通过输出孔径的衍射角 θ_m,θ_m 称为衍射极限。设光腔的输出孔径为 D,则可近似写为

$$\theta_m \approx \frac{\lambda}{D}$$

式中,θ_m 的单位为弧度(rad);λ 为激光波长。

例如,氦-氖激光器,$\lambda=632.8$ nm,取 $D=3$ mm,则衍射极限 $\theta_m \approx 2\times10^{-4}$ rad。实际氦-氖激光器已达到 3×10^{-4} rad,这个数值已十分接近衍射极限 θ_m。固体激光器的方向性较差,一般为 10^{-2} rad,半导体激光器的发散角更大,为 $(5\sim10)\times10^{-2}$ rad。

2) 亮度高(high brightness)

光源发光立体角越小,发光时间越短,亮度越高。由于激光的方向性好,能量被集中在很小的立体角内,又因为激光单色性好,能量被高度压缩在很窄的频率范围内,所以激光能量在空间和时间上的高度集中,才使得激光的亮度比普通光源高出很多。

例如,普通光源的亮度很低,太阳的亮度约为 10^7 W/(m² · sr),而大功率激光器的亮度高达 $10^{14} \sim 10^{21}$ W/(m² · sr)。

3) 相干性好(high coherence)

(1) 时间相干性(temporal coherence)。

时间相干性是指光源同一点在不同时刻 t_1 和 t_2 发出的光波的相位关联程度。同样,光束的时间相干性和它的单色性亦是紧密联系的。激光的线宽很窄,即单色性很好。例如,对白光可取 $\lambda=550$ nm,$\Delta\lambda=300$ nm。一般的氦-氖激光器频宽约为 $\Delta\nu=10^6$ Hz,其相干时间 $\tau_0=10^{-6}$ s,理论上相干长度 $L_0 \approx 300$ m。由于多种原因,实验室中激光器的相干长度要短得多,但仍是普通光源不可比拟的。

(2) 空间相干性(spatial coherence)。

空间相干性是指光源在同一时刻、在不同空间、各点发出的光波相位关联程度。光束的空间相干性和它的方向性是紧密联系的。

普通光源发出的光子分别属于各种不同的模式,而激光光子则属于一个或少数几个模式。由于各个模式的光子是不相干的,所以普通光源发出的光只有在一定空间范围,即相干孔径角 α 以内才相干;激光仅有几个模式存在,其空间相干性可以相当好。若是单模式激光器,则其激光光束截面上各点都是相干的,具有完全的空间相干性。

4) 单色性好(good monochromatism)

普通光源光谱是连续的或准连续的,它由各种颜色的光组成,所以不能称为单色光。同一种原子从高能级 E_2 跃迁到另一个低能级 E_1 而发射某一频率 ν 的光谱线,也总是有一定频率宽度 $\Delta\nu$,这是由于原子的激发态总有一定的能级宽度,以及其他种种原因引起的频率宽度 $\Delta\nu$。激光的谱线成分也不是绝对纯净的。所谓单色性是指中心波长为 λ,线宽为 $\Delta\lambda$ 范围的光,$\Delta\lambda$ 叫谱线宽度。单色性常用比值 $\Delta\nu/\nu = \Delta\lambda/\lambda$ 来表征,同样也可用频率范围为 $\Delta\nu$ 表示单色性。较好的激光器 $\nu/\Delta\nu$ 可达 $10^{10} \sim 10^{13}$。单色性好也就是说时间相干性好。而较好的普通单色光源的单色性表征量只有 10^6 数量级左右。由于 $\nu = c/\lambda$,所以上述比例式可写成

$$\Delta\nu = C\frac{\Delta\lambda}{\lambda^2}$$

由此可见,对于一条光谱线,若已知 $\Delta\nu$,则可求出 $\Delta\lambda$,反之亦可。一般来说,频宽 $\Delta\nu$ 和线宽 $\Delta\lambda$ 越窄,光的单色性越好。在普通光源中,即使是单色性最好的同位素 Kr^{86} 灯发出的波长 $\lambda = 0.6057~\mu m$ 的光谱线,在低温条件下,其谱线宽度 $\Delta\lambda = 0.47 \times 10^{-6}~\mu m$。与之相比,一台单模稳频氦-氖激光器发出的波长 $\lambda = 0.6328~\mu m$ 激光,其谱线宽度 $\Delta\lambda < 10^{-11}~\mu m$。由此可见,采用单模稳频技术后的激光,其单色性非常好,这是普通光源无法达到的。

例 8-1 一台氦-氖激光器发射波长为 632.8 nm 的红光,设其谱线度宽为 $\Delta\lambda = 10^{-8}$ nm,求此激光器的相干长度。

分析 此题的目的是掌握相干长度与波长和谱线宽度的关系,$\Delta\lambda$ 越小,相干性越好,相干长度越长。

由物理光学公式 $L_0 = \dfrac{\lambda^2}{\Delta\lambda}$ 得

$$L_0 = \frac{0.000~632~8^2}{10^{-14}}~\text{mm} = 4 \times 10^7~\text{mm} = 40~\text{km}$$

故此激光器的相干长度为 40 km。

激光的单色性通常用 $\nu/\Delta\nu$ 来表征,ν 为激光谱线中心的频率,$\Delta\nu$ 为谱线频宽。

3. **激光束的种类**(classification of laser beam)

激光器的分类方式较多,可以根据激光输出方式的不同分为连续激光器和脉冲激光器,其中脉冲激光的峰值功率可以非常大。

按工作介质的不同来分类,激光器可以分为固体激光器、气体激光器、液体激光器和半导体激光器。表 8-1 列出几种常见激光器的工作物质、发射波长和辐射方式。

4. **激光的应用**(application of laser)

激光具有普通光源所无法比拟的许多优点,在工业、农业、军事、医疗和科学研究方面得到了广泛的应用。下面举例说明激光的一些典型应用。

(1)激光的方向性好,能量集中,可利用聚焦装置使光斑尺寸进一步缩小,获得很高的功率密度,光斑范围内的材料在短时间内达到熔化或汽化温度,可对材料进行热加工,能够实现激光焊接(laser welding)、打孔(punching)、切割(cutting)、表面热处理(hot surface treatment)等加工工艺。

表 8-1 常用激光器

Table 8-1 conventional type of laser

	类　型	介　质	波长/nm	辐　射
紫外	He-Cd	气体	325.0	连续
	Kr	气体	350.7,356.4	连续
	Ar	气体	351.1,363.8	连续,脉冲
可见	Kr	气体	457.9,514.5	连续,脉冲
	Ar-Kr	气体	460.3,627.1	连续
	He-Ne	气体	467.5,676.4	连续
	红宝石($Al_2O_3:Cr^{3+}$)	气体,固体	632.8,694.3	连续,脉冲
红外	Kr	气体	753,799	连续
	GaAlAs	固体(二极管)	850	连续
	Nd	固体(YAG)	1060	脉冲
	He-Ne	气体	1150,3390	连续
	CO_2	气体	10 600	连续,脉冲

(2) 由于激光的高单色和高亮度的优越性,使它成为一种在精密测量工作中十分有效的工具,在激光干涉测长、激光测速、激光准直、激光测距和电流测量、电压测量以及在线检测等精密测量领域得到广泛应用。

(3) 激光具有极好的方向性和单色性,光波又是频率极高的电磁波,它为通信提供了有利条件。激光通信具有信息容量大、传送路数多、传输距离远、保密性强的特点。

(4) 激光具有空间相干性好、时间相干性好、能量密度高、可实现超短脉冲等普通光所没有的特性,使激光在光学信息处理中的应用研究获得了飞速发展。

(5) 激光在医学上的应用发展非常迅速,激光诊疗具有精细准确、安全可靠、疗效好、痛苦少等优点,依其诊疗特点可分为利用汽化、切割、凝固、烧灼等方法的手术性治疗,发散成低功率密度的理疗性照射治疗,与专科设备配套的专科性治疗,以及结合专用药物、器械的特殊诊疗,形成激光医学(激光生物医学)这门边缘科学。

(6) 激光在军事方面得到了广泛应用,一般中、小功率的激光器用于制造激光测距仪、激光雷达、激光制导、激光实战模拟演习和激光报警等,而大能量、大功率的激光器则用于直接攻击敌方,同时用激光作为战略防御武器,以光的速度迎击导弹等目标。

(7) 激光因为其独特的性质,可以形成超高压电场强度、光压和温度,在非线性光学、激光化学、激光生物学、激光光谱学等科学研究领域显示出了强大的生命力,在核能的利用、非线性光学效应、探索微观世界的超快速运动、揭开生命的奥秘、激光光谱分析、激光加速器和长度基准与时间基准的统一等科学前沿得到应用。

(8) 飞秒激光(femtosecond laser)是一种以脉冲形式运转的激光,持续时间非常短(duration of time),达到飞秒量级,它比利用电子学方法所获得的最短脉冲要短几千倍。飞秒激光在物理学、生物学、化学控制反应、光通信等领域中有广泛应用。特别值得提出的是,由于飞秒激光具有快速和高分辨率等特性,它在病变早期诊断、医学成像和生物活体检测、外科医疗及超小型卫星的制造上都有其独特的优点和不可替代的作用。

未来飞秒脉冲的产生将主要依靠可饱和吸收体、非线性偏振旋转、非线性光纤环形镜三种方法,并且飞秒的产生将会向长波发展,未来出现中红外的飞秒光纤激光器也不是没有可能。

5. 高斯光束的特性及其传播(characteristics of Gaussian beam and its transmission)

1) 高斯光束的特性(characteristics of Gaussian beam)

激光作为一种光源,其光束截面内的光强分布是不均匀的,激光束波面上各点的振幅是不相等的,其振幅 A 与光束截面半径 r 的函数关系为

$$A = A_0 e^{-\frac{r^2}{\omega^2}} \tag{8-4}$$

其中:A_0 为光束截面中心的振幅;ω 为一个与光束截面半径有关的参数;r 为光束截面半径。由式(8-4)可以看出光束波面的振幅 A 呈高斯型函数分布,如图 8-10 所示,所以激光束又称为高斯光束。

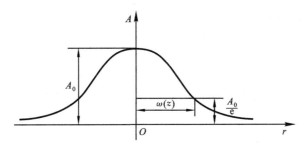

图 8-10　高斯光束截面

Figure 8-10　section of Gauss beam

当 $r=\omega$ 时,$A=\dfrac{A_0}{e}$,说明高斯光束的名义截面半径 ω 是当振幅 A 下降到中心振幅 A_0 的 $1/e$ 时所对应的光束截面半径。

2) 高斯光束的传播(transmission of Gaussian beam)

在均匀的透明介质中,高斯光束沿 z 轴方向传播的光场分布为

$$E = \frac{C}{\omega(z)} e^{-\frac{r^2}{\omega(z)^2} - i\left[k\left(z+\frac{r^2}{2R(z)}\right)+\phi(z)\right]} \tag{8-5}$$

式中:C 为常数因子;$r^2 = x^2 + y^2$;$k = \dfrac{2\pi}{\lambda}$ 为波数。其中高斯光束的截面半径 $\omega(z)$、波面曲率半径 $R(z)$ 和相位因子 $\phi(z)$ 是高斯光束传播中的三个重要参数。

(1) 高斯光束的截面半径。

高斯光束截面半径 $\omega(z)$ 的表达式为

$$\omega(z) = \omega_0 \left[1 + \left(\frac{\lambda z}{\pi \omega_0^2}\right)^2\right]^{\frac{1}{2}} \tag{8-6}$$

从图 8-11 中可以看出,高斯光束在均匀的透明介质中传播时,其光束截面半径 $\omega(z)$ 与 z 不成线性关系,而是一种非线性关系,这与同心光束在均匀介质中的传播完全不同。

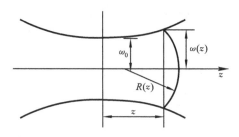

图 8-11 高斯光束的传播

Figure 8-11 transmission of Gaussian beam

（2）高斯光束的波面曲率半径。

高斯光束的波面曲率半径表达式为

$$R(z) = z\left[1 + \left(\frac{\pi\omega_0^2}{\lambda z}\right)^2\right] \tag{8-7}$$

高斯光束在传播过程中，光束波面的曲率半径由无穷大逐渐变小，达到最小后又开始变大，直至达到无限远时变成无穷大。

（3）高斯光束的相位因子。

高斯光束的相位因子（phase factor）表达式为

$$\phi(z) = \arctan\frac{\lambda z}{\pi\omega_0^2} \tag{8-8}$$

高斯光束的截面半径轨迹为一对双曲线，双曲线的渐近线可以表示高斯光束的远场发散程度，如图 8-12 所示。

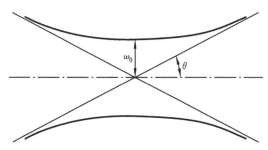

图 8-12 高斯光束的发散角

Figure 8-12 divergence angle of Gaussian beam

高斯光束的孔径角为

$$\tan\theta = \frac{\lambda}{\pi\omega_0} \tag{8-9}$$

例 8-2 一台氦-氖激光器的束腰半径为 0.5 mm，已知波长为 632.8 nm，求此激光器的发散角。

分析 发散角是激光器的重要参数，此题的目的是掌握激光器的发散角与其束腰半径成反比，要提高激光束的准直度，必须使激光束扩束，增大其束腰半径。

由激光器的发散角公式

$$2\theta = \frac{2\lambda}{\pi\omega_0}$$

可得
$$2\theta = \frac{2 \times 0.000\ 632\ 8}{3.141\ 6 \times 0.5}\text{rad} = 0.000\ 8\ \text{rad} = 2.8'$$

（4）高斯光束传播的复参数表示。

假设有一个复参数 $q(z)$，并令
$$\frac{1}{q(z)} = \frac{1}{R(z)} - \text{i}\,\frac{\lambda}{\pi\omega^2(z)}$$

当 $z=0$ 时，得
$$\frac{1}{q(0)} = \frac{1}{R(0)} - \text{i}\,\frac{\lambda}{\pi\omega^2(0)}$$

因为 $R(0)=\infty$，$\omega(0)=\omega_0$，所以
$$q_0 = q(0) = -\text{i}\,\frac{\pi\omega_0^2}{\lambda}$$

把 $R(z) = z\left[1 + \left(\frac{\pi\omega_0^2}{\lambda z}\right)^2\right]$ 和 $\omega^2(z) = \omega_0^2\left[1 + \left(\frac{\lambda z}{\pi\omega_0^2}\right)^2\right]$ 代入
$$\frac{1}{q(z)} = \frac{1}{R(z)} - \text{i}\,\frac{\lambda}{\pi\omega^2(z)}$$

得
$$q(z) = q_0 + z \tag{8-10}$$

这与同心球面光束沿 z 轴传播时，其表达式为 $R = R_0 + z$ 有相同的表达形式。这说明高斯光束在传播过程中的复参数 $q(z)$ 和同心球面光束的波面曲率半径 R 的作用是相同的。

3）激光束的透镜转换（lens transformation of laser beam）

如图 8-13 所示，假定光轴上一点 O 发出的发散球面波经正透镜 L 后，变成会聚球面波交光轴于 O' 点。

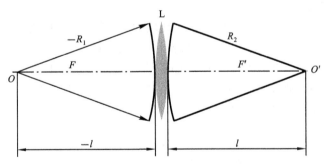

图 8-13　球面波经透镜变换

Figure 8-13　transformation of spherical wave by a len

由成像关系，得
$$\frac{1}{R_2} - \frac{1}{R_1} = \frac{1}{f'} \tag{8-11}$$

对高斯光束来说，在近轴区域的波面也可以看成是一个球面波，如图 8-14 所示。

高斯光束传播到透镜 L 之前，其波面的曲率中心为 C 点，曲率半径为 R_1；通过透镜 L 后，其出射波面的曲率中心为 C' 点，曲率半径为 R_2。对曲率中心 C 和 C' 而言，也是一对物像共轭点，满足近轴光成像关系。

当透镜为薄透镜时，高斯光束在透镜 L 前后的通光孔径应相等，即 $\omega_1 = \omega_2$，ω_1 和 ω_2 分别为透镜 L 前、后的光束截面半径。

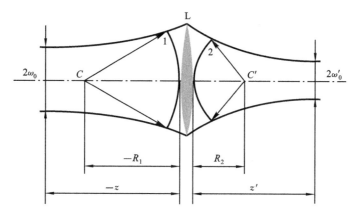

图 8-14 高斯光束经透镜变换

Figure 8-14   transformation of Gaussian beam by a len

在实际应用中,往往只知道高斯光束的束腰(beam waist)半径 ω_0 和束腰到透镜的距离 z,而经透镜变换后光束的束腰位置 z' 和束腰半径 ω_0' 则是需要知道的两个参数。上述讨论虽然可求出高斯光束经透镜变换后的 ω_0' 和 z',但问题的解决比较复杂,在某些特定的条件下,通过高斯光束的复数透镜变换,可得到相对简单的运算形式。若高斯光束的束腰半径为 ω_0,束腰距透镜的距离为 z,根据近轴光学成像的牛顿公式,束腰的横向放大率 β 为

$$\beta = \frac{\omega_0'}{\omega_0} = \frac{f'}{f'+z} = \frac{z'}{z} \tag{8-12}$$

当不满足条件时,高斯光束的传播与几何光学中的光线传播有很大的差别。

4) 高斯光束的聚焦和准直(focusing and collimation of Gaussian beam)

(1) 高斯光束的聚焦。

由于激光束在打孔、焊接、光盘数据读写和图像传真等方面的应用都需要把激光束聚焦成微小的光点,因此设计优良的激光束聚焦系统是非常必要的。

当 $z \to \infty$ 时,即入射光束的束腰远离透镜时,出射光束的束腰半径 $\omega_0' \to 0$,即光束可获得高质量的聚焦光点,且可求得聚焦光点在 $z' = f'$ 的透镜像方焦面上。当然,上述聚焦光点的大小是近似求得的,实际上的聚焦光点不可能为零,总有一定大小。且当 $z \gg f'$ 时,可得

$$\omega_0' = \frac{\lambda}{\pi \omega(z)} f' \tag{8-13}$$

因此,ω_0' 除与 z 有关外,还与 f' 有关。要想获得良好的聚焦光点,通常应尽量采用短焦距透镜。

(2) 高斯光束的准直。

激光束的准直实质上是改善激光束的发散角。对于激光测距和激光雷达系统来说,光束的发散角越小越好,因此有必要讨论激光束的准直系统设计要求,图 8-15 所示为一种典型二次透镜激光准直系统。

高斯光束的发散角 θ 可近似为

$$\theta = \frac{\lambda}{\pi \omega_0} \tag{8-14}$$

经透镜变换后其光束发散角为

$$\theta' = \frac{\lambda}{\pi \omega_0'} \tag{8-15}$$

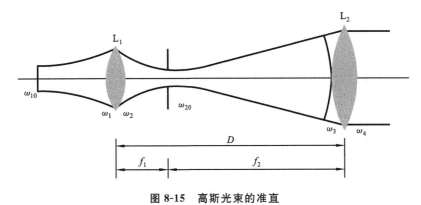

图 8-15　高斯光束的准直

Figure 8-15　collimation of Gaussian beam

可以看出,不管 z 和 f' 取何值,$\theta' \neq 0$,说明高斯光束经单个透镜变换后,不能获得平面波,但当 $z = -f'$ 时,可得

$$\theta' = \frac{\omega_0}{f'} \tag{8-16}$$

说明 θ' 与 ω_0 和 f' 有关,要想获得较小的 θ',必须减小 ω_0、加大 f'。因此,激光准直系统多采用二次透镜变换形式:第一次透镜变换用于压缩高斯光束的束腰半径 ω_0,故常用短焦距的聚焦透镜;第二次使用较大焦距的变换透镜,用于减小高斯光束的发散角 θ'。

激光准直系统常采用激光扩束系统来实现准直,形式上常采用倒置望远镜系统。激光扩束望远镜的形式,除空间滤波采用开普勒望远镜外,其他绝大部分均为伽利略望远镜,其优点是结构尺寸小,镜筒间没有激光束的高能量集中。

虽然激光扩束望远镜的焦面不像一般望远镜那样严格地重合,但基本可以按望远系统的设计特性考虑。结合激光的特性,其光学系统设计要求主要有:

① 因为激光束的发散角小,只需校正轴上球差和正弦差;

② 结构宜简单,以尽量减少激光能量的损失,可考虑采用非球面的单透镜;

③ 不宜采用胶合透镜,因为胶合面易被激光损坏;

④ 避免系统中的二次反射像打坏玻璃;

⑤ 不必校正色差,当需要兼顾几种激光波长时,系统的色球差要小;

⑥ 激光扩束望远镜的横向放大率为

$$\beta = \frac{-f'_2}{f'_1} \frac{\sqrt{(l_1\lambda)^2 + (\pi\omega_{01}{}^2)^2}}{\pi\omega_{01}{}^2} \tag{8-17}$$

其中,l_1 为束腰到负透镜的距离。当束腰与负透镜重合时,横向放大率与望远镜相同,通常情况下,其值大于望远镜的横向放大率,所以激光扩束望远镜比一般望远镜能更好地准直光束。

图 8-16 所示为长春理工大学设计的激光准直镜头,镜头的参数是 $\lambda = 0.532\ \mu m$,$f' = 300\ mm$,$D = 50\ mm$,镜头的成像质量达到了衍射极限。图 8-17 和图 8-18 分别为准直镜头的点列图和传递函数图。

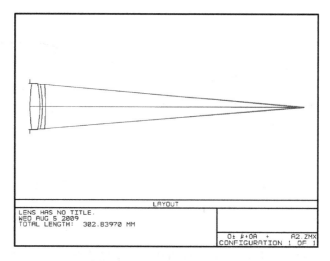

图 8-16 激光准直镜头结构图

Figure 8-16 sketch of laser collimator lens

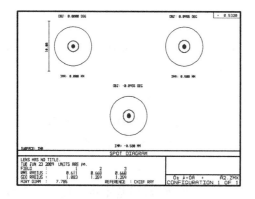

图 8-17 激光准直镜头的点列图

Figure 8-17 the spot diagram of laser collimator lens

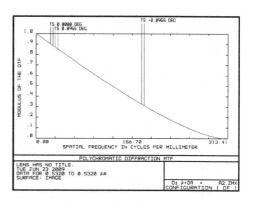

图 8-18 激光准直镜头的传递函数

Figure 8-18 the MTF of laser collimator lens

8.2 傅里叶变换光学系统
Fourier Transform Optical System

光学信息处理的任务是研究以二维图像作为媒介来进行图像的识别、图像的增强与恢复、图像的传输与变换、功率谱分析和全息术(holography)中的傅里叶全息存储等。而担任上述任务的数学运算是傅里叶变换,光学成像透镜就具备这种二维图像的傅里叶变换特性。

1. 光学透镜的傅里叶变换特性(Fourier transform properties of optical lens)

1) 夫琅和费与菲涅耳近似(Fraunhofer and Fresnel approximation)

(1) 菲涅耳近似。

如果 $f(x,y)$ 是 $z=0$ 时的复振幅分布函数(complex amplitude distribution function),则 $z=z$ 时的复振幅分布函数 $g(x,y)$ 为

$$g(x,y) = f(x,y) * h(x,y) \tag{8-18}$$

其中,$h(x,y) = -\dfrac{\exp(-\mathrm{i}kz)}{\mathrm{i}\lambda z}\exp\left[-\dfrac{\mathrm{i}k}{2z}(x^2+y^2)\right]$;$*$ 表示卷积,也就是说,在菲涅耳近似条件

下,光传播的结果就是 $h(x,y)$ 与物函数(初始复振幅分布函数)的卷积。

（2）夫琅和费近似。

$$g(x,y) = \frac{\exp(-\mathrm{i}kz)}{\mathrm{i}\lambda z}\exp\left[-\frac{\mathrm{i}k}{2z}(x^2+y^2)\right]\iint\limits_{-\infty}^{+\infty}f(x,y)\exp\left[\frac{2\pi\mathrm{i}}{\lambda z}(xx_1+yy_1)\right]\mathrm{d}x_1\mathrm{d}y_1 \quad (8\text{-}19)$$

其中,积分表示傅里叶变换。如果忽略常数项,菲涅耳近似可以写成

$$g(x,y) = f(x,y) * \exp\left[-\frac{\mathrm{i}k}{2z}(x^2+y^2)\right] \quad (8\text{-}20)$$

带有透镜的夫琅和费近似,即物函数的傅里叶变换

$$g(x,y) = \iint\limits_{-\infty}^{+\infty}f(x,y)\exp\left[\frac{2\pi\mathrm{i}}{\lambda f}(xx_1+yy_1)\right]\mathrm{d}x_1\mathrm{d}y_1 \quad (8\text{-}21)$$

2）薄透镜对入射光场的作用——相位延迟(action of lens on incident light field—phase delay)

薄透镜成像如图 8-19 所示,O 点为物点,距离薄透镜为 d_1,I 点为像点,距离薄透镜为 d_2。

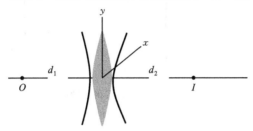

图 8-19　薄透镜成像

Figure 8-19　imaging by thin lens

按夫琅和费公式,如果距离物点 O 为 d_1 的相位分布为

$$\exp(-\mathrm{i}kr) = \exp\left[-\mathrm{i}k(x^2+y^2+d_1^2)\right]^{\frac{1}{2}} \quad (8\text{-}22)$$

可以近似写为

$$\exp(-\mathrm{i}kr) = \exp\left[-\mathrm{i}k\left(d_1+\frac{x^2+y^2}{2d_1}\right)\right]$$

在傍轴近似条件下,经过薄透镜后与薄透镜距离为 d_2 的 I 点的像出射光波的相位为

$$\exp(-\mathrm{i}kr) = \exp\left[+\mathrm{i}k\left(d_2+\frac{x^2+y^2}{2d_2}\right)\right] \quad (8\text{-}23)$$

其中,"＋"表示会聚波,"－"表示发散波。

如果用 PL 代表透镜的相位延迟,则

$$\exp\left[+\mathrm{i}k\left(d_2+\frac{x^2+y^2}{2d_2}\right)\right] = \exp\left[-\mathrm{i}k\left(d_1+\frac{x^2+y^2}{2d_1}\right)\right]\mathrm{PL} \quad (8\text{-}24)$$

或者写成

$$\mathrm{PL} = \exp[+ik(d_1+d_2)]\exp\left[\frac{\mathrm{i}k}{2}\left(\frac{1}{d_1}+\frac{1}{d_2}\right)(x^2+y^2)\right] \quad (8\text{-}25)$$

其中

$$\frac{1}{d_1}+\frac{1}{d_2} = \frac{1}{f} \quad (d_1 \text{ 为正值})$$

如果忽略场数项第一项,则

$$\mathrm{PL} = \exp\left[\frac{\mathrm{i}k}{2f}(x^2+y^2)\right] \quad (8\text{-}26)$$

厚透镜对于入射光场的作用是附加了一个相位,如果厚透镜的厚度为 t_0,则透镜产生的相移为

$$\mathrm{PL} = \exp\left[-\mathrm{i}knt_0 + \frac{\mathrm{i}k}{2f}(x^2 + y^2)\right] \tag{8-27}$$

式中,

$$\frac{1}{f} = (n-1)\left(\frac{1}{r_1} + \frac{1}{r_2}\right)$$

若不考虑常数相位因子(knt_0),厚透镜的作用可以看成与薄透镜的相同。

3) 透镜的傅里叶变换(Fourier transform of lens)

如图 8-20 所示,P_1 为输入平面,P_2 为输出平面,紧贴着位于透镜前的为 P_3 平面,位于透镜后的为 P_4 平面。

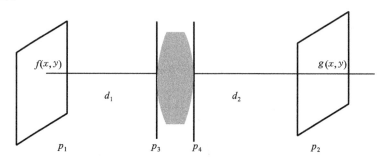

图 8-20 透镜的傅里叶变换

Figure 8-20 Fourier transform of lens

如果一平面波照明位于 P_1 处的物函数 $f(x,y)$,物函数在 P_2 处的复振幅分布函数是

$$g(x,y) = \frac{1}{\lambda d_1} f(x,y) * \exp\left[-\frac{\mathrm{i}k}{2d_1}(x^2 + y^2)\right] \tag{8-28}$$

则在 P_4 处的复振幅分布函数为

$$g(x,y) = \frac{1}{\lambda d_1} f(x,y) * \exp\left[-\frac{\mathrm{i}k}{2d_1}(x^2 + y^2)\right]\exp\left[\frac{\mathrm{i}k}{2f}(x^2 + y^2)\right] \tag{8-29}$$

在像平面 P_2 处的复振幅分布函数为

$$g(x,y) = \frac{1}{\lambda d_1}\frac{1}{\lambda d_2} f(x,y) * \exp\left[-\frac{\mathrm{i}k}{2d_1}(x^2 + y^2)\right]\exp\left[\frac{\mathrm{i}k}{2f}(x^2 + y^2)\right]$$
$$* \exp\left[-\frac{\mathrm{i}k}{2d_2}(x^2 + y^2)\right] \tag{8-30}$$

(1) 如果 P_2 平面是 P_1 平面的像平面,则

$$g(x,y) = \frac{1}{M} f\left(-\frac{x}{M}, -\frac{y}{M}\right)\exp\left[-\mathrm{i}\frac{\pi d_1}{\lambda f d_2}(x^2 + y^2)\right] \tag{8-31}$$

这里 M 指系统的横向放大率,则像的强度表示为

$$|g(x,y)|^2 = \frac{1}{M^2}\left|f\left(-\frac{x}{M}, -\frac{y}{M}\right)\right|^2 \tag{8-32}$$

$$g(x,y) = \frac{1}{\mathrm{i}\lambda f}\iint f(x,y)\exp\left(\frac{2\pi\mathrm{i}}{\lambda f}xx_1 + yy_1\right)\mathrm{d}x_1\mathrm{d}y_1$$

(2) 如果 $d_1 = d_2 = f$,则

$$g(x,y) = -\frac{1}{\mathrm{i}\lambda f}F\left(\frac{x}{\lambda f}, \frac{y}{\lambda f}\right) \tag{8-33}$$

即是物 $f(x,y)$ 的傅里叶变换。

（3）如果 $d_1 \neq f$，$d_2 = f$，则在 P_2 平面的复振幅分布是物函数的傅里叶变换乘以一个相位因子，但是后焦面的强度分布是物函数傅里叶变换的模的平方。

（4）如果物平面位于透镜后，距后焦面为 d，用平行光照明透镜，则在后焦面的复振幅分布函数为

$$g(x,y) = \frac{1}{i\lambda f}\exp\left[-\frac{ik}{2d}(x^2+y^2)\right]F\left(\frac{x}{\pi f},\frac{y}{\lambda f}\right) \tag{8-34}$$

即无论物平面放在何处，在透镜后焦平面的谱的强度分布不变，是物函数傅里叶变换的模的平方，故在用平方律探测器接收时，物平面可以放在任一位置，不一定在前焦平面。

2. 相干光学处理系统——$4f$ 系统（coherent optical processing systems—$4f$ system）

利用各种空间滤波器（spatial filter）可以改变函数的频谱，从而改变像函数。这个过程也就是一个简单的光学信息处理的过程，即对于输入的物函数（光学信息）进行了处理。利用相干光照明的系统就是一个相干光学处理系统（或光学空间滤波系统）。但在现代光学中常采用的相干光学处理系统乃是双透镜的相干成像系统，如图 8-21 所示。一束平行的相干光（如激光）照明透射物体 ABC（记录有待处理的图像或信号的透明片）。ABC 置于变换透镜 L_1 的前焦面上，L_1 的作用是在其后焦面上产生物函数 $\tilde{E}(x,y)$ 的准确的（无二次相位因子的）傅里叶变换，这种严格的傅里叶变换关系是因为当平行光垂直照射输入面 (x,y) 时，在输入面要发生衍射，不同角度的衍射光经透镜 L_1 后，在后焦（频谱面）上形成夫琅和费衍射（Fraunhofer diffraction）图像。

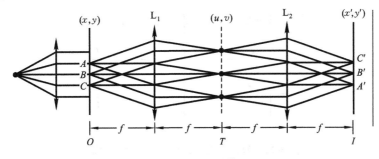

图 8-21　$4f$ 系统

Figure 8-21　$4f$ system

3. 傅里叶变换透镜的结构形式（structure of Fourier transform lens）

1）傅里叶变换透镜的特点（characteristics of FTL）

傅里叶变换透镜与一般的透镜不同，与普通的成像透镜相比，傅里叶变换透镜具有自己独有的特点。

（1）普通成像物镜只有一对共轭面，也只需对它消像差即可，而傅里叶变换透镜必须对两对共轭位置控制除畸变以外的全部像差：一对是以输入面处衍射后的平行光作为物方，对应的像方是频谱面；一对是以输入面作为物体，对应的像在像方无穷远处。

（2）普通成像物镜在像平面上直接表现出物体的像，而傅里叶变换物镜在后焦面上反映了输入面的频谱信息，所以又称为频谱面，而且频谱线性要求严格。

（3）傅里叶变换透镜是对衍射光成像，设第 m 级衍射光的衍射角为 θ，则有

$$\sin\theta = m \cdot (\lambda/d) \tag{8-35}$$

式中,m 为衍射级次;λ 为相干光波长。一般情况下,同一级衍射光为一束平行光,它们会聚于镜头后焦面的一点,该点就是光栅第 m 级衍射光的频谱像。要使它们满足傅里叶变换关系,必须有

$$y'_m = f \cdot \sin\theta \tag{8-36}$$

式中,y'_m 是该频谱像到中心的距离。式(8-36)说明了傅里叶变换透镜的基本要求是必须满足正弦条件。

显然,傅里叶变换镜头的实际像高不等于理想像高,存在误差,该误差称为谱点的非线性误差。为保证频谱的准确分布,必须让傅里叶变换镜头能产生一个与谱点非线性误差大小相等、符号相反的畸变值(参见王文生等著的《现代光学系统设计》一书中的第 9 章,国防工业出版社,2013)。

2) 傅里叶变换透镜的像差要求(aberration requirement of FTL)

首先,傅里叶变换透镜必须对两对物像共轭位置控制像差。如图 8-22 所示,当平行光垂直照射时,在输入面处发生衍射。不同角度的衍射光经傅里叶变换透镜聚焦后,到达频谱面时必须具有准确的光程:一是要求物像共轭位置是以输入面处衍射后的平行光为物方,对应的像方是频谱面(即透镜的后焦面),换句话说就是,傅里叶变换透镜必须使无穷远来的平行光完善地成像到后焦面上;二是必须控制像差的物像共轭位置是以输入面为物方,对应的像在像方无穷远处,如图 8-22 中虚线所示。

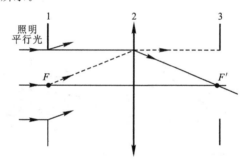

图 8-22 傅里叶变换透镜的两对共轭位置

Figure 8-22 *two pairs of conjugate position of FTL*

为了减少多余的杂散光,宜在输入面和频谱面处放置光阑以控制被处理面和频谱面的大小,使之既能保证所需的直径,又能减少多余的杂散光。同时应使傅里叶变换透镜本身的外径不起任何拦光作用,保证无渐晕地传递全部轴上和轴外点光束。输入面和频谱面中的任何一个都可以视为孔径光阑,另一个视为视场光阑。

从几何光路来看,可以有两种处理方法。

(1) 设物在无穷远,孔径光阑在前焦面,出瞳在像方无穷远(像方远心光路)。

(2) 设物在前焦面,孔径光阑在后焦面,入瞳在物方无穷远(物方远心光路)。

两种处理方法的几何光路和最终效果完全相同,无论按何种方法,都必须同时控制两对物像共轭位置的像差,既需控制物面像差,又需控制光瞳像差。打一个比方说,就好像设计一个正、反位置都能完善成像,孔径光阑必须位于物方焦面处的望远镜一样。

普通成像物镜在像平面上直接表现出物体的像,而傅里叶变换透镜在后焦面上反映了输入面的频谱信息,所以又称为频谱面,而且频谱线性要求严格。

对单色像差的要求,此处以第一种处理方法为例,输入面为孔径光阑,频谱面为视场光阑,即物在无穷远,孔径光阑在前焦面上。在这种情况下,控制第一对物像位置的像差就是控制无穷远物体成像在频谱面上的球差 S_{I}、彗差 S_{II}、像散 S_{III}、场曲 S_{IV},而控制第二对物像位置的球差、彗差就相当于控制光瞳球差和光瞳彗差 S_{I}' 和 S_{II}'。换言之,即主光线必须满足正弦条件或至少满足等晕条件。

傅里叶变换透镜往往用于相干光学信息处理中,一般在这些系统中都使用激光作为光源(且只使用一种激光作光源),比如经常使用氦-氖激光,它的单色性很强,波长为 $0.632\ 8\ \mu m$,只要对此波长校正单色像差即可,不存在色差的校正问题。但是若要求傅里叶变换透镜可以替换地使用不同波长的光源,即该傅里叶透镜在某一时刻只供某一特定的波长工作,则应保留较大的负轴向色差,以使每种单色光单独工作时,它的单色像差变化很小,其波像差均满足使用要求,但此时必须将不同波长的激光调焦到相应的焦面位置上。如果要求傅里叶变换透镜供多个波长同时工作,则需按照常规方案消色差,如白光傅里叶变换透镜。

3) 傅里叶变换透镜的结构形式(structure of FTL)

傅里叶变换物镜的结构形式很多,但其典型的结构形式不外乎以下两种。一种是单组元结构形式,常采用双胶合或双分离形式,如图 8-23 所示。这种结构形式的傅里叶物镜可使正弦差和球差得到很好校正,但由于轴外像差的存在,其视场角和相对孔径一般较小。傅里叶变换物镜的另一种结构形式为对称型,这种结构形式的傅里叶物镜,其最大特点是采用两组对称的反远距透镜组,使得物镜的主面位置外移,从而可使物镜的物像方焦点距离小于物镜的焦距,减小了光学处理系统的外形尺寸,在同样的工作条件下,对称结构物镜的焦距可增长一倍左右,相应地所能处理的物面和频谱面尺度变大,有利于发挥光学处理系统的作用,如图 8-24 所示。此外,由于对称结构采用正负透镜组合,有利于校正像面弯曲和其他轴外像差,但结构复杂,造价相应提高。

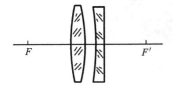

图 8-23　单组元傅里叶变换透镜

Figure 8-23　FTL with single element

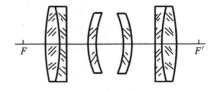

图 8-24　对称式傅里叶变换透镜

Figure 8-24　FTL with symmetric structure

4. 联合变换相关器(joint transform correlator)

光学联合变换相关器(JTC)最早是由 Weaver 和 Goodman 提出来的,是傅里叶变换的典型应用。下面以长春理工大学设计的联合变换相关器红外目标探测为例说明。

1) 联合变换相关的原理(the principle of JTC)

联合变换相关器探测的基本原理是应用衍射原理和光学透镜的傅里叶变换功能实现输入图像的联合傅里叶变换。首先将参考图像与目标图像同时输入电寻址液晶 $EALCD_1$,在 FTL_1 傅里叶变换平面上,用 CCD_1 记录联合变换功率谱。联合变换功率谱经计算机再输入到 $EALCD_2$,经第二个 FTL_2 傅里叶变换后,获得一对相关输出,由 CCD_3 接收,从而得到被探测物体的位置,如图 8-25 所示。其实验装置如图 8-26 所示。

实验时将拍摄的实际图像(见图 8-27(a))输入小型联合变换相关器,先后进行了两次傅里叶变换,第一次变换后得到联合变换功率谱,如图 8-27(b)所示,再经第二次傅里叶变换获得

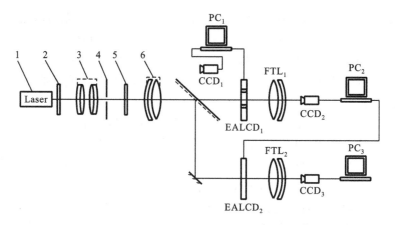

图 8-25　光电混合实时联合变换相关器的示意图

1—激光器;2—衰减器;3—透镜;4—小孔;5—偏振片;6—准直透镜

Figure 8-25　sketch of the photoelectric real-time JTC

1—diode laser;2—attenuator;3—lens;4—pinhole;5—polarizer;6—collimating lens

图 8-26　光电混合实时联合变换相关器实验装置

Figure 8-26　the experiment setup of photoelectric real-time JTC

一对相关输出,如图 8-27(c)所示,实现了相关探测。

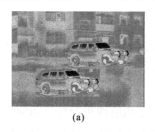  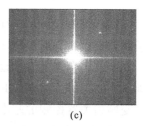

(a) (b) (c)

图 8-27　联合变换相关器实验

(a) 车;(b) 联合变换功率谱;(c) 相关峰

Figure 8-27　the experiment of JTC

(a) vehicle;(b) joint transform power spectrum;(c) correlation peaks

2) 傅里叶变换镜头的设计(design of FTL)

针对联合变换相关器,长春理工大学设计了傅里叶变换光学镜头。

傅里叶变换透镜可以分辨的最高空间频率 $N_{\max}$ 应高于电寻址液晶的最高空间频率(取决于像元尺寸)。在联合变换相关器中使用氦-氖激光作为光源,其波长为 $0.6328\ \mu m$,所用电寻址液晶的像元尺寸为 $18\ \mu m$,所得分辨率为 $28\ lp/mm$。输入面与频谱面最大的视场都应按所选器件的对角线来计算。输入面 $D_1=23\ mm$,频谱面 $D_2=12.8\ mm$。镜头的空间频率和视场应满足以下关系:

$$N_{\max}=\frac{D_2}{2\lambda f'}$$

$$\tan\omega'=\frac{D_2}{2f'}$$

傅里叶变换镜头的一级的衍射角可以由电寻址液晶的像元尺寸来求得,CCD 探测器对角线长度的 $1/2$ 是其像高 y',由此可计算(见式(8-36))满足正弦条件时的焦距为 $f'=200\ mm$。系统要处理的最高衍射频率为 $50\ lp/mm$,全视场角为 $4°$,光瞳直径 D 大于 2 倍电寻址液晶输入面,取 $D=50\ mm$,应用时通过可变光阑取亮度最均匀的中心部分照明电寻址液晶。综上分析得透镜的设计参数为

$$f=200\ mm,\quad D/f=1/4,\quad N_{\max}>50\ lp$$

傅里叶变换光学镜头的结构、光学传递函数和畸变分别如图 8-28、图 8-29、图 8-30 所示。由图 8-29 可知,其最高分辨频率为 $400\ cy/mm$,因此镜头完全能够满足处理 $50\ cy/mm$ 的衍射频率的要求。表 8-2 给出了镜头的实际像高和满足正弦条件时的理想像高,其各视场的最大绝对偏差为 $0.016\ mm$,相对偏差是 0.37%;由光学传递函数 MTF 曲线可知,0.37% 的偏差对谱面像质没有影响。

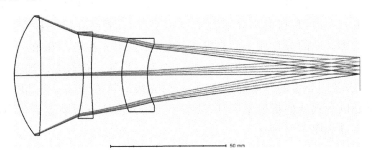

图 8-28　傅里叶变换透镜

Figure 8-28　FTL

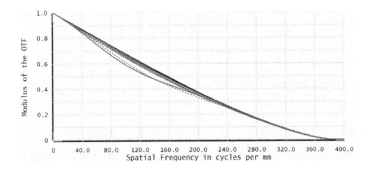

图 8-29　傅里叶变换透镜传递函数

Figure 8-29　MTF of FTL

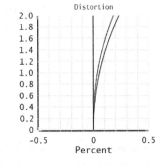

图 8-30　傅里叶变换透镜畸变

Figure 8-30　Distortion of FTL

表 8-2　实际像高和理想像高

Table 8-2　actual image height and ideal image height

视场/(°)	0	0.5	1	1.5	2	2.5	3	3.5	4
实际像高/mm	0.016 7	0.874	1.747	2.620	3.494	4.369	5.245	6.125	7.006
理想像高/mm $y = f \times \sin(\ )$	0	0.873	1.745	2.618	3.490	4.363	5.235	6.108	6.980
相差百分比/(%)		0.1	0.11	0.076	0.114	0.14	0.19	0.27	0.37

8.3 自聚焦光纤光学系统
Self-focusing Fiber Optical System

梯度折射率光纤具有成像和聚焦特性,可做成不同焦距和不同成像用途的梯度折射率棒透镜,又称自聚焦透镜,广泛地应用于计算机、复印机、扫描仪、传真机以及医用和工业内窥镜、微小摄像机、可拍照手机和激光器等光电信息获取领域。梯度折射率材料根据其折射率分布形式分为四种,分别是径向梯度分布、轴向梯度分布、球形梯度分布和层状梯度分布,本节只介绍容易生产和应用最为广泛的径向梯度分布折射率光纤,至于其他梯度分布的折射率光纤,读者可参考有关参考书。

1. 径向梯度折射率光纤(radial gradient-index fiber)

光在两种均匀介质的光滑分界面上传播时,其折射光遵守折射定律。若有一系列折射率均匀的介质被分成若干层,其折射率分别为 $n_1 > n_2 > n_3 \cdots$,光线在第一种介质中以入射角 U_0 入射在第一和第二种介质的分界面上时将发生折射,则折射光在第二和第三、第三和第四……介质的分界面上时也将发生折射。折射光线的轨迹为一折线。折射光线的方向与各层介质的折射率大小有关,当各层介质的厚度趋于零时,折射光线的轨迹变成一条曲线。

若光纤介质是以光轴处的折射率最高,沿截面径向方向的折射率逐渐减小,则子午面内的光线在光纤中的轨迹如图 8-31 所示。

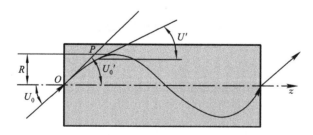

图 8-31　梯度折射率光纤中的光线传播

Figure 8-31　light propagation in graded-index fiber

图 8-31 中的 z 轴坐标与光纤光轴重合,r 表示光纤的径向坐标。若有一光线入射在光纤端面的光轴处 O 点,其入射角大小为 U_0,折射曲线在 O 点的切线与 z 轴的夹角为 U_0',$n(0)$ 为光纤光轴处的折射率,$n(R)$ 表示 $r = R$ 处的折射率。

U' 为轨迹曲线上任意一点 P 的切线与 z 轴的夹角。因为随着 r 的增大,$n(r)$ 越来越小,U' 一定会越来越小。若 $r = R$ 时,$U' = 0$,则表示光线的轨迹在此处为拐点,曲线开始向下弯

曲。根据上述分析,在径向梯度折射率光纤中连续运用折射定律可得

$$n(0)\cos U_0' = n(r)\cos U' = n(R)　　　　　　(8\text{-}37)$$

径向梯度折射率光纤子午光线的数值孔径 NA 与 $n(0)$ 和 $n(R)$ 有关。

$$n_0\sin U_0 = n(0)\sin U_0' = n(0)\,(1-\cos U_0')^{\frac{1}{2}}$$

$$n_0\sin U_0 = [\,n^2(0)-n^2(R)\,]^{\frac{1}{2}}　　　　　　(8\text{-}38)$$

根据上面的讨论,径向梯度折射率光纤中光线的传播轨迹与折射率分布 $n(r)$ 有关。根据费马原理,光线在介质中传播时,光线是沿着光程为极值的路径传播的,所以有

$$\delta L = \delta\!\int_\Gamma n(r)\mathrm{d}s = 0$$

$$\int_\Gamma n(r)\mathrm{d}s = C　　　　　　(8\text{-}39)$$

式中,$\mathrm{d}s$ 为距离光轴为 r 处的光线元长度,积分域为一个周期。以任意角度入射的子午光线在径向梯度折射率光纤中传播一个周期,不管其光线的轨迹如何变化,它们的光程长度是常数,换言之,任意光线的轴向速度为常数。

假定在径向梯度折射率光纤中,子午光线的轨迹方程为正弦(或余弦)形式,即

$$r = R\sin\sqrt{A}\,z　　　　　　(8\text{-}40)$$

式中,$\sqrt{A}=\dfrac{2\pi}{L}$;L 为周期长度。

折射率分布方程为

$$n(r) = n(0)\,(1-Ar^2)^{\frac{1}{2}} \approx n(0)\left(1-\frac{1}{2}Ar^2\right)　　　　　　(8\text{-}41)$$

式(8-41)说明径向梯度折射率光纤中近轴子午光线的传播轨迹为正弦变化时,其折射率的变化近似为抛物线形分布,且近轴子午光线具有聚焦作用。所以,径向梯度折射率光纤又称为自聚焦光纤。

2. 自聚焦透镜(self-focusing lens)

当自聚焦光纤用于成像时,称其为自聚焦透镜。自聚焦透镜与普通透镜一样,既可单独用于成像,又可与普通透镜共同组成成像系统。

传统的透镜成像是通过控制透镜表面的曲率,利用产生的光程差使光线汇聚成一点。自聚焦透镜与普通透镜的区别在于,自聚焦透镜材料能够使沿轴向传输的光产生折射,并使折射率的分布沿径向逐渐减小,从而实现出射光线被平滑且连续地汇聚到一点。自聚焦透镜光线轨迹如图 8-32 所示。

自聚焦透镜光学参数如图 8-33 所示。长度为 l 的自聚焦透镜位于空气中,一条平行光以高度 h 入射在透镜输入端面,该光线通过透镜的出射光线为 BF',B 是光线的出射点,F' 是光线与透镜光轴的交点。根据几何光学理论,F' 为自聚焦透镜的像方焦点,反向延长 BF' 与平行光的延长线相交于 Q' 点,过 Q' 点作光轴的垂线交光轴于 H' 点,H' 点即为自聚焦透镜的像方主点,H' 到 F' 的距离即为自聚焦透镜的焦距 f',H' 到输出端面的距离为 l_H'。过 B 点作曲线的切线交平行光的延长线于 C 点,则 CB 方向即为光线在输出端面 B 点的入射方向。再过 B 点作光轴的平行线 BD,则

$$n(r)\sin\angle CBD = \sin\angle Q'BD$$

式中,$n(r)$ 为 B 点的透镜折射率。因为平行光入射在自聚焦透镜的输入端面,不管其入射高

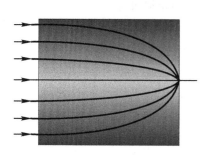

图 8-32　自聚焦透镜光线轨迹示意图

Figure 8-32　sketch of propagation locus
in self-focusing lens

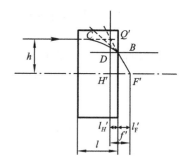

图 8-33　自聚焦透镜光学参数

Figure 8-33　optical parameters of
self-focusing lens

度为多大,光线在透镜内的传播轨迹为余弦函数形式,即有

$$r = h\cos\sqrt{A}z$$

当求出曲线上 B 点的斜率后,可求得 $\angle CBD$,即

$$\tan\angle CBD = \frac{\mathrm{d}r}{\mathrm{d}z}\Big|_{z=l} = \sqrt{A}h\sin\sqrt{A}l$$

当 l 有一定长度,即 B 点离光轴不太远时,可近似地用 $n(0)$ 来代替 $n(r)$,在近轴区域内用其角度值来代替正切值和正弦值,可得

$$\angle Q'BD = n(0)\angle CBD = n(0)\sqrt{A}h\sin\sqrt{A}l$$

由此可见,长度为 l 的自聚焦透镜的焦距 f' 为

$$f' = \frac{h}{\tan\angle Q'BD} \approx \frac{h}{n(0)\sqrt{A}h\sin\sqrt{A}l} = \frac{1}{n(0)\sqrt{A}\sin\sqrt{A}l} \tag{8-42}$$

可求得 B 点的半径 r_B

$$r_B = h\cos\sqrt{A}l \tag{8-43}$$

所以自聚焦透镜的主面位置 l'_H 为

$$l'_H = \frac{h - h\cos\sqrt{A}l}{\tan\angle Q'BD} = \frac{1 - \cos\sqrt{A}l}{n(0)\sqrt{A}\sin\sqrt{A}l} \tag{8-44}$$

自聚焦透镜的焦点位置 l'_F 为

$$l'_F = f' - l'_H = \frac{\cos\sqrt{A}l}{n(0)\sqrt{A}\sin\sqrt{A}l} \tag{8-45}$$

对自聚焦透镜的物方焦距等参数也可用同样的方法求得。

由自聚焦透镜的焦距表达式可看出,当 $n(0)$ 和 $\sqrt{A}$ 参数确定后,透镜的焦距 f' 取决于透镜的长度 l,且透镜的焦距呈周期性变化。

$$l = (2k+1)\frac{\pi}{2\sqrt{A}}(k = 0,1,2,\cdots)\text{时},f' = \pm\frac{1}{n(0)\sqrt{A}}$$

式中,当 f' 为极小值,且 k 为偶数时,f' 为正值;k 为奇数时,f' 为负值。

$$l = k\frac{\pi}{\sqrt{A}}(k = 0,1,2,\cdots)\text{时},f' = \infty$$

3. 自聚焦内窥镜(self-focusing endoscope)

有些特殊用途的内窥镜,如血管镜、乳管镜和针状关节镜因为其外径小,传统的硬管内窥镜和光纤内窥镜不能实现。由于变折射率 GRIN 透镜两端为平面圆柱形,它具有直径小、通光效率高、容易加工等优点,所以 GRIN 透镜在内窥镜系统中得到广泛应用。下面以医用血管内窥镜光学系统为例,说明 GRIN 透镜在内窥镜光学系统中的应用。

血管内窥镜是纤维内窥镜的一个新品种,它主要用于动脉腔壁的观测,以诊断心血管疾病,或配合附件、激光进行血管的消栓、扩张手术,它也可判别药物及手术的疗效。血管内窥镜的实物图和光学系统如图 8-34 所示。

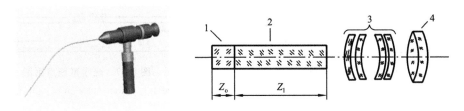

图 8-34　血管内窥镜
1—GRIN 物镜;2—GRIN 传像系统;3—像差补偿组;4—目镜
Figure 8-34　vascular endoscope
1—GRIN lens;2—GRIN relay lens;3—compensate lens;4—eyepiece

图中,Z_0 表示 GRIN 物镜长度,Z_1 表示 GRIN 传像系统长度。

梯度折射率内窥镜光学系统一般包括梯度折射率物镜、梯度传像镜、光学像差补偿透镜组、目镜。梯度折射率透镜还可和普通透镜组成相应的光学系统。图 8-35 所示为由长春理工大学设计的具有梯度折射率透镜的显微物镜,$\beta = 4^{\times}$,$NA = 0.1$,利用梯度透镜使几何景深增大 70 倍,物理景深增大 97 倍,图像质量达到了衍射极限,用于内窥镜观测。图 8-36 是其光学系统传递函数,图 8-37 是其光学系统点列图。

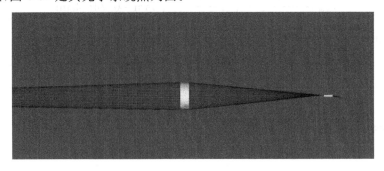

图 8-35　具有梯度折射率透镜的显微物镜
Figure 8-35　microscope lens with gradient index

例 8-3　径向梯度折射率的分布为 $n = 1.5 - 0.6r^2$,试求梯度折射率棒透镜的周期长度、焦距的极值及孔径角($D = 1$ mm)。

分析　梯度折射率棒透镜的周期长度、焦距等都与棒透镜的长度、口径相关,按题意求出第二阶折射率系数 A 后,即可求出周期、焦距等参数。

近轴光透镜径向的折射率分布近似为两次抛物线形分布,即

$$n(r) = n(0)(1 - Ar^2)^{\frac{1}{2}} \approx n(0)\left(1 - \frac{1}{2}Ar^2\right)$$

由 $n = 1.5 - 0.6r^2$ 得第二阶折射率系数

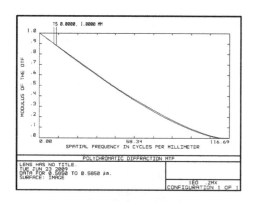

图 8-36 光学系统传递函数

Figure 8-36 MTF of optical system

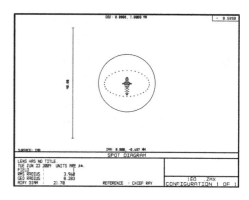

图 8-37 光学系统点列图

Figure 8-37 spot diagram of optical system

$$A=0.8, \quad \sqrt{A}=0.894\,4$$

所以 GRIN 透镜的周期

$$L=\frac{2\pi}{\sqrt{A}}=\frac{2\pi}{0.894\,4}\ \mathrm{mm}=7.025\ \mathrm{mm}$$

对于 GRIN 透镜的焦距 f'，当 $l=(2k+1)\dfrac{\pi}{2\sqrt{A}}(k=0)$ 时，

$$f'=\frac{1}{n(0)\sqrt{A}\sin\sqrt{A}l}=\frac{1}{n(0)\sqrt{A}\sin\dfrac{\pi}{2}}=\frac{1}{n(0)\sqrt{A}}$$

f' 为极小值时，

$$f'_{\min}=\frac{1}{n(0)\sqrt{A}}=\frac{1}{1.5\times0.894\,4}\ \mathrm{mm}=0.745\,4\ \mathrm{mm}$$

由 $D=1$ mm，得透镜的半径 $R=0.5$ mm，Δn 为中心和边缘的折射率之差，即

$$\Delta n=n(R)-n(0)=0.6R^2$$

$$\mathrm{NA}=\sqrt{2n(0)\Delta n}=\sqrt{2\times n(0)\times0.6R^2}=\sqrt{2\times1.5\times0.6\times0.5^2}=0.67$$

8.4 激光扫描光学系统
Laser Scanning Optical System

光束传播方向随时间变化而改变的光学系统称为扫描光学系统，可以实现以时间为顺序的图像电信号转变为二维目视图像，在激光存储器、激光打印机和高速摄影系统中都有广泛的应用。本节介绍扫描光学系统的特性及扫描物镜的设计要求。

1. 扫描方程式(scanning equation)

光束扫描的形式可由多种方法得到，不管其扫描方式如何，表征其扫描特性的只有三个参数，即扫描系统的孔径大小 D、孔径的形状因子 α 和最大扫描角 θ。根据瑞利衍射理论，扫描系统的衍射极限分辨角 $\Delta\theta$ 为

$$\Delta\theta\approx\sin\Delta\theta=\alpha\frac{\lambda}{D} \tag{8-46}$$

由式(8-46)可见，孔径大小 D 和形状因子 α 决定了扫描系统的极限分辨角 $\Delta\theta$，即决定了

扫描系统的扫描光点大小和成像质量。

对不同的扫描系统,其扫描孔径是不一样的,表 8-2 给出了各种不同扫描孔径的形状因子 α 的数值。

表 8-2 扫描孔径形状因子

Table 8-2 shape factor of scanning aperture

孔 径 形 状	矩 形	圆 形	梯 形	三 角 形
形状因子 α	1	1.22	1.5	1.67

扫描系统的扫描点数 N 为

$$N = \frac{\theta}{\Delta\theta} = \frac{\theta D}{\alpha\lambda} \tag{8-47}$$

式(8-47)称为扫描系统的扫描方程式,它表明扫描系统的扫描点数 N 与扫描光束的波长 λ 和扫描系统的三个参数(D、α、θ)有关。

2. 激光扫描系统(laser scanning system)

扫描系统分为物镜扫描、物镜前扫描和物镜后扫描。物镜扫描形式简单,扫描圆的直径最大为物镜口径,故不常用,这里只介绍物镜前扫描和物镜后扫描形式。

1) 物镜后扫描系统(scanning system in back of lens)

物镜后扫描系统如图 8-38 所示。其优点是物镜口径相对较小(只要满足扫描光束的口径要求),且扫描物镜只要求校正轴上点像差即可。其缺点是扫描像面为一曲面,不利于图像的接收与转换。

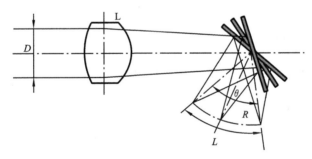

图 8-38 物镜后扫描系统

Figure 8-38 scanning system in back of lens

2) 物镜前扫描系统(scanning system in front of lens)

为了克服后扫描系统的缺点,把扫描反射镜置于物镜之前,称为物镜前扫描系统,如图 8-39 所示。

只要物镜严格地校正轴上点和轴外点像差,即可获得很好的扫描成像,且扫描成像面为一平面。因此一般的光学扫描系统多采用物镜前扫描形式。

为了保证物镜前扫描系统在扫描像平面上得到均匀的像面照度和尺寸一致的扫描像点,扫描物镜一般设计成像方远心光路,使其像方主光线始终垂直于扫描像平面,这种扫描系统又称远心扫描系统。

若要保证远心扫描特性,除扫描物镜按远心物镜设计要求外,对提供给扫描物镜的成像光束也必须满足远心光路的要求,即只有扫描反射镜的转动轴心与扫描物镜的物镜焦点重合时,才能使轴外扫描光束的中心光线(主光线)通过物镜的物方焦点,构成像方远心光路。

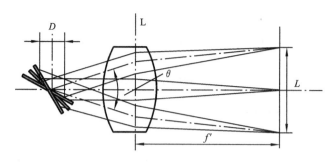

图 8-39 物镜前扫描系统

Figure 8-39 scanning system in front of lens

在高速扫描的情况下,经常采用旋转反射棱镜,也就是我们常说的多面体,因为旋转反射棱镜的摆动是连续的,因而比较平稳。旋转反射棱镜与摆动平面反射镜的工作状态基本相同,转角关系和像差的情况也类似。

3. 扫描物镜——$f\theta$ 物镜(scanning lens—$f\theta$ lens)

物镜前扫描光学系统的光束入射角 θ 是随时间变化而变化的,且通过扫描物镜在垂直于光轴的像平面上成像,因此像平面上的成像位置 $y'(t)$ 应为光束入射角 $\theta(t)$ 的函数,即

$$y'(t) = f'\theta(t)$$

但扫描成像的像高不等于理想像高,对等角速度扫描的光束,若要通过扫描物镜在垂直于光轴的像平面上等速扫描成像,其扫描物镜所得到的像高为 $f'\theta$,即与 θ 角呈线性关系,以满足按一定时间间隔扫描的信息,按一定的时间间隔记录在像平面上,这就是通常把扫描物镜称为 $f\theta$ 物镜的原因。

(1) $f\theta$ 物镜须产生符合

$$q' = \frac{f'(\tan\theta - \theta)}{f'\tan\theta} \tag{8-48}$$

的畸变量。

(2) $f\theta$ 物镜的分辨率

$$\sigma = f'\Delta\theta = \alpha\lambda\frac{f'}{D} = 1.22\lambda / \frac{D}{f'} \tag{8-49}$$

式中,$\alpha=1.22$,是因为该扫描光束的孔径为圆形。

分辨率 σ 与 $\dfrac{D}{f'}$ 成反比,即扫描系统的相对孔径越大,其物镜分辨率越高。但要考虑由于分辨率高带来的物镜设计复杂等问题。

(3) 扫描物镜的成像特性。

$f\theta$ 透镜多数属于大视场小孔径的像方远心光学系统,如图 8-40 所示。

(4) $f\theta$ 透镜的设计。

扫描光斑直径随着扫描角的变化受到扫描速度失真变化的影响。

物镜后扫描系统

$$d_{后} = \frac{f'}{f' + Z}D_0\left(\frac{1}{\cos^2\theta} - 1\right) \tag{8-50}$$

物镜前扫描系统

$$d_{前} = D_0\left(\frac{1}{\cos^2\theta} - 1\right) \tag{8-51}$$

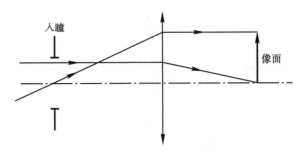

图 8-40　扫描物镜的成像特性

Figure 8-40　imaging characteristics of scanning lens

式中, D_0 为轴上光斑直径, Z 为物镜像方主面到扫描平面旋转中心的距离。

在物镜前扫描系统中,焦点轨迹为一条直线(假设旋转棱镜是理想的)。由于一方面存在像高失真和扫描速度失真,另一方面在整个扫描范围内存在轴外像差,所以光束直径要做到理想的衍射聚焦,必须在光学设计上做出较大努力,尤其是在扫描角较大的场合。

由像差理论不难知道,物镜后扫描仅需要校正轴上点像差,这类镜头的设计相对简单;物镜前扫描的聚焦物镜,要在较大的视场内清晰成像,必须要很好地校正轴外点像差,设计难度相对大些。后一种聚焦物镜就称为 $f\theta$ 扫描物镜。

$f\theta$ 透镜有球面型和柱面型两种。球面型仅可获得光点的匀速扫描,但无法消除倾斜误差。而柱面型透镜能获得一个均匀光点扫描速度,同时修正倾斜误差。

$f\theta$ 透镜的工作条件要求:① 单色光;② 孔径光阑在物镜外部;③ 像高 $y' = f\theta$;④ 光孔照明随转镜旋转变迹。

所以, $f\theta$ 透镜的设计与普通照相物镜的有所不同。在设计 $f\theta$ 物镜时,主要应考虑线视场、光圈数、扫描视场角、光谱波长、扫描线性失真度等。为了满足 $f\theta$ 物镜残存一定的畸变量和像方远心光路的要求,其结构形式多采用多片分离式的负弯月形物镜。图 8-41 所示为扫描物镜常用的结构形式。

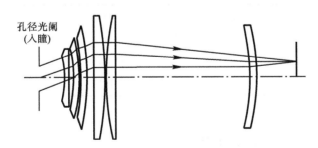

图 8-41　扫描物镜的结构形式

Figure 8-41　structure of scanning lens

光焦度的分配为负-正-负形式,前两组正负焦距和间隔满足总的光焦度要求,有利于平像场物镜设计,第三组为负组,位于像面附近,有利于满足像方远心光路的要求。

图 8-42 所示为长春理工大学设计的 $f\theta$ 透镜, $\lambda = 0.656\ \mu m$, $f' = 75$ mm, F 数为 37.5,镜片口径 $\phi = 40$ mm, $2\omega = 36°$,各视场均满足 $y' = f\theta$ 要求,图像质量也得到了提高,几乎达到了衍射极限。图 8-43 所示是光学系统传递函数,图 8-44 所示是光学系统畸变。

$f\theta$ 透镜像差校正要求符合线性关系($y' = f'\theta$)。表 8-4 所示为系统各个视场的理想像高

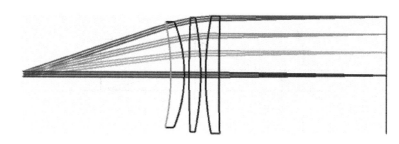

图 8-42　fθ 透镜结构形式

Figure 8-42　structure of scanning *fθ* lens

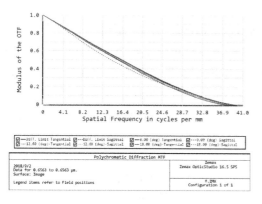

图 8-43　fθ 透镜传递函数

Figure 8-43　MTF of *fθ* lens

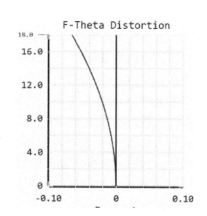

图 8-44　fθ 透镜畸变

Figure 8-44　distortion of *fθ* lens

与实际像高,其最大绝对偏差为 0.015 7 mm,其最大相对偏差为 0.066 7%,误差很小,可以忽略不计,该透镜可以实现线性扫描。

表 8-4　实际像高和理想像高

Table 8-4　actual image height and ideal image height

视场/(°)	0	6	12	18	24	30	36
实际像高/mm	0	4.003 6	7.771 3	11.773	15.774	19.538	23.535
理想像高/mm	0	4.003 7	7.771 9	11.775	15.779	19.547	23.551
百分比/(%)		0.002 5	0.007 7	0.017 8	0.031 1	0.046 6	0.066 7

8.5　红外和微光光学系统

Infrared and Low-light-level Optical System

光电子成像以光子、光电子作为信息载体,研究图像转换、增强、接收、传输、处理显示及存储等物理过程。本节所介绍的红外和微光光学系统是光电子成像的两种典型系统,借助于图像的转换和增强以更有效地利用不可见光和可见光的电磁辐射,克服了眼睛作为探测器(detector)的局限,可以使人眼不能觉察和难以觉察的红外图像信息和微光图像信息通过光电子探测器件为人眼所直接接受。

1. 红外成像技术概述(infrared imaging technology)

红外成像技术是一种把红外辐射能转换为可视图像的技术,利用景物自身各部分辐射的差异获得图像的细节。红外探测器非常灵敏,现在已经能探测到小于 0.1 ℃的温差。红外成像技术在监控、探测、跟踪、夜视等军事和民用领域都得到了广泛的应用。图 8-45 是用红外光学系统得到的红外图片。图 8-46 所示为一个静脉曲张患者的腿部红外热像图,该图显示静脉曲张患者的腿部血管明显增厚、增粗,箭头所指处尤为明显。

图 8-45　红外望远镜看到的军事目标图片

Figure 8-45　picture of military target taken with infrared telescope

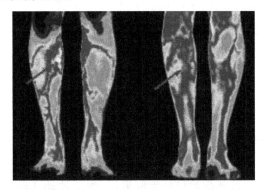

图 8-46　静脉曲张患者的腿部红外热像图

Figure 8-46　thermal infrared picture of intravenous variceal patient leg

红外成像技术基于热成像技术原理,所以又称红外热成像技术或热成像技术。在地球大气中,存在着两个常用的红外大气窗口 3~5 μm 中波红外和 8~14 μm 长波,对红外辐射有很好的传输特性,而温度在 300 K 左右的目标,在这两个波段内有较强的辐射。探测器性能、大气传输、目标辐射特性三者一致的关系,决定了热成像工作于 3~5 μm 中波红外和 8~14 μm 长波红外是合适的。更重要的是其工作波长比可见光大 10~20 倍,穿透烟雾和尘埃的能力很强。热成像所获得的是目标与背景之间温度差和辐射率差的图像,不受恶劣环境(如强光、眩光、烟雾等)的影响,可以远距离、全天候观察。

本节将以红外夜视仪为例介绍红外光学系统,至于红外光学系统探测器的特性参数、红外光学系统的分类、红外成像技术的发展本书不做论述,感兴趣的读者可以参考有关参考书。

2. 红外材料(infrared material)

红外材料虽然较少,但有较大的热膨胀系数,且不同波长的折射率和阿贝数有较大差别,因为在选用时需考虑使用温度和波长,在有些特殊环境如潮湿和高压下还要考虑水溶性和硬度。表 8-5 给出了适用于 3~5 μm 的红外光学材料及特性。

表 8-5　3~5 μm 的红外光学材料特性

Table 8-5　properties of 3~5 μm infrared optical material

	Ge	Si	ZnSe	ZnS (BROAD)	AMTIR1	AMTIR3	KRS-5	GaAs
透射范围/μm	2~12	1.36~11	0.55~18	0.42~18.2	1~14	3~14	0.6~39	2.5~14
折射率/(4 μm)	4.024 7	3.425 3	2.433 1	2.346 8	2.514 4	2.621 0	2.374 0	3.307 0
均匀性/×10⁴	≤1.0	<0.1	0.1	<0.3	≈0.1	<0.05	1	—
阿贝数	103.4	236.5	176.9	109.3	196.7	174.3	319.5	146.0

	Ge	Si	ZnSe	ZnS (BROAD)	AMTIR1	AMTIR3	KRS-5	GaAs
吸收系数(cm^{-1})	≤0.03	<0.01	<0.001	0.2	0.01	<0.02	0.005	—
dn/dt(20 ℃)(10^{-6})	418	159	58	42	77	55	−231.9	198.3
热膨胀系数(20 ℃)(10^{-6})	5.7	2.62	7.1	6.6	12	13.5	58	5
热导(20 ℃)(W/m/℃)	59	159	16	27.2	1.4	1.3	0.54	46
比热(J/g/℃)	0.31	0.71	0.356	0.527	0.29	—	—	0.325
密度(g/cm^3)	5.327	2.329	5.264	4.09	4.41	4.7	7.372	5.317
努氏硬度(kg/mm^3)	800	1 150	105~120	230	170	150	40.2	721
杨氏模量 Gpa	103.7	131	67	85.5	22	21.4	16	83

3. 红外夜视仪(infrared night vision)

红外夜视仪分为两类:一类是被动式红外夜视仪,它靠被观察物体本身发出的红外光成像;另一类是主动式红外夜视仪,它是利用红外辐射光源来照明被观察物体,由物体反射回来的红外光成像,并经红外变像管转换成人眼可见图像。红外夜视光学系统可以看成由三个独立部分组成,即物镜和变像管的光阴极面组成的照相系统、变像管内的电子光学系统、荧光屏和目镜组成的放大系统。

1) 红外变像管(infrared image converter)

红外变像管能将投射到像管光电阴极面上的不可见图像转换为可见图像,是红外夜视系统的核心部件。红外变像管的典型结构如图 8-47 所示。

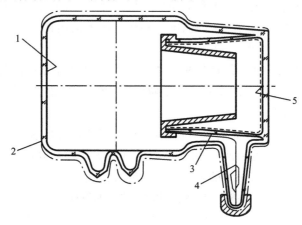

图 8-47 红外变像管典型结构

1—S-光阴极;2—玻璃壳;3—电极;4—吸气剂;5—荧光屏

Figure 8-47　structure of infrared image converter

1—S-photocathode;2—glass shell;3—electrode;4—degasser;5—screen

其工作原理是,当红外辐射图像形成在光电阴极面上时,面上各点产生正比于入射辐射强度的电子发射,形成电子图像。电子光学成像系统将光电阴极面上电子像传递到荧光屏上,在传递过程中将电子像增强。荧光屏受电子电离发光,形成可见图像,完成电光转换。

2) 主动式红外夜视仪(active infrared night vision)

主动式红外夜视仪由红外探照灯、主机、电源三大部分组成,其工作原理如图 8-48 所示。探照灯的作用是用红外辐射照明所要观察的目标。探照灯的光源 1 发出复合的辐射,由反射镜 2 反射,并经红外滤光片 3 滤去可见光,透射出红外辐射。目标在红外辐射照明下产生反射,经主机光学系统物镜后将目标成像在变像管的光电阴极 5 上。光电阴极 5 在红外辐射作用下发射电子,形成电子像 6,再在电子透镜 8 的作用下,成像到荧光屏 10 上。荧光屏 10 受电子电离发光,形成对应目标的荧光像 11,人眼通过目镜即可对目标进行观察。由于这种夜视仪是由自身发出红外辐射照射目标的,所以称为主动式红外夜视仪。

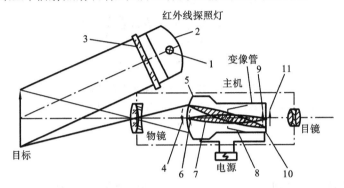

图 8-48 主动式红外夜视仪的工作原理

1—光源;2—反射镜;3—红外滤光片;4—红外像;5—光电阴极;

6,9—电子像;7—电子束;8—电子透镜;10—荧光屏;11—荧光像

Figure 8-48 working principle of infrared night vision

1—source;2—mirror;3—infrared filter;4—infrared image;5—photocathode;6,9—electronic image;

7—electron beam;8—electronic lens;10—screen;11—fluorescence image

3) 被动式红外夜视仪(passive infrared night vision)

被动式红外夜视仪与主动式红外夜视仪的不同之处是没有红外辐射光源来照明被观察物体。图 8-49 是一种潜望式红外夜视仪的光学系统。

4) 红外夜视仪光学系统参数(infrared night vision optical system parameters)

在红外夜视仪光学系统中,对物镜和目镜的参数要求如下。

(1) 对物镜的要求。

① 物镜要有大的通光孔径和相对孔径,以获得大的像面照度,收集更多的辐射能。

② 宽光谱范围校正色差。校正色差的光谱范围取决于系统光谱响应波段,对主动红外成像系统,为 0.8~12 μm。

③ 要求物镜在低频下有好的调制传递特性。因为变像管为低通滤波器,极限分辨率为 30 lp/mm 左右,通常要求物镜在 10 lp/mm 的空间频率时 MTF 不低于 75%。

④ 在设计主动式红外光学系统时必须考虑聚光系统。

(2) 对目镜的要求。

① 合适的焦距保证仪器的放大率 $\gamma = \dfrac{f_o'}{f_e'}\beta$,其中 β 为变像管线放大率,f_o' 是物镜的焦距。在 f_o' 和 β 确定后总放大率取决于目镜焦距 f_e'。

② 足够的视场。目镜视场由荧光屏有效工作直径 D_s 和目镜焦距 f_e' 决定。$\tan\omega' = D_s/f_e'$,通常 $2\omega'$ 为 30°~90°。

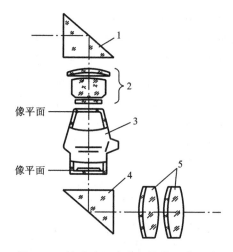

图 8-49   被动式红外夜视仪的光学系统

1—上反射棱镜；2—物镜组；3—变像管；4—下反射棱镜；5—目镜

Figure 8-49   optical system of infrared night vision

1—upper reflection prism；2—lens group；3—converter；

4—subjacent reflection prism；5—eyepiece

③ 合适的出瞳距离和出瞳直径。人眼瞳孔就是夜视仪器的出瞳，因为在夜间人眼瞳孔为 7～8 mm，所以夜视仪器的出瞳直径常取 7～8 mm。出瞳距离的大小取决于系统的使用要求。

④ 适当的工作距离(目镜前表面和前焦点之间的距离)，在夜视仪器中，即变像管的荧光屏到目镜前表面的距离。要求有一定的工作距离是为了保证目镜在视度调整时的轴向移动。工作距离太小，在移动目镜调节视度时，目镜可能碰到位于其前焦面上的荧光屏。同时，焦距较长的目镜需要较大的调整量，要求有较长的工作距离。

对于红外 CCD 系统，其设计与 CCD 系统类似，这里不再重复。本节将介绍一种长春理工大学设计的新型导弹导引头卡塞格林红外光学系统，其视场为 4°，口径为 240 mm，焦距为 270 mm，系统总长 188 mm。系统的特点是大视场、大口径、长焦距。采用典型的主镜为抛物面、次镜为双曲面的卡塞格林系统，存在的各项像差都很大，无论怎么进行优化，无法达到设计要求(即使是抛物面，其全视场波像差约 162 个波长，而球面波像差更大)，故引入辅助的透镜加以校正剩余像差。因此采取锗为校正透镜的材料。在优化过程中，在次镜后加入了 3 个校正透镜，并且红外探测器可放在系统内部，减小了系统体积，使得结构紧凑。该结构三维图如图 8-50 所示。该红外系统 CCD 像元尺寸为 45 $\mu m \times$ 45 μm，由此确定该系统的截止频率为 11 线对/mm，传递函数如图 8-51 所示。

4. 微光成像技术(low-light-level imaging technique)

始于 20 世纪 60 年代的微光夜视技术靠夜里自然光照明景物，以被动方式工作，自身隐蔽性好，在军事、安全、交通等领域得到广泛的应用。图 8-52 是用微光夜视仪得到的微光图像。

在光照度低于 0.1 lx 的微光条件下，人眼视觉细胞的灵敏度、分辨率和响应速度均大幅下降，只能够分辨 15 mrad 或更大的目标，约为人眼分辨角度 0.15 mrad 的 100 倍。微光成像就是利用(夜间)自然弱光或低照度下的反射辐射，通过光电、电光转换及增强措施，提供足够的图像亮度，供人眼观察或其他接收器接收。下面以微光夜视仪为例说明微光光学系统。

1) 像增强器(image intensifier)

像增强器(增强管)的作用是将透射的微弱可见光图像增强。增强管是真空直接成像器

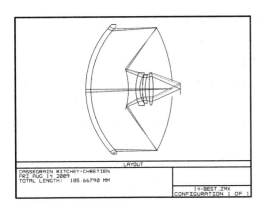

图 8-50　导引头光学系统结构图

Figure 8-50　sketch of missile-quiding head optical system

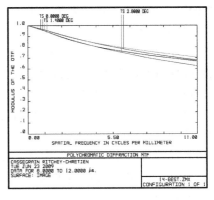

图 8-51　导引头传递函数图

Figure 8-51　MTF of missile guiding head of missile-guiding head

图 8-52　微光成像效果图

Figure 8-52　imaging of low-light-level

件,一般由带光电阴极层(光敏面)的输入窗、带荧光粉层(发光面)的输出窗、电子光学成像系统和高真空管壳组成,其结构示意图如图 8-53 所示。

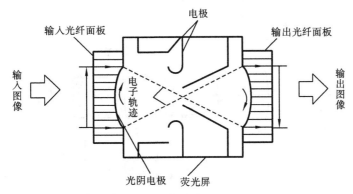

图 8-53　像增强器结构示意图

Figure 8-53　sketch of image intensifier

其工作原理为,光电阴极将光学图像转换为电子图像,电子光学成像系统(电极系统)将电子图像传递到荧光屏,在传递过程中增强电子能量并完成电子图像几何尺寸的缩放,荧光屏完成电光转换,即将电子图像转换为可见光图像,图像的亮度已被增强到足以引起人眼视觉。

2) 微光夜视光学系统(optical system of low-light-level night vision)

微光夜视仪的基本原理与主动式红外夜视仪大同小异,主要差别是不需要人工辐射源,被观察目标反射的夜天光(星光、月光、极光)被微光物镜所接收,并聚焦在像增强器的阴极面上,即在阴极面上形成被观察的倒立像。在阴极面上发射光电子,经过电子聚焦,在荧光屏上又形成被观察目标的荧光的正像,再经过目镜放大,被人眼所接收。它的光学系统由物镜、像增强器和目镜三部分组成。

图 8-54 所示为微光夜视仪光学系统,由物镜、串联管和目镜三部分组成。微光夜视仪在实际使用过程中,由于夜间微光的地面光照度有很大变化,所以对应于串联管输出荧光屏的光亮度在不同的光照度下会在很大范围内变化。

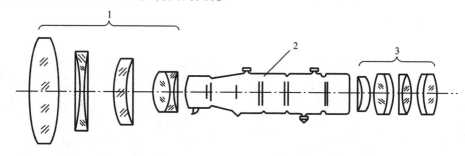

图 8-54 微光夜视仪光学系统

1—物镜;2—串联管;3—目镜

Figure 8-54 optical system of low-light-level night vision

1—objective;2—cascage tube;3—eyepiece

级联式像增强器作为一代像增强器的典型,是在单级像增强器的基础上发展起来的。因为单级像增强器的亮度增益通常只有 $50\sim100$,一般难以满足军用微光夜视仪的使用要求。以典型星光照度(10^{-3} lx)夜视为例,为把目标图像增强至目视观察的程度,要求像增强器具有几万倍的光增益,单级像增强器是无能为力的。于是,人们采用多级级联的方法。图 8-55 是应用三级级联像增强器的微光夜视仪光学系统。

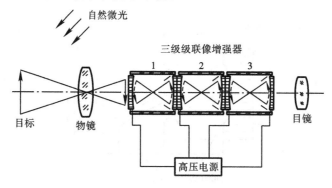

图 8-55 三级级联微光夜视仪的工作原理

Figure 8-55 working principle of three cascade low-light-level night vision

二代微光像增强器的技术特点是引入了微通道板(MCP)。按照电子聚焦方式的不同,可将其分为倒像式和近贴式(见图 8-56、图 8-57)。倒像式结构与单级一代管结构类似,只是在像管荧光屏前安置了一块微通道板,从而使得单级可获得相当于三级一代管的亮度增益。近贴式结构中的微通道板被安置在光电阴极和荧光屏之间,并且三者相互近贴,使得像管的尺寸相比一代的尺寸减小了 40%,且图像无几何畸变。二代像管采用单级结构即可满足亮度增益要求,像管尺寸大大减小。另外,MCP 具有电流增益饱和特性,可抑制强光输入时的晕光效应,从而不影响像管在照明弹、炮火等强光环境下的使用。因此,二代像管在总体性能上取得了不小的突破。

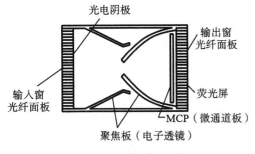

图 8-56 倒像式像增强器

Figure 8-56 inverted image intensifier

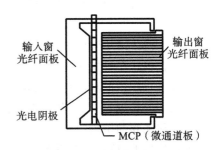

图 8-57 近贴式像增强器

Figure 8-57 near-image intensifier

超二代微光像增强器是在二代基础上的改良产品,其主要技术途径是采用更高灵敏度的多碱光电阴极、更低噪声因子的微通道板和更优化的管内结构,从而提升了像增强器的输出信噪比和分辨率。虽然超二代微光像增强器中的光电阴极灵敏度低于三代像管中所使用的 GaAs 阴极灵敏度,但是避免了因离子阻挡膜造成的问题,因此超二代像管基本保持着与同期三代像管相近的性能水平。表 8-6 给出了国内像增强器的参数。

表 8-6 国内像增强器的参数

Table 8-6 parameters of domestic image intensifier

类型	一代倒像式 像增强器	混联 像增强器	二代倒像式 像增强器	超二代 像增强器
光阴极灵敏度 2856KμA/lm	270	550	300	650
中心分辨率/lp/mm	34	40	36	55 以上
边缘分辨率/lp/mm	28	38	32	50
增益/cd/m^2/lx	19 000	75 000	16 000	8 000～12 000
等效背景照度/μlx	0.2	0.2	0.2	0.25
放大率	0.82	0.95	1	
最大质量/g	455	300	360	
外形尺寸/mm	$\Phi53\times148$	$\Phi53\times76$	$\Phi63\times76$	

第三代像增强器是在二代近贴管的基础上,将光电阴极置换为负电子亲和(NEP)GaAs 光阴极,并采用带有防离子反馈膜的微通道板。负电子亲和 GaAs 光阴极的制作过程极为复杂,但具有高灵敏度、极小暗电流、长波响应好的优点,相较一代、二代多碱光阴极,其光灵敏度性能提高了 2～3 倍。防离子反馈膜可以防止正离子反馈,减小反馈离子对光电阴极的轰击,延长了像管的寿命,但同时也在一定程度上降低了像管的信噪比和分辨率。

四代微光像增强器的结构与三代微光像增强器的基本一致。总的来说,四代微光像增强器的两个最大特点就是体导电微通道板和自动脉冲门控电源。四代微光像增强器的 MCP 应用体导电材料,无须使用防离子反馈膜便能大大地减少离子反馈。门控电源可以感知到进入管的光亮,并通过控制光电阴极电压开关频率来改善增强器在强光或亮光环境中的视觉效果,使增强器在日光或照明条件下仍能产生对比度良好的高清晰度图像。这样便增大了信噪比,提高了图像质量。四代微光像增强器信噪比高,探测距离和分辨率都相对三代微光像增强器的提升了很多,使微光夜视装备可以从黄昏、拂晓等较强光照条件直至云遮星光的极暗光照条件下工作。

3) 微光夜视仪的应用(applications of low-light-level night vision scope)

微光夜视仪在军事领域得到了广泛的应用。如机载微光夜视仪,它主要用于夜间贴地飞行的武装直升机和夜间攻击机。又如车载微光夜视仪可以应用于坦克和装甲运输车辆、雷达车辆等。在民用领域,全世界各大汽车公司纷纷把夜视设备安装在高档的小汽车上。夜视仪广泛应用在住宅和油田监控。

在现代战场上,单兵武器系统如今已涵盖个人防护、生存保障、武器装备、夜视装备等四大方面。图 8-58 所示的是微光夜视仪,图 8-59 所示的是用于单兵武器夜间瞄准的枪瞄镜。

图 8-58 微光夜视仪

Figure 8-58 low-light-level night vision scope

图 8-59 用于单兵武器夜间瞄准的枪瞄镜

Figure 8-59 gun sight lens of snooperscope for individual weapon

4) 微光夜视仪光学系统参数(parameters of low-light-level night vision optical system)

微光夜视仪系统的主要参数为视觉放大率、极限分辨角、视场角、物镜相对孔径以及与目镜有关的参数,包括目镜分辨率、出瞳直径和出瞳距。

(1) 视觉放大率。

γ 表示系统的视角放大性能,其定义为

$$\gamma = \tan\omega' / \tan\omega$$

式中,ω 是目标高度对应物镜的视角;ω' 为目镜观察时的视角。若物镜焦距为 f'_o,像增强器线放大率为 β,目镜焦距为 f'_e,则有

$$f'_o(\tan\omega)\beta = f'_e\tan\omega'$$

所以

$$\gamma = \tan\omega' / \tan\omega = \beta f'_o / f'_e$$

(2) 极限分辨角 α。

若像增强器光阴极的极限分辨力为 R_c(单位为 lp/mm),则与之相应的系统极限分辨角 α 必满足

$$\alpha f'_o = \frac{1}{R_c}$$

所以
$$\alpha = 1/(R_c f'_o) \tag{8-52}$$

若以圆孔衍射考虑物镜的衍射极限,则要求物镜的通光口径 D_0 满足

$$D_0 > 1.22\lambda/\alpha$$

式中,λ 为工作波长。

(3) 视场角($\pm\omega$)。

若像增强器光阴极有效直径为 D_c,系统物镜焦距为 f'_o,则有

$$\omega = \arctan(0.5D_c/f'_o)$$

在进行系统估算时,可近似取

$$2\omega \approx D_c/f'_o \tag{8-53}$$

(4) 物镜相对孔径 D_0/f'_o。

D_0/f'_o 影响像增强器光阴极面上的照度 E_c。若目标为朗伯辐射体,天空对它产生的照度为 E_0,目标反射比为 ρ,大气透过率为 τ_a,物镜系统透过率为 τ_0,则

$$E_c = 0.25\rho E_0 \tau_a \tau_0 \ (D_0/f'_o)^2 \tag{8-54}$$

即光阴极面的照度与物镜相对孔径平方成正比。

(5) 目镜。

目镜的选择首先要保证像增强器光阴极面的极限分辨力在目方与人眼极限分辨力相匹配。若阴极的极限分辨力是 R_c(单位为 lp/mm),则对应于荧光屏上分辨力为 $R_s = R_c/\beta$ (β 是像增强器的线放大率),与 R_s 对应的每线对的宽度是 $W_s = \beta/R_c$。假定人眼的角分辨力是 α_e,则目镜的焦距 f'_e 必须满足

$$f'_e \leqslant \beta/(R_c \alpha_e) \tag{8-55}$$

即其倍率 γ_e 必须满足

$$\gamma_e \geqslant 250 R_c \alpha_e/\beta \tag{8-56}$$

(6) 出瞳直径 D'。

系统出瞳直径的确定原则就是确保其与眼睛瞳孔耦合。为了尽量提高仪器的主观亮度,仪器出瞳直径 D' 应不小于眼瞳直径。因为黄昏时眼瞳直径为 $4.5\sim 5$ mm,故一般微光夜视仪的出瞳直径都不小于 5 mm。考虑颠簸时还应更大些。

(7) 出瞳距离 l'_z。

通常希望微光夜视仪的出瞳距离 $l'_z \geqslant 20$ mm,用于枪、炮等武器上的瞄准镜和运动载体(如坦克)上的观瞄镜、指挥镜等,则要求更长的工作距离。

5. 红外微光图像融合系统(infrared low light level image fusion system)

图像融合是 21 世纪提出的一个新概念,是数据融合中主要以图像为研究对象的一个分支。其含义是指在同一时间,将同一景物的不同波段色彩或来自不同传感器的两个或两个以上的图像结合形成一幅合成图像,以获取更多的目标信息的图像处理过程。由于单一传感器性能的局限性,只可能给出环境的部分或某个侧面的信息,多传感器图像融合技术可以对多源情报信息进行综合处理和利用,将多种先进的探测和情报侦察系统进行系统集成,使其相互补充,能充分发挥不同传感器在频率空间能量等方面的优势,达到一体化探测、功能互补、资源共享、探测和对抗性能提高、扩大信息量的目标。图 8-60(a)、(b)、(c)所示的分别为微光、红外以及红外微光融合对同一场景成像的效果图。因此,其应用潜力非常诱人,它的发展引起了世界

的普遍关注。

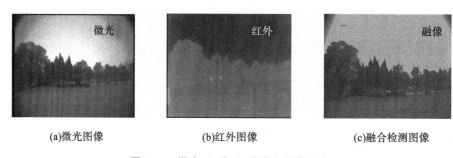

(a)微光图像　　　　　　(b)红外图像　　　　　　(c)融合检测图像

图 8-60　微光、红外、红外微光图像融合

Figure 8-60　low-light-level,infrared,infrared low light level image fusion

1) 红外微光图像融合优点(advantages of infrared low light level image fusion)

由于工作原理的不同,红外热成像技术与微光成像技术各有利弊。红外微光图像融合具有红外成像与微光成像二者的优势并把二者的缺点进行互补。

相对于微光夜视系统,红外微光图像融合系统主要优点有以下几方面。

(1) 红外像系统不像微光夜视仪那样借助夜光,能达到微光夜视系统因光电倍增技术对背景光的最低阈值要求。

(2) 红外信号对雾、霾、雨、雪有更好的透射率,能提高夜视探测距离。

(3) 红外成像系统能透过伪装,探测出隐蔽的热目标,甚至能识别出刚离去的汽车、飞机等发热源所留下的热迹轮廓。

(4) 红外成像系统是靠目标与背景的辐射产生景物图像,因此红外成像系统能在高亮度下达到 24 小时全天候工作。

相对于红外夜视系统,红外微光图像融合系统主要优点有以下几方面。

(1) 微光系统有较快的响应速度,能提高系统的高速摄影性能。

(2) 微光成像系统具有较高的成像质量,可提升探测分辨率。

2) 红外微光图像融合系统结构(structure of infrared low light level image fusion system)

因为红外和微光波长的不同,同一光学材料的透过率、折射率、色散度不同,同一探测器材料的响应度也不同,因此当下红外微光图像融合光学系统主要分为共通道式和分离通道式两种。

(1) 共用窗口布局(common window layout)。共通道式红外微光图像融合系统布局图如图 8-61 所示。外界目标自身所辐射的红外能量和反射的微光能量被共用透镜组所接收,并传输到分光平板。分光平板镀制有透射红外波段,反射微光波段的相应膜系。目标辐射的红外光透过分光平板,经过红外物镜被红外探测器所接收,并形成红外图像。目标反射的微光被分光平板、反射平板所反射,经过微光物镜被 ICCD(增强电荷耦合器件)接收并形成微光图像。红外图像与微光图像在图像处理器中,通过相应算法进行图像配准以及图像融合,得到红外与微光的融合图像。融合后的图像在 OLED 屏上进行显示,人眼可通过目镜进行观察。这种布局形式,能大大减小图像配准的难度,实现在任何观察点的图像配准。其优点:能够实现不同物距图像的完全配准。其缺点:体积大,重量重。

(2) 分离窗口布局(split window layout)。分离通道式红外微光图像融合系统布局图如图 8-62 所示。外界目标自身所辐射的红外能量被红外物镜所接收并传输到红外探测器形成红外图像;外界目标所反射的微光能量被微光物镜所接收并传输到 ICCD(增强电荷耦合器件)形成微光图像。红外图像与微光图像在图像处理器中通过相应算法进行图像配准以及图像融合,得到红外与微光的融合图像。融合后的图像在 OLED 屏上进行显示,人眼可通过目镜进行观察。

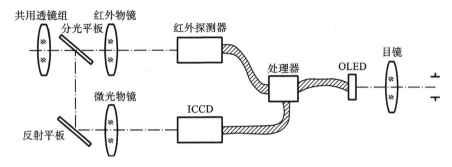

图 8-61　共通道式红外微光图像融合系统布局图

Figure 8-61　layout of common channel infrared low light level image fusion system

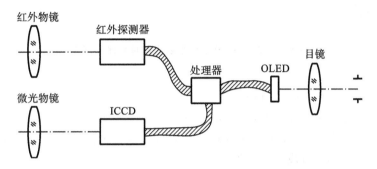

图 8-62　分离通道式红外微光图像融合系统布局图

Figure 8-62　layout diagram of infrared low light level image fusion system based on separation channel

分离窗口的布局,不需要共用透镜组以及分光平板、反射平板,能够避免不理想的分光膜系的问题。其优点:体积小,重量轻。其缺点:不能实现不同物距图像的完全配准。

8.6　光电光学系统

Photoelectric Optical System

现代光电系统是综合了光学、精密机械、光电转换、电子和计算机技术的数字化、图像化、智能化和自动化综合系统,所以现代光电系统除设计各种不同用途的光电光学系统外,还要综合考虑光电能量转换或光电图像转换、数据信号采集与处理、模数转换和计算机处理与分析系统。由于本节篇幅所限,下面主要介绍两种光电光学系统。

1. 基于物像方远心光路的 CCD 光电检测系统(CCD photoelectric testing system based on telecentric path of object-image space)

CCD 光电检测技术应用范围非常广泛,如尺寸测量、定位检测、位移测量等。本节介绍一种基于远心光路的 CCD 光电检测系统。

1) 系统的具体要求(the specific requirements of system)

设计一 CCD 成像光学系统对大型板类零件及其零件中的通孔进行检测。因为大型板类零件长度长(10 m),宽度方向不大于 100 mm,因此该零件在长度方向有凹陷和突起,造成工作距的不同,给测量结果带来不利的影响。针对这种零件,确定系统的技术指标如下。

(1) 线视场:100 mm。

(2) 工作距离:300~500 mm。

(3) 待检孔径直径:10~30 mm。

(4) 所选用 CCD:2/3″CCD。

2) 系统的工作原理(working principle of system)

大型板类零件 CCD 检测系统原理如图 8-63 所示,被测零件经光学系统成像在 CCD 的靶面(面阵 CCD)上,CCD 输出反映物体大小的脉冲信号,此信号经放大和二值化处理后送入微机,再由微机进行数据采集与处理,最后由显示系统输出检测结果。

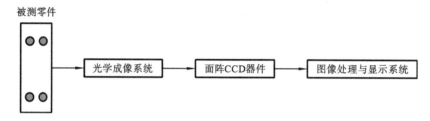

图 8-63 基于 CCD 的大型板类零件检测原理图

Figure 8-63 the schematic of large-scale workpiece detecting based on CCD

3) 光学系统设计(design of optical system)

仪器取样是靠光学系统完成的,光学系统的作用是将被测件成像在光敏面上。为了消除实际情况所带来的成像误差,光学系统选择的是物像方远心光路,如图 8-64 所示。该光学系统能消除由于振动及移动造成的测量误差。

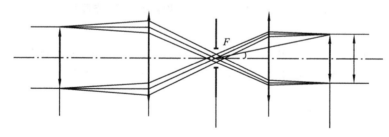

图 8-64 物像方远心光路

Figure 8-64 telecentric optical path of object-image space

设被测物体的物方线视场为 $2y$,面阵 CCD 器件像元素的对角线长度为 I_0,像元素个数为 $M \times N$,物像之间共轭距为 L,则可计算出如下参数。

(1) 系统放大率 β。

$$\beta = \frac{2y'}{2y} = \frac{f'_2}{f'_1} \tag{8-57}$$

式中,$2y' = \sqrt{M^2 + N^2} \cdot I_0$,为 CCD 敏感面尺寸。

(2) 物镜的相对孔径 $\dfrac{D}{f'}$(或数值孔径 NA)。

物镜的相对孔径是由物镜的分辨率和 CCD 器件所需光照度的大小决定的。物镜的分辨率 δ 与 CCD 器件的分辨率 $2I_0$ 有关,它们之间的关系为

$$\delta = \frac{2I_0}{\beta} \qquad\qquad (8\text{-}58)$$

（3）确定物镜的焦距。

因为理想的物像方远心光路中前光组 L_1 的像方焦点与后光组 L_2 的物方焦点重合，所以系统的光学间隔 $\Delta = 0$，系统为无焦系统。但实际使用过程中，有时像差校正需要两焦点没有完全重合，有一点离焦，此时光学间隔 $\Delta \neq 0$，焦距按公式 $f' = -\dfrac{f_2' f_1'}{\Delta}$ 计算。

（4）视场角 $2\omega'$。

$$\tan\omega' = \frac{y'}{p'}$$

式中，$p' = l' + f_2'$，为 CCD 光敏面到共轭焦点 F 的距离。

作为实例，给出长春理工大学设计的基于物-像方远心光路的 CCD 光电检测系统。根据具体要求，相对孔径取 $D/f' = 1/5$，远心系统放大倍率 $\beta = -0.11$，系统焦距 $f' = 1\,189.9$ mm，其中 $f_1' = 227$ mm，$f_2' = 25$ mm，光学间隔 $\Delta = -4.24$ mm，其光学系统结构图如图 8-65 所示。其中物-像方远心光路如图 8-65(a)所示，像方远心光路如图 8-65(b)所示。系统的点列图和传递函数曲线分别如图 8-66 和图 8-67 所示。

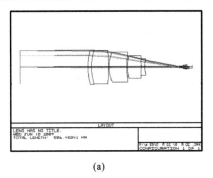

(a)

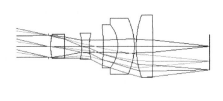

(b)

图 8-65　物-像方远心光路结构图

（a）物-像方远心光路；（b）像方远心光路

Figure 8-65　the sketch of object-image telecentric optical path

（a）object-image space telecentric optical path；（b）image space telecentric optical path

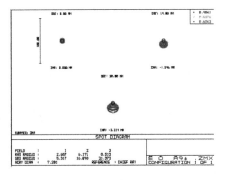

图 8-66　点列图

Figure 8-66　spot diagram

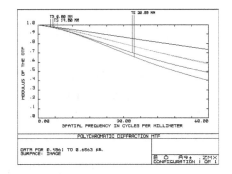

图 8-67　传递函数曲线

Figure 8-67　MTF curve

综合像差曲线可知，CCD 物像方远心光路光学系统符合 CCD 成像要求，这里不进行详细的论述。

2. CCD 望远测距系统(CCD ranging telescope system)

在大地测量中,测定物体目标至仪器之间距离的光学仪器称为测距仪。它可利用电磁波学、光学、声学等原理进行测距。测距仪已成为一种常规测量仪器,主要应用于地形测量、导线控制测量、各种工程测量、军事测量以及地球物理测量等。普通的目视测距仪应用较为广泛,但误差大、精度较低。近代,已发展成光电测距仪,测量范围达 3~50 km,精度为±(3~5) mm。

CCD 望远测距仪与普通目视测距仪的区别是没有目镜,而是在物镜的像面处放置一线阵 CCD,并且物镜选取为像方远心光路,可以提高测量精度。下面以外调焦式望远镜为例,说明望远系统测距原理,如图 8-68 所示。

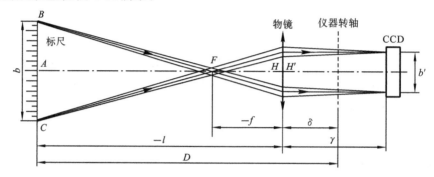

图 8-68 外调焦式望远镜系统测距原理

Figure 8-68   the ranging principle of exterior focusing telescope system

BC 是在测点 A 处竖起的一个标尺,其到仪器转轴的距离为 D,标尺上的长度 b 在 CCD 上成的像为 b',两者的关系是

$$-\frac{b}{b'} = \frac{-l-(-f)}{-f} = \frac{-l-f'}{f'}$$

即

$$-l = \frac{b}{b'}f' + f' \tag{8-59}$$

式中:l 是标尺对物镜的物距;f' 为物镜的焦距。不考虑物镜的正倒像关系,则式(8-59)为

$$|l| = |b/b'|f' + f' \tag{8-60}$$

设 δ 为仪器转轴到物镜后主面的间距,由图 8-68 中几何关系即可得到被测目标的距离

$$D = \frac{f'}{b'}|b| + f' + \delta \tag{8-61}$$

按照式(8-61)的推导过程能得到

$$D = k|b| + c \tag{8-62}$$

式中,$k = f'/b'$ 为仪器的乘常数;$c = f' + \delta$ 为仪器的加常数;乘常数 k 和加常数 c 均为变数,它们的数值是由仪器结构给定的。

设 f_0' 是对无限远成像时的焦距,f' 是对有限远物体进行调焦后的焦距。令 $\Delta f = f' - f_0'$,则被测距离可表示为

$$D = \frac{f_0'}{b'}|b| + \left(\frac{\Delta f'}{b'}|b| + \delta - l_F\right) = k_0|b| + c' \tag{8-63}$$

式中,乘常数 k_0 为常数,而加常数 c' 仍为变数。为了方便,应使加常数为零,这就是准距条件。经推导可得准距条件为

$$L = 2d_0 + \frac{\delta f_1'}{\delta + f_1'} \tag{8-64}$$

在该条件下,加常数 $c' \approx 0$。满足此条件的系统称为准距系统。

8.7 紫外告警光学系统
UV-Alarming Optical System

在现代光电探测技术中,紫外波段越来越受到人们的关注,成为继激光探测技术和红外探测技术之后发展起来的又一种极其重要的光电探测技术。

1. 日盲紫外及应用(solar blind UV and application)

电磁波谱中的 10～400 nm 波长范围称为紫外辐射。在这一波段内的紫外辐射随波长的变化而表现出不同的效应。为了研究和应用的方便,国际照明委员会(CIE)把紫外辐射划分为:近紫外(UVA 或 NUV)(315～400 nm)、中紫外(UVB 或 MUV)(280～315 nm)、远紫外(UVC 或 FUV)(200～280 nm)、真空紫外或超紫外(VUV)(10～200 nm)。

臭氧层是大气中臭氧浓度较高的区域,高度范围为 15～60 km,在 20～25 km 处,臭氧浓度达到最大值。臭氧层能吸收 99% 以上对人体有害的太阳紫外线,保护地球上的生命免遭短波紫外线的伤害。所以,臭氧层被誉为地球上生物生存繁衍的保护伞。因此,臭氧的吸收,200～300 nm 波段的紫外辐射在近地区含量极少,形成所谓的大气"日盲"光谱区。紫外光区域中的 0～200 nm 紫外辐射波长由于几乎被离地面 30～50 km 的臭氧层强烈吸收,导致在大气中不再存在,被称为光谱盲区。300～400 nm 波段的紫外辐射在传播过程中受到大气的强烈散射,透过的紫外辐射可到达地面被利用,该波段也就是所谓的大气的"紫外窗口"。同时,由于散射,在近地面的 300～400 nm 波段的紫外辐射是均匀分布的。

因此,对于 200～300 nm 范围的紫外辐射波段,天空是暗背景,使得在利用该波段进行告警时,可以与导弹羽烟的紫外辐射形成鲜明的对比。由于该性质,紫外告警系统在该波段工作时,可以有效地排除自然光源和人工光源的干扰,抗干扰能力强。但系统中需要含有紫外窄带滤波片,使 200～300 nm 的紫外辐射波段透过,滤掉其他辐射波段。

紫外告警系统的设计就是以紫外辐射的大气传输特性为理论依据的,其工作波段是大气的"日盲"光谱区。在此波段工作时,信号的传输过程受大气背景噪声的干扰很微弱。因此,紫外技术在导弹告警系统中的应用优势比较明显,使得紫外告警在现代军事中占据了主导地位。

火箭发动机中的燃料燃烧时,产生的燃烧气体与高浓度燃料混合由喷口喷出,使得在发动机喷口产生高温羽烟,由此产生了紫外辐射源。此外,发动机工作时所产生的热量也带来一定量的紫外辐射。以上两种紫外辐射构成了紫外目标辐射源信号,这也是紫外探测器所寻找的目标源。

日盲紫外接收器是紫外告警系统的一项关键技术,第一代紫外告警系统通常由 4 个传感器组成一个系统,来实现 360°的周视探测,探测器为光电倍增管,概略接收导弹羽烟的紫外辐射,具有体积小、重量轻等特点。其典型代表有美国生产的 AN/AAR—47 型紫外告警系统(它能提示来袭导弹的高度、方向及威胁程度,并且兼容性良好)(见图 8-69),以色列生产的 Guitar—300 型、Guitar—320 型紫外告警系统以及南非生产的 MAWS 型紫外告警系统等。

第二代紫外导弹告警系统通过计算机对 CCD 上形成的目标图像进行解调,从而得到导弹目标的空间位置。成像型紫外告警系统探测和识别目标的能力强,角分辨力高。第二代紫外成像告警系统的典型代表为美国诺格公司的 AN/AAR—47(V)型告警设备(见图 8-69)。其他成像型紫外告警设备还有美国利顿(Litton)公司的 AMAWS 型、欧盟联合研制的 AN/

图 8-69 紫外告警系统——AN/AAR—47

Figure 8-69 UV-alarming system-AN/AAR—47

AAR—60MILDS 型(见图 8-70)等。

图 8-70 紫外告警系统——AN/AAR—60MILDS

Figure 8-70 UV-alarming system-AN/AAR—60MILDS

　　成像型紫外告警系统并非是对导弹尾焰成像,导弹尾焰是瞬时变化的,没有固定的大小、形状和体积。相对于第一代紫外告警系统中的光电倍增管仅接收很小视场的目标紫外辐射,第二代成像型紫外告警系统采用面阵 CCD,可以接收很大视场的目标紫外辐射。

　　各国多使紫外告警设备的视场固定,探测器选取凝聚型紫外探测器,不需要扫描和制冷。紫外目标信号接收系统的组成如图 8-71 所示。

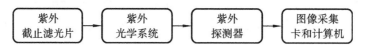

图 8-71 紫外目标信号接收系统

Figure 8-71 receiver of UV target signal

　　由于"日盲"光谱区的独有特性,"日盲"紫外探测技术还可用于高压线的电晕放电检测以及火灾报警等领域。

　　2. 紫外材料(UV-material)

　　在 $180 \sim 400$ nm 的紫外光谱范围内,用于制造镜片、窗口、滤光片等光学元件的紫外光学材料为数不多,主要有熔融石英和氟化钙等。除此之外,还有氟化镁、蓝宝石、钠钙硅紫外玻璃等多种材料,但考虑到透过率、性价比、双折射等诸多原因,在加工成紫外光学系统时均不适用。

1）熔融石英（fused silica）

光学石英玻璃是指二氧化硅含量在 99.99% 以上的高纯石英玻璃。光学石英玻璃在紫外波段有很好的透过性能，加之它的软化点高，允许最高工作温度达 1100 ℃，是目前制作高功率紫外高压汞灯及金属卤化物紫外灯唯一可用的管壁材料。

石英玻璃具有极低的热膨胀系数，其数值大约为 $0.55 \times 10^{-6}/℃$，可承受大的、快的热冲击。熔融石英玻璃色散系数可由式（8-65）表示，适用介于 $0.21 \sim 3.71\ \mu m$ 之间的波段范围，折射率 $n_d = 1.458464$，阿贝数 $v_d = 67.8214$。

$$\varepsilon = 1 + \frac{a_1 \lambda^2}{\lambda^2 - l_1^2} + \frac{a_2 \lambda^2}{\lambda^2 - l_2^2} + \frac{a_3 \lambda^2}{\lambda^2 - l_3^2} \tag{8-65}$$

式中：$a_1 = 0.69616630, l_1 = 0.069404300;$

$\quad\ a_2 = 0.40794260, l_2 = 0.11624140;$

$\quad\ a_3 = 0.89747940, l_3 = 908961610$。

石英玻璃具有一系列优良的物理、化学性能，例如，机械强度和耐热性能很高，热膨胀系数很小，化学稳定性和抗辐照性能也很好，电导率小，介电损耗小，硬度高，耐划伤，化学纯度和光学均匀性极高。石英玻璃的透光性能好，在紫外光谱区的最大透射范围可达 80% 甚至以上。

2）氟化钙（CaF$_2$）

氟化钙具有比石英玻璃更低的截止波长，且在紫外波段的折射系数较低，$n_d = 1.433849$，阿贝数 $v_d = 94.9959$，是减反射膜材料良好的选择。其透过波段范围为 $0.23 \sim 9.7\ \mu m$。

大多数氟化物是易潮解的，长时间暴露在大气中时会降低紫外性能，引起水对紫外辐射的吸收并使材料的体积发生变化，从而对材料的透过率及折射率等产生不良影响。氟化钙是柔软易碎的材料，尤其在抛光过程中易碎，因此，在加工和使用过程中要特别注意对材料的保护。

3）蓝宝石（sapphire）

蓝宝石也是一种透紫外辐射较好的材料，有抗化学腐蚀和防污的优点，而且材料极为坚硬，仅次于钻石。但其价格昂贵，难于抛光，一般不作为上乘选择。蓝宝石的折射率 $n_d = 1.76823$，阿贝数 $v_d = 72.2372$，其透过光谱范围为 $0.2 \sim 5.5\ \mu m$。

3. 紫外探测器（UV-detector）

紫外探测器是紫外告警系统的重要组成部分之一，其主要功能是把紫外光信号转换为电信号。由于大气对紫外辐射的吸收和散射作用，紫外辐射在传输过程中损失较大，因此，紫外探测器接收到的紫外信号很微弱，这就需要紫外探测器有较高的灵敏度。现介绍两种主要的紫外探测器件 UV-CCD 和 ICCD。

1）UV-CCD

UV-CCD 是在普通的 CCD 表面上镀一层荧光材料，此材料可以进行紫外光与可见光的转换，使其能够对紫外辐射成像。紫外 CCD 的光谱响应曲线如图 8-72 所示。

2）ICCD

像增强型紫外 ICCD 是一种新兴的紫外探测器，其探测到的图像能够提供较丰富的细节信息，且能探测到极其微弱的信号。ICCD 组成单元包括入射窗、光电阴极、微光通道（MCP）、荧光屏、耦合光纤和可见光 CCD。ICCD 的基本工作原理为：电子经入射窗后到达光电阴极上，经 MCP 进行电子倍增后聚焦到荧光屏上产生可见光，可见光经光学系统后会聚到 CCD 上，对 CCD 加上驱动电流，即可输出可见光的数字信号，完成由光到电子图像的转换。图 8-73 为紫外 ICCD 的结构图。

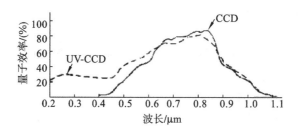

图 8-72 紫外 CCD 光谱响应曲线

Figure 8-72 spectrum response curves of UV-CCD

图 8-74 是由美国普林斯顿有限公司生产的 PI-MAX3 像增强型 ICCD。光纤耦合的 16-Bit PI-MAX 增强型 ICCD 提供各种 CCD 与增强器的组合,以达到最高的探测灵敏度和最短几百皮秒级别的精确快门控制。PI-MAX 与 PI-MAX3 系统均配有最新型的 PI 无膜型增强器,该增强器可以兼具高灵敏度和快门速度。表 8-7 给出了 PIXIS2048 系列紫外探测器的技术参数。

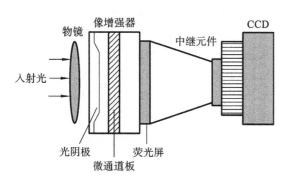

图 8-73 紫外 ICCD 结构图

Figure 8-73 construction of UV-ICCD

图 8-74 PI-MAX3 型 ICCD

Figure 8-74 ICCD-PI-MAX3

表 8-7 PIXIS2048 系列技术参数

Table 8-7 technical parameters of PIXIS2048 series

参数 / 型号	PIXIS:2048F	PIXIS:2048B
芯片型号	e2vCCD42—40F	e2vCCD42—40B
分辨率	2048×2048	2048×2048
芯片类型	前照式、全帧	背照式、全帧
芯片尺寸	27.6 mm×27.6 mm	27.6 mm×27.6 mm
像素尺寸	13.5 mm×13.5 μm	13.5 mm×13.5 μm
A/D 转换速度	100kHz/2MHz 16bit	100 kHz/2MHz 16bit
满阱电荷 单像素输出节点	100 ke-(典型)/80 ke-(最小)	
	1000 ke-(典型)/800 ke-(最小)	
暗电流	0.005 e-/p/se(典型)	0.008 e-/p/se(典型)
	0.01 e-/p/sec(最大)	0.02 e-/p/sec(最大)

续表

参数＼型号	PIXIS：2048F	PIXIS：2048B
读出噪声	3.5 e-rms（典型），5 e-rms（最大） 12 e-rms（典型），16 e-rms（最大）	
镜头接口	F 口和 45 mm 快门	
制冷温度	环境温度 20 ℃时制冷为－65 ℃（典型）±0.05 ℃误差	
非线性度	小于 1%	

由表 8-7 可知，紫外探测器的特征参数较多，但对光学设计者来说，以下参数更重要。

（1）探测器的有效尺寸（effective area）。

通常以对角线的长度——英寸（1 inch＝16 mm）来标注，探测器的有效尺寸决定了光学系统的像方线视场，当光学系统的焦距确定后，则决定了光学系统的物方角视场；角视场越大，视场高级像差越大，导致光学系统越复杂，设计越难。

（2）像素尺寸大小（pixel size）。

像素尺寸的大小决定了光学系统的光学传递函数的实际截止频率，光学系统的 MTF 在该截止频率时应大于某值，如 0.4。但紫外告警光学系统不是成像系统，而是能量系统，不用 MTF 评价，而用点列图、点扩散函数等。紫外告警光学系统的点列图应尽可能小于 2 个像素尺寸，各视场的点扩散函数的峰值尽可能高。

（3）光谱特征曲线（spectral response curve）。

紫外探测器的光谱特征曲线应与探测目标的辐射光谱相匹配。在图 8-72 所示的紫外 CCD 光谱响应曲线中，UV-CCD 在 200～300 nm 范围内的量子效率很高，而普通 CCD 在该波段范围内的效率则很低，故紫外告警光学系统中探测器的选择很重要。

4. 日盲紫外告警光学系统设计与像质评价

（optical system design and evaluation of solar blind UV-alarming）

日盲紫外告警光学系统属于大视场、大相对口径系统。各种像差均较大，均需校正，但由于是非成像系统，可不考虑畸变。由于紫外波长短，比远红外小 1/40，故其艾里斑比远红外小 1/40，其焦深也小 1/40，故日盲紫外告警光学系统设计十分困难。另外，紫外镜头的材料很少，仅两三种，其阿贝数差也不大，不利于校正色差，更难校正二级光谱。材料少使校正变量减小，也给像差的校正带来困难。为满足大视场的像质要求，通常需加入二元衍射面和非球面。由于焦距与线视场成正比，故当探测器确定后，视场受焦距和探测器的像面限制。

图 8-75 是长春理工大学设计的日盲紫外告警光学系统，光学系统的技术指标如下所示：

视场角：$2\omega=30°$；

焦距：$f'=50$ mm；

相对孔径：$D/f'=1：4$；

工作波段：240～280 nm；

探测器：PIXIS：2048BUV；

（芯片尺寸：27.6 mm×27.6 mm，像素尺寸：13.5 μm×13.5 μm）；

像质要求：点列图小于一个像素尺寸。

该紫外告警光学系统仅使用两种常用的紫外材料，熔融石英（F_SILICA）和氟化钙

(CaF₂)。系统由六片透镜组成,采用对称式,孔径光阑在中间,有利于校正垂轴像差。前后每半部分都由正-负-正三个光学元件组成,有利于校正球差和色差。所有镜片均由球面设计组成,结构简单,易加工,图 8-76 所示为日盲紫外告警光学系统的结构参数(因该设计已申请专利,图中数据进行了加密处理)。需要指出的是,为了获得对比度较高的导弹等目标的清晰图像,在图 8-75 所示的日盲紫外告警光学系统的前方需加一个紫外窄带滤光片,使 240～280 nm 的紫外辐射波段透过,滤掉其他波段的紫外辐射。由于紫外窄带滤光片是平行平板薄片,且在平行光路中,不产生像差,在光学系统设计时可不考虑。

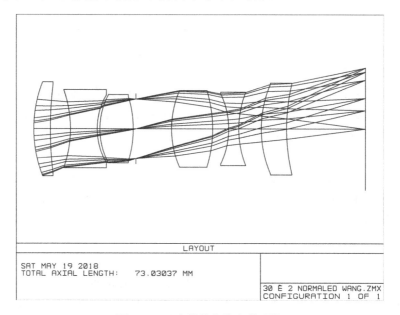

图 8-75 日盲紫外告警光学系统

Figure 8-75   solar blind UV-alarming optical system

Surf:Type		Comment	Radius	Thickness	Glass	Semi-Diameter	Conic
OBJ	Standard		Infinity	Infinity		Infinity	0.000
1	Standard		25.760	3.700	CAF2	9.985	0.000
2	Standard		73.740	4.400		9.270	0.000
3	Standard		-24.210	6.000	F_SILICA	8.312	0.000
4	Standard		13.709			7.193	0.000
5	Standard		14.691	7.400	CAF2	7.255	0.000
6	Standard		-21.480	0.600		6.857	0.000
STO	Standard		Infinity	7.800		6.313	0.000
8	Standard		19.907	9.000	CAF2	8.131	0.000
9	Standard					8.025	0.000
10	Standard		-16.805	2.200	F_SILICA	7.504	0.000
11	Standard			5.000		7.797	0.000
12	Standard		23.450	5.500	CAF2	9.523	0.000
13	Standard		40.090	17.330		9.770	0.000
IMA	Standard		Infinity	—		12.999	0.000

图 8-76 日盲紫外告警光学系统结构参数

Figure 8-76   construction parameters of solar blind UV-alarming optical system

图 8-77 给出了六个视场、三种色光的点列图,由图可以看出,边缘视场 30°范围内,最大的点列图的均方半径为 16.77 μm。图 8-78 给出了该紫外告警光学系统边缘视场(30°)的点扩散函数 PSF。由图 8-78 可以看出,该光学系统成像能量集中,容易利用求质心算法找到像点在

ICCD 的位置,再由焦距确定目标的方位。图 8-79 给出了加工、装调后的该日盲紫外告警接收系统。

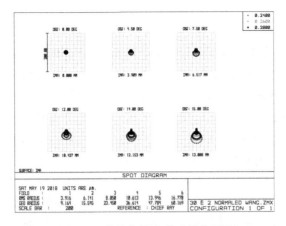

图 8-77 紫外告警光学系统点列图

Figure 8-77 spot of UV-alarming optical system

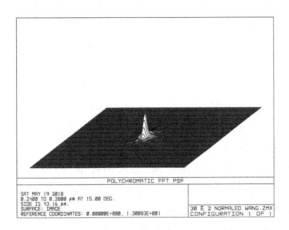

图 8-78 紫外告警光学系统点扩散函数

Figure 8-78 PSF of UV-alarming optical system

图 8-79 日盲紫外告警接收器

Figure 8-79 solar blind UV-alarming receiver

8.8 机器视觉光学系统
Optical System of Machine-Vision

1. 机器视觉系统及应用(machine-vision system and application)

机器视觉是人工智能正在快速发展的一个分支,简单来说,机器视觉是通过光学装置和非接触的图像传感器自动地接收和处理真实物体的图像,以获得所需要的图像信息。机器视觉技术综合了光学、机械、电子、计算机软硬件等方面的技术,涉及计算机、图像处理(image processing)、模式识别(mode recognition)、人工智能(artificial intelligence)、信号处理(signal process)和光机电一体化(optical-mechanical and electronic integration)等多个领域。机器视觉模拟人的视觉功能,从客观事物的图像中提取信息,根据像素分布、亮度和颜色等信息,转换成数字化信号;图像系统对这些信号进行各种运算来抽取目标的特征,进行处理,最终用于实际检测和控制。机器视觉技术最大的特点是速度快,信息量大,功能多。

在一些不适合人工作业的危险工作环境或人工视觉难以满足要求的场合,常用机器视觉来替代人工视觉。同时在大批量工业生产过程中,用人工视觉检查产品质量的效率低且精度不高,用机器视觉检测方法可以大大提高生产率和生产的自动化程度。机器视觉易于实现信息集成,是实现计算机集成制造的基础技术,可以在最快的生产线上对产品进行测量、引导、检测和识别,保质保量地完成生产任务。

机器视觉系统有下列优点:①非接触测量,对于观测者与被观测者都不会产生任何损伤,从而提高了系统的可靠性;②具有较宽的光谱响应范围,例如使用人眼看不见的红外测量,扩展了人眼的视觉范围;③长时间稳定工作,人类难以长时间对同一对象进行观察,而机器视觉则可以长时间地执行测量、分析和识别任务。

20 世纪 80 年代初,Marr 首次将图像处理、心理物理学、神经生理学和临床精神病学的研究成果从信息处理的角度进行概括,创立了视觉计算理论框架。这一基本理论对立体视觉技术的发展产生了极大的推动作用,在这一领域已形成了从图像的获取到最终的三维场景可视表面重构的完整体系,使得立体视觉已成为计算机视觉中一个非常重要的分支。经过几十年的发展,立体视觉在机器人视觉、航空测绘(aerial mapping)、反求工程(reverse engineering)、军事运用、医学成像和工业检测等领域中的运用越来越广,如交通中的管制监控、车辆自动驾驶/无人驾驶,应用于金融、司法、军队、公安、边检的人脸识别分析,三维物体的外观尺寸、轮廓(contour)、高度(altitude)、面积测量,工业视觉检测、成品检验和质量控制,医疗影像诊断等。图 8-80 所示为 2D 机器视觉在线检测,图 8-81 所示为 3D 机器视觉在线检测的示意图。

2. 机器视觉系统构成(configuration of machine-vision system)

一个典型的机器视觉系统由照明光学系统、成像光学系统、图像传感器、图像处理系统构成。

1) 照明光学系统(illuminating optical system)

照明是影响机器视觉系统输入的重要因素,它直接影响输入数据的质量和应用效果。由于没有通用的机器视觉照明设备,所以针对每个特定的应用实例,要选择相应的照明装置,以达到最佳效果。光源可分为可见光和不可见光。常用的几种可见光源是白炽灯、日光灯、水银灯和钠光灯。可见光的缺点是光能不能保持稳定。一方面,如何使光能在一定程度上保持稳定,是实用化过程中急需解决的问题。另一方面,环境光有可能影响图像的质量,所以可采用

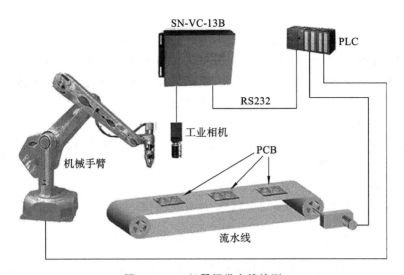

图 8-80 2D 机器视觉在线检测

Figure 8-80 on-line testing by 2-D machine vision

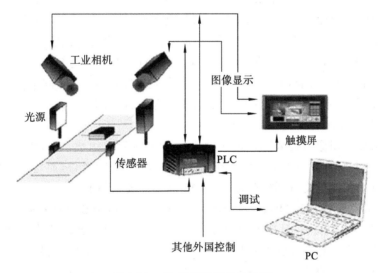

图 8-81 3D 机器视觉在线检测

Figure 8-81 on-line testing by 3-D machine vision

加防护屏的方法来减轻环境光的影响。

照明光学系统按其照射方法可分为背向照明、前向照明、结构光照明和频闪光照明等。其中,背向照明是被测物放在光源和摄像机之间,它的优点是能获得高对比度的图像。前向照明是光源和摄像机位于被测物的同侧,这种方式便于安装。结构光照明是将光栅或线光源等投射到被测物上,根据它们产生的畸变,解调出被测物的三维信息。频闪光照明是将高频率的光脉冲照射到物体上,摄像机的拍摄要求与光源的同步。

光源选型基本要素是亮度。当选择两种光源的时候,最佳的选择是选择更亮的那种。当光源不够亮时,可能有三种情况出现。第一,相机的信噪比不够;由于光源的亮度不够,图像的对比度必然不够,在图像上出现噪声的可能性也随即增大。第二,光源的亮度不够,必然要加大光圈,从而减小了景深。第三,当光源的亮度不够的时候,自然光等随机光对系统的影响会最大。

良好的照明应该保证需要检测的特征突出于其他背景,即目标图像的对比度好。对比度对机器视觉来说非常重要,机器视觉应用的照明的最重要任务就是使需要被观察的特征与需要被忽略的图像特征之间产生最大的对比度,从而易于特征的区分。好的光源应该能够产生最大的对比度、亮度足够且对部件的位置变化不敏感。

2) 成像光学系统(imaging optical system)

成像光学系统即摄像镜头。镜头的重要技术指标是焦距、视场、放大倍数、工作距离、分辨率。其像质主要看 MTF 和畸变。用于尺寸测量的机器视觉成像光学系统的畸变必须很小,以减小测量误差,必要时进行计算机畸变补偿。

成像光学系统的焦距大小与其放大倍数、像方视场(即图像传感器的感光尺寸)相关,设计时必须使其相互匹配。

3) 图像传感器(imaging sensor)

图像传感器是 CCD(或 CMOS),但在机器视觉商业市场内通常称它为相机,实际上它不带光学镜头,需要根据应用需求另配镜头。图像传感器的尺寸即是成像光学系统的像方视场。如果测量物体的宽度,则需要使用水平方向的 CCD 像素尺寸。CCD 的尺寸是以英寸为单位的,按 CCD 对角线方向度量,英寸和毫米的换算系数为 $1'' = 25.4$ mm。CCD 像素的大小直接影响到机器视觉系统的分辨率,选择 CCD 时不但要使 CCD 的尺寸满足像方视场的要求,而且要使 CCD 的像素大小满足分辨率的要求。如果 CCD 的像素大小是 $10~\mu m \times 10~\mu m$,则分辨率为 50 cy/mm(注:在电子行业,通常把水平方向像素数乘以垂直方向像素数(如 752(h)×582(v))称为 CCD 的分辨率,但这不是光学所定义的分辨率的概念)。

4) 图像处理系统(image process system)

图像处理系统由图像采集卡(frame grab board)和计算机组成,通过编程实现图像处理。如果 CCD 相机是 USB 2.0、USB 3.0、GigE(千兆网,支持巨帧)接口,而笔记本电脑有这些接口,则 CCD 相机只需要采集、存储、曝光、增益等,而不需要采集卡。

如果 CCD 相机是 IEEE 1394、CameraLink、CXP 等接口,则必须有采集卡。

比较典型的是 PCI 或 AGP 兼容的图像采集卡,可以将图像迅速地传送到计算机存储器进行处理。有些采集卡有内置的多路开关,例如,可以连接 8 台不同的摄像机,然后告诉采集卡采用哪个相机抓拍到的信息。有些采集卡有内置的数字输入以触发采集卡进行捕捉,当采集卡抓拍图像时,数字输出口就触发闸门。

图像采集卡接收模拟视频信号,通过 A/D 将其数字化,或者直接接收摄像机数字化后的数字视频数据,图像采集卡将数字图像存放在处理器或计算机的内存中,再由图像处理程序对数字图像进行分析、处理,完成目标图像尺寸测试等任务。

图 8-82 给出了机器视觉检测的结构图,由图可以看出机器视觉检测的工作流程。

3. 2D 机器视觉光学系统(optical system of 2-D machine-vision)

1) 2D 机器视觉测试原理(test principal of 2-D machine-vision)

设被测物体水平方向的尺寸为 X,垂直方向的尺寸为 Y,β 为显微物镜放大倍率。$\beta = 3$,CCD 成像区域尺寸为 6.4(h)mm×4.8(v)mm,像素为 752(h)×582(v),被测物体成像后必须在该范围内。设被测物体通过显微物镜成像后,在 CCD 相机上水平方向的尺寸为 X',垂直方向的尺寸为 Y',有

水平方向:$X \times \beta = X' \leqslant 6.4$,则 $\qquad X \leqslant 6.4/3 = 2.13$ mm

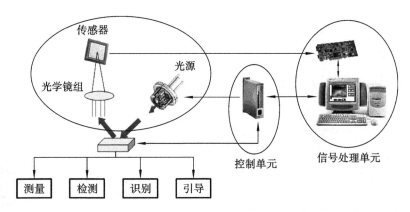

图 8-82　机器视觉检测的结构图

Figure 8-82　test configuration of machine-vision

垂直方向：$Y \times \beta = Y' \leqslant 4.8$，则　　　　　　$Y \leqslant 4.8/3 = 1.6$ mm

得到被测物体的尺寸范围为

$$2.13(L)\text{mm} \times 1.6(W)\text{mm}$$

计算可得 CCD 相机中每一个像素点（pixel）的实际尺寸为

水平方向：$6.4/752 = 8.5 \mu$m

垂直方向：$4.8/582 = 8.2 \mu$m

因此，对于获取的工件图像中任意两点像素坐标为 (x_1, y_1) 和 (x_2, y_2)，两点之间在 CCD 的距离 L 为

$$L = \sqrt{(|x_2 - x_1| \times 8.5)^2 + (|y_2 - y_1| \times 8.2)^2} (\mu\text{m})$$

由此可得，这两点间的实际距离 l 为

$$l = \frac{L}{\beta} = \frac{\sqrt{(|x_2 - x_1| \times 8.5)^2 + (|y_2 - y_1| \times 8.2)^2}}{3} (\mu\text{m})$$

2）2D 机器视觉光学实验装置（optical experimental setup of 2-D machine-vision）

图 8-83 为 2-D 机器视觉光学实验装置。该实验装置主要由二维可移动平台（可以调整位置，使工件成像最清晰）、显微物镜、CCD 图像传感器、图像采集卡和计算机等组成，通过程序计算机完成图像处理和测量结果自动显示。

（1）CCD 的选择（selection of CCD）。

选择合适的 CCD 相机对于测量系统是非常重要的，关系到系统的成本和测量精度。首先需要考虑的是选择黑白的 CCD 相机还是彩色的 CCD 相机，虽然彩色的 CCD 相机可以得到黑白的图像，但是对于同样价格的两种相机，黑白相机的分辨率高、信噪比大、灵敏度高、拍摄的图像对比度也强，更能表达原物体的亮度信息，图像的数据量小，处理速度快，而且对于大部分三维测量应用来说，黑白的 CCD 相机足以胜任。

其次需要考虑选择多大的 CCD 芯片，不同的相机选择了不同大小的 CCD 芯片，价格、性能区别很大，选择哪一款是由被测物体的大小和分辨率的要求决定的，相机的视场应该大于或者等于物体需要检测的部位。

实验中选用了 TOTA-380 CCD 相机，如图 8-84 所示，其性能参数指标如下。

器件尺寸：4.9 mm$\times 3.7$ mm（1/3″）

扫描方式（scanning system）：隔行扫描

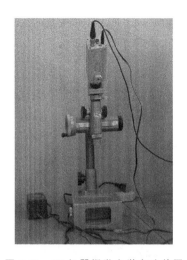

图 8-83　2D 机器视觉光学实验装置

Figure 8-83　optical experimental setup of 2-D machine-vision

图 8-84　TOTA-380 CCD 相机

Figure 8-84　TOTA-380 CCD camera

有效像素(effective pixels):500(h)×582(v)

像素尺寸(size):9.8 μm×6.3 μm

像素深度(bit depth):8 bit

分辨率(resolution):420TV line

帧频(frame rate):25 fps

电子快门速度(electronic shutter):1/50～1/100000

信噪比(signal to noise ration):50 dB

电源(power):12 V DC

(2) 镜头的选择(selection of lens)。

视觉系统的精度取决于相机的有效视场和包含的像素数。有效视场内,每个像素的尺寸越小,测试的精度越高。因此,为了获取高清晰的图像,充分利用像平面内的像素,突出物体细节,需要根据设计视场的大小及拍摄物距选择合适的光学镜头。

镜头焦距为 f(mm),工作距离为 D(mm),如果拍摄目标尺寸为 $M×N$(mm),在像面上的投影尺寸是 $m×n$(mm),那么由小孔成像原理可得

$$m = \frac{M \times f}{D}$$

$$n = \frac{N \times f}{D} \tag{8-66}$$

从式(8-66)可以看出,在景深范围内,物体离相机越近,像素越小,图像效果越好,但视场较小;物体离相机越远,较大的物体能进入视场,但图像不清晰,往往得不到拍摄物体的细节。如果 M、N、D 保持不变,f 越大,CCD 芯片利用率越高,可利用的有效像素越多;反之,CCD 芯片的利用率降低,可利用的有效像素减少,物体的清晰度越低。因此,应该具体问题具体分析,由拍摄场景的大小、物体距离相机的距离、CCD 芯片的尺寸以及对物体的测量精度要求来选择 CCD 镜头。式(8-67)为镜头焦距的计算式:

$$f' = D \sqrt{\frac{m \times n}{M \times N}} \tag{8-67}$$

根据系统设计的要求,使场景在 CCD 芯片上正好满屏显示。由于 CCD 芯片尺寸为 4.9 mm×3.7 mm,由式(8-67)可得 f' 约为 9.25 mm。实验中选择了比较容易购买的焦距为 8 mm、$F/3.5$ 的镜头,如图 8-85 所示。

图 8-85　实验所选镜头
Figure 8-85　selected experiment lens

(3) 图像采集卡的选择(selection of image grab board)。

如果选用了模拟信号接口的相机,则有必要选择一个合适的图像采集卡,一般 8 bit 的采集卡就足够了,可以提供 256 灰度级或 24 bit 的彩色图像,图像处理速度也很快,从而可以降低计算机系统的速度要求。

实验采用的图像采集卡 VIDEO-PCI-SM 是北京大恒图像视觉有限公司设计的基于 PCI 总线的高速黑白图像采集卡。输入的视频信号,经模/数转换器、比例缩放、裁剪等处理,通过 PCI 总线传到 VGA 显示卡实时显示或传到计算机内存实时存储。数据的传送过程是由图像采集卡控制的,无需 CPU 参与,因此图像传输速度可达 40 MB/s。

VIDEO-PCI-SM 图像采集卡的工作流程如图 8-86 所示。四路复合视频输入经多路开关,软件选择其中一路作为当前输入,输出到 A/D 进行模/数变换。数字化后的图像信号经各种图像处理(如比例缩放、裁剪、位屏蔽)后,利用 PCI 总线,传到 VGA 显示卡显示或计算机内存存储。

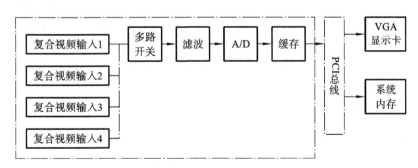

图 8-86　VIDEO-PCI-SM 图像采集卡的工作流程
Figure 8-86　working flow chart of image grab board VIDEO-PCI-SM

该测试系统可以实现绝对测量和相对测量,具体能够测试的工件类型主要由 VC++ 编写的测量程序决定。图 8-87 给出了检测某圆形工件时的计算机显示的二维圆形工件图像。

3) 2D 机器视觉测试系统软件设计(software designing of 2-D machine vision test system)

系统中的程序使用 Visual C++语言进行编写,软件编程是实现图像处理和工件测量的重要组成部分。它对 CCD 相机拍摄的二维图像进行图像处理后得到二值化图像,进而提取出对工件测量有用的信息后,完成对工件尺寸的相对检测、绝对检测、微米级工件检测和面积测量等任务。本系统主要由图像处理程序和尺寸测量程序两部分组成,系统软件的流程图如图 8-88 所示。

图 8-87 二维圆形工件图像

Figure 8-87 image of 2-D circle workpiece

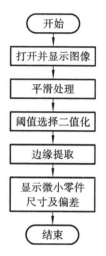

图 8-88 图像处理与检测流程图

Figure 8-88 flow chart of image process and test

4) 2D 机器视觉测试实例(testing example of 2-D machine-vision)

(1) 圆形工件测量(testing of circle workpiece)。

图 8-89 为圆形工件位置的示意图。要搜索该工件图像圆心所在位置,求相对圆心来说的最大半径和最小半径,并计算二者差值。首先要对测量的工件图像进行逐行扫描,可以得到图像中每一行灰度值为 0(即黑点)的像素个数的和,这样就找到了该圆形工件的圆心所在的行,就是灰度值为 0(即黑点)的像素点数目和最多的行。设圆心所在行的第一个灰度值为 0(黑点)的像素点的坐标为 (x_1, y),记该行最后一个灰度值为 0(黑点)的像素点的坐标为 (x_2, y),那么设该圆形工件的圆心坐标为 (x_0, y_0),即为 $\left(\dfrac{x_1+x_2}{2}, y\right)$。计算

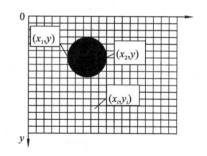

图 8-89 圆形工件的位置

Figure 8-89 position of circle workpiece

图像中任意一灰度值为 0 的点 (x_i, y_i) 到圆心 (x_0, y_0) 的距离,距离中的最大值为该圆形的最大半径,记为 r_{max},距离中的最小值为该圆形的最小半径,记为 r_{min}。

通过 VC++编写的自动程序来实现上述检测程序的思想,测试时此系统可自动弹出如图 8-90 所示的对话框,该对话框中可以得到被测圆形工件的参数,分别显示被测圆形工件的圆心所在位置,最大半径 r_{max}、最小半径 r_{min} 以及经过计算后很容易得到的两半径之差:$\Delta r = r_{max} - r_{min}$。

(2) 矩形工件测量(testing of rectangular workpiece)。

矩形工件测量要对该矩形工件图像搜索矩形的四个顶点、每条边的长度值、任意两条边的

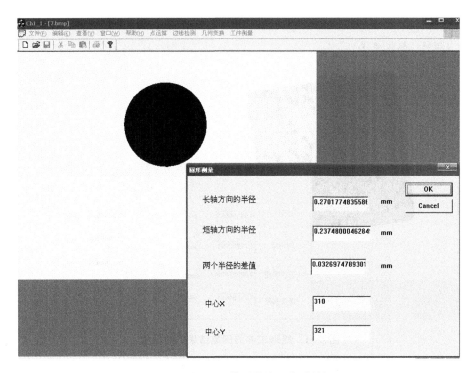

图 8-90　圆形工件测量结果的对话框

Figure 8-90　dialog box of testing circle workpiece

角度值。首先对矩形工件的图像从左到右逐列进行扫描,通过比较很容易找到图像中最左面的一点和最右面的一点。类似地,再对图像从上到下逐行扫描,记录图像中灰度值为 0 的像素点的坐标,找到图像中最上面的一点和最下面的一点。这样得到了四个顶点的坐标值,通过计算可以求出矩形工件的四条边的边长。再根据三角形的余弦定理,由其中任意三个顶点的坐标可以求出任一个顶角的度数。

通过编写的 VC++程序来实现上述检测程序的思想,测试时此系统可自动弹出如图 8-91 所示的对话框,该对话框中可以得到被测矩形工件的参数,分别显示被测矩形工件的长和宽,标准工件的参数进行比较得到的差值,以及经过计算后得到的顶角的角度值等参数。图 8-92 给出了矩形工件面积的测量结果,以像素数形式给出。根据像素的尺寸和像素数即可求得工件面积。

4. 3D 机器视觉光学系统(3-D imaging optical system of machine-vision)

1) 3D 机器视觉成像原理(imaging principal of 3-D machine-vision)

考虑一般的情况,对两个 CCD 相机的摆放位置不做特别要求。如图 8-93 所示,设左 CCD 相机 $O—xyz$ 位于世界坐标系的原点处且无旋转,图像坐标系为 $O_l—X_lY_l$,有效焦距为 f_l;右 CCD 相机坐标为 $o_r—x_ry_rz_r$,图像坐标系为 $O_r—X_rY_r$,有效焦距为 f_r。

由 CCD 相机透视变换模型有

$$s_l \begin{bmatrix} X_l \\ Y_l \\ 1 \end{bmatrix} = \begin{bmatrix} f_l & 0 & 0 \\ 0 & f_l & 0 \\ 0 & 0 & 1 \end{bmatrix} \begin{bmatrix} x \\ y \\ z \end{bmatrix}$$

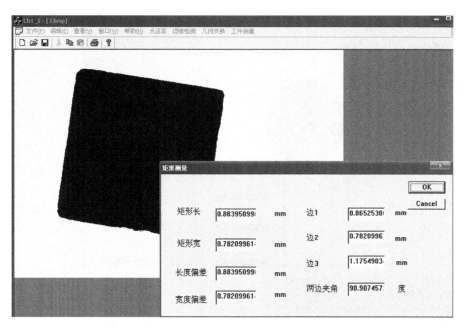

图 8-91 矩形工件的测量结果的对话框

Figure 8-91 dialog box of testing rectangular workpiece

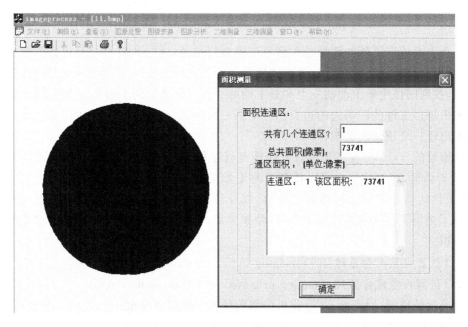

图 8-92 内孔面积测量结果

Figure 8-92 tested result of inner hole area

$$
s_r \begin{bmatrix} X_r \\ Y_r \\ 1 \end{bmatrix} = \begin{bmatrix} f_r & 0 & 0 \\ 0 & f_r & 0 \\ 0 & 0 & 1 \end{bmatrix} \begin{bmatrix} x \\ y \\ z \end{bmatrix}
$$

而 $O\!-\!xyz$ 坐标系与 $o_r\!-\!x_ry_rz_r$ 坐标系之间的相互位置关系可通过空间转换矩阵 $\boldsymbol{M}_{tr}$ 表示为

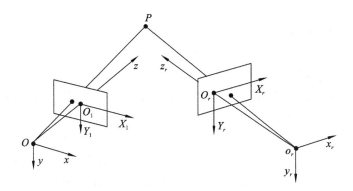

图 8-93　立体视觉三维重建

Figure 8-93　3-D reconstruction of stereo vision

$$\begin{bmatrix} x_r \\ y_r \\ z_r \end{bmatrix} = \boldsymbol{M}_{lr} \begin{bmatrix} x \\ y \\ z \\ 1 \end{bmatrix} = \begin{bmatrix} r_1 & r_2 & r_3 & t_x \\ r_4 & r_5 & r_6 & t_y \\ r_7 & r_8 & r_9 & t_z \end{bmatrix} \begin{bmatrix} x \\ y \\ z \\ 1 \end{bmatrix} \qquad \boldsymbol{M}_{lr} = [R \,|\, T]$$

其中，$\boldsymbol{R} = \begin{bmatrix} r_1 & r_2 & r_3 & t_x \\ r_4 & r_5 & r_6 & t_y \\ r_7 & r_8 & r_9 & t_z \end{bmatrix}$，$\boldsymbol{T} = \begin{bmatrix} t_x \\ t_y \\ t_z \end{bmatrix}$分别为 $O—xyz$ 坐标系与 $o_r—x_r y_r z_r$ 坐标系之间的旋转

矩阵和原点之间的平移变换矢量。

由此可知，对于 $O—xyz$ 坐标系中的空间点，两 CCD 相机像面点之间的对应关系为

$$\rho_r \begin{bmatrix} X \\ Y \\ 1 \end{bmatrix} = \begin{bmatrix} f_r r_1 & f_r r_2 & f_r r_3 & f_r t_x \\ f_r r_4 & f_r r_5 & f_r r_6 & f_r t_y \\ r_7 & r_8 & r_9 & t_z \end{bmatrix} \begin{bmatrix} z X_l / f_l \\ z Y_l / f_l \\ z \\ 1 \end{bmatrix}$$

于是，空间点三维坐标可以表示为

$$\begin{cases} x = \dfrac{z X_l}{f_l} \\[2mm] y = \dfrac{z Y_l}{f_l} \\[2mm] z = \dfrac{f_l(f_r t_x - X_r t_z)}{X_r(r_7 X_l + r_8 Y_l + f_l r_9) - f_r(r_1 X_l + r_2 Y_l + f_l r_3)} \\[4mm] = \dfrac{f_l(f_r t_y - Y_r t_z)}{Y_r(r_7 X_l + r_8 Y_l + f_l r_9) - f_r(r_4 X_l + r_5 Y_l + f_l r_6)} \end{cases} \tag{8-68}$$

因此，已知焦距 f_l、f_r 和空间点在左右 CCD 相机中的图像坐标，只要求出旋转矩阵 $\boldsymbol{R}$ 和平移矢量 $\boldsymbol{T}$ 就可以得到被测物体点的三维空间坐标。

2）特征提取（feature abstraction）

从图像中提取特征点是进行三维测量立体匹配的关键一步。为了借助拍摄的图像描述物体的上表面，完全重构三维物面，提取左右两个观察方向上图像的特征是非常重要的。物体特征的提取与测量的外界条件和物体表面的状态都是有关的，是进行立体匹配和三维重构必不可少的一步。特征点提取的越多、越准确，得到正确匹配的可能性就越大，进行三维测量的准确性就越大。

图像特征可归为三类特征:点特征、线特征和区域特征。最常见的点特征就是图像的角点;而线特征主要是指一些线段或圆弧,也包括轮廓线或某些特性曲线;区域特征主要指一些特定的形状或一些稳定的特征块。

角点特征提取有三种方法,即 Harris、SUSAN 和 SIFT 角点的提取。最常用的特征匹配算法是 SIFT 算法。David G. Lowe 提出了一种图像局部特征描述算子——SIFT(scale invariant feature transform)算子,即尺度不变特征变换。该算子基于尺度空间的,对图像旋转、缩放甚至仿射变换具有不变性。SIFT 算法首先在尺度空间进行特征检测,并确定关键点所处的尺度和关键点的位置;然后关键点方向特征选取为邻域梯度的主方向,这样可以实现算子对方向和尺度的无关性。

3) 立体匹配(stereo matching)

立体视觉首先要获得从不同方向摄取的几幅图像(一般选取左右方向的两幅图像)。除了要满足应用要求外,在获取图像时还要考虑景物特点、摄像机性能、光照条件以及视点差异等因素的影响,以便有利于立体视觉计算。摄像机定标的目的就是建立有效的成像模型和确定摄像机的位置、属性参数,以便确定摄像机的内、外部参数,正确地建立空间坐标系中图像点与空间点的对应映射关系。

特征提取对左右两幅图像分别提取图像特征,为进行立体匹配做好准备。但是目前还没有一个普遍适用理论用来获取图像特征,导致了立体视觉技术中研究特征提取和特征匹配的多样性。

立体匹配是立体视觉中最重要也是最难以解决的步骤。立体匹配根据从左右两幅不同图像进行特征提取,得到参数和图像特征,将空间中同一个场景点在左、右两幅图像中的不同映射点对应起来,建立左、右两幅图像间特征的对应关系,从而得到视差图像,为接下来的三维信息重构做准备。

4) 3D 机器视觉实验(experiment of 3-D machine vision)

为简化 3D 机器视觉实验,实验是基于单个 CCD 相机进行的,CCD 摄像机沿着 x 方向移动,没有转动。当该 CCD 相机位于位置 1 和位置 2 时,分别采集包含物体特征点的两幅不同图像。系统的基线距离 B 与 CCD 相机的移动距离有关。如果 CCD 相机的位置 1 和位置 2 确定下来,需要对该测试系统进行标定;如果在测量过程中改变位置 1 和位置 2,需重新进行摄像机标定(camera calibration)。根据 CCD 相机的移动位置 1 和位置 2 的不同,该双目视觉系统很容易构成不同基线距离。

3D 机器视觉实验实例要求如下:工作距离为 1000 mm 左右,拍摄的视场不小于 500 mm ×400 mm,景深长度为 450 mm,物体分辨率约为 1 mm。采用一台 CCD 相机,通过移动实现相机的移动距离(即系统的基线)为 200 mm,两个位置的光轴夹角约为 10°,左右摄像机所采集的图像基本处于同一高度。图 8-94 给出了实验配置,图 8-95 给出了实验装置。

软件部分是在 Windows 操作系统下,用 Visual C++ 6.0 编程实现的。算法流程如图 8-96所示。

实验系统的软件部分由以下模块组成。

(1) 采集图像,并保存为 bmp 图像。

由 CCD 采集图像,在计算机显示器上可以预览图像,使图像成像质量最好,调整摄像机的距离、角度。

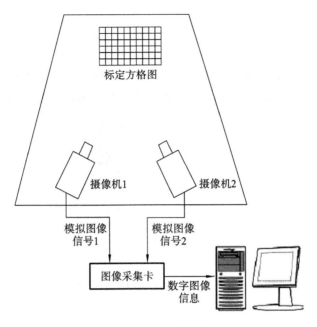

图 8-94　实验配置图

Figure 8-94　experiment configuration

图 8-95　实验装置

Figure 8-95　experiment setup

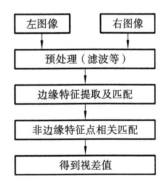

图 8-96　立体匹配算法流程图

Figure 8-96　algorithm flow chart of stereo matching

（2）摄像机标定程序。

在所摄取的图像中提取已知世界坐标的点，通过计算得到摄像机的内外参数。该模块的主要功能是根据匹配得到的点求得其空间的对应位置，从而可知深度、距离等信息。实验装置放置后，需要首先对摄像机进行标定，标定工作完成后，在测量过程中整个装置不能做任何移动，否则对实验结果会造成很大的误差甚至错误。

（3）图像预处理及特征提取模块。

该模块对图像进行滤波、图像增强、剔除噪声，以改善图像的质量，突出重要的信息。然后提取两幅不同图片的特征点，用于下一步的特征匹配。

（4）立体匹配。

利用已经提取到的特征点，完成左右两幅图像已选特征的特征点匹配，并在此基础上对非特征点进行匹配。

（5）三维重建。

对立体匹配得到的参数进行计算,得到三维坐标,绘制结果并输出。SIFT 特征提取的结果如图 8-97 所示,箭头的起点代表该关键点的位置,箭头的长度代表该关键点所处的尺度,箭头的方向代表该尺度下关键点所处领域的主梯度方向。图 8-98 是左右两幅图像进行 SIFT 特征匹配的结果。图 8-99 是基于 SIFT 特征匹配后由匹配点重构形成的花瓶图像。

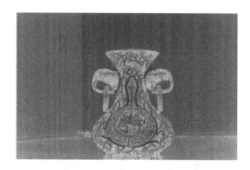

图 8-97 花瓶图片 SIFT 特征提取

Figure 8-97 SHIFT feature abstraction of a bottle image

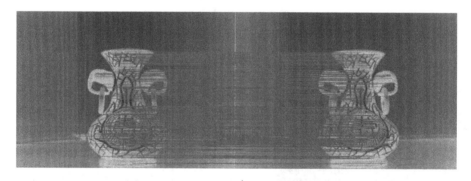

图 8-98 花瓶图片的 SIFT 特征点匹配图

Figure 8-98 SHIFT feature matching of bottle images

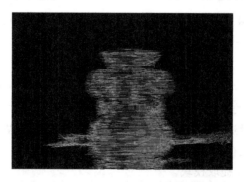

图 8-99 基于 SIFT 匹配点的花瓶重构

Figure 8-99 reconstruction of a bottle based on SHIFT feature matching

3D 重现的效果不但取决于硬件 CCD 摄像机的成像质量、相机定标精度,也取决于软件采集图像的点数、匹配误差等。由图 8-99 重构图像可知,虽然实现了物象重构,但由于上述误差等存在,重构的图像并不理想。这里仅是对所论述的方法进行模拟实验。机器视觉的 3-D 测试需要的相机标定、立体匹配和程序设计等均比较复杂,有兴趣的读者可参考长春理工大学姜淑华博士论文"基于机器视觉的二维(三维)非接触测试技术"(2010)。

8.9 LED 照明光学系统设计
Design of LED Lighting Optical System

1. LED 光源简介(introduction of LED light source)

LED(light emitting diode)被认为是继白炽灯、荧光灯后的第三代照明光源,具有发光效率高、寿命长、体积小、绿色环保等特点,是最有发展潜力的光源之一。但 LED 光线具有发散角大的特点,从而限制了其在照明领域的应用。如何提高光能的利用率以及如何合理分配LED 光源的能量,使其在照明面上均匀分布是照明系统设计的重要考核指标。

1) LED 光源配光曲线(distribution curve of LED)

光源(或灯具)的发光强度(简称光强)分布,常以极坐标的形式表示,以极坐标原点为中心,将光源(或灯具)在各个方向的光强以矢径的形式表示,连接矢径的端点所形成的光强与发光角度之间的曲线即为配光曲线,也叫光强分布曲线。配光曲线表示光源(或灯具)在空间各个方向的光强分布。

光源的配光曲线随封装材料和形状而显示出不同的特性。目前,大部分 LED 光源呈朗伯分布,其光强呈余弦分布(见第 5 章的式(5-26)),即法线方向光强最大,随偏离法线方向角度的增加而逐渐减小。朗伯光源的配光曲线如图 8-100 所示。

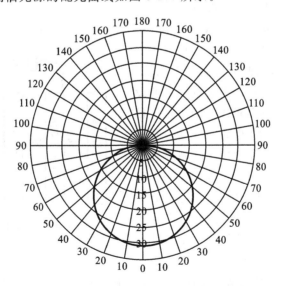

图 8-100　理想 LED 朗伯光源的配光曲线

Figure 8-100　the distribution curve of ideal LED Lambert light source

2) LED 发光效率(luminous efficiency of LED)

发光效率 η 是指光源所发出的光通量与光源所消耗的电功率之比。发光效率表征了光源的节能特性,是衡量 LED 光源性能的一个重要指标。发光效率的单位为流明/瓦(lm/W),其表达式为

$$\eta = \frac{\varphi}{P}$$

(8-69)

式中,φ 为光源的光通量,单位为流明(lm);P 为光源的电功率,单位为瓦特(W)。

3)LED 光源的应用(application of LED source)

按照 LED 光源的应用领域,可以分为液晶显示器背光源、景观亮化照明市场、室内装饰灯市场、通用照明市场、农业照明、养殖业照明及其他照明市场等。

2. 照明光学系统的设计要求(design requirements of lighting optical system)

照明光学系统的设计指标通常有色温、照明距离、照明范围以及目标面的能量分布。光从光源到照明目标面的传输通常有两个重要参数,即传输效率和照明目标面上的能量分布。在节能环保的大背景下,能量的传输效率特别重要,因此,照明系统设计需要提高能量的传输效率。大多数情况下,传输效率和能量分布不能同时兼得,因此设计者需根据具体的设计要求及实际应用情况综合平衡传输效率和能量分布二者之间的关系。

1)传输效率(transmission efficiency)

传输效率 η 定义为照明目标面(接收面)接收的光通量 φ_t 与入射的光通量 φ_s 之比,如式(8-70)所示:

$$\eta = \frac{\varphi_t}{\varphi_s} \times 100\% \tag{8-70}$$

2)照度均匀性(illuminance uniformity)

照度均匀性定义如下:

$$U = 1 - \frac{E_{max} - E_{min}}{E_{max} + E_{min}} \tag{8-71}$$

式中,E_{min} 为照度最小值;E_{max} 为照度最大值。

3. LED 照明光学系统设计流程(design process of LED lighting optical system)

LED 光源属于朗伯型光源,发光角度较大,无法满足常规照明需求,因此需要对 LED 光源进行配光设计。大功率 LED 照明系统的一般设计步骤包括:根据照明设计需求以及确定设计目标。首先根据照明目标面的能量(或照度)及照明系统的结构要求,选择合适的 LED 品牌和型号,计算需要的 LED 芯片的个数,确定照明光学系统的结构(包括 LED 芯片的排列和配光器件的结构)。然后结合系统的整体要求,从中选择最佳设计方案。图 8-101 为 LED 的光学设计流程图,大体上可以分为提出设计要求、进行模型

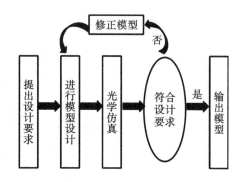

图 8-101　LED 的光学设计流程图
Figure 8-101　flow chart of optical design of LED

设计、光学仿真、输出模型等环节。设计中,首先要确定设计的初始条件和目标要求,如光学系统的大小、结构、采用配光器件的材料、要实现的照明目标等。

4. LED 光学系统设计方法简介(introduction of design methods of LED lighting optical system)

1)LED 一次配光设计(design of LED primary distribution)

为了将 LED 芯片应用于某一具体的照明场景,必须对 LED 进行一次配光设计,即封装设计。一次配光不仅决定发光器件的出光角度、光通量大小、光强大小、光强分布等因素,同时也会影响芯片的出光效率和空间的光能分布。因此,一次配光设计对 LED 照明起到非常重要的

作用。

2) LED 二次配光设计(design of LED secondary distribution)

由于封装好的 LED(灯珠)难以满足照明要求,因此需对 LED 进行二次配光设计。常规情况下,二次配光设计的目的是提高 LED 照明目标面的照度及照度均匀性。由于大多数 LED 发光强度近似呈朗伯分布,因此均匀性的设计主要考虑将中心区域的能量向周围转移,使照度均匀性达到设计要求。

LED 二次配光设计结构种类繁多,常规配光结构的面型有球面、非球面和自由曲面。自由曲面是 LED 二次配光设计的重点和难点。目前 LED 自由曲面二次配光设计大致可分为三类,即数学设计方法、优化设计方法以及几何设计方法。

自由曲面数学设计方法的核心思想是基于光源的发光特点和照明目标面照度的分布要求建立对应关系,根据 Snell 定律和能量守恒定律建立方程,通过求解方程得到自由曲面的面型离散数据点坐标,如 ODE(ordinary differential equation)方法、SMS(simultaneous multiple surfaces)方法以及剪裁法等(详见浙江大学吴仍茂的博士论文《自由曲面照明设计方法的研究》)。

自由曲面优化设计方法的核心思想是将自由曲面参数化,通过不断改变自由曲面的参数来达到既定的照明要求。其中较为典型的方法是试错法,目前已广泛应用于生产中。但是试错法对于自由曲面的初始结构和设计者的经验有较大依赖性。

自由曲面几何设计方法的核心思想是根据能量守恒定律,将特定的照明离散化,并根据一些常规的几何曲面(抛物面、双曲面、椭球面)的光学特性,使用一组几何曲面实现这个离散化的照明目标,最后由这组几何曲面的包络面确定最终的自由曲面。常见的方法有 SP(supporting paraboloids)方法。

其中 ODE 方法是由 W. tai 等人提出的,并基于此方法设计了可以在目标接收面上形成圆形均匀照明光斑的自由曲面透镜,其基本原理是以能量守恒定律为基础,根据光源的发光特点和特定的照明分布,建立从光源发出光线的角度和目标照明面的坐标点之间的一一对应关系,结合 Snell 定律建立自由曲面轮廓曲线满足的常微分方程,通过求解该常微分方程,得到自由曲面的离散面型数据。此方法通过数值法迭代求解常微分方程,最终获得自由曲面的面型数据点,使设计效率有了飞跃式的提高。但是该方法只有在对于 LED 光源比较小或者对于透镜大小可以忽略不计的时候效果比较好,并且该方法只对轴旋转对称的圆形照明问题有效。

5. 设计实例分析(analysis of design example)

TIR 型 LED 准直系统设计实例。

设计要求如下。

光源波长:940 nm;照明距离:100 m;准直角度:小于正负 3°;能量利用率:大于 85%;配光透镜材料:PMMA($n_D = 1.49$;$n_{940\ nm} = 1.48$;$V_d = 57.44$;可注塑,适合批量生产)。

1) 基于自由曲面准直系统初始结构分析(initial structure analysis of collimation system based on freeform surface)

LED 光源的发散角度比较大,针对其设计的准直系统多数为 TIR(Total Internal Reflection)型。LED 光源经过了一次配光封装,为提高 LED 的能量效率,需要在 LED 一次配光封装的基础上进行再次配光。选用 OSRAM SFH_4725S 为系统光源,接收面距光源 100 m 位置处,准直系统的材料选为 PMMA(聚甲基丙烯酸甲酯,PMMA 具有透光率高、密度小、易于注塑成型等特点)。TIR 型准直系统剖面结构如图 8-102 所示。

LED 准直系统主要由入射面、全反射面和出射面三个面组成。其中入射面分为入射面 U 和入射面 D。LED 光源发出的小角度光线通过入射面 U 折射进入准直系统内部;LED 光源发出的大角度光线通过入射面 D 折射进入准直系统内部。该准直系统为旋转对称系统。

2) 基于自由曲面的准直系统的设计(design of collimation system based on freeform surface)

LED 准直系统的设计基于二维计算,将计算得到的离散的面型数据点拟合成二维曲线,再将拟合的二维曲线绕对称轴旋转生成轴对称自由曲面,即 TIR 型 LED 准直系统的初始结构。

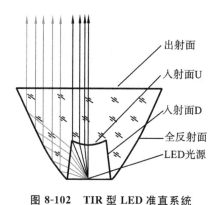

图 8-102 TIR 型 LED 准直系统
Figure 8-102 TIR LED collimation system

LED 光源发出的小角度的光线经过入射面 U 进入透镜内部,然后经出射面出射,达到准直的目的。LED 光源发出的大角度光线经入射面 D 进入准直系统内部,然后光线经全反射面发生全内反射,最后经出射面出射,达到准直的目的。LED 准直系统的设计流程如图 8-103 所示。

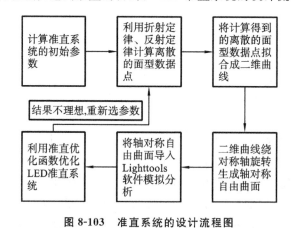

图 8-103 准直系统的设计流程图
Figure 8-103 design flow chart of collimation system

TIR 型准直系统的 LED 光源位于坐标原点,假设 LED 光源为理想点光源。光源发出的光线分为两部分,分别如图 8-104、图 8-104 所示,其中 θ_U 这部分光线在准直系统内部经历两次折射,光线的行程较短;而 θ_D 这部分光线在准直系统内部经历了两次折射和一次全反射,光线的行程较长。从材料对光吸收的分析可知,光线的行程越长,吸收损耗越大。θ_U 角度增大时,在该区域内光的总能量增加。但实际的 LED 光源为面光源(扩展光源),θ_U 这部分光线准直度差,在准直系统中,光线有效利用率相对较低。而 θ_D 这部分光线虽然材料对其吸收损耗较大,但经全反射面反射后准直度好,光线有效利用率较高。因此,要根据具体的设计要求综合考虑光线准直度和材料的吸收损耗。本例中初步选取 $\theta_U = 18°,\theta_D = 62°$。

(1) 入射面 U 的设计。

图 8-104 为入射面 U 的光线追迹示意图,首先选定 M_0 点的坐标为 $(6, 6 * \tan(18))$。OM_0 为入射面 U 和入射面 D 的分界线,LED 光源发出的在 $0 \sim \theta_U$ 范围内的光线经入射面 U 折射后准直。由此得出 O 点位于入射面 U 的物方焦点,因此可求出入射面 U 的曲线方程为:
$$(x - 7.41)^2 + y^2 = 2.41^2.$$

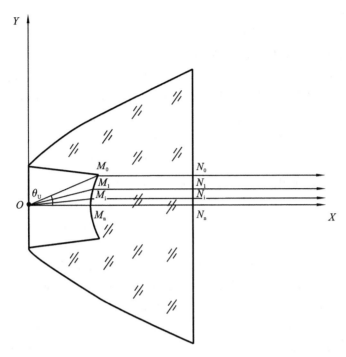

图 8-104 入射面 U 的求解示意图

Figure 8-104 schematic diagram for solving the first refraction surface U

LED 光源发出的在 $\theta_U \sim \theta_D$ 范围内的大角度光线通过入射面 D 折射进入准直系统(见图 8-105),这部分面型为圆柱面,P_0 坐标为(0,5),$P_0 M_0$ 为直线。

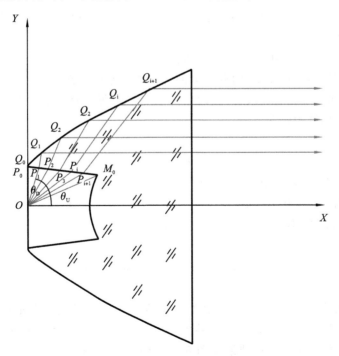

图 8-105 全反射面的求解示意图

Figure 8-105 schematic diagram of solving total reflection surface

(2) 全反射面的设计。

全反射面是分配 LED 光通量的主要部分,LED 光源发出的大角度光线是否准直主要取决于全反射面的设计。将 θ_D 角度均分 N 等份(本例中 $N=20$),共有 $N+1$ 条入射光线,其中第 $i+1$ 条光线与 OM_0 重合。如图 8-106 所示,设 OP_1 为光源发出的边缘光线,当 OP_1 光线入射到介质交界面 P_1 位置时,将发生首次折射。光线 OP_1 的入射角度和透镜材料折射率已知,根据折射定律,可求得折射光线 P_1Q_1。光线 P_1Q_1 经全反射面 Q_1 点发生全反射,最终全反射光线经出射面准直出射。首先需要给出全反射面的一段起始直线 Q_0Q_1。本例中的 Q_0、Q_1 点坐标分别为 $Q_0(0,9)$、$Q_1(2.3044,10.2920)$,选择 Q_1 点坐标时,需要考虑 P_1Q_1 在 Q_1 点满足全反射,即入射角大于临界角,如果不满足,则需要重新选取 Q_1 点坐标。

有了全反射面的起始线段 Q_0Q_1,可以计算出全反射面的后续部分。θ_D 角度内的第二条光线 OP_2 在 P_2 点发生折射后与直线 Q_0Q_1 交于 Q_2 点。光线 P_2Q_2 在 Q_2 点发生全反射,并且全反射光为准直光。根据入射光和全反射光的方向,可以求出 Q_2 点的法线和切线。θ_D 角度内的第三条光线 OP_3 在 P_3 点发生折射后与 Q_2 点的切线相交于 Q_3 点,光线 P_3Q_3 在 Q_3 点发生全反射,并且全反射光为准直光。依此类推,利用迭代方法计算得到构成全反射面上的一系列离散点 $(Q_2,Q_3,\cdots,Q_n)$ 的位置坐标。离散数据点为:

$Q_x =$ [0　2.304 4　2.941 5　3.634 9　4.393 0　5.225 0　6.141 4　7.154 2　8.277 4　9.526 8　10.920 8　12.480 6　14.230 9　16.200 0　18.421 0　20.931 7　23.776 1　27.004 3　30.673 8　34.849 8　39.605 5];

$Q_y =$ [9.000 0　10.292 0　10.783 3　11.298 4　11.840 4　12.412 7　13.018 7　13.662 2　14.347 3　15.078 5　15.860 8　16.699 3　17.600 3　18.570 0　19.615 6　20.745 0　21.966 4　23.289 1　24.722 7　26.277 6　27.964 6]

将计算求解得到的一系列离散数据点输入 Lighttools 软件中可以得到全反射面。

(3) 出射面设计。

理想点光源设计透镜的出射面大致有曲面和平面两种形式。LED 光源发出的光线经过入射面和全反射面后为准直光束,因此出射面可以选为平面。图 8-106 所示为准直系统的初始结构,也是入射面与全反射面求解的示意图。图 8-107 所示为计算得到的初始结构模型。

计算得到的初始结构如下。

二次曲面方程为:$z = \dfrac{cr^2}{1+\sqrt{1-(1+k)c^2r^2}}$,$r^2 = x^2 + y^2$;

全反射面为二次曲面,其中:$k=-0.88690$,$c=0.08324$;

入射面 U 为球面,其中:$r=2.41$;

入射面 D 为圆锥面,其中:半径 $r=5$;长度 $L=9$;锥度为 0.4535;

出射面为平面。

3) 准直系统初始结构的模拟分析(simulation analysis of initial structure of collimation system)

在光学设计软件 Lighttools 中建立初始系统结构模型,虽然利用点光源设计,但实际使用 LED 光源(OSRAM SFH_4725S,追迹光线的数量为 10 万条)设计,因此利用 LED 光源追迹初始结构模型并进行分析。模拟结果如图 8-108、图 8-109、图 8-110、图 8-111 所示。LED 光源发出的辐射功率为 1 W,在照明距离为 100 m、半径为 4 m 的接收面内,接受的能量为 0.137 9 W,效率为 13.79%,如图 8-109 所示。

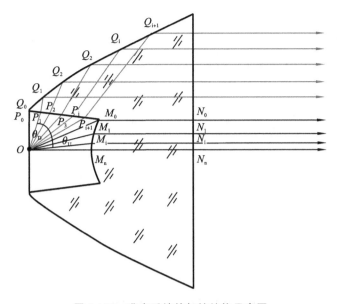

图 8-106 准直系统的初始结构示意图

gure 8-106 schematic diagram of initial structure of the collimation system

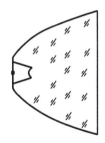

图 8-107 计算得到的初始结构

Figure 8-107 initial structure is obtained by calculation.

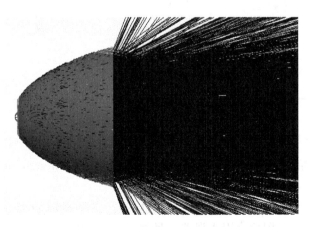

图 8-108 初始结构光线追迹图

Figure 8-108 ray tracing for initial structure

初始结构发散角度在 $\pm 2.29°$ 内的光能利用率为 13.79%，能量效率较低，需要进行结构优化。

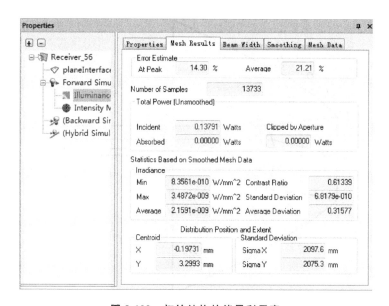

图 8-109 初始结构的能量利用率

Figure 8-109 energy utilization of initial structure

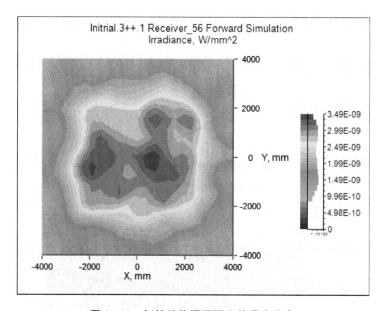

图 8-110 初始结构照明面上的照度分布

Figure 8-110 illumination distribution on the initial structured Lighting surface

4）准直系统初始结构的优化设计（optimal design of initial structure of collimation system）

准直系统的初始结构是针对理想点光源设计的，而实际的 LED 光源发光面积的直径为 Φ =2.76 mm，不是点光源，因此会引入误差。另外，由计算得到的精准离散数据点拟合时也会引入误差，实际模拟结果与理论设计结果有一定的差别。因此需要对 LED 光源 TIR 型准直系统的初始结构进行调整、优化设计，以此提高能量利用率和接收面的照度均匀性。

将散离数据拟合得到曲线方程的系数设为变量，利用 Lighttools 软件中的准直优化函数

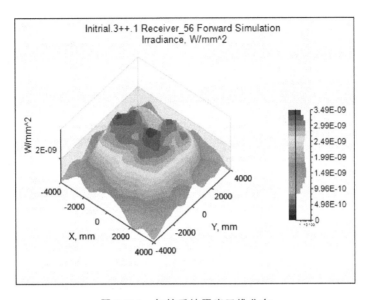

图 8-111　初始系统照度三维分布

Figure 8-111　3-D illumination distribution of initial system

进行优化。TRI 准直系统中，入射面 U、全反射面和出射面三个面的曲线方程系数都可以设为变量，首先将其中的一个系数设为变量，进行优化。如果优化结果不理想，再增设变量，变量步长需要微调，直到得到理想的结果为止。图 8-112、图 8-113、图 8-114、图 8-115 所示为最终的优化结果。

最终优化后的曲面方程如下。

二次曲面方程为：$z = \dfrac{cr^2}{1 + \sqrt{1 - (1+k)c^2 r^2}}$，$r^2 = x^2 + y^2$；

全反射面为二次曲面，其中：$k = -1.0746$、$c = 0.1109$；

入射面 U 为二次曲面，其中：$k = -0.6372$、$c = 0.1413$；

入射面 D 为圆锥面，其中：半径 $r = 3.3432$；长度 $L = 13.2557$；锥度为 0.3764；

出射面为二次曲面，其中：$k = -76.4936$；$c = 0.0185$。

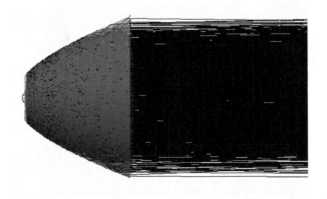

图 8-112　优化后的系统结构光线追迹图

Figure 8-112　ray tracing for optimized system structure

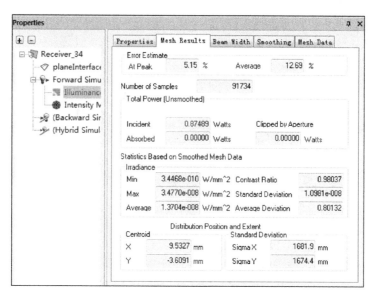

图 8-113　优化后系统能量利用率

Figure 8-113　energy utilization ratio after optimization

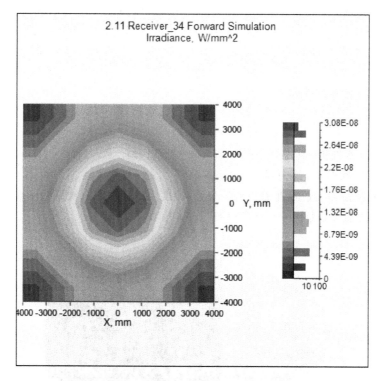

图 8-114　系统优化后目标面上的照度分布

Figure 8-114　illumination distribution on the target surface after system optimization

由系统优化后的模拟分析结果(见图 8-133)与初始结构的模拟分析结果(见图 8-109)对比可知,在距离 100 m、+2.29°~-2.29°范围内,光能利用率由原来的 13.79%提高到 87.49%,满足设计要求。

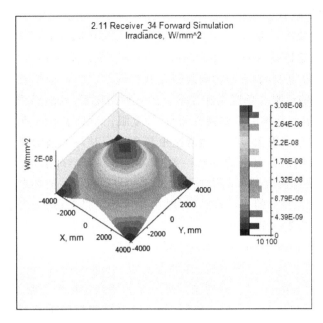

图 8-115　系统优化后目标面上的辐照度三维分布

Figure 8-115　3-D illumination distribution on the target surface after system optimization

8.10　仿生复眼光学系统
Optical System of Artificial Compound Eyes

1. 仿生复眼光学系统简介(introduction of optical system of artificial compound eyes)

近些年来,人工仿生复眼技术的应用领域逐渐扩大,包括模式识别、3D 成像以及导航制导等多个领域均有成功的应用。仿照复眼的结构,人们采用将多个小透镜阵列排列的方法制造出了人工复眼,由于重叠型复眼的结构复杂,所以人工复眼多为并列型。作为一种多孔径的光学成像系统,人工复眼可以完成许多单孔径光学成像系统无法完成的工作。当前人工复眼的应用主要集中在以下几个方面。

(1) 由平面微透镜阵列(plane micro-lens array)组成的人工复眼光学系统可以应用到平板印刷术中,以实现非接触式平板印制,使其拥有更大的聚焦深度(depth of focus)、更长的工作距离和更大的印刷面积。

(2) 在智能机器人视觉系统中,人工复眼光学系统也得到了广泛的应用。由于复眼系统具有体积小、重量轻、视场大等优点,因此其有利于减少承载它的系统所需的能量,也有利于减少系统的体积,同时可以在 360°视场范围内监控目标。

(3) 人工复眼系统还应用到了导弹的导引头中。可以利用复眼以及后面的神经系统快速、准确地处理视觉信息,实时地计算出前面目标的方位及速度,同时发出指令,控制并校正自己的飞行方向和速度,以便跟踪和截获目标。

(4) 利用复眼系统的特点,人们还设计了两级复眼式准分子激光微加工均束器,并提出了利用复眼透镜实现二维图像光学信息编码(information code)和译码(decode)的技术原理,还将光学复眼应用到了激光敌我识别系统中。

复眼的分辨率不高,这是由复眼的尺寸小、数值孔径不大的特点决定的,其视距仅能达到人眼的 1/60。然而,复眼有很高的灵敏度,其识别物体的时间要比人眼的快约 5 倍。

2. 复眼的视觉特效及分类(visual characters and classification of compound eyes)

1) 昆虫复眼的视觉特效(visual characters of insect compound eye)

在自然界动物的眼睛中,节肢动物的眼睛尤其特别。它们一般长有 2~5 只眼睛,其中有 1~3 只结构相对简单的单眼。单眼是在光学上的一种透镜眼,仅能感受到光的强弱。其余几只比较大的眼睛便是节肢动物的主要视觉器官,即复眼。相对于不同种类的节肢动物,复眼的形状、尺寸和内部结构存在很大差别。通常昆虫都会有一对与大脑的视觉中枢紧密相连的复眼,它们分布在头部的两侧。复眼的形状一般呈椭圆形或者半球形,大小不定。复眼大约有 180°的大视场。苍蝇头部的大部分面积被鼓出头部的复眼占据。有些节肢动物的复眼视场很大,蜜蜂的复眼拥有近乎圆形的视场,视场可以达 300°甚至以上;蜻蜓由于两只复眼几乎占据了整个头部表面,因此视野接近 360°。

2) 复眼的分类(classification of compound eyes)

复眼按其排列方式可以分为两大类:并列型复眼(apposition compound eye)和重叠型复眼(superposition compound eye)。并列型复眼的显著特点是每个小眼都是一个独立的单元,根据小眼单元的结构又可以分为简单并列型、开放感束杆和神经重叠型、无聚焦并列型、透明并列型四种。重叠型复眼的显著特点是每个小眼不是独立的单元,而是相互关联的。重叠型复眼按其内部结构又可以分为折射重叠型、反射重叠型和抛物线重叠型三种。

每个小眼单元都有独立的视场范围,入射光通过角膜透镜和晶锥后向感杆束(感光系统)传播,引起复眼的视神经感应。并列型复眼结构的特点为:每个感杆束所接收的光线仅是它对应着的角膜视场范围内的光线。因此,可以将此结构形象地描述成"一对一"的关系。图 8-116 和图 8-117 分别给出并列型复眼和重叠型复眼的结构示意图。其中,b 是相机微透镜,c 是晶锥体,d 是感杆束。

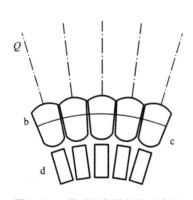

图 8-116 并列型复眼结构示意图

Figure 8-116　schematic diagram of apposition compound eye

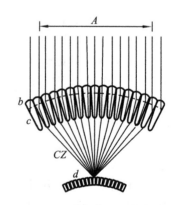

图 8-117 重叠型复眼结构示意图

Figure 8-117　schematic diagram of superposition compound eye

重叠型复眼与并列型复眼的主要区别在于:重叠型复眼的每个小眼单元所对应的感杆束可以同时接收来自多个小眼单元所折射的光线,或者每个光接收器都可以同时接收来自多个角膜透镜视场范围的光线;同时,每个角膜透镜会聚到的不同方向的光线可以传播到多个光接收器上。可以将此结构形象地描述成"多对多"的关系。

3. 复眼光学系统设计（optical system design of a compound eye）

作为设计实例,给出长春理工大学设计的仿生并列型复眼光学系统,其由 1 个中心光学系统和 28 个边缘阵列子眼光学系统组成,中心光学系统的焦距较大,可用于目标的高分辨识别;边缘阵列子眼光学系统的焦距较小,所有子眼系统拼接复合构成视场 50°,可用于目标的大范围捕获。

表 8-8 给出了中心和边缘阵列光学系统的子眼光学系统参数,中心和边缘子眼系统结构及像质分别如图 8-118 和图 8-119 所示。

表 8-8　各子眼系统参数

Table 8-8　parameters of subsystem

	中心光学系统	边缘阵列光学系统
焦距	60 mm	20 mm
$F\sharp$	2.0	2.7
探测器尺寸	4.51 mm(V)×2.88 mm(H)像元尺寸 5.5 μm	
视场 2ω	4.3°×2.75°	12.87°×8.24°
像质要求	探测器截止频率处,0.85 视场以内 MTF 大于 0.4	

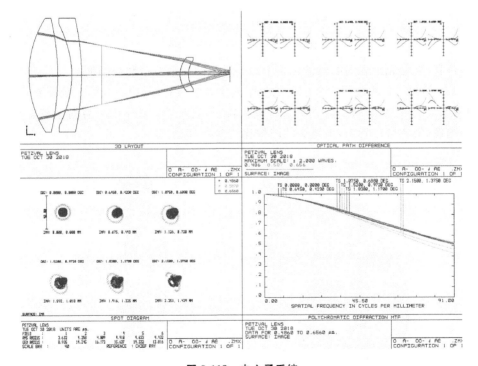

图 8-118　中心子系统

Figure 8-118　center subsystem

利用填补子眼法修正后的系统,通过层叠式的结构设计,可提高空间利用率,减小系统尺寸,避免子眼系统的机械干涉。边缘阵列系统采用两种不同的镜壁结构,在固定后沿各自光轴

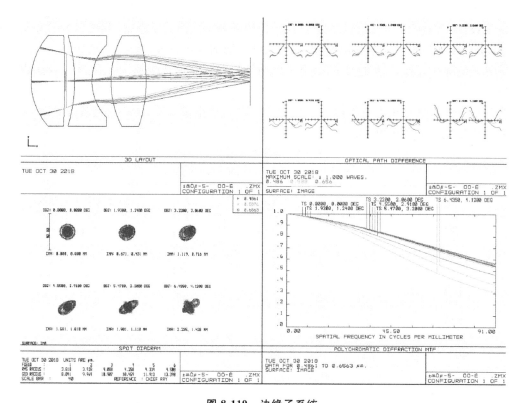

图 8-119　边缘子系统

Figure 8-119　edge subsystem

产生微量位移,而沿光轴方向的微量位移不影响系统的成像质量和视场范围。

图 8-120 给出了经视场拼接装配后的复眼光学系统装置,其中心光学系统镜头较大,筒长也长;周围的 28 个边缘阵列子眼光学系统镜头较小,筒长短。图 8-121 为利用该复眼镜头拍摄的景物图像,由图可以看出,该镜头的图像比较清晰,像质优良。

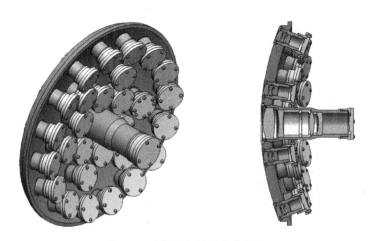

图 8-120　复眼光学系统装配图

Figure 8-120　assembly drawing of optical system of a compound eye

图 8-121　图像采集

Figure 8-121　imaging capture

第 8 章　教学要求及学习要点

习　　题

8-1　激光工作物质的能级系统结构主要有几种？请举例说明。

8-2　提高激光准直的精度需要考虑哪些因素？

8-3　激光聚焦系统为什么常采用短焦距物镜？

8-4　设氩离子激光器输出的基模 $\lambda=880.0$ nm 的频率范围 $\Delta\nu=4\times10^3$ Hz，求腔长 $L=1$ m 时，光束中包含的纵模数 N 等于多少？相邻波长间隔 $\Delta\lambda$ 等于多少？

8-5　谐振腔的作用是什么？激光的方向性强和单色性好的特点从何而来？

8-6　设激光束的发散角为 10^{-3} rad，从地球射到月球上时，在月球上形成的光斑直径有多大？已知地球到月球的距离约为 4×10^5 km。

8-7　中心波长为 $\lambda_0=589.3$ nm 的 He-Ne 激光的输出线宽对应的波长宽度为 $\Delta\lambda=10^{-8}$ nm，(1)求相应的线宽（频率宽度）和相干长度；(2)若波长为 $\lambda_0=589.3$ nm 的钠光的多普勒展宽为 $\Delta\lambda=0.001\,2$ nm，求相应的线宽和相干长度。

8-8　傅里叶变换物镜应校正哪些像差？为什么？

8-9　为什么说透镜可以作为一个傅里叶变换元件？

8-10　$f\theta$ 物镜应校正哪些像差？为什么？

8-11　为什么说径向梯度折射率光纤又称为自聚焦光纤？

8-12　红外变像管的作用是什么？

8-13 微光夜视仪中为什么经常采用级联式像增强器?

8-14 红外夜视仪器中的目镜设计应考虑哪些因素?

8-15 人眼通过目镜观察一像管荧光屏,可分辨目标的分辨角为 $6'$,若像管的阴极分辨率为 $m=30$ lp/mm,像管的放大率为 $\beta=1.5$,求目镜的最小焦距。如果观察系统需要分辨距离 2 km 处的相隔 150 mm 的两个点,求系统的视放大率和物镜的焦距。

8-16 微光夜视仪 $f'=100$ mm,若要求在 1 km 距离上识别 2 m 的汽车,则像管的最小分辨率应为多少?

8-17 紫外告警系统的工作波段范围是什么? 为什么在这个波段?

8-18 为什么紫外告警系统需要窄带截止滤光片? 该滤光片放置在光学系统的什么位置? 为什么?

8-19 为什么紫外告警系统用点列图和点扩散函数评价其像质,而不用 MTF?

8-20 典型的机器视觉系统由哪几部分构成? 请画出一种 2D 机器视觉检测的结构图。

8-21 自由曲面 ODE(ordinary differential equation)方法的原理是什么?

8-22 复眼按其排列方式可以分为几大类? 每类的特点是什么?

本 章 术 语

激光	laser—light amplification by stimulated emission of radiation
光受激发射	stimulated emission
氦-氖激光器	He-Ne laser
谐振腔	resonator
基态	ground state
粒子数反转	population inversion
自发辐射	spontaneous emission
激励源(泵浦源)	pumping source
光反馈	optical feedback
正反馈放大器	positive feedback amplifier
纵模	longitudinal mode
横模	transverse mode
驻波	standing wave
时间相干性	temporal coherence
空间相干性	spatial coherence
高斯光束	Gaussian beam
束腰	beam waist
发散角	divergence angle
自聚焦	self-focusing
准直	collimation
倾斜误差	tilt error
傅里叶变换	Fourier transform
频谱	frequency spectrum
相位因子	phase factor
全息术	holography
复振幅	complex amplitude

空间滤波器	spatial filter
夫琅和费衍射	Fraunhofer diffraction
联合变换相关器	joint transform correlator
傅里叶变换透镜	Fourier transform lens
红外	infrared
微光成像	low light level imaging
探测器	detector
热成像	thermal imaging
夜间瞄准仪	snooperscope
红外变像管	IR image converter
扫描系统	scanning system
像增强器	image intensifier
电荷耦合器件	CCD,charge coupled device
远心光路	telecentrical path
测距仪	range finder
梯度折射率光纤	gradient index fiber
自聚焦透镜	self-focusing lens
径向梯度	radial gradient
轴向梯度	axial gradient
自聚焦光纤	self-focusing optical fiber
摄影物镜	photographic objective
准直物镜	collimating objective
夜视仪光学系统	night vision optical system
枪瞄镜	gun sight lens of snooperscope
导引头	missile guiding head
日盲紫外	solar blind UV
紫外告警系统	UV-alarming system
光谱特征曲线	spectral response curve
机器视觉	machine-vision
图像处理	image processing
模式识别	mode recognition
人工智能	artificial intelligence
光机电一体化	optical,mechanical and electronic integration
航空测绘	aerial mapping
反求工程	reverse engineering
轮廓	contour
高度	altitude
图像传感器	imaging sensor
图像采集卡	frame grab board
特征提取	feature abstraction

立体匹配	stereo matching
摄像机标定	camera calibration
LED	light emitting diode
光源配光曲线	distribution curve
照明光学系统	lighting optical system
色温	color temperature
传输效率	transmission efficiency
照度均匀性	illuminance uniformity
自由曲面	freeform surface
同步多曲面	SMS(simultaneous multiple surfaces)
仿生复眼	artificial compound eyes
平面微透镜阵列	plane micro-lens array
焦深	depth of focus
信息编码	information code
译码	decode
并列型复眼	apposition compound eye
重叠型复眼	superposition compound eye

第 9 章

光学系统的像质评价

Image Quality Evaluation of Optical System

我们讨论了几何像差(geometrical aberration),如果光学系统的剩余像差(residual aberration)小于几何像差的公差,或根据像差曲线确定的弥散斑尺寸小于接收器的探测元尺寸,则光学系统满足像质要求。然而几何像差没有考虑衍射效应,故几何像差没有描述物点像的实际能量分布。

我们也讨论了波像差(wavefront aberration),根据瑞利准则(Rayleigh criterion),如果光学系统的波像差小于 1/4 波长,则光学系统满足像质要求。然而,瑞利准则没有考虑缺陷的面积,仅用于小像差系统。

在瑞利(Rayleigh)和阿贝(Abbe)的年代,光学系统的分辨率(resolving power)常作为像质评价的准则,它表示为每毫米内能分辨的最大的周期数(cy/mm)。然而,实际的光学系统的分辨率还与物体的对比度、照明条件和探测器的灵敏度、分辨率相关;另外,有时存在伪分辨现象。

光学传递函数(optical transfer function,OTF)是把光学系统看成空间频率的低通线性滤波器,它全面地评价了光学系统的成像质量,是各国普遍采用的像质评价方法。

9.1 斯特里尔准则
Strehl Criterion

斯特里尔准则是从光学系统物点像-艾里斑的中心斑亮度来研究光学系统的成像质量。不同视场的物点经光学系统形成的像是弥散圆,也称为点列图(spot diagram)、点扩散函数(point spread function,PSF)。斯特里尔准则用有像差的艾里斑(Airy disk)的亮度和无像差的艾里斑的亮度之比表示,即

$$\text{S. D.} = \frac{[\varphi_p(w \neq 0)]^2}{[\varphi_p(w = 0)]^2} = \frac{1}{\pi^2} \left[\int_0^1 \int_0^{2\pi} e^{-ikw} r \, dr \, d\varphi \right]^2 \tag{9-1}$$

式中,w 是光学系统的波像差。令 φ_p 为点像 $p(x, y)$ 的复振幅,η' 为出瞳半径,l'_z 为出瞳距,则

$$\varphi_p = \frac{i\eta'^2}{\lambda} \frac{e^{-ikl'_z}}{l'_z} \int_0^1 \int_0^{2\pi} e^{-ikw} r \, dr \, d\varphi \tag{9-2}$$

把 e^{-ikw} 按级数展开,

$$e^{-ikw} = 1 + ikw - (kw)^2/2$$

代入式(9-1),去掉常数项和高次项,则可得到

$$S.D. = 1 - k^2(\overline{w^2} - (\overline{w})^2) \tag{9-3}$$

$$\overline{w} = \frac{1}{\pi} \int_0^1 \int_0^{2\pi} wr \, dr \, d\varphi$$

$$\overline{w^2} = \frac{1}{\pi} \int_0^1 \int_0^{2\pi} w^2 r \, dr \, d\varphi$$

按斯特里尔准则,如果 S.D. $\geqslant 0.8$,则光学系统成像是理想的。

斯特里尔准则也可以表示为实际光学系统的点扩散函数(强度值)与理想光学系统的点扩散函数比,即

$$S.D. = \frac{PSF(w \neq 0)}{PSF(w = 0)} \tag{9-4}$$

注意,艾里斑半径的中心部分的能量是 0.84,所以斯特里尔准则(S.D. $\geqslant 0.8$)表明,成像理想的光学系统,其点扩散函数的光能分布接近于衍射光能分布。

斯特里尔准则(S.D. $\geqslant 0.8$)与瑞利准则($w \leqslant \lambda/4$)相一致。例如,设 $w = \lambda/4$,则可以算出

$$[\varphi_p(w = \lambda/4)]^2 = 68$$

$$S.D. = \frac{[\varphi_p(w = \lambda/4)]^2}{[\varphi_p(w = 0)]^2} = \frac{68}{84} = 0.81$$

在 ZEMAX 中,利用程序 PSF 可以确定艾里斑中心亮斑的半径,利用程序 Encircle energy 可以确定光学系统中心亮斑半径内的光亮度大小。

图 9-1 给出长春理工大学设计的应用于联合变换相关器中的双分离准直镜头,焦距为 200 mm,相对孔径为 1:4,其艾里斑亮度分布在图 9-2 中给出。

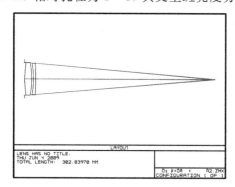

图 9-1 双分离准直镜头

Figure 9-1 separated doublet collimator

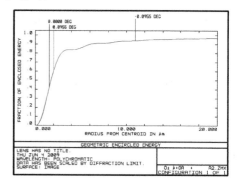

图 9-2 准直镜头的像点能量分布

Figure 9-2 energy distribution of image point

9.2 瑞利准则
Rayleigh Criterion

瑞利准则是从光学系统物点像的波前变形来研究光学系统的成像质量。瑞利提出,如果光学系统的波像差满足 $w \leqslant \lambda/4$,则光学系统成像良好;$w \leqslant \lambda/10$,则光学系统成像完善。

瑞利判断仅考虑光学系统的最大波像差,即峰谷比(peak to valley,PTV),应用瑞利准则

可以方便地判断出光学系统的成像质量。但是瑞利判断没有考虑波像差小于 $\lambda/4$ 的光瞳面积与整个光瞳面积的比率,因此并不完善。通常在小像差光学系统中应用瑞利准则判断光学系统的成像质量,如望远物镜、显微物镜等。

在 ZEMAX 中,利用程序 wavefront map 可以很方便地研究光学系统的三维波前和峰谷比,利用光程差程序 OPD 研究光学系统的二维截面图,由此可计算出 $w \leqslant \lambda/4$ 的面积与整个光瞳面积的比率。

第 9.1 节中的准直镜头在 0.7 视场的波像差如图 9-3 所示,峰谷比是 0.023 6 波长,满足瑞利判断的成像完善条件。准直镜头的光程差 OPD 在图 9-4 中给出,标尺最大刻度是 0.05 波长。

在光学设计时,尽可能使波像差小于 $\lambda/4$,以满足像质的要求;在用干涉仪测量波像差时,为了提高测量精度,使像面离焦,增大波像差。视场内出现几个干涉条纹,由于离焦产生的波像差与离焦量成正比(参见 6.10 节),故很容易从测量结果中剔出离焦产生的波像差,获得光学系统的实际波像差。

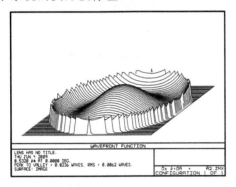

图 9-3　准直镜头 0.7 视场的波像差

Figure 9-3　wavefront aberration at 0.7 field of view of collimator

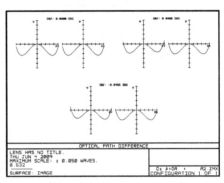

图 9-4　准直镜头的 OPD

Figure 9-4　OPD of collimator

9.3 点列图
Spot Diagram

点列图是从通过光学系统的物点像的光线的集中度来研究系统的成像质量。把入瞳分成几个相等面积的环带,由物点发出的相同数目的光线通过每一环带,进行光线追迹。这样,在像平面上点的分布代表了像的光亮度的分布。追迹的光线越多,越能精确地代表物点像的成像质量。

这种方法适于任何光学系统。研究不同的视场、不同色光的光学系统的点列图,不仅可以研究光学系统的像差特性,还可以根据探测器感光元的大小,判定光学系统的像差是否满足使用要求。

允许点列图的大小取决于探测器的分辨率,即探测器感光元的大小。一般可认为弥散斑直径容许在 0.03～0.1 mm(见喻涛的《应用光学》,科学出版社)。但高倍显微物镜要求很高的分辨率,因此弥散斑直径很小,要求有几个微米。

点列图与点扩散函数是相关的。点列图是在像面上成像光束的二维的空间点分布,点扩散函数是在像面上成像光束的二维或三维的空间能量分布。在 ZEMAX 中的程序 spt 和 psf 分别表示点列图与点扩散函数。

图 9-5 给出准直镜头的点列图 spot,其三个视场的最大的几何半径是 1.259 μm,艾里斑的直径是 7.78 μm,见图中的外环,即实际像点的弥散斑远小于衍射的艾里斑的直径。由三个视场的点列图可以看出,准直镜头满足等晕条件。准直镜头的点扩散函数(PSF)如图 9-6 所示。

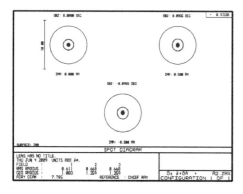

图 9-5　准直镜头的 spot

Figure 9-5　spot of collimator

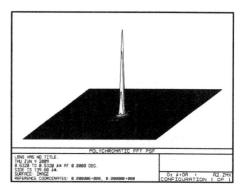

图 9-6　准直镜头的 PSF

Figure 9-6　PSF of collimator

9.4　光学传递函数
Optical Transfer Function

光学传递函数的基础是傅里叶分析(Fourier analysis)。一个非相干光学系统(非相干照明),可以看成空间频率的低通线性滤波器。如果输入一个正弦分布的光强信号,则输出也是正弦分布光强信号,但信号的对比度下降(contrast degradation),相位移动(phase shifting),输出信号的对比度和相位移均是目标图像的空间频率的函数。如果输入目标的对比度是 M,输出图像的对比度是 M',则比率 M'/M 称为光学系统的调制传递函数(modulation transfer function,MTF),位相移 $\Delta\varphi$ 称为光学系统的位相传递函数(phase transfer function,PTF),统称光学传递函数,表示为

$$\text{OTF} = \text{MTF}e^{-i\text{PTF}} \tag{9-5}$$

设输入光学系统的正弦分布的光强信号是

$$I = I_0 + I_a\cos(2\pi f_x x) = I_0\left[1 + \frac{I_a}{I_0}\cos(2\pi f_x x)\right]$$

$$M = \frac{I_{max} - I_{min}}{I_{max} + I_{min}} = \frac{(I_0 + I_a) - (I_0 - I_a)}{(I_0 + I_a) + (I_0 - I_a)} = \frac{I_a}{I_0} \tag{9-6}$$

所以,输入的光学系统的正弦分布的光强信号可表示为

$$I = I_0[1 + M\cos(2\pi f_x x)]$$

输出的光学系统的正弦分布的光强信号可表示为

$$I = I_0[1 + M'\cos(2\pi f_x x)]$$

由于光学系统的透过率小于1,因此输出的 I_a' 小于输入的 I_a,所以输出信号的调制度 M' 永远小于输入信号的调制度 M,即 $0<\text{MTF}<1$。图 9-7 为输入和输出信号示意图,由图可见,输

出信号发生了对比度下降、位相移动。

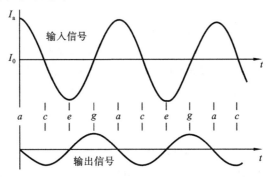

图 9-7 输入、输出信号

Figure 9-7 inputted signal and outputted signal

光学传递函数需满足两个条件,即线性条件(linear condition)和空间不变(spatial invariant)条件。线性条件是指物像的光能分布满足线性叠加,为此光学系统需要非相干照明光源,如果光源是相干光,则可用毛玻璃使相干光变成非相干的散射光。另外,光学系统应有较大的孔径,否则衍射效应也使系统不满足线性条件。空间不变条件是指在光学系统的像面上各点具有相同的点扩散函数,即满足等晕条件。然而,由于光学系统具有残余像差和衍射效应,不可能像面各点的点扩散函数相同。解决的办法是,把像面分成许多个等晕区(isoplanatic zone),在每一等晕区内具有相同的衍射效应和像差。

为了计算光学传递函数,把物体分解为许多个点,称为 $\delta(x,y)$ 函数,设物的光强分布为 $O(x,y)$,则经 δ 函数采样后表示为

$$O(x,y) = \iint_{-\infty}^{\infty} O(x_1,y_1)\delta(x-x_1,y-y_1)\mathrm{d}x_1\mathrm{d}y_1 \tag{9-7}$$

因物点的像是弥散斑,故输入的 $\delta(x,y)$ 函数,输出的光强分布是点扩散函数(PSF),则物点像的光强分布可表示为

$$I(x',y') = \iint_{-\infty}^{\infty} O(x,y)\mathrm{PSF}(x'-\beta_x x,y'-\beta_y y)\mathrm{d}x\,\mathrm{d}y$$

$$= O(x,y) * \mathrm{PSF}(x'-\beta_x x,y'-\beta_y y) \tag{9-8}$$

式中,符号" * "表示卷积,即像的光强分布是物的光强分布与点扩散函数的卷积。

点扩散函数(PSF)可以用光学系统的光瞳函数 $p(x',y')$ 表示,即

$$\mathrm{PSF}(x',y') = \mathscr{F}\{p(x',y')\}\mathscr{F}^*\{p(x',y')\} \tag{9-9}$$

式中,$\mathscr{F}$ 和 $\mathscr{F}^*$ 分别表示傅里叶变换和傅里叶变换的共轭。光瞳函数(pupil function)由光学系统的波像差 $w(x',y')$ 决定,即

$$p(x',y') = E_0 \mathrm{e}^{-\mathrm{i}kw(x',y')} \tag{9-10}$$

把 $\mathrm{e}^{-\mathrm{i}kw(x',y')}$ 按级数展开,去掉常数项和高次项,则光瞳函数表示为

$$p(x',y') \approx w(x',y') \tag{9-11}$$

这样,

$$\mathscr{F}\{p(x',y')\} = \iint w(x',y')\mathrm{e}^{-\mathrm{i}2\pi(xx'-yy')}\mathrm{d}x\mathrm{d}y$$

$$\mathscr{F}^*\{p(x',y')\} = \iint w(x',y')\mathrm{e}^{\mathrm{i}2\pi(xx'-yy')}\mathrm{d}x\mathrm{d}y$$

当光学系统的波像差计算出后,则可求出点扩散函数,点扩散函数的傅里叶变换即是光学传递函数,

$$\text{OTF}(f_x, f_y) = \iint \text{PSF}(x', y') e^{-i2\pi(f_x x - f_y y)} dx dy \tag{9-12}$$

这一结论不仅应用于光学系统的点扩散函数、光学传递函数的计算,也应用于干涉仪,由测出的光学系统的波像差,获得光学系统的点扩散函数、光学传递函数。

式(9-8)表示光学系统在空间域的物像传递效应,卷积计算比较烦琐,利用匹兹伐尔卷积定理,把空间域的物像传递转化为频谱域的物像传递,可使计算简化。对式(9-8)傅里叶变换

$$I(f_x, f_y) = O(f_x, f_y) \cdot \text{OPF}(f_x, f_y) \tag{9-13}$$

即像的频谱分布等于物的频谱分布与光学传递函数的乘积。

在光学传递函数实际测试中,应用针孔代表物点 $\delta(x, y)$ 函数。针孔越小,测试精度越高;但针孔越小,导致光能越少,因此在测试中常应用狭缝代替针孔。狭缝用线扩散函数 LSF(x)(line spread function)表示,即

$$\text{LSF}(x') = \int_{-\infty}^{\infty} \text{PSF}(x', y') dy' \tag{9-14}$$

类似于二维光学传递函数,一维频谱域的物像传递关系是

$$I(x') = O(x) * \text{LSF}(x' - \beta_x x) \tag{9-15}$$

$$I(f_x) = O(f_x) \cdot \text{OPF}(f_x) \tag{9-16}$$

$$\text{OTF}(f_x) = \int_{-\infty}^{\infty} \text{LSF}(x) e^{-i2\pi(f_x x)} dx \tag{9-17}$$

式中,$f_x = \dfrac{x'}{\lambda f'}$,$f'$ 是傅里叶变换镜头的焦距。

光学传递函数仪就是利用点光源-针孔或线光源-狭缝作为目标发生器,测量其点扩散函数,由点扩散函数获得调制传递函数 MTF。

为了计算调制传递函数 MTF 和位相传递函数 PTF,可进行如下变换,

$$e^{-i2\pi(f_x x)} = \cos[2\pi(f_x x)] - i\sin[2\pi(f_x x)]$$

$$\text{OTF}(f_x) = \int_{-\infty}^{\infty} \text{LSF}(x)\cos[2\pi(f_x x)]dx - i\int_{-\infty}^{\infty} \text{LSF}(x)\sin[2\pi(f_x x)]dx$$

$$= \text{OTF}(f_x)_r - i\text{OTF}(f_x)_v$$

式中,OTF(f_x)$_r$ 和 OTF(f_x)$_v$ 分别表示 OPT 的实部和虚部,则 MTF 和 PTF 可写成

$$\text{MTF}(f_x) = ((\text{OTF}(f_x)_r)^2 - (\text{OTF}(f_x)_v)^2)^{1/2} \tag{9-18}$$

$$\text{PTF}(f_x) = \arctan \frac{\text{OTF}(f_x)_v}{\text{OTF}(f_x)_r} \tag{9-19}$$

在光学系统设计中,由于接收器是平方率探测器,主要考虑 MTF。由 ZEMAX 给出的截止频率取决于光学系统艾里斑的半径,即取决于光学系统的像方孔径角和波长。在实际应用中,截止频率的大小取决于探测器的分辨率。例如,若红外 CCD 的像素尺寸是 45 μm,则可算出 MTF 的截止频率是 11 cy/mm,即空间分辨率是 11 cy/mm。有时在截止频率后面又出现 MTF 曲线,是由于对比度反转引起的,也称为位相跃迁,这就是在分辨率方法中出现的伪分辨现象(pseudo-resolving phenomenon)。伪分辨现象是由像差和离焦引起的,当光学系统离焦较大时,会出现伪分辨现象。

对于单色光,镜头的衍射截止频率(cutoff frequency)是 f_c,在此频率处,镜头的 MTF 下降至零。如果物体在无限远,截止频率是

$$f_c = \frac{D}{\lambda f} = \frac{1}{\lambda F/\#} \tag{9-20}$$

如果物体在有限远,截止频率是

$$f_c = \frac{2\mathrm{NA}}{\lambda} \tag{9-21}$$

CCD 的截止频率由像素的大小决定,即

$$f_c = \frac{1}{2\mathrm{pixelwidth}} \tag{9-22}$$

例如,计算一个 $F/2$ 的照相物镜的衍射截止频率,设波长为 $0.000\ 5$ mm,则由式(9-20)得

$$f_c = 0.5 \div 0.000\ 5\ \mathrm{cy/mm} = 1\ 000\ \mathrm{cy/mm}$$

这对应于光栅间隔 1 μm。注意,在这个频率,MTF 下降至零。在 500 cy/mm,成像完善镜头的 MTF 大约是 0.4,这可作为 $F/2$ 镜头的比较现实的应用指标(见 M. J. Kidger 著《Fundamental optical design》)。除了少数记录介质外,例如,卤化银乳胶(Agfa 8E75>3 000 cy/mm),光色材料(LiNbO$_3$:Fe,Mn>2 000 cy/mm),光致聚合物(RCA:3 000 cy/mm),许多探测器达不到 500 cy/mm 或 1 000 cy/mm 的分辨率,所以许多镜头不是衍射受限镜头。

对于电影摄影镜,往往提出 50 cy/mm 的截止频率,要求 MTF 大于 0.5;照相物镜,当分辨能力是理想分辨能力的 10% 时,MTF 是 0.5(参见薛鸣球著《光学传递函数方法判读》)。人眼能识别图像的对比度阈值变化很小,大约为 0.02,这个值称为韦伯(Webb)比。当背景亮度较强或较弱时,人眼的分辨亮度差异的能力下降。因此从使用出发,对目视光学仪器,MTF 的截止频率可大于 0.2(见 G. G. Slyusarev 著《Aberration and optical design Theory》)。当然,从设计出发,应尽可能使截止频率的 MTF 高些,因为加工、装调误差的存在,使物镜的实际 MTF 小于设计值。

图 9-8 所示为长春理工大学设计的 CCD 弹道相机的光学系统,其焦距为 65 mm,孔径为 40 mm,全视场为 25°,CCD 像素尺寸是 15 μm,故其截止频率是 35 cy/mm。图 9-9 所示为其 MTF 曲线。由曲线可以看出,在截止频率为 35 cy/mm 时,各视场的 MTF 均高于 0.6。当离焦为 0.2 mm 时,出现伪分辨现象,如图 9-10 所示,图 9-11 所示为存在伪分辨时的分辨率情况。

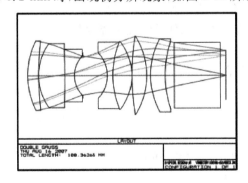 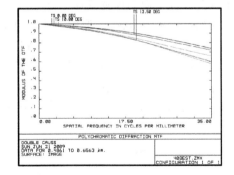

图 9-8　CCD 弹道相机

Figure 9-8　CCD trajectory camera

图 9-9　CCD 弹道相机的 MTF

Figure 9-9　MTF of CCD trajectory camera

MTF 与斯特里尔准则的关系可表示为

$$\mathrm{S.\,D.} = \frac{\iint \mathrm{MTF}_{\mathrm{actual}}(f_x, f_y)\,\mathrm{d}f_x\,\mathrm{d}f_y}{\iint \mathrm{MTF}_{\mathrm{perfect}}(f_x, f_y)\,\mathrm{d}f_x\,\mathrm{d}f_y} \tag{9-23}$$

由 MTF 曲线可以评价物体不同空间频率的图像的传递情况,高频代表物体的纹理特性,低频代表物体的轮廓特性。用 MTF 评价像质不仅可用于大像差系统,也可应用于小像差

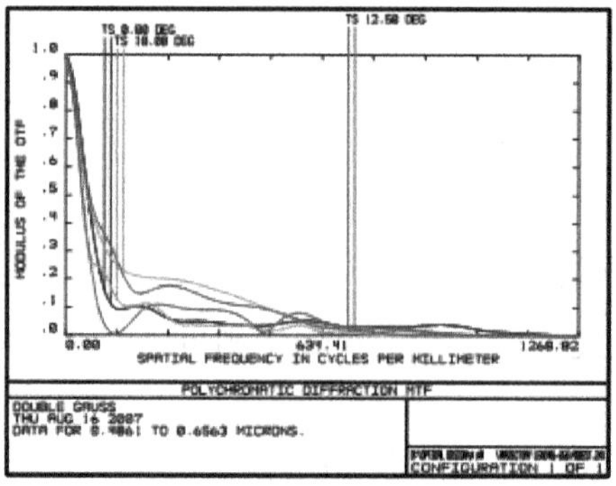

图 9-10　CCD 弹道相机离焦后的 MTF

Figure 9-10　MTF of CCD trajectory camera after defocusing

图 9-11　CCD 弹道相机离焦后的伪分辨率

Figure 9-11　pseudo-resolving power of CCD trajectory camera after defocusing

系统。

应用 MTF 评价像质的另一优点是可级联。如果系统由光学镜头和探测器 CCD 组成(video camera),则系统的 MTF 是镜头的 MTF 乘以 CCD 探测器的 MTF。

$$\text{MTF}_{\text{system}} = \text{MTF}_{\text{lens}} \cdot \text{MTF}_{\text{ccd}} \qquad (9\text{-}24)$$

物体的 MTF 是物体的傅里叶变换的模,它依赖于物体的形状。通常用狭缝或针孔作为目标来测量 MTF。当用狭缝作为目标在光学传递函数测量仪测量上述系统时,物镜的 MTF 是

$$\text{MTF}_{\text{lens}} = \frac{\text{MTF}_{\text{measure}}}{\text{MTF}_{\text{slit}} \cdot \text{MTF}_{\text{ccd}}}$$

狭缝的 MTF 和针孔的 MTF 分别是

$$\text{MTF}_{\text{slit}}(f) = \frac{\sin(\pi s f)}{\pi s f}, \quad \text{MTF}_{\text{pinhole}}(f) = \frac{J_1(\pi s f)}{\pi s f} \qquad (9\text{-}25)$$

式中,s 为在像平面的像宽或像点直径;f 为空间频率;J_1 为一级贝赛尔函数。

夜视成像系统由物镜、像增强器和目镜组成,若系统各元件是线性系统,则

$$\text{MTF}_{\text{system}} = \text{MTF}_{\text{lens}} \cdot \text{MTF}_{\text{image tube}} \cdot \text{MTF}_{\text{eyepiece}} \qquad (9\text{-}26)$$

需要强调的是,系统的 MTF 要求所有的 MTF 曲线在同一空间表示,由于光学系统的成像特性,MTF 曲线或者在物空间或者在像空间表示,空间频率被光学系统的放大倍率缩放。例如,垂轴放大倍率 M 是 $10^\times$ 的镜头,在像平面测得截止频率为 20 cy/mm 时 MTF 是 0.5,则可得在物平面的 MTF 为

$$\text{MTF}_{\text{object}}(20 \text{ cy/mm} \times M) = \text{MTF}_{\text{image}}(20 \text{ cy/mm}) = 0.5$$

所以

$$\text{MTF}_{\text{object}}(200 \text{ cy/mm}) = 0.5$$

在望远系统中应用放大倍率,可把线空间频率表示为角空间频率。例如,一望远镜的物镜焦距为 500 mm,当像的截止频率为 20 cy/mm 时,MTF 为 0.5。可以计算出,在 MTF=0.5 时,其等效的角空间频率为

$$20 \text{ cy/mm} \times 500 \text{ mm} = 1\,000 \text{ cy/rad} = 10 \text{ cy/mrad}$$

注意,如果是完全相干照明,则光学系统的分辨率下降一半,但低频的对比度大大改善,MTF=1。这是因为非相干照明的 MTF 是物像的光强度分布的傅里叶变换,而相干照明的 MTF 是物像的光振幅分布的傅里叶变换。虽然非相干照明的 MTF 是相干照明的 MTF 的 2 倍,但这并不意味着非相干成像比相干成像传输更多的信息(见 Goodman 的《Fourier optics》,

1968，125—133）。

另外，以上所有的像质评价方法均不包含光学系统的畸变（distortion），这是因为畸变是主光线的像差，不影响成像的清晰度。对照相系统，一般畸变小于 3‰（参见 M. Laikin 著的《lens design》）；对于弹道相机，对畸变有更高的要求，故在像质评价中除利用上述方法（例如 MTF）外，必须单独评价畸变的大小是否满足畸变指标的要求。

第 9 章 教学要求及学习要点

习 题

9-1 什么是 OTF？给出完整定义。OTF 的条件是什么？

9-2 OTF 和 MTF、PTF 的关系是什么？写出公式。

9-3 为什么大多数光学系统只需考虑 MTF，而不考虑 PTF？

9-4 什么是伪分辨率？伪分辨现象由什么引起的？

9-5 MTF、PSF 和波像差间有何关系？

9-6 MTF、PSF 和斯特里尔准则有何关系？

9-7 在应用 MTF 评价照相光学系统的像质时，为什么畸变需要单独分析？

9-8 有人问，为什么有时 MTF 好，但点列图不好；或点列图好，但 MTF 不好？你怎样理解？

9-9 一摄影镜头的 F 数是 2，D 光的截止频率是多少？当把光圈调到 11 时，D 光的截止频率又是多少？

9-10 CCD 的分辨率由什么决定？CCD 截止频率由什么决定？TOTA-380 面阵 CCD 的技术指标如下
感光面积：4.9 mm×3.7 mm，像素：500（水平）×582（垂直）
计算其分辨率和截止频率。

9-11 在电视摄影光学系统中，如何使镜头的分辨率与 CCD 的分辨率匹配？

9-12 如果题 9-10 中的 CCD 作为摄影镜的探测器，摄影物镜的截止频率应选择多大？设计时截止频率处的 MTF 最好大于多少？

9-13 在 ZEMAX 光学设计软件中，由什么程序可以判定光学系统的波像差是否满足瑞利准则？由什么程序可以判定波差小于 1/4 波长的系统入瞳的面积？

9-14 设计一照相物镜，焦距 $f'=50$ mm，F 数为 4，视场 $2\omega=50°$，如果用点列图评价其像质，其最小弥散斑应多大？如果用题 9-10 中的 CCD 作为探测器，是否满足分辨率要求？

9-15 一红外光学系统（8～12 μm）和可见光光学系统（0.4～0.7 μm）的焦距、视场和 F 数相同，其对像质要求是否一样（如点列图直径、MTF 的截止频率）？为什么？

本 章 术 语

像质评价	image quality evaluation
几何像差	geometrical aberration
剩余像差	residual aberration
波像差	wavefront aberration
瑞利准则	Rayleigh criterion

分辨率	resolving power
光学传递函数(OTF)	optical transfer function
斯特里尔准则	Strehl criterion
点列图	spot diagram
点扩散函数(PSF)	point spread function
艾里斑	Airy disk
峰谷比(PTV)	peak to valley
傅里叶分析	Fourier analysis
对比度下降	contrast degradation
相位移动	phase shifting
调制传递函数(MTF)	modulation transfer function
相位传递函数(PTF)	phase transfer function
线性条件	linear condition
空间不变	spatial invariant
等晕区	isoplanatic zone
光瞳函数	pupil function
线扩散函数(LSF)	line spread function
截止频率	cutoff frequency
伪分辨现象	pseudo-resolving phenomenon
主观质量因子(SQF)	subjective quality factor

附录 A 实验指导书

[实验一] 透镜焦距的测量

一、实验目的

(1) 掌握放大倍率法测量焦距的原理和步骤；

(2) 熟悉焦距仪的基本结构并掌握焦距的测量方法。

二、实验内容

测量正透镜的焦距，并给出正确的测量结果。

三、实验仪器

550 型焦距仪（或光具座）及相应附件，待测的正透镜，光栅。

四、放大倍率法测焦距的原理

放大倍率法测量正透镜焦距的原理如图 A-1 所示。

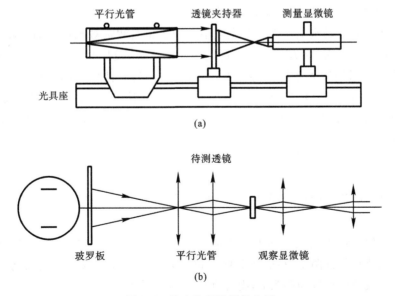

(a)

(b)

图 A-1 放大倍率法测量焦距

（a）焦距仪示意图；（b）焦距仪原理光路图

将待测物镜置于平行光管物镜之前,并在平行光管物镜焦面处放置玻罗板。玻罗板上刻有若干已知间距的刻线对(根据不同的玻罗板,其刻线对数也稍有不同,刻线对从中心往外数依次为 2 mm,4 mm,8 mm,…)。取占整个玻罗板尺寸三分之二的一对刻线对作为物,设其间距为 y,则经待测透镜成像后在待测透镜焦面上成像为 y'。若测量显微镜测得 y' 的像为 y'',$y'' = \beta y'$(式中 β 为显微物镜的放大率),则待测物镜的焦距为

$$f' = \frac{y''}{y\beta} f'_c \qquad \text{(A-1)}$$

式中,f'_c 为平行光管物镜焦距。

五、测量方法

(1) 将已知刻线间隔的光栅放置于平行光管物镜焦平面上,并用测量显微镜对该光栅的线对进行调焦,直至视场中出现清晰的像,测量出光栅间隔 y_1 的像的大小 y'_1,则得到测量显微镜物镜的放大率 $\beta = y'_1 / y_1$。

(2) 将待测物镜放置于透镜夹持器中,并调整透镜、平行光管及测量显微镜三者光轴共轴。

(3) 微调显微镜,使刻线像清晰无视差地成像在测微目镜的分划板上,再次测量像的大小 y''。

(4) 将 y'' 代入式(A-1)中,即可求出待测透镜的焦距。

重复测量 3 次求均值即可求出透镜的焦距。

此种测量透镜焦距的方法测量误差较小,精度较高,当待测透镜像质较好且测量显微镜实际利用的数值孔径不太小时,相对测量误差可达 $\Delta f' / f' \leqslant 0.3\%$。

六、测量薄透镜焦距的一般方法介绍

1. 通过分别测量物距及像距来求取透镜焦距

该方法可在简易光具座上实现。首先采用远物法粗略测量被测透镜的焦距大小,然后在光具座上依次放置物平面(物为一个带有透明箭头的黑屏)及接收屏,且使两者间距大致为 4 倍的焦距。将待测透镜嵌入透镜夹持器上,并将夹持器置于两屏之间,则当用光源照明物体时,物体将经透镜进行成像,沿导轨前后移动透镜,直至在接收屏上能够看到清晰的像,读取物平面到透镜的距离(光具座上有刻度线)即为物距 l,则像距为 $l' = L - l$,L 为物像面之间的距离。故焦距可计算如下

$$\frac{1}{l'} - \frac{1}{l} = \frac{1}{f'} \qquad \text{(A-2)}$$

当采用此种方法进行测量时,其焦距的相对测量误差为 $1\% \leqslant \Delta f' / f' \leqslant 5\%$。

2. 两次成像法测量焦距

用微分求极值法或根据光线的可逆性可以证明,当物、像间距 L 略大于 $4f'$ 时,前后移动透镜的位置必然能够得到两个位置,在此两个位置处都能够在接收屏上接收到实像(见图 A-2)。若透镜两次成像的位置间距为 d,则待测透镜的焦距为

$$f' = \frac{L^2 - d^2}{4L} \qquad \text{(A-3)}$$

该法的相对测量误差为 $1\% \sim 2\%$。

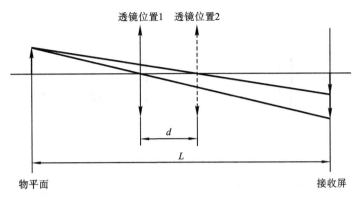

透镜位置1 透镜位置2

物平面 接收屏

图 A-2 两次成像法测量焦距

值得注意的是,以上几种方法仅适用于正透镜的测量,如果待测透镜为负透镜,则需要借助正透镜与负透镜组成一透镜组来加以测量。

七、思考

(1) 如何确保平行光管、待测物镜与测量显微镜三者共轴?

(2) 当精密测焦距时,对平行光管及测量显微镜有哪些要求?

[实验二] 望远系统特性参数的测量

一、实验目的

通过对望远系统特性参数的实际测量,进一步掌握望远系统的基本成像原理,同时加深对其各参数的理解。

二、实验内容

测量实际望远系统的出瞳及出瞳距的大小。

三、实验仪器

平行光管、待测望远系统(经纬仪或水平仪)、倍率计等。

四、测量原理

对于望远系统而言,物镜框就是孔径光阑,也为入瞳;物镜框经后面的光组在像空间所成的像即望远系统的出瞳 D',出瞳与望远系统目镜最后一个折射面顶点之间的距离就是出瞳距离 P',如图 A-3 所示。

利用倍率计可以简单且比较精确地测量出望远系统的出瞳直径及出瞳距。倍率计的结构原理如图 A-4 所示,其光学系统是一个低倍的显微镜,物镜的放大率是 1 倍,目镜的放大率是 12.5 倍,分划板上刻有用于测量出瞳直径的标尺,其刻画范围为 10 mm。此外,显微镜可以在外筒内前后移动,在显微镜筒上有一根长度标尺,刻画范围为 0~80 mm,格值为 1 mm(在外

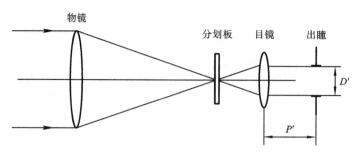

图 A-3　出瞳及出瞳距

筒上有一窗口可见到此标尺)。当显微镜在外筒内移动时,标尺可指示出它的具体位置以测量出出瞳距。

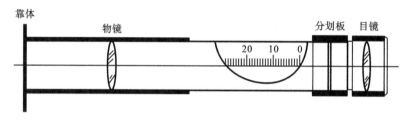

图 A-4　倍率计

五、测量步骤

1. 望远系统出瞳直径的测量

(1) 测量前将被测望远系统的目镜视度调整到零,使仪器处于正常工作状态。

(2) 将平行光管、被测望远系统、倍率计按图 A-5 所示依次放置,并调整三者共轴等高。

图 A-5　望远系统出瞳直径测量

(3) 通过倍率计观察望远系统物镜框所成的像,并对出瞳亮斑调焦,从而使被测系统的出瞳在倍率计分划板中心部位上成清晰的像,此时从倍率计分划板上的刻线值即可正确地读出被测系统的出瞳直径大小 D'。重复以上步骤测量 3 次并求均值,即可求出望远系统的出瞳大小。

2. 望远系统出瞳距离的测量

(1) 当倍率计调焦在出瞳面上时,从倍率计外筒窗口上也可以读得一个读数,此读数即为沿轴方向出瞳面的位置 a_1。

(2) 然后,沿倍率计外筒拉动显微镜,将它调焦在被测系统目镜的最后一个折射面的顶点上,此时再次记下外筒窗口上的读数 a_2,两次读数之差就是被测系统的出瞳距 p'。重复以上步骤测量 3 次并求均值,即可求出望远系统的出瞳距。

六、思考

(1) 如何测量望远镜的入瞳及入瞳距?

（2）为什么大多数望远系统的孔径光阑都是位于物镜上的？

［实验三］　显微系统特性参数的测量

一、实验目的

通过对显微系统特性参数的实际测量,进一步掌握显微系统的基本成像原理,同时加深对其各参数的理解。

二、实验内容

测量实际显微系统的物方线视场 $2y$、放大倍率 Γ 及数值孔径 NA 的大小。

三、实验仪器

待测低倍显微镜、测微目镜、标准刻尺、半反半透镜、照明光源、标准柱等。

四、测量原理

1. 显微镜线视场的检测

显微镜的原理示意如图 A-6 所示。

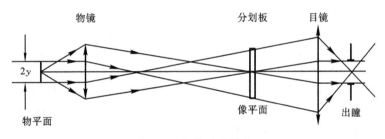

图 A-6　显微镜的原理

从图 A-6 可见,显微镜由物镜及目镜构成,被观测的物体经显微镜的物镜放大后再经目镜放大以供人眼观察,其成像过程是一个二次成像过程。对于显微镜而言,分划板是其视场光阑,显微镜的线视场主要取决于视场光阑的大小,且显微镜的视觉放大率越大,其物空间的线视场越小。

若在显微镜承物台上放置一标准玻璃刻尺,并用光源照明,令显微镜对标准玻璃刻尺进行调焦,使人眼通过显微镜看清其像,则显微镜中所能看到的最大刻线范围即为显微镜的线视场。

2. 显微镜放大率的测量

显微镜放大率的测量原理如图 A-7 所示。

使待检显微镜对承物台上的标准玻璃刻尺 1 调焦,在垂直光轴方向于明视距离处安放另一刻尺 2,并用光源同时照明两个刻尺。此时人眼可同时看清两刻尺的像,并将两者消视差,在视场中读取刻尺 1 的像与刻尺 2 齐合的读数 M 及 N,则显微镜的视觉放大率为

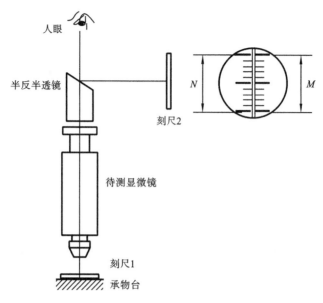

图 A-7　显微镜放大率的测量原理

$$\Gamma = \frac{N}{M} \tag{A-4}$$

除了此种测量方法外,还可以采用前置镜法直接测量或分别测量构成此显微镜的物镜垂轴放大率及目镜的视觉放大率。在此就不一一介绍了。

3. 显微镜物镜数值孔径 NA 的测量

显微镜的数值孔径是显微镜一个非常重要的参数,其大小直接决定了显微系统的分辨能力及像面照度。数值孔径的表示形式为

$$NA = n\sin u \tag{A-5}$$

式中,n 为显微物镜物方介质空间折射率;u 为显微物镜物方孔径角。

当显微镜的数值孔值不大时可采用下面的方法进行测量,其测量原理如图 A-8 所示。

将已知高度为 d 的标准柱放在刻尺上,使待测显微镜对标准柱的上端面中心进行调焦,取下标准柱及显微镜目镜,用眼直接读取视场所见的刻尺分划的格数 m,则有

$$\tan u = \frac{m}{2d} \tag{A-6}$$

根据式(A-6)即可求出物方孔径角的大小,再利用式(A-5)即可求出被测量显微镜的数值孔径。

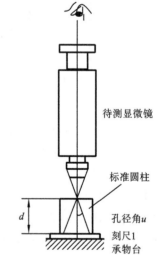

图 A-8　显微镜数值孔径的测量原理

在显微镜的批量生产检测时,可依据此检测原理做成专用的数值孔径仪来检测 NA,以提高检测效率。

五、测量步骤

1. 显微系统线视场的测量

(1)将标准刻尺放置在被测量显微镜的承物台上,固定好位置,并用光源照明刻尺。

（2）旋转显微镜的转动圆盘选择一个放大率比较小的物镜（如果物镜的放大率选择过大，则可能看不到刻尺的像），同时通过拔插的方式选择一个适合的目镜，转动旋钮令显微镜对刻尺进行调焦，直至看到刻尺清晰的像。若通过调整只能看见刻尺模糊的像，则还需旋转目镜进行相应的视度调节。

（3）读出通过显微镜目镜所能看到的最大刻尺范围 $2y$，此数值即为待测显微镜的线视场。由于在此成像过程中所用的物为已知刻值的刻尺，所以通过直接读取格值的方式就能够测量出线视场的大小，十分方便、快捷。

2. 显微系统放大率的测量

（1）将标准刻尺 1 放置在被测量显微镜的承物台上，固定好位置，并用光源照明刻尺。

（2）在选择了适当的物镜及目镜的基础上，对标准刻尺 1 进行调焦，直至看清标准刻尺 1 的像。

（3）在垂直于显微镜的光轴方向上再放置一个刻尺 2（此刻尺的格值可以与刻尺 1 相同也可以不同，根据具体情况而定），并使此刻尺位于明视距离处。同时将一个半反半透镜放置于待测目镜之上。此时让照明光源同时照明两个刻尺，当人眼通过半反半透镜进行观察时就能够同时看到两个刻尺的像，刻尺 1 通过显微镜成像放大后再经半反半透镜透射进入人眼，而刻尺 2 则仅经过半反半透镜的反射后进入人眼，在此过程中没有经过放大。

（4）将两像进行调整并消视差，此时分别读取所见视场中刻尺 1 的格值数 M 及同一视场中刻尺 2 的格值数 N，并利用式（A-4）即可求出被测显微镜的放大率。

3. 显微镜数值孔径的测量

（1）首先将标准刻尺放置在被测量显微镜的承物台上，固定好位置，然后将已知高度的标准小圆柱放置于标准刻尺上，并用光源照明。

（2）调整显微镜令显微镜对此小圆柱的上端面进行调焦，直至在目镜中看到小圆柱上端面清晰的像。

（3）先取下目镜，再移走小圆柱，直接通过人眼来观察标准刻尺经显微物镜所成的像，上下移动人眼的位置，直至能够看见刻尺清晰的像。数出所见视场中刻尺的格值 m，并代入式（A-5）、式（A-6）中，即可求出该被测显微镜的数值孔径。

六、思考

（1）对于显微镜而言，其物方线视场的大小与哪些因素有关？

（2）对于低倍显微镜，其最大视场由哪种光阑限制？该光阑一般放在哪里？

［实验四］　几何像差的现象及规律

一、实验目的

掌握各种几何像差产生的条件及其基本规律，观察各种像差。

二、实验仪器

焦距仪、待观测望远镜、被观测物镜、简易光具座及相应附件等。

三、测量原理

几何像差主要有球差、彗差、像散、场曲、畸变、位置色差及倍率色差七种。前五种为单色像差,后两种为色差。

本次实验所采用的装置为焦距仪(光具座)及附件等,原理如图 A-9 所示。

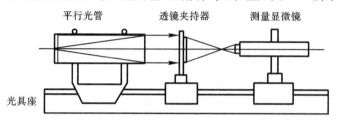

图 A-9 几何像差实验原理

平行光管光源发出的光首先照明物体(星点板或分辨率板),物体发出的光经平行光管物镜准直后成为平行光束,再经透镜夹持器上的待观测物镜会聚,最后经测量显微镜接收即可观测到物体的像。由于待观测物镜存在一定的成像缺陷即存在像差,故通过观察物体的像便可观察到几何像差。

几何像差不仅可以进行观察也可以加以检测,并由此评价成像质量。目前检测几何像差的方法有多种,如哈德曼法、刀口法等。

四、实验步骤

本实验步骤如下。

(1) 首先将已知刻线对的玻罗板放置于平行光管的物镜焦平面上,将待观测物镜放置于透镜夹持器中,并调整透镜、平行光管及测量显微镜三者光轴共轴、等高。

(2) 调整观测显微镜直至在视场中看到清晰的玻罗板的像。

(3) 取下玻罗板,放上星点板,此时在视场中可以见到星点的像。

(4) 由于衍射及待测物镜像差的影响,星点的像不是一个点像而是一个具有一定大小的弥散斑,该弥散斑的大小、形状直接体现了像差的种类及大小。通过观察星点的像可观测不同种类的像差。

① 色差。

将星点的像调整到视场中心,直到通过沿轴前后移动显微镜能够看到星点的衍射环同心的扩张并达到尽可能圆,这表明星点像已位于待观测透镜的光轴之上。使用白光光源观察不同颜色光束与光轴交点的不同,以及在轴向移动观察显微镜时可以得到由内至外不同的颜色排列顺序。

② 球差。

在光源与被照明星点板之间加入单色滤光片,即可实现对单色球差的观测。通过轴向移动观察显微镜,可观察星点像的弥散情况。

③ 彗差。

在平行光管与被测透镜之间放置大口径光阑,让光束通过透镜的全口径,并水平旋转被测透镜夹持器,使轴上星点变为轴外点,随着旋转角度的增大,轴外视场由小到大变化,进而可以观察到不同视场下带有彗差的星点像情况,当视场越大时彗差现象越明显。

④ 像散。

将平行光管与被测透镜之间的光阑更换为小口径光阑,用细光束观察像散,并水平旋转被测透镜夹持器,使轴上星点变为轴外点,随着旋转角度增大,轴外视场由小到大变化,轴向移动观察显微镜可观察到不同视场下带有像散的星点像的形状。

⑤ 场曲。

用小口径光阑观察细光束场曲,并水平旋转被测透镜夹持器,使轴上星点变为轴外点,随着旋转角度增大,轴外视场由小到大变化,轴向移动观察显微镜可观察不同视场下星点像的位置情况,各视场的位置连线则是场曲。

（5）用已准备好的望远镜观察室内的门或窗的畸变、场曲特性。

五、思考

（1）正、负透镜及双胶合透镜产生的球差各有什么特点?

（2）透镜应怎样调整才能观察到彗差现象?

（3）试判断该实验装置中的子午面及弧矢面。

（4）什么是畸变? 常见的畸变有哪两种形式? 画图说明。

（5）常见的消除场曲的方法有哪些?

（6）什么是消色差系统?

［实验五］　远心系统及物(像)高测量

一、实验目的

（1）掌握远心系统的分类和特点。

（2）熟悉远心系统实验测量的方法和原理。

二、实验内容

测量并计算得到远心系统物的高度,并与理论值相比较。

三、实验仪器

钨灯、待测毫米尺、物镜、小孔光阑、刻有标尺的分划板等。

四、测量原理

远心光路分为物方远心光路和像方远心光路。为了得到较小的测量误差,需要设定孔径光阑准确合理的位置。

1. 物方远心系统

物方远心光路是指孔径光阑位于物镜像方焦面上,即入瞳位于物方无穷远的光路。物体通过物镜成像于分划板,得到像 $A'B'$。如果测量出像 $A'B'$ 的高度为 y',则根据共轭面的放大率就能求得物体的高度 y。测量分划板离物镜的距离是一定的,对应放大倍率是一个不变的常数,可以预先测定。因此,当物面由 AB 移到 A_1B_1 时,主光线方向不变,均通过像方焦点,且主光线与刻度尺面的交点也相同,投射高度一致,测量出像 $A'B'$ 的高度 y' 也相同,如图 A-10 所示。所以可以减小物面离焦对成像结果的影响。这种光路大量应用于测长的计量仪器中。

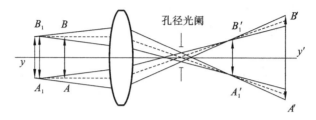

图 A-10　物方远心光路图

2. 像方远心系统

像方远心光路是指孔径光阑位于物镜物方焦面上,出射光束的主光线平行于光轴,出瞳位于像方无限远。像方主光线平行于光轴,以此消除像平面和标尺分划刻线面不重合时造成的测量误差。已知高度为 y 的物体通过物镜成像,在像平面上测出像高 y'。根据几何关系,可得

$$l = \frac{f'}{y'}y$$

其中,f'、y 已知,求得 y' 后,便可求得被测物体的距离。且当像面右移到 M_1M_2 时,像面上弥散斑的中心距离不变,减小由像面定位误差引起的光学误差,如图 A-11 所示。

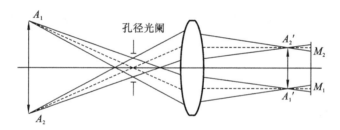

图 A-11　像方远心光路图

物方远心系统在测量时,将孔径光阑准确地放置在物镜的像方焦平面上,找到最清晰的成像后,固定物镜、光阑和分划板的位置不变,只需移动物来观察和测量像的高度。

像方远心系统在测量时,将孔径光阑准确地放置在物镜的物方焦平面上,找到最清晰的成像后,固定物镜、光阑和物的位置不变,只需移动分划板来观察和测量像的高度。

五、测量步骤

(1)利用物方远心原理测量毫米尺上 10 mm($2y$)的像长 $2y'$,分别记录最清晰成像时的物镜位置 X_L、像方焦点位置 $X_{F'}$、像的位置 $X_{AB'}$,在成像清晰的范围内移动不同的 5 个位置,分别记录对应的像长 $2y'$,将相应的测量结果填入表 A-1 中。

表 A-1　物方远心测量实验结果

名称	1	2	3	4	5	平均
X_L						
$X_{F'}$						

名称	1	2	3	4	5	平均
$X_{AB'}$						
$2y'$						

（2）通过物像距公式可求得物高 $2y$ 的大小，并与理论值进行比较。

（3）利用像方远心原理测量毫米尺上 $10\ \text{mm}(2y)$ 的像高 $2y'$，分别记录最清晰成像时的物镜位置 X_L、物方焦点位置 X_F、物的位置 $X_{AB'}$，在成像清晰的范围内移动不同的 5 个像屏位置，分别记录对应的像高 $2y'$，将相应的测量结果填入表 A-2 中。

表 A-2　像方远心测量实验结果

名称	1	2	3	4	5	平均
X_L						
X_F						
$X_{AB'}$						
$2y'$						

（4）通过物像距公式可求得被测物体的距离，并与理论值进行比较。

六、思考题

（1）物方远心系统与像方远心系统的不同之处是什么？

（2）实验测量时对孔径光阑有什么要求？

［实验六］　自组摄影光学系统

一、实验目的

通过对摄影系统的模拟搭建，掌握摄影系统的基本成像原理，同时加深对透镜成像规律的理解。

二、实验内容

使用棱镜和已知焦距的透镜组装摄影系统。

三、实验仪器

视场仪、半反半透镜、屋脊五棱镜、接收屏（或毛玻璃）、镜头（内有一组库克三片镜和可调大小的光阑）。

四、实验原理

本次实验所搭建的光学系统如图 A-12 所示。

视场仪的光源发出的光首先照明物体（分划板），物体发出的光经过视场仪的物镜与镜头

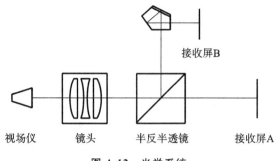

图 A-12　光学系统

后投射到半反半透镜上,半反半透镜将光分为两路,一路光在接收屏 A 成像,另一路光被屋脊五棱镜反射后改变方向成像于接收屏 B。本次实验中,视场仪发出的光相当于摄像系统中无穷远处物所发出的光;内置可调光阑的镜头相当于摄像系统的镜头部分;可调光阑相当于摄像机的光圈;接收屏 A 相当于底片,接收屏 B 相当于取景装置。

五、实验步骤

（1）将分划板放置于视场仪的物镜焦平面上,将镜头放置于夹持器中,并把可调光阑调至最大孔径。

（2）按照视场仪、镜头、接收屏 A 的顺序摆放实验装置,并调整三者的光轴共轴、等高。

（3）调整透镜与接收屏 A 直至在接收屏 A 中看到清晰的分划板的像。

（4）镜头与接收屏 A 之间加入半反半透镜,半反半透镜放置于载物台上,调整半反半透镜与接收屏 A 直至在接收屏 A 中看到清晰的分划板的像,读出分划板的度数后,可以得到镜头的视场大小。

（5）如图 A-13 所示,在半反半透镜所分出的另一条光路中摆放屋脊五棱镜,屋脊五棱镜放置于载物台上。

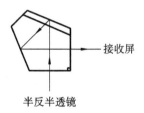

图 A-13　在半反半透镜所分出的另一条光路中摆放屋脊五棱镜

（6）调整屋脊五棱镜与接收屏 B 直至在接收屏 B 中看到清晰的分划板的像,观察接收屏 A 与接收屏 B 中的分划板的像有什么不同。

（7）逐步减小可调光阑孔径,观察像面有何变化。

六、思考题

（1）接收屏 B 前为什么用屋脊五棱镜?能否替换为别的棱镜?

（2）三片透镜为什么以正负正摆放,这样做有什么好处?

附录 B 部分习题参考答案

第 1 章

1. 不能, 只能感觉到一个明亮的圆, 圆的大小与游泳者所在的水深有关, 设水深为 H, 则明亮圆半径 $R = H \tan I_c$。

3. $n = \dfrac{\lambda}{\gamma}$, $\lambda' = 442$ nm 不变

4. 0.773 m

9. 3 m/s, 2.26 m/s, 1.97 m/s, 1.24 m/s

第 2 章

5. $l' = 600$, $\beta = -2^{\times}$

6. 左移 0.14 mm

7. 40 mm

8. 物的高度为 100 mm, 焦距为 1 m

9. $f' = 100$ mm

10. $d = n(r_1 - r_2)/(n-1)$

11. $f' = 40.9$ mm, $\Phi = 24.4D$

12. 焦距为 30 mm, $l'_F = -l_F = 10$ mm, $l'_H = -l_H = -20$ mm

13. $n = 1.593\ 75$, $r = -285$ mm

14. $l'_F = 0.5a$, $l'_H = -a$

15. $\Phi = -4.21D$

16. 像在第二个后面 120 mm

17. $l'_F = 70$ mm, $f' = \dfrac{280}{3}$ mm, $l'_H = -\dfrac{70}{3}$ mm

18. $n = 2$

19. $x' = \dfrac{20}{9}$ mm, $l' = \dfrac{200}{9}$ mm, $y' = \dfrac{20}{3}$ mm, $\beta = -\dfrac{1}{9} = \dfrac{1}{\gamma}$

21. 像仍在中心处, 1.33 倍

23. (1) 像距第二面 -40 cm, 垂轴放大倍率为 3; (2) 像距第二面 $-\dfrac{20}{3}$ cm, 垂轴放大倍率为 1

24. 凹面, $r = -6\ 000/31$ mm, $\beta = -30^{\times}$

26. (1) 会聚点位于第二面后 15 mm 处, 实像; (2) 像位于第一面的右侧 15 mm 处, 虚像; (3) 会聚点位于第二面前 10 mm 处, 实像, 反射光束经前表面折射后像位于第一面的右侧 75 mm 处, 虚像

27. $2y' = 3.49$ mm

28. 最近点 1 m,最远点 6 m

第 3 章

2. 90 cm

3. $d = 26$ mm

4. 物镜应该向远离物体方向移动 2.5 mm

5. $d_1 = 49.9$ mm,$D_1 = 14.99$ mm,$D_2 = 12$ mm

6. 10 mm

8. $f' = 100$ mm,位于物与平面镜中间

9. $\Delta y' = d\sin\varphi\left(1 - \dfrac{\cos\varphi}{n^2 - \sin^2\varphi}\sqrt{n^2 - \sin^2\varphi}\right)$

11. $\alpha = 2.139°$

12. 是,0.174 5 mm

13. (1)1.532 09; (2)$\delta_{min} = 23.36°$

第 4 章

1. 光阑为入瞳,$l' = -2.625$ cm,$D' = 5.25$ cm,$y' = -1.167$ cm,$l' = 6.222$ cm

2. 第二个孔为光阑,$l' = 3$ cm,$D = 6$ cm,$y' = -5$ cm,$l' = 15$ cm

3. (1)300 mm,200 mm; (2)60 mm,40 mm; (3)33.78 mm,-35.81 mm

4. 孔为孔径光阑,$2y = 7$ mm

5. $2\omega = 63.4°$

6. 入瞳是物镜框,$l'_z = 22$ mm,$D' = 5$ mm

7. 73.666 m,36.834 m,∞;57.296 m,28.648 m,∞;46.041 m,23.022 m,∞;40.926 m, 20.463 m,∞;32.229 m,16.114 m,∞;23.44 m,11.72 m,∞

8. 0.25 mm

9. 13.33 mm

10. 244.75 mm;1643.59 mm

11. 16.114 m,∞;16.114 m,∞

第 5 章

2. 12.5%

3. 15 lm/W,$I = 71.6$ cd

4. $Q = 139.2$ J

5. $I = 71.6$ cd,$E = 17.9$ lx

6. 6.28×10^{-4} lm

7. 660 lm,105.1 cd,8.37 cd/m²

8. 40 lx,10 lx,4.4 lx

9. $L = 11.94$ cd/m²,$M = 37.5$ lx

10. $E = 50$ lx,$E_m = 25.6$ lx

11. $E = 11.11$ lx, $L = 2.48$ cd/m

12. (1)9.6 lx; (2)2.65 lx

13. -2.06×10^4 cm^{-1}

14. $n = 1.617\ 6$

15. 0.29

第 6 章

1. (1)-60 mm; (2)1.5

3. $-\dfrac{2\lambda}{3}$

4. -2λ

5. $\gamma = \dfrac{4}{9}$, $r_2 = -2.4$ mm

7. (1)$f_1' = 42.43$ mm, $f_2' = -73.71$ mm; (2)$r_1 = 43.81$ mm, $r_2 = -43.81$ mm, $r_3 = -1\ 4556$ mm

8. (1)$\delta L_m' = 0$; (2)$\delta L_{0.707}' = -0.03$; (3)$\Delta L_{FC}' = 0.06$; (4)$\Delta l_{FC}' = -0.06$; (5)$\Delta L_{FC0.707}' = 0$; (6)色球差 $\delta L_{FC}' = 0.12$; (7)二级光谱 $\Delta L_{FCD}' = 0.07$

9. (1)$f_1' = 50.83$ mm, $f_2' = -103.38$ mm;
   (2)$\Delta L_{FCD}' = 0.052$ mm

10. (1)$\delta L' = 0.09$ mm;
   (2)4 倍焦深 $= \dfrac{4\lambda}{n'u_m'^2} = 0.2242$ mm > 0.0901 mm, 物镜的球差不超差;
   (3)$\Delta L_{FCD}' = 0.052$ mm

14. $K_t' = -0.1$, $X_t' = 0$, $x_t' = 0$, $\delta y_z' = B_0'B_z'$

18. cy'^2, $\beta = \beta_0 + cy'^2$

19. 0, 不为零

25. Amich 显微物镜的数值孔径增大 n_1^2,
   Abbe 显微物镜的数值孔径增大 $n_1^2 n_2$

27. $0.55\ h_m$, $0.85\ h_m$, 0.06 mm

第 7 章

1. (1)-0.5 m; (2)-0.1 m; (3)-1 m; (4)-1 m; (5)-0.11 m

2. (1)9; (2)10 mm; (3)-22.2 mm

3. (1)-30; (2)1.67 m; (3)29.6 mm; (4)0.002 75 mm; (5)9 mm; (6)21.33 mm

4. (1)190; (2)0.38

5. 18.75 mm, 25 mm

6. (1)8; (2)88.9 mm, 11.1 mm; (3)12.5 mm; (4)18.4 mm; (5)± 0.62 mm; (6)58.4°; (7)14 mm

7. (1)90 mm; (2)-45 mm

8. 156.7, 0.294, 11.6°

9. 188.67 mm

10. 焦距 100~193.75 mm,视场 40.5°~20.9°

11. 7.7

12. (1)20 mm,200 mm;(2)球差;(3)$r_1 = 12$ mm,$r_4 = -120$ mm

13. 20

14. (1)200 mm,25 mm;(2)28.6 mm,28.1 mm;(3)19.8 mm,21.6mm;(4)±2.5 mm

15. (1)2.34″,1.875″;(2)8.815 m;(3)不能

16. (1)10.84;(2)54.2 mm;(3)1.146°;(4)12.37°

18. (1)物镜边框位置,分划板位置;(2)−10$^\times$;(3)4 mm;(4)1.5 mm

19. (1)19.635 lx;(2)184.375 lp;(3)9.817 5

20. (1)否;(2)是;(3)否;(4)虚像

21. 8 倍目镜

第 8 章

4. $N = 3$,相邻波长间隔 $\Delta\lambda = 3.872 \times 10^{-4}$ nm

6. 80 m

7. (1)$\Delta\nu = 8.6 \times 10^3$ Hz,$L_0 = 34.7$ km;(2)$\Delta\nu = 10^9$ Hz,$L_0 = 0.289$ m

15. $\Gamma = 23.2$,$f'_0 = 444$ mm

16. $m = 5$ lp/mm

第 9 章

9. 848 cy/mm,154 cy/mm

10. 分辨率:1/0.009 4 cy/mm=106 cy/mm, 1/0.006 3 cy/mm=158 cy/mm
   截止频率:水平 53 cy/mm, 垂直 79 cy/mm

12. 截止频率为 78 cy/mm, 截止频率处 MTF 最好大于 0.5

14. (1)弥散斑应小于 1/368=0.002 7 mm;
   (2)不能满足要求

附录 C 模拟试题

模拟试题一

1. 一束光入射到一面平面镜上,若入射光方向不变,平面镜旋转时,其反射光线如何变化。若这束光入射到一对双平面镜上,且入射光方向不变,双平面镜整体旋转时,其反射光线如何变化。

2. 请分别给出摄影系统轴上点与轴外点的像面照度公式,并分析其主要取决于哪些参数。

3. 为什么高倍显微物镜常用浸液物镜? 请分析:为什么使用紫光照明的分辨率比使用红光照明的分辨率高。

4. 请给出常用的校正位置色差的方法及参考公式。

5. 请说明物方远心光路在测量显微镜中的应用。

6. 人眼对不同波长光具有不同的响应灵敏度,请据此说明可见光的范围以及最敏感的波长。

7. 画图分析物体 AB 经由图 C-1 中所示系统的成像。

8. 已知物坐标,求像坐标,并请标出物经过每一个光学元件后的像坐标。图 C-2 中透镜 1 成倒像,2 为平面反射镜,3 为五角屋脊棱镜。

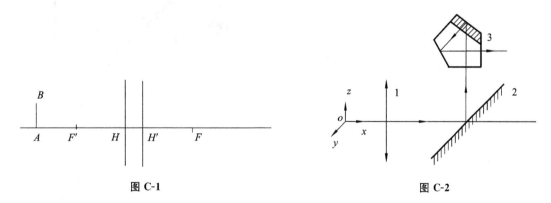

图 C-1   图 C-2

9. 一房间,长、宽、高分别为 5 m、3 m、3 m,一个发光强度为 $I=100$ cd 的灯挂在天花板中心,离地面 2.5 m,试求:

(1) 灯正下方地板上的光照度。

(2) 在房间角落处地板上的光照度。

10. 由正负透镜构成的组合系统,前正透镜焦距为 100 mm,后负透镜焦距为 -100 mm,它们之间的距离为 50 mm。

（1）若两透镜组均按薄透镜看待，求组合系统的焦距为多少。

（2）若在该组合系统左侧前方 10 m 处有一物体，物高为 1 m，试求该物体通过组合系统后所成像的位置和像高。

11. 有一开普勒望远镜，视觉放大倍率为 -6 倍，物方视场角 $2\omega=8°$，出瞳直径 $D=5$ mm，光学系统总长为 $L=140$ mm，孔径光阑设置在物镜边框处，当系统无渐晕时，求：

（1）物镜焦距，目镜焦距。

（2）物镜口径和目镜口径。

（3）出瞳距离。

（4）采用加场镜的办法，若改变出瞳距离，使其等于 20 mm，则该场镜焦距为多少。

模拟试题二

1. 在放大镜与人眼组合系统中，采用作图的方法分析其孔径光阑和视场光阑。

2. 在光学系统中，光能损失主要包括哪几部分。

3. 试从双光组组合原理出发，分析远摄式系统的结构形式，并简述其特点。

4. 什么是朗伯辐射体，现实生活中有哪些常见的朗伯辐射体。

5. 全对称光学系统的结构形式有什么特征，像差校正有哪些优势。

6. 什么是景深，什么是物方远心光路，并举例说明其用途。

7. 如图 C-3 所示，请利用图解法求解物方焦点和像方焦点。

8. 已知物坐标如图 C-4 所示，判断其经由图中所示棱镜后的像坐标。

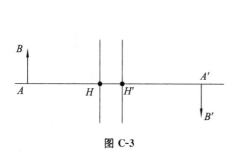

图 C-3

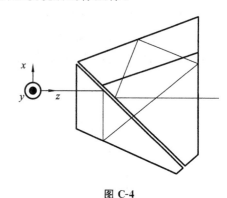

图 C-4

9. 请将图 C-5 中的反射棱镜展开成平行平板。

10. 将凹面半径为 57 mm（$n=1.57$）的平凹薄透镜水平放置，凹面向上并注满水，试求此时组合后的光焦度。

11. 已知物体被一透镜放大 -3 倍投影在屏幕上，当该透镜向物体移近 18 mm 时，物体被放大 -4 倍，试求该透镜的焦距。

12. 现有一开普勒望远镜的筒长为 225 mm，$\Gamma=-8^{\times}$，$2\omega=6°$，$D'=5$ mm，无渐晕，试求：

（1）物镜和目镜的焦距。

（2）目镜所需通光孔径和出瞳距。

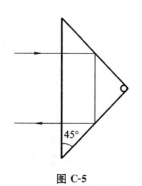

图 C-5

（3）在物镜焦面处放一场镜，其焦距 $f'=75$ mm，此时目镜所需通光孔径为多少。

模拟试题三

1. 什么是完善成像？完善成像要满足什么条件？理论上，哪种光学元件能够完善成像？

2. 什么是拉赫不变量？请分析其物理意义。

3. 什么是焦深和像方远心光路？试举例分析像方远心光路的作用。

4. 请说明轴外像点照度与轴上像点照度之间的关系。试分析当视场角为 $60°$ 时，相比中心点照度、边缘点照度的情况。

5. 当多个光学系统前后联用时，需要满足什么原则，并以目视系统为例进行说明。

6. 请根据图 C-6 画出道威棱镜的展开图。

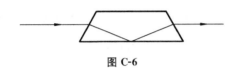

图 C-6

7. 请根据图 C-7 中的已知物求像。

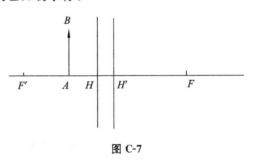

图 C-7

图 C-8

8. 已知物坐标如图 C-8 所示，判断其经由图中所示系统后的像坐标。

9. 有一薄透镜对一实物成倒立实像，像高为物高的一半，现将物向透镜移近 100 mm，则所得的像与物同样大小。求该薄透镜的焦距。

10. 有一物镜焦距 $f'=100$ mm，其物镜框直径为 $D=40$ mm，在它左侧前面 50 mm 处有一光阑，其直径 $D1=35$ mm，问物体分别在 -500 mm 和 -300 mm 处时，是否都由同一个光阑孔径作用，并分别求出其相应的入瞳和出瞳的位置和大小。

11. 一显微镜物镜的垂轴放大倍率 $\beta=-3^{\times}$，数值孔径 NA = 0.1，共轭距 $L=180$ mm，物镜框是孔径光阑，目镜焦距 $f'_e=25$ mm。

（1）求显微镜的视觉放大率。

（2）斜入射照明时 $\lambda=0.55$ μm，求显微镜分辨率。

（3）设物高 $2y=6$ mm，50% 渐晕，求目镜的通光孔径。

模拟试题四

1. 请结合图形说明什么是彗差,并结合表达式解释为什么形状与彗星相似。

2. 请说明光学杠杆的原理光路图。

3. 试画出斯密特棱镜,并将其展开成平行平板。若物为右手坐标,试判断经由其出射的像坐标。

4. 透镜的物方焦距、像方焦距一定是大小相等、符号相反的吗? 为什么?

5. 采用费马原理证明光的折射定律和反射定律。

6. 试求物体 AB 经由如图 C-9 所示系统后的成像。

图 C-9

7. 试求物体 AB 经由如图 C-10 所示系统后的成像。

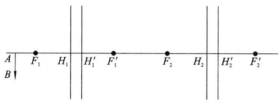

图 C-10

8. 已知如图 C-11 所示的物和像,试画图做出系统的物方和像方主平面。

图 C-11

9. 有一平凸透镜 $r_1 = 100$ mm, $r_2 = \infty$, $d = 300$ mm, $n = 1.5$,当物体在无穷远时,求其高斯像的位置。在平面上刻一十字丝,问其通过球面的共轭像在何处?

10. 一翻拍物镜已经对一个目标调整好物距进行拍摄,现将一块厚度 $d = 4.5$ mm,折射率为 1.5 的平行平板玻璃压在目标物体上面,试求:

(1) 若翻拍物镜不做调整,能否拍摄清楚。

(2) 如果不能拍摄清楚,应向什么方向调整。

(3) 调整距离为多少。

11. 一开普勒望远镜,物镜焦距 $f'_o = 200$ mm,目镜焦距 $f'_e = 25$ mm,物方视场角 $2\omega = 8°$,渐晕系数为 50%,为了使目镜通光孔径 $D = 23.7$ mm,在物镜后焦平面上放一场镜。

(1) 求场镜的焦距。

（2）若该场镜是平面在前的平凸薄透镜，折射率 $n=1.5$，求其球面的曲率半径。

模拟试题五

1. 请给出系统的三对齐明点，并说明齐明点的优势。

2. 哪些像差与视场有关？其中不影响成像清晰度的是哪一种像差？

3. 显微镜的照明方式主要有哪几种？若采用透射光亮视场照明，其照明方式主要分为哪两类？

4. 根据图 C-12 中所示的系统与像，请画图做出对应的物体 AB。

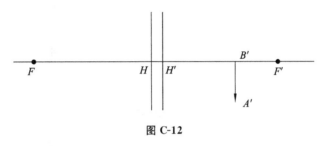

图 C-12

5. 如图 C-13 所示，请画图做出系统左侧垂轴物体对应的像。

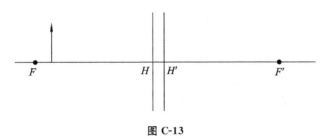

图 C-13

6. 物体为右手系坐标，请做出经由如图 C-14 所示系统后的像坐标。

7. 若一物体位于折射面顶点，请问其像在何处，此时垂轴放大倍率为多少。

8. 有一照相物镜，其焦距等于 50 mm，试求对于 120 底片（尺寸为 60 mm×60 mm），此照相物镜所能够承担的最大视场角为多少。

9. 请给出平板在光学系统中的像移公式，并分析其与哪些因素有关。若平板发生倾斜，则会有何变化。

10. 什么是远视眼？如何校正。

11. 有一视觉放大倍率为 6 倍的开普勒望远系统，

（1）若筒长 $L=100$ mm，求物镜和目镜的焦距。

（2）物镜框是孔径光阑，求出射光瞳距离。

（3）若物方视场角 $2\omega=8°$，求像方视场角。

（4）若渐晕系数为 80%，求目镜的通光孔径。

12. 如图 C-15 所示，透镜位于平面镜的左侧，平面镜 MM 与透镜光轴交于 D 点，距离平面镜左侧 600 mm 处有一物体 AB，该物体经过透镜和平面镜后所成的虚像 $A''B''$ 至平面镜的距离为 150 mm，且像高为物高的一半，试分析透镜焦距的大小并确定透镜的位置。

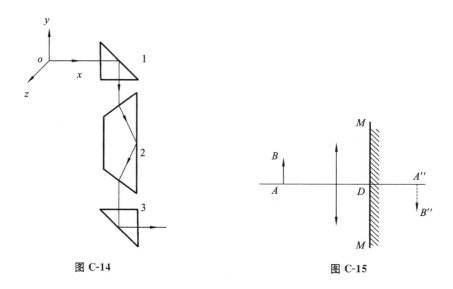

图 C-14　　　　　　　　　　　　图 C-15

模拟试题六

1. 请画图说明什么是位置色差,并给出其常用的校正方法。

2. 什么是景深?并分析其产生景深的原因。

3. 什么是全反射?全反射需要满足什么条件?请举例说明其应用。

4. 与正常眼相比,近视眼和远视眼发生了哪些变化?应该佩戴什么样的眼镜进行校正。

5. 画图求出物体 AB 经由如图 C-16 所示系统后所成的像。

6. 若物为右手坐标,请画出经图 C-17 中所示系统后出射的像坐标。

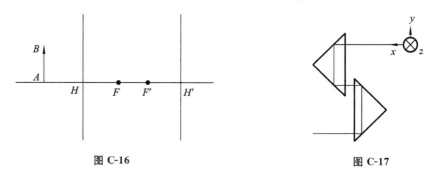

图 C-16　　　　　　　　　　　　图 C-17

7. 现有一投影物镜焦距为 30.0 mm,若有一尺寸为 10 mm×10 mm 的物体放置于投影物镜左侧前端 30.5 mm 处,试问经投影物镜出射的像在何处,幕布尺寸需要多大才可接收到完整的图像。

8. 若有一摄影物镜调焦于 100 mm 处,使用该摄影物镜对水下深度为 10 mm 的鱼进行拍摄,请问摄影物镜需要距离水面多远拍摄才可以获得鱼清晰的像(设水的折射率为 1.333)。

9. 一束平行光垂直入射到平凸透镜上,会聚于透镜后 480 mm 处,如果在此透镜凸面上镀银,则平行光会聚于透镜前 80 mm 处,透镜厚度为 15 mm,求透镜折射率和凸面曲率半径。

10. 欲设计一 5 倍的瞄准镜,要求物方视场 $2\omega=4°$,出瞳 $D'=2$ mm,渐晕系数 $k=0.5$,现

有一个焦距为 200 mm 的透镜作为物镜,

（1）目镜焦距应为多少。

（2）该瞄准镜的总长度为多少。

（3）若孔径光阑设置于物镜边框处,求该瞄准镜的出瞳在什么位置。

（4）为了保证渐晕,目镜的尺寸至少为多大。

11. 现有一个显微物镜的垂轴放大率 $\beta = -4^{\times}$,数值孔径 $NA = 0.1$;其目镜焦距 $f'_e = 25$ mm,试求:

（1）目镜的视觉放大倍率。

（2）组合后的显微系统的视觉放大率。

（3）当入射光波长 $\lambda = 550$ nm 时,显微镜的分辨率。

（4）若要求筒长为 200 mm,则物镜口径为多少。

模拟试题七

1. 请画图说明什么是球差,并说明常用的校正方法。

2. 什么是出瞳？什么是出瞳距离？通常在系统中起什么作用？

3. 一学生佩戴 500 度近视眼镜,请判断其近视眼镜的焦距为正还是为负,并分析其焦距大小,该学生裸眼所能看清的最远距离为多远。

4. 请画出五棱镜的展开图。

5. 已知一光学系统的物方和像方主面重合,物空间与像空间的介质相同,并且已知物和像的位置与大小,试在图 C-18 中画出其物方焦点和像方焦点。

图 C-18

6. 请问平行光经由凸面反射镜后是会聚还是发散,举例说明其有何应用。

7. 现有一照相物镜焦距为 50.0 mm,接收底片尺寸为 10 mm×10 mm,请问:

（1）该照相物镜的视场为多大？

（2）应用该照相物镜进行拍摄时,在物体位置为 1000 mm 距离处对应的取景范围为多大？

8. 若有一显微镜的工作距离为 20 mm,用其对盖玻片下的物体进行观察,盖玻片厚度为 3 mm,折射率为 1.5,请问显微镜需要距离盖玻片多远才能看清物体。

9. 直径为 2 m 的圆桌中心上方 3 m 处吊一个平均发光强度为 100 cd 的灯,试求:

（1）圆桌中心的光照度。

（2）圆桌边缘处的光照度。

10. 一个人的近视程度为 $-5D$,调节范围是 $8D$,求:

（1）其远点距离。

（2）其近点距离。

（3）应佩戴近视眼镜的度数为多少度，近视眼镜的焦距应为多少。

11. 已知航空照相机物镜的焦距 $f'=500$ mm，飞机飞行高度为 6000 m，整个相机的幅面为正方形 300 mm×300 mm，问每张照片能够拍摄的地面上的面积为多大？

12. 欲设计一个 10 倍的开普勒式望远镜，要求物方视场 $2\omega=3°$，出瞳 $D'=2$ mm，渐晕系数为 0.8，现有一个焦距为 250 mm 的透镜作为物镜，请问：

（1）目镜焦距应为多少？

（2）该望远镜的筒长为多少？

（3）望远镜的入瞳为多大？

（4）要保证渐晕，目镜的尺寸应为多大？

模拟试题八

1. 请画图分析什么是视觉放大倍率，并结合公式推导视觉放大倍率的计算式。

2. 请写出球面反射镜的物像位置关系式及垂轴放大倍率公式。若球面反射镜的半径为 r，且对无限远物体成像，则像点的位置在哪里。

3. 物体通过透镜成一虚像，请问用屏幕是否可以接收到这个像。如果用人眼观察，是否能够看到该像，为什么？

4. 几何像差有哪几种？其中哪些像差会影响像的对称性？

5. 已知如图 C-19 所示的系统与物坐标，请判断其出射的像坐标。

6. 请将图 C-20 所示反射棱镜展开成平行平板。

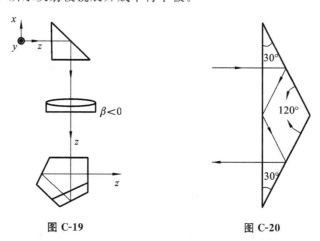

图 C-19   图 C-20

7. 一正薄透镜对一个物体成实像，像高为物高的一半，若将物体向透镜移近 200 mm，则所得的实像与物体大小相同，求该薄透镜的焦距。

8. 有一正薄透镜对某一物体成倒立的实像，且像高为物高的 4 倍，现将物体离开透镜移动 100 mm，像高变为物高的 3 倍，试求该透镜焦距。

9. 已知一照相物镜焦距为 15 mm，接收器为 1/2 英寸 CCD，其靶面尺寸为 6.4 mm×4.8 mm。求：

（1）此照相系统的最大视场。

（2）此照相系统的垂直视场。

10. 一显微物镜的垂轴放大倍率为 $\beta = -4^{\times}$，数值孔径为 $NA = 0.1$，共轭距为 180 mm，物镜框是孔径光阑，目镜焦距为 $f'_e = 50$ mm。

（1）求该显微系统的视觉放大率。

（2）若 $\lambda = 550$ nm，求该显微系统可达到的分辨率。

（3）求物镜通光孔径至少为多少。

（4）设物高 $2y = 6$ mm，渐晕系数 50%，求目镜的通光孔径至少为多少。

模拟试题九

1. 什么是二级光谱？

2. If a man stands 1 meter away from a concave mirror with surface radius of -0.5m. Please analyze his image position and size.

3. 在通常所说的 7 种几何像差中，轴向像差、垂轴像差、复色像差分别有哪些？

4. 请画图分析在带分划板的开普勒望远镜中的孔径光阑与视场光阑。

5. When the focal length of optical system is larger，How the depth of field will be? When the entrance pupil is smaller，how the depth of field will be? Suppose all the other parameters keep unchanged.

6. A Galilean telescope with visual magnification of $5^{\times}$ is followed by a lens with focal length of 100mm，Please analyze the combination focal length.

7. 如图 C-21 所示，物坐标为右手系，请补充图中系统所缺失的部分，使得光路合理并且像坐标仍然是右手系。

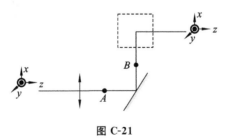

图 C-21

8. 距离水面 500 mm 处有一条鱼，现用焦距为 50 mm 的摄影物镜拍摄，摄影物镜的物方焦点距离水面 500 mm 处，求摄影物镜的接收器需要距离物镜的像方焦点多远。

9. 已知航空照相机物镜的焦距为 600 mm，飞机飞行高度为 5000 m，相机接收器幅面为 300 mm×300 mm，求每张照片拍摄的地面面积。

10. 某 6 倍望远系统的目镜焦距为 12 mm，孔径光阑与物镜重合，若眼瞳直径为 2.5 mm，出瞳大小与眼瞳相匹配，物方视场角 $2W = 6°$。试求：

（1）物镜的焦距。

（2）分划板和目镜的通光口径（70%渐晕）。

11. 现有一个显微物镜的垂轴放大率 $\beta = -4^{\times}$，其共轭距为 180 mm，数值孔径 $NA = 0.1$。

其目镜焦距 $f_e'=20$ mm。试求：

(1) 目镜的视觉放大倍率。

(2) 组合后的显微系统的视觉放大率。

(3) 当入射光波长 $\lambda=560$ mm 时，显微镜的分辨率。

(4) 物镜口径。

模拟试题十

1. 请区分高倍显微镜和低倍显微镜的出瞳、分辨率、数值孔径和景深的大小。

2. 什么是视场光阑。简述在光学系统中，视场光阑对应到物方空间和像方空间所起的约束作用。

3. How many primary geometrical aberrations are there in a system, and what is the details.

4. 在团体照中，请问前排的人与后排的人的像哪个略大些。如果在非常明亮的外界照相，相比室内光圈，应做何调整。

5. A field lens is put on the front focal plane of the eyepiece in a Keplerian telescope. Whether the visual magnification is affected by the field lens? Why? Please prove your ideas.

6. 请做出图 C-22 中所示系统的物方和像方主平面。

7. 如图 C-23 所示，物坐标为右手系的字母 R，请问经过图中系统后，像坐标是右手系还是左手系，迎着出射光的方向看，看到的字母 R 的像是什么样子的？

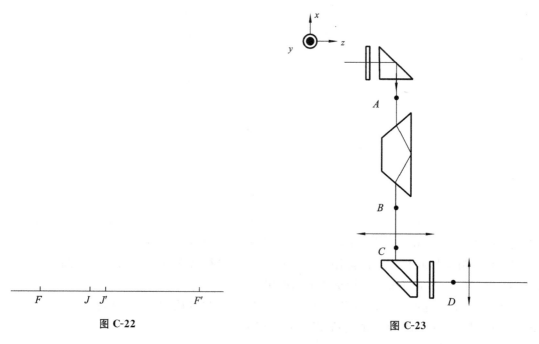

图 C-22

图 C-23

8. We want to build an optical system with long focal length and small field of view using the combination of a positive lens and a negative lens. Which one should be placed in front? Please draw the diagram to support your idea.

9. 某照相机可拍摄最近距离为 2 m,装上焦距为 500 mm 的近拍镜后,能拍摄的最近距离为多少(假设近拍镜与照相镜头密接)。

10. 发光强度为 100 cd 的白炽灯照射在墙壁上,墙壁和光线照射方向距离为 3 m,墙壁的漫反射系数为 0.7,求与光线照射方向相垂直的墙面上的光照度及墙壁的光亮度。

11. 现有一个 -6 倍的开普勒望远系统,要求物方视场 $2\omega=5°$,孔径光阑位于物镜边框处,物镜口径为 30 mm,渐晕系数为 0.75,物镜焦距为 120 mm,目镜焦距为 20 mm,请问:

（1）该望远镜系统的筒长为多少?

（2）望远系统的出瞳为多大?

（3）望远系统的出瞳距应为多大?

（4）为了保证渐晕,目镜的尺寸应为多大?

参 考 文 献

[1] 陶纯堪.变焦距光学系统设计[M].北京:国防工业出版社,1988.

[2] 王之江.光学设计手册(上)[M].北京:机械工业出版社,1987.

[3] 喻涛.应用光学[M].北京:科学出版社,1966.

[4] 康辉.映像光学[M].天津:南开大学出版社,1996.

[5] 王永仲.现代军用光学技术[M].北京:科学出版社,2004.

[6] M·波恩,E·沃尔夫.光学原理(下)[M].杨霞荪,译.北京:科学出版社,1981.

[7] 电影镜头设计组.电影摄影物镜光学设计[M].北京:工业出版社,1971.

[8] 郭永康.光学[M].北京:高等教育出版社,2005.

[9] 赵建林.光学[M].北京:高等教育出版社,2006.

[10] 叶玉堂,饶建珍,肖峻.光学教程[M].北京:清华大学出版社,2005.

[11] 田芊,廖延彪,孙利群.工程光学[M].北京:清华大学出版社,2006.

[12] 刘钧,高明.光学设计[M].西安:西安电子科技大学出版社,2006.

[13] 杨志文.光学测量[M].北京:北京理工大学出版社,1995.

[14] 陈海清.现代实用光学系统[M].武汉:华中科技大学出版社,2003.

[15] 钟锡华.现代光学基础[M].北京:北京大学出版社,2003.

[16] 白延柱,金伟其.光电成像原理与技术[M].北京:北京理工大学出版社,2006.

[17] 常本康,蔡毅.红外成像阵列与系统[M].北京:科学出版社,2006.

[18] 郭培源,付扬.光电检测技术与应用[M].北京:北京航空航天大学出版社,2006.

[19] 范志刚.光电检测技术[M].北京:电子工业出版社,2004.

[20] 吴宗凡,柳美琳.红外与微光技术[M].北京:国防工业出版社,1998.

[21] 陆彦文,陆启生.军用激光技术[M].北京:国防工业出版社,1999.

[22] 王永仲.现代军用光学技术[M].北京:科学出版社,2003.

[23] 吕海宝.激光光电检测[M].长沙:国防科技大学出版社,2000.

[24] 孙长库,叶声华.激光测量技术[M].天津:天津大学出版社,2001.

[25] 王永仲,琚新军,胡心.智能光电系统[M].北京:科学出版社,1999.

[26] 徐金镛,孙培家.光学设计[M].北京:国防工业出版社,1989.

[27] 刘颂豪.光子学技术与应用(上、下册)[M].广州:广东科技出版社,2006.

[28] 王之江.实用光学技术手册[M].北京:机械工业出版社,2006.

[29] 光学仪器设计手册编辑组.光学仪器设计手册[M].北京:国防工业出版社,1971.

[30] 张善锺.精密仪器结构设计手册[M].北京:机械工业出版社,1993.

[31] 李晓彤,岑兆丰.几何光学像差光学设计[M].2版.杭州:浙江大学出版社,2003.

[32] 张以谟.应用光学[M].3版.北京:电子工业出版社,2008.

[33] 郁道银,谈恒英.工程光学[M].2版.北京:机械工业出版社,2006.

[34] 胡家升.光学工程导论[M].2版.大连:大连理工大学出版社,2005.

[35] 姚启钧.光学教程[M].3版.北京:高等教育出版社,2002.

［36］高文琦．光学（修订版）［M］．南京：南京大学出版社，2000.

［37］吴强，郭光灿．光学［M］．合肥：中国科学技术大学出版社，1996.

［38］郑植仁．光学［M］．哈尔滨：哈尔滨工业大学出版社，2006.

［39］杨国光．近代光学测试技术［M］．杭州：浙江大学出版社，2005.

［40］李湘宁．工程光学［M］．北京：科学出版社，2005.

［41］虞启琏．医用光学仪器［M］．天津：天津科学技术出版社，1988.

［42］王子余．几何光学和光学设计［M］．杭州：浙江大学出版社，1989.

［43］李林．应用光学概念、题解与自测［M］．北京：北京理工大学出版社，2006.

［44］王自强．光学测量［M］．杭州：浙江大学出版社，1988.

［45］赵凯华．光学［M］．北京：北京大学出版社，2000.

［46］顾培森．应用光学例题与习题集［M］．北京：机械工业出版社，1985.

［47］王楚．光学［M］．北京：北京大学出版社，2001.

［48］A. H 马特维耶夫．光学解题指导［M］．王成彦，译．北京：北京大学出版社，1991.

［49］詹涵菁．现代几何光学［M］．长沙：湖南大学出版社，2004.

［50］鲍培谛．光学问题 300 例［M］．成都：四川科学技术出版社，1991.

［51］胡玉禧．应用光学［M］．合肥：中国科学技术大学出版社，2002.

［52］F. J. Jenkins. Fundamentals of Optics［M］. London ：fourth edition，1976.

［53］A. K. Ghatak. Contemporary Optics［M］. New York：plenum press，1978.

［54］R. Kingslake. Applied optics and optical engineering vol. 5［M］. Academic press，1969.

［55］Schroed. Technische Optik［M］. springer-verlag，1983.

［56］И. А. Турыгий. Прикладная Ортика［M］. Москво：Издательство Машиностроение，1966.

［57］M. J. Kidger. Intermediate optical design［M］. Washington ：SPIE press，2004.

［58］Eugene Hecht. Optics［M］. New York ：Pearson，2002.

［59］G. G. slyusarev. Aberration and optical design theory［M］. Adam Hilger，1984.

［60］R. Kingslake. optical system design［M］. academic press，1983.

［61］M. Laikin. lens design［M］. Marcel Dekker，2001.

［62］M. J. Kidger. Fundamental optical design［M］. Washington：SPIE press，2001.

［63］Optikos. OpTest user manual.

［64］Zemax user Guide Version 10. 0.

［65］University of Arizona（USA）. Optical design and instrument. 2005.

［66］University of Arizona （USA）. Optical testing. 2005.

［67］Fanghan Chen，Wensheng Wang. Target recognition in clutter scene based on wavelet transform［J］. Optics Communications，2009（282）：523-526.

［68］陈方函，王文生．基于小波多尺度积的目标识别［J］．光学学报，2009，29（5）：1223-1226.

［69］王冕，王文生．小波变换在光学相关目标识别中的应用研究［J］．兵工学报，2006（5）：836-840.

［70］朗琪，王文生．折反式坦克目标跟踪识别红外光学系统设计［J］．仪器仪表学报，2009（3）：575-579.

［71］孙晓明，王文生．低对度目标自动识别技术研究［J］．光子学报，2007（11）：2153-2155.

［72］Guo Fei，Wang Wensheng. Infrared telephoto lens design of hybrid optoelectronic joint transform correlator[J]. SPIE, 2007:6834.

[73] 邹新,王文生.基于联合变换器目标探测的红外导引头光学系统研究[J].测试技术学报,2008v(22):69-72.

[74] Yin Na,Wang Wensheng. Experimental research of CCD and LCD in holography[J]. SPIE, 2007:6832-2B.

[75] 王晶晶,王文生.新型联合变换相关器光学系统设计[J].光电工程,2006(4)：115-118.

[76] Zhang Ye,Wang Wensheng. Non-contact and automatic measurement of 2D size with CCD Matrix and computer system[J]. Semiconductor photonics and technology, 2003 (3):23-26.

[77] 刘东月,王文生.玻璃微珠球度测试研究[J].长春理工大学学报,2008(3)：1-3.

[78] 刘广利,王文生.条带式 CCD 摄影经纬仪测量精度分析[J].长春光学精密机械学院学报,1999(2):21-25.

[79] 王文生,刘广利.条带式 CCD 相机及其光学拼接[J].半导体光电,1999(6)：382-384.

[80] Wang Wensheng. Application of Twyman-CCD computer system in auto-measurement displacement[J]. SPIE 1998:3558-46.

[81] Wang Wensheng. Designing of Quasi-Universal Compersator for Testing Ashperical Surface[J]. Semiconductor photonics and technology, 1998(11)：40-44.

[82] 李洋,王文生.一种新型的观察测距光学系统研究[J].测试技术学报,2008(22):29-32.

[83] 齐明,王文生.联合变换相关器中的变焦光学系统设计[J].测试技术学报,2008(22):58-61.

[84] 金爱华,王文生.应用于联合变换相关器中的红外摄远物镜光学设计[J].测试技术学报,2008(22):33-37.

[85] Y. X. Guo, Wang Wensheng. Design of Fourier transform lens and its use in optical correlation detection[J]. SPIE,2002:4927-21.

[86] 苗华,王文生.复杂背景目标自动识别谱面处理技术研究[J].光学学报,2009 29(2):366-369.

[87] Liu Zhiying, Fu Yuegang, Wang Zhijian. New optical system design for laser communication in space[J]. ISTM,2005(4):3299-3302.

[88] 刘智颖,付跃刚.新型光通信提前量监测系统的设计[J].仪器仪表学报,2006(6):684-686.

[89] 向阳.目视硬性内窥镜光学系统初始结构设计[J].长春理工大学学报,2007(3):4-6.

[90] 王文生.半导体激光治疗仪用激光器保持装置及鼻腔动脉照射头.国家实用新型专利. ZL722827[P]. 2005.

[91] 王文生.一种光学非球面检测万能补偿镜.国家发明专利.ZL200510098278.8[P]. 2007.